전면개정 3판

알차게 배우는

자동제어

Automatic Control

임헌찬 · 임현수 저

동일출판사

머리말

최근 4차 산업혁명에 관한 논의가 뜨겁다. 4차 산업혁명의 실체에 관하여 설왕설래가 있으나, 인공지능, 사물인터넷, 빅데이터 분석기술 등의 첨단 정보통신기술(ICT)이 기존 산업과 융합하여 혁신을 가져올 것이라는 점은 분명해 보인다. 인간의 오감을 카메라나 센서, 신호처리 기술로 대체하여 네트워크화한 다음, 인공지능을 통해 사물이 스스로 생각, 판단, 결정하도록 하는 것이다. 특히 제조업 분야에서는 사물인터넷을 통해 생산기기와 제품 간의 정보 교환을 가능하도록 하여 완전한 자동생산 체계를 구축하고 생산과정 전반을 최적화하는 것을 목표로 할 것이다. 이처럼 자동화 영역이 전방위적으로 확대되고 시스템의 복잡성이 증대함에 따라 자동제어의 역할은 더욱 커질 것이다.

자동제어는 전기·전자 산업, 정보통신 산업, 자동차 산업, 메카트로닉스, 기계 산업, 우주 항공 산업, 화학공업, 로봇 산업 등의 광범위한 공학 분야에서 응용될 뿐만 아니라 비중도 커져가고 있다. 이러한 시대적 패러다임에 적응하고 일조하기 위하여 자동제어는 각 분야의 기술자가 갖추어야 할 기본 지식으로 필수적인 학문이 되었다.

본 교재는 국가기술자격 출제 기준에 맞추어 구성하였으며, 전반부에 자동제어의 개념, 라플라스 변환, 전달 함수, 블록 선도와 신호 흐름 선도를 소개하였고, 후반부에는 과도 응답 특성, 주파수 응답 특성, 제어계의 안정도, 근궤적법, 상태 방정식과 디지털 제어계, 시퀀스 제어 등으로 기술하였다.

본 교재는 전기, 전자, 기계, 메카트로닉스, 항공 등의 전공 분야가 다른 학생이라도 자기 주도 학습을 할 수 있도록 기초부터 응용 분야까지 체계적인 내용으로 구성하였으며, 그 특징은 다음과 같다.

(1) 시스템 해석에서 수학적인 전개보다는 최소한의 수학적 이론을 적용하여 개념과 의미를 쉽게 이해하고 정확하게 파악하는 데 중점을 두었다.

(2) 각 장마다 중요한 이론과 공식 등을 별도로 **참고**, **정리** 및 **TIP** 등으로 구분하였고, 특히 **학습 요령**도 수록하여 독자들이 쉽게 기억할 수 있는 방법을 제시하였다.

(3) 각 장마다 본문의 개념과 내용을 쉽게 이해할 수 있도록 다양한 그림들과 예제들을 제공하였다.

(4) 본문의 체계적 이해를 돕기 위하여 최적의 예제를 엄선하여 본문의 정석 풀이법과 동시에 쉽게 해결할 수 있는 **별해**도 많이 기술하였다. 또한 연습 문제도 **힌트**를 상세히 기술하여 스스로 문제를 해결할 수 있게 하여 본문의 이해도 및 응용력을 한층 높일 수 있도록 하였다.

(5) 국가기술 자격시험의 산업기사와 기사, 기술직 공무원과 대기업 시험의 수험서로도 부족함이 없도록 수년간 조사 · 분석하였고, 정석 풀이법과 선다형에 대해 간단히 해결할 수 있는 **별해**와 **힌트**를 기술하는 등 다양한 해법을 제시하였다.

본 교재는 전기 · 전자, 기계, 메카트로닉스, 항공 공학 등을 전공하는 학생뿐만 아니라 이 분야를 필요로 하는 독자들에게 도움이 될 수 있도록 내용을 충실히 하기 위해 최선을 다 하였으나 부족한 부분이 적지 않을 것으로 사료되며, 추후 독자들의 충고와 격려로써 수정 보완해 나가려 하니 아낌없는 의견과 지도편달을 바란다.

또한 본 교재를 통해 각종 국가기술 자격시험, 기술직 공무원 및 승진시험의 수험자에게 도움이 된다면 저자로서는 그 이상의 영광이 없다고 생각한다.

본 교재를 발간하는 데 항상 옆에서 힘을 북돋아 준 가족에게 감사한다. 특히 KAIST 전기전자공학과를 졸업하고, 업무로 바쁜 와중에도 공동 저자로 참여하여 본 교재 작성에 다방면으로 기여해 준 임현수 변호사에게 감사하며 모든 지식을 사회에 기여하고 환원하는 사회인이 되기를 기원하는 바이다.

끝으로 본 교재의 출판에 도움을 주신 동일출판사의 정창희 사장과 이영수 팀장에게 감사를 드린다.

저자 씀

차 례

제 1 장 자동 제어의 개념

제 2 장 라플라스 변환

제 3 장 전달 함수

제 4 장 블록 선도와 신호 흐름 선도

제 6 장 주파수 응답 특성

제 7 장 제어계의 안정도

제 8 장 근궤적법

제 9 장 상태 방정식과 디지털 제어계

제 10 장 시퀀스 제어

부록

Chapter 1

자동 제어의 개념

1.1 자동 제어의 역사

1.1.1 제어와 제어계

제어(control)는 어떤 주어진 동작을 원하는 대로 처리하도록 만들어진 임의의 대상에 조작을 가하는 것을 말한다. 여기서 **대상**은 제어가 되는 대상(controlled object)으로 전력 수송 시스템, 무인 자동차, 기계 장치, 우주 왕복선, 화학 공정 프로세스 등의 모든 분야가 될 수 있다.

또 제어는 인간이 어떤 의도를 가지고 시스템을 조작하는 **수동 제어**(manual control)와 인간을 대신하여 시스템의 동작이나 상태를 목적에 따라 자동적으로 제어하는 **자동 제어**(automatic control)로 구분한다.

제어 대상에 조합되어 제어를 행하는 장치를 **제어 장치**(control device)라 하고, 제어 장치와 제어 대상의 계통적인 구성의 조합을 **제어계**(control system)라고 한다.

1.1.2 자동 제어의 역사

자동 제어의 역사는 1788년 와트(J. Watt)가 증기 기관의 회전 속도를 일정하게 조정하기 위해 원심식 조속기를 사용한 것이 최초로 알려져 있다. 이 장치는 **그림 1.1**과 같이 부하가 증가하여 회전 속도가 떨어지면 원심 진자가 내려가게 되고, 내려간 진자에 의해 증기 공급 밸브가 열리게 되면서 증기 공급량을 증가시켜 자동적으로 회전 속도를 설정값으로 회복하게 된다. 이것이 오늘날 피드백 제어의 원형이다.

그런데 이 장치는 속도의 회복을 빠르게 하려고 제어 효과를 지나치게 크게 하면 속도의 증가와 감소를 되풀이하는 진동 현상을 일으킨다. 이 불규칙적인 진동 현상을 **사이클링**

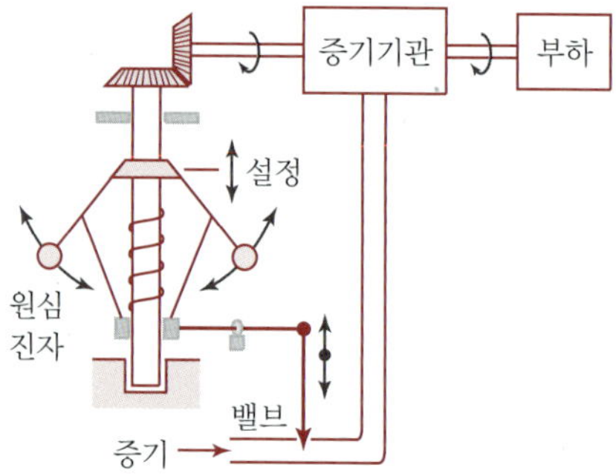

그림 1.1 ▶ 원심식 조속기(증기 기관)

(cycling)이라고 하며, 사이클링 중에서 심한 상태를 **헌팅** 또는 **난조**(hunting)라고 한다. 이러한 현상은 제어계에서 자주 일어나는 현상들이다.

이와 같은 현상을 이론적으로 해석하기 위한 연구는 1868년 맥스웰(J. C. Maxwell)에 의해 시작되었다. 맥스웰은 특성 방정식을 풀지 않고 특성 방정식의 근의 실수부의 부호에 의해 피드백 제어의 안정성에 대해 결정하는 방법을 생각하였지만 일반적인 결론을 얻지는 못하였다. 그러나 1877년 라우스(E. J. Routh)와 1895년 후르비츠(A. Hurwitz)에 의해 라우스-후르비츠의 안정도 판별법이라 불리는 것으로 해결하였다.

이와 같이 제어는 18세기에 태동하여 19세기에는 안정도의 해석까지 연구하게 되었다. 그러나 이 시기에는 각 산업 분야에서 필요에 따라 개별적으로 사용되었을 뿐이고 제어, 그 자체가 학문으로 연구의 대상까지는 다다르지 못하였다.

20세기 초가 되면서 산업이 급속도로 발전하고 대량 생산에 따른 전기를 이용한 기계화가 진행되면서 자동화에 대한 요구가 높아지게 되었다. 그와 동시에 각 분야에서 사용된 제어를 공통의 개념을 가진 이론으로 통합하려는 움직임이 나타났다. 그 무렵 통신기술에서 큰 관심의 표적인 증폭기의 안정 문제가 나이퀴스트(H. Nyquist)에 의해 해결되었다. 나이퀴스트는 복소 함수론을 사용한 주파수 특성에 따른 안정도 판별법이다. 이 방법은 안정도 판별뿐만 아니라 신호의 전달 특성까지 표현할 수 있기 때문에 매우 실용적이고 제어 이론의 중요한 초석이 되었다.

보드(H. W. Bode)는 이 방법을 계승하여 설계법까지 발전시켰고, 이들의 이론은 제2차 세계 대전 중에 군사 무기의 자동 조준과 추적용 레이더의 개발에 필요한 서보 기구에 응용되면서 제어 이론이 체계화 되었다. 이는 세계 대전 후에 화학 공업과 석유 공업의 발전에 크게 기여하였고, 제어 공학도 하나의 학문적 영역을 구축하게 되었으며, 1950년대 전반기에 제어 이론의 체계가 거의 완성 단계에 이르게 되었다.

당시 자동 제어계(automatic control system)의 해석과 설계는 전달함수를 이용한 주파수 영역 해석법과 근궤적법이 주로 사용되었다. 이와 같은 전달함수의 이용 방법을 고전적 제어이론이라 한다. 고전적 제어이론은 선형 시불변 시스템에서 입력과 출력이 한 개인 경우에는 잘 적용되지만, 비선형과 시변인 시스템, 입력과 출력이 여러 개인 경우와 최적 제어를 설계하는 경우에는 적용하기 어려운 단점이 있다.

1950년대 후반기가 되면서 전달함수 대신 상태방정식을 사용하는 시간영역 해석법이 소개되어 활발히 연구되었고, 1980년대에 산업현장에서 컴퓨터가 제어장치로 중추적인 역할을 하면서 현대 제어이론이 정립하게 되었다.

최근에는 4차 산업혁명이 도래되어 인공지능을 기반으로 신경망 제어, 시스템 모델링이 필요 없는 퍼지 제어 등의 제어이론 등이 중요한 역할을 하게 될 것이다.

1.2 자동 제어계의 구성과 종류

1.2.1 자동 제어계의 기본 구성

자동 제어계는 입력(input)과 출력(output)으로 구성되고, 목표값을 입력으로 가하여 실제 출력값이 목표값과 일치되도록 조절하는 것이다.

그림 1.2는 신호 흐름을 표시하는 화살표와 구성 요소(장치)를 표시하는 블록으로 자동 제어계의 기본 구성을 나타낸 블록 선도이다. 제어계의 가장 기본이 되는 요소는 블록으로 표시된 **제어 대상**(controlled object)이고, 제어가 되는 대상을 의미한다. 제어 대상에 가해지는 입력을 **조작량**(manipulated variable)이라 하고, 출력을 **제어량**(controlled variable)이라고 한다.

실내(방)의 온도가 난방 장치(전열기)의 스위치에 의해 ON, OFF로 수동 조작되는 난방 제어계를 생각해 본다.

난방 시스템의 각 요소를 **그림 1.2**의 블록 선도와 비교하면, 제어가 되는 실내(방)는

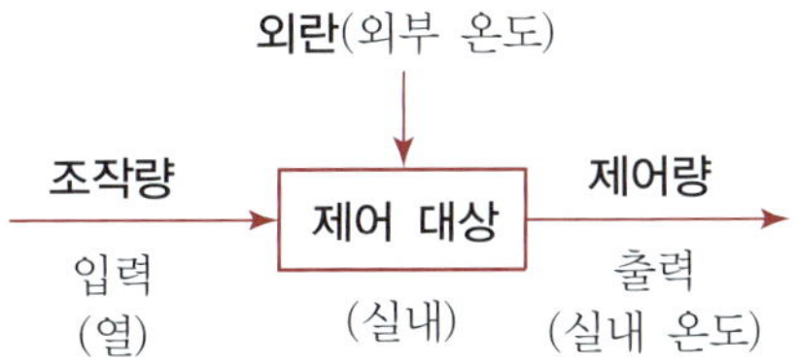

그림 1.2 ▶ 자동 제어계의 기본 구성도(블록 선도)

제어 대상, 난방 장치에서 나오는 열은 조작량, 방 안의 실내 온도는 제어량이 된다.

실내 온도는 외부의 온도 변화에 큰 영향을 받는데, 외부 온도를 **외란**(disturbance)이라고 한다. 외란은 인위적으로 제어할 수 없는 기준 입력인 목표값 이외의 외적 입력으로서 제어 대상에서 제어량을 변화시키는 모든 외부 입력을 말한다.

1.2.2 자동 제어계의 종류

자동 제어계는 신호의 흐름과 입·출력 상호간의 제어 동작의 관계에 따라 **개루프 제어계**(open-loop control system)와 **폐루프 제어계**(closed-loop control system)가 있다.

(1) 개루프 제어계

일반적으로 자동 제어계는 제어 대상의 출력(실제 출력값)이 희망하는 목표값과 일치하는지 비교, 점검하는 과정이 필요하지만, 비교 점검할 수 없는 간단한 구조의 제어계도 있다. 이와 같은 제어계는 입력에 의한 제어 동작이 출력과 전혀 관계가 없기 때문에 오차도 많이 발생하고 교정할 수도 없다. 이러한 제어계를 **개루프 제어계**라고 한다.

그림 1.3은 화살표의 신호 흐름과 블록의 구성 요소(장치)로 나타낸 개루프 제어계의 블록 선도이다. 입력인 목표값이 제어 장치에 인가되면 제어 장치의 출력은 조작량으로 작용하고, 조작량은 제어 대상을 동작시켜 제어량을 만들어낸다.

그림 1.3과 같이 개루프 제어계는 신호의 통로가 열려 있는 계이며, 미리 정해놓은 순서에 의해 제어의 각 단계가 순차적으로 진행되므로 **시퀀스 제어**(sequence control, 순차 제어)라고도 한다.

개루프 제어계의 예로, 실내(방) 온도를 20[°C]로 일정하게 유지하기 위해 ON(30분), OFF(10분)로 작동하는 타이머 스위치가 부착된 난방 장치(전열기)를 생각해 본다.

난방 장치는 외부 온도에 관계없이 타이머에 의해 항상 정해진 시간에 맞추어 ON, OFF 동작을 반복할 것이다. 따라서 외부 온도가 급격히 변하게 되면 실내 온도를 20[°C]로 유지하는 것은 어렵게 된다.

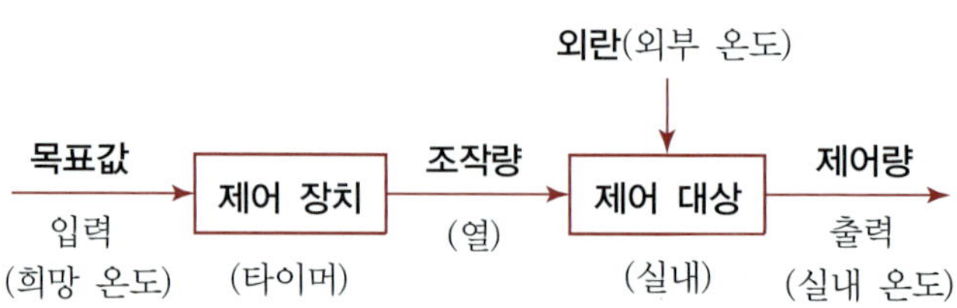

그림 1.3 ▶ 개루프 제어계의 기본 블록 선도

난방시스템의 각 요소를 **그림 1.3**의 블록선도와 비교하면, 목표값(입력)은 희망 온도, 제어 대상은 실내, 조작량은 열, 제어량은 실내 온도, 외란은 외부 온도가 되고, 제어 장치는 타이머가 된다.

개루프 제어계의 특징은 출력이 입력에 전혀 영향을 주지 못하여 서로 독립적이기 때문에 부정확하고 신뢰성은 없는 단점이 있지만, 제어 장치가 간단하고, 고장이 적으며, 설치비가 저렴하고, 제어계가 안정되는 장점이 있다.

개루프 제어계는 교통 신호기, 자동 판매기, 자동 세탁기 등에 응용되고 있다.

(2) 폐루프 제어계

개루프 제어계의 예에서 타이머에 의한 주기적인 ON-OFF 동작으로 실내 온도 20[°C]를 유지할 수 없었다. 신뢰성 있는 자동 제어계가 되려면, 방안의 온도를 점검, 측정하여 20[°C]보다 낮으면 ON 동작, 20[°C]보다 높으면 OFF 동작을 할 수 있도록 실제 출력값과 목표값을 비교하는 장치가 있어야 할 것이다.

즉, 제어계를 정확히 제어하기 위해 실제 출력값과 목표값이 일치하는지를 항상 비교하고, 일치하지 않을 때에는 그 오차(편차)에 비례하는 동작 신호를 제어계에 다시 보내 오차를 수정해야 한다. 이러한 제어계는 폐루프의 궤환 신호(feedback signal)를 보내는 경로가 필요하다. 이와 같은 제어계를 **폐루프 제어계**(closed-loop control system)라 한다. 폐루프 제어계는 신호의 통로가 닫혀 있는 폐루프가 있고, 제어량(출력)을 입력으로 궤환(feedback)시켜 목표값과 비교하여 편차(오차)를 검출하고 출력을 제어하는 제어계로 **피드백 제어계**(feedback control system)라고도 한다.

그림 1.4는 화살표의 신호 흐름과 블록의 구성 요소(장치)로 나타낸 폐루프 제어계의 블록 선도이다.

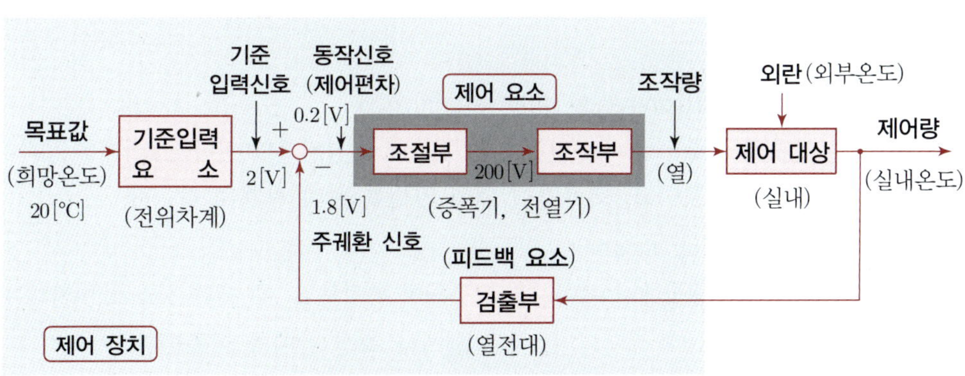

그림 1.4 ▸ 폐루프 제어계의 구성

폐루프 제어계의 예로서 실내(방)의 온도를 20[°C]로 일정하게 유지하기 위한 자동 온도 조절 제어계의 난방 시스템을 생각해 본다.

난방 제어계는 목표값 20[°C]가 전위차계에 의해 기준 전압 2[V]로 정해져 전열기의 열이 항상 공급되는 계이다. 제어 대상은 실내(방)이고, 제어량은 실내 온도가 된다.

제어계의 동작은 먼저 목표값 20[°C]를 전위차계에 의해 기준 입력 전압 2[V]의 전기 신호로 변환된다. 또 실제 출력값으로 제어량인 실내 온도가 18[°C]일 때 제어량인 열을 전류로 변환하는 센서인 열전대에 의해 기전력 1.8[V]로 측정하고, 이 궤환 신호를 기준 입력 전압과 비교한다. 기준 입력 전압과 궤환 전압의 차(error)는 0.2[V]이고, 이 편차 전압 0.2[V]는 조작부를 조작시킬 수 없는 낮은 신호이므로 증폭기로 200[V]로 증폭시켜 전열기의 전원부에 인가하여 열을 발생시킨다. 전열기에 의해 발생된 열은 실내 온도를 높이게 되고, 실내 온도가 목표값에 도달할 때까지 반복된다. 이때 실내온도가 목표값에 도달하면 편차가 0이 되어 전열기의 작동은 멈추게 된다.

난방 제어계의 각 요소와 **그림 1.4**의 폐루프 제어계의 블록 선도를 비교해 본다. 목표값을 전기 신호로 변환하는 전위차계는 기준 입력 요소이고, 전위차계의 전압은 기준 입력 신호, 열전대는 검출부, 열전대의 전압은 주 궤환 신호가 된다. 기준 입력 전압과 주 궤환 전압의 차는 편차이고, 이 편차가 제어계를 동작시키는 동작 신호이다. 증폭기와 전열기는 제어 요소의 조작부이고, 전열기에서 발생하는 열은 조작량이 된다.

그림 1.4와 같은 폐루프 제어계에서 사용되는 용어를 정리하면 다음과 같다.

① **목표값**(command, desired value)

제어계의 입력, 즉 제어량이 소정의 값을 만족하도록 목표로 세운 희망값을 말한다. 목표값이 일정한 경우에는 설정값(set point)이라고도 한다.

② **기준 입력 요소**(reference input element)

기준 입력 요소는 목표값을 전기 신호로 변환하는 요소이고, 기준 입력 요소를 설정부라고도 한다.

③ **기준 입력 신호**(reference input signal)

기준 입력 요소에 의해 목표값을 전기 신호로 변환된 신호이다. 제어계를 동작시키는 기준이 되는 신호이고, 목표값에 대해 일정한 비례 관계를 갖는다.

④ **검출부**(detecting means)

검출부는 제어 대상에서 제어량을 검출하여 측정하고, 주 궤환 신호로 변환하는 부분이다. 궤환 요소에 해당되며, 주로 센서나 측정 장치를 이용한다.

⑤ **주 궤환 신호, 주 피드백 신호**(primary feedback signal)

제어량을 검출하여 측정한 검출부에서 만들어진 신호를 주 궤한 신호라 한다. 제어량의 주 궤환 신호는 목표값의 기준 입력 신호와 비교하기 위한 신호이고 궤환되는 신호가 된다.

⑥ **동작 신호**(control actuating signal), **제어 편차**

기준 입력 신호와 주 궤환 신호의 편차에 의한 신호로서 제어계의 동작을 일으키는 신호이고, 제어 편차라고도 한다.

⑦ **제어 요소**(controlled element)

동작 신호에 의해 제어 대상을 제어하기 위하여 조작량을 만들어내는 장치로서 조절부와 조작부로 구성된다. 제어 요소는 좁은 의미로 제어 장치라고도 한다.

⑧ **조절부**(controlling means)

기준 입력 신호와 주 궤환 신호와의 편차인 동작 신호를 비교, 판단, 연산하여 제어계가 정해진 동작에 필요한 조작 신호를 만들어 조작부로 보내는 역할을 한다.

조절부는 제어기(controller)라고도 하고, PID 제어기를 주로 사용한다.

⑨ **조작부**(final control element)

조절부에서 나온 낮은 신호의 출력을 증폭기에 의해 증폭시켜서 높은 조작 신호의 조작량을 만들어 조작부를 구동시키는 부분이다.

조작부는 액추에이터(actuator)라고도 하며, 조작량으로 직접 제어 대상을 제어하거나 전자밸브와 같이 조절부에서 나온 신호로 제어 대상을 작동시키기도 한다.

⑩ **조작량**(manipulated variable)

제어량을 조절하기 위해 조작부에서 제어 대상에 주는 신호이고, 조작부(제어 요소)의 출력인 동시에 제어 대상의 입력이 되는 양이다.

⑪ **제어 대상**(controlled object)

제어 대상은 제어가 되는 대상으로 프로세스(process, 공정), 시스템(system), 기계장치의 전체 또는 일부를 말하고, 제어 대상의 입력은 조작량, 출력은 제어량이 된다.

⑫ **제어량**(controlled variable)

제어계의 출력으로 실제 출력값이며, 제어 대상의 양을 말한다.

⑬ **제어 장치**(control device, controller)

제어를 하기 위해 제어 장치에 부착되는 장치로서 기준 입력 요소, 제어 요소 및 궤환 요소가 해당된다.

⑭ **외란**(disturbance)

목표값 이외의 외적 입력으로서 제어 대상에 제어량을 변화시키는 모든 외부 영향을 말하며, 인위적으로 제어할 수 없는 양이다.

폐루프 제어계의 특징은 다음과 같다.

① 제어의 정확성과 대역폭의 증가
② 내부의 특성 변화에 대한 계 전체 특성 변화에 미치는 정도인 감도를 줄일 수 있다.
③ 입력에 대한 출력으로 나타내는 전체 이득(전달 함수)의 감소
④ 비선형성과 왜형에 대한 효과의 감소
⑤ 구조가 복잡하며 설치비가 고가인 제어계이다.

폐루프 제어계는 외란에 의해 증폭도가 커져도 전체 이득은 감소하므로 **외란**의 영향을 효과적으로 줄일 수 있는 장점이 있다.

1.3 자동 제어계의 분류

1.3.1 보조 동력의 유무에 의한 분류

(1) **자력 제어**(direct control)

조작부를 구동시키는 필요한 에너지를 제어 대상에서 검출부를 통하여 직접 얻어 조작량을 발생시키는 제어 방식이고, 보조 동력을 별도로 필요로 하지 않는 제어 방식이다.(자동 감압 밸브)

(2) **타력 제어**(indirect control)

조작부를 구동시키는 필요한 에너지를 보조 동력의 큰 에너지원에 의해 조작량을 발생시키는 제어 방식이고, 보조 동력을 별도로 이용하는 제어 방식이다.(전기식, 유압식, 공압식 제어)

1.3.2 제어량에 의한 분류

(1) **서보 기구**(servo-mechanism)

물체의 위치, 방향, 자세 등의 **기계적 변위**를 **제어량**으로 하는 제어계이고, 시간에 따른 목표값의 임의의(자유자재의) 변화에 추종하는 추치 제어이다.

서보 기구는 제어량에 따라 위치 제어, 속도 제어, 가속도 제어라고도 한다. 유도 미사일, 비행기 추적용 레이더, 대공포의 포신 제어 등이 해당된다.

(2) **프로세스 제어**(process control, 공정 제어)

온도, 유량, 압력, 액위, 농도 및 점도 등의 **상태량**을 **제어량**으로 하는 제어계이다. 제어량이 일정한 목표값으로 유지되는 정치 제어이고, 외란의 억제를 주목적으로 한다. 화학, 정유, 철강 플랜트 등을 대상으로 하는 제어이다.

(3) **자동 조정**(automatic regulation)

전압, 전류, 주파수, 속도, 힘 등의 **전기적인 양** 또는 **기계적인 양**을 **제어량**으로 하는 제어계이고, 제어량이 일정한 목표값으로 유지되는 것을 목적으로 하는 정치 제어이다. 자동 전압 조정 장치, 발전기의 조속기 제어 등이 해당된다.

1.3.3 목표값의 시간적 성질에 의한 분류

(1) **정치 제어**(constant value control)

목표값이 시간에 대해 **일정한 제어**를 말하고, 제어량이 일정한 목표값으로 유지하는 제어 방식이다. **프로세스 제어**와 **자동 조정**이 정치 제어에 해당된다.

(2) **추치 제어**(variable valve control)

목표값이 시간에 따라 **변화하는 제어**를 말하고, 제어량이 시간 경과에 따라 변화하는 목표값에 추종하는 제어 방식이다. 추치 제어는 대표적으로 세 종류가 있다.

① **추종 제어**(follow-up control)

목표값이 시간에 따라 **임의로 변화**할 때, 제어량이 자유자재로 변화하는 목표값을 추종하는 제어계이다. 추종 제어는 **서보 기구**가 대표적이고, 유도 미사일, 비행기 추적용 레이더, 대공포의 포신 제어 등이 해당된다.

② **프로그램 제어**(program control)

목표값이 미리 정해진 프로그램의 순서에 따라 제어량이 변화하는 제어계이다. 프로그램 제어는 열차의 무인 운전, 엘리베이터의 무인 운전, 열처리 노의 온도 제어 등이 해당된다.

③ **비율 제어**(proportion control)

목표값이 다른 양과 일정한 비율 관계를 가지고 제어량이 변화하는 제어계이고, 보일러의 자동 연소 장치와 암모니아 합성 공정 등이 해당된다.

1.3.4 조절부의 동작에 의한 분류

조절부에서 기준 입력 신호와 주 궤환 신호와의 편차(오차)인 동작 신호를 연산, 판단하여 조작 신호를 만드는 과정의 제어 동작에 의해 **불연속 제어**와 **연속 제어**로 분류한다.

(1) **불연속 제어**

제어 동작이 비연속적인 제어를 말하며, 동작과 구조가 매우 간단한 제어계이다. 불연속 제어는 **2 위치 제어**와 **샘플값 제어**의 두 종류가 있다.

① 2 **위치 제어**(on-off control)

- 2 위치 제어는 on-off 동작에 의한 제어를 말한다.
- on-off 동작에 의해 조작량은 0[%]와 100[%]를 반복하여 조작량의 변화는 너무 크기 때문에 제어량은 목표값을 빈번하게 반복한다. 따라서 오버슈트가 발생하고 목표값 부근에서 지속적인 진동(사이클링, cycling)이 발생한다. [**그림 1.5**(a) 참고]
- 가정용 냉장고, 전기 다리미, 난방용 보일러 등의 제어에 적용된다.

② **샘플값 제어**(sampled data control)

제어 장치를 디지털 컴퓨터와 온라인으로 동작시키는 경우, 연속적인 동작 신호는 시간적으로 샘플링한 간헐적인 샘플값 신호의 조작량에 의해 동작하는 제어를 말한다. 샘플값 제어는 대표적으로 레이더 추적(radar tracking) 등이 있다.

불연속 제어의 특징은 **오버슈트**(overshoot, 응답 초과량)와 **사이클링**(cycling, 불규칙한 진동)이 항상 존재한다.

(2) **연속 제어**

제어 동작이 연속적인 제어를 말하며, 조절부에서 **동작 신호(편차)와 조작량 사이의 제어 관계**에 의해 다음과 같이 구분한다.

① **비례 제어(P 동작)**

조작량 $y(t)$가 동작 신호(편차) $z(t)$에 비례하는 동작을 하며, 조작량 $y(t)$는 다음과 같다. 단, K_p는 비례 감도, 비례대(proportional band, PB)는 비례 동작의 정도를 나타내며 $(1/K_p)\times 100[\%]$로 표시한다.

$$y(t)=K_p z(t) \quad (\text{단, } K_p : \text{비례 감도}) \tag{1.1}$$

- 측정값(제어량)의 범위 0～100[%]로 하고 중심 50[%]에 목표값을 놓은 비례대(proportional band)의 대소에 의해 제어를 조절하는 제어 동작이다.
- 비례대가 작으면(비례 감도, K_p 대), **식 1.1**에서 조작량이 증가하여 목표값에 빨리 도달하므로 응답속도는 빠르고 잔류 편차도 작아지지만 진동이 발생하기 쉽다.
- 비례대가 크면(비례 감도, K_p 소), **식 1.1**에서 조작량이 감소하여 제어량이 목표값에 늦게 도달하므로 응답속도는 늦어지고 잔류 편차는 커지게 된다.
- 비례 제어는 제어량이 목표값에 근접하여 설정 범위에 들어오면 편차가 너무 작아 조작량이 없게 되면서 목표값에 매우 근접한 상태로 안정화 된다.
  그러므로 제어량과 목표값의 미소 편차가 0이 되지 않기 때문에 잔류 편차(정상 편차, off-set)는 항상 존재하는 제어 동작이다. [**그림 1.5**(b) 참고]

- 비례 제어는 사이클링(진동)이 발생하지 않지만, **잔류 편차의 발생**(정상 특성 불량)과 **속응성 지연**(과도 특성 불량) 특성이 있다.

② 적분 제어(I 동작)

조작량 $y(t)$가 동작 신호(편차) $z(t)$의 적분 $\int z(t)dt$에 비례하는 동작을 하며, 조작량 $y(t)$는 다음과 같다. 단, T_i : 적분 시간(적분 동작의 정도), $1/T_i$: 리셋률

$$y(t) = K_p \frac{1}{T_i} \int z(t)dt \quad (\text{단, } T_i : \text{적분 시간}) \tag{1.2}$$

- 적분 제어는 동작 신호를 시간적으로 누적한 양이 일정한 양에 도달하면 조작량을 나오게 하는 제어 방식이다. 즉 비례 제어에서 발생하는 미소 잔류 편차에 대해 적분 제어를 적용하여 조작량을 증가시킬 수 있고, 증가된 조작량에 의해 제어량을 목표값에 일치시켜 잔류 편차를 완전히 제거할 수 있다. [**그림 1.5**(b) 참고]
  즉 **잔류 편차의 제거**에 의해 **정상 특성을 개선**시킬 수 있고, 비례 제어보다 응답 속도 및 위상은 지연된다.
- 적분 시간(T_i)이 짧으면, **식 1.2**에서 조작량이 증가(적분 동작 강함)하여 잔류 편차의 제거에 시간이 짧아지지만 진동이 발생할 수 있다.
- 적분 시간(T_i)이 길면, **식 1.2**에서 조작량이 감소(적분 동작 약함)하여 잔류 편차의 제거에 시간이 걸린다.

③ 미분 제어(D 동작)

조작량 $y(t)$가 동작 신호(편차) $z(t)$의 미분 $\frac{dz(t)}{dt}$에 비례하는 동작을 하며, 조작량 $y(t)$는 다음과 같다. 단, T_d : 미분 시간(미분 동작의 정도 표시)

$$y(t) = K_p T_d \frac{dz(t)}{dt} \quad (\text{단, } T_d : \text{미분 시간}) \tag{1.3}$$

- 미분 제어는 편차의 변화율에 비례하는 조작량을 더하여 편차의 변화를 억제하도록 하여 제어계를 안정화 시키는 제어 방식이다. 따라서 측정값의 급변이나 외란을 억제시키는 동작을 한다.
- 미분 제어는 외란 등의 편차에 대해 응답속도가 느린 적분 제어를 개선하기 위해 사용하는 제어 방식이다.

- 외란 등의 과도기간 동안만 효과적으로 작용하므로 단독으로 사용되지 않는 제어 동작이다.
- 미분 시간(T_d)이 길면, **식 1.3**에서 조작량이 증가(미분 동작 강함)하여 외란에 대한 응답속도는 빨라지지만 오버슈트가 발생한다.
- 미분 시간(T_d)이 짧으면, **식 1.3**에서 조작량이 감소(미분 동작 약함)하여 응답속도는 길어지지만 오버슈트는 발생하지 않는다.
- **속응성이 양호**하여 **과도 특성이 개선**되고, 비례 제어보다 위상은 앞선다.

④ **비례 적분 제어(PI 동작)**

비례 제어에 의해 발생하는 단점인 **잔류 편차를 제거**하기 위하여 비례 제어에 적분 제어를 병렬로 부가한 제어 동작이고, 조작량 $y(t)$는 다음과 같다.

$$y(t) = K_p\left(z(t) + \frac{1}{T_i}\int z(t)dt\right) \text{ (단, } T_i \text{ : 적분 시간)} \tag{1.4}$$

- 비례 제어 동작에서 발생하는 잔류 편차를 없애기 위해 미소한 잔류 편차를 시간적으로 누적한 양이 일정한 양이 되면 조작량을 증가시켜 잔류 편차를 없애는 제어 동작이다. [**그림 1.5**(d, e) 참고]
- 적분 제어는 측정값을 목표값에 근접시킬 수 있는 제어 동작으로 **정상 특성이 개선**되지만, 일정 시간의 시정수가 필요하므로 응답속도가 늦어서 **속응성이 나쁜 단점**이 있다. 즉 외란이 있을 때 시정수가 크면 신속한 반응을 할 수 없다.

⑤ **비례 미분 제어(PD 동작)**

조작량이 목표값에 빨리 도달하여 **속응성이 개선**(과도 특성 개선) 되도록 비례 제어에 미분 제어를 병렬로 부가한 방식이고, 조작량 $y(t)$는 다음과 같다.

$$y(t) = K_p\left(z(t) + T_d\frac{dz(t)}{dt}\right) \text{ (단, } T_d \text{ : 미분 시간)} \tag{1.5}$$

- 적분 제어(I 동작) 및 비례 적분 제어(PI 동작)의 속응성이 나쁜 단점을 개선하기 위해 적용하는 제어 방식이다.

⑥ **비례 적분 미분 제어(PID 동작)**

비례 제어, 적분 제어, 미분 제어의 동작을 병렬로 결합한 것으로 조작량 $y(t)$는 다음과 같다. 단, K_p : 비례 감도, T_i : 적분 시간, T_d : 미분 시간

$$y(t) = K_p\left(z(t) + \frac{1}{T_i}\int z(t)dt + T_d\frac{dz(t)}{dt}\right) \tag{1.6}$$

- 비례 적분 미분 제어는 세 가지 제어 동작의 장점을 이용한 것이다.
  비례 제어에서 진동의 제거, 적분 제어에서 잔류 편차의 제거, 미분 제어에 의해 오버슈트를 감소시켜 정정 시간을 짧게 하는 효과에 의해 응답속도를 빠르게 한다. 따라서 잔류 편차 제거에 의한 **정상 특성 개선**과 양호한 속응성에 의한 **과도 특성 개선**을 위한 최적의 제어 동작이다. [**그림 1.5**(f) 참고]

이상에서 설명한 조절부의 제어 동작 특성에 대해 독자들의 이해를 돕기 위하여 **그림 1.5**의 곡선을 나타내었고, 각각의 제어 동작에 대한 주요 특성은 다음과 같다.

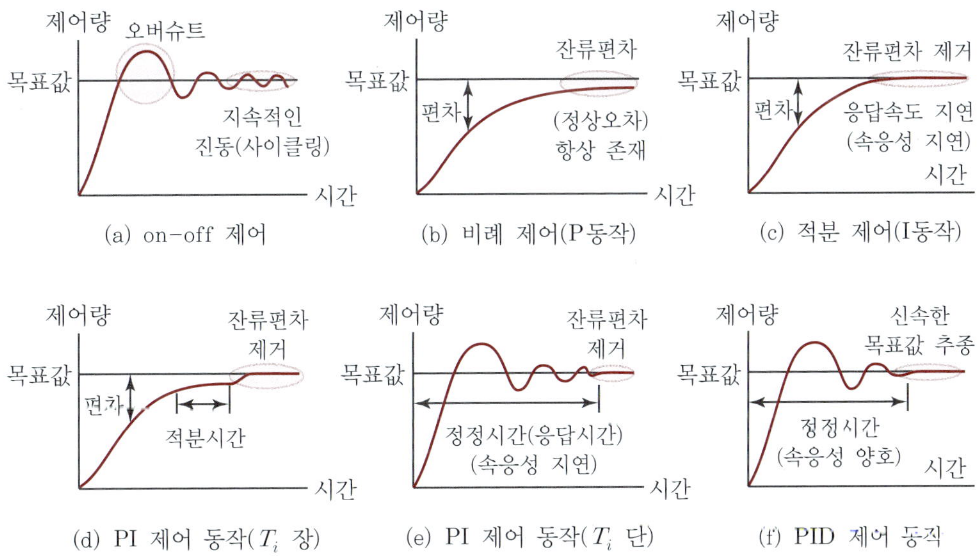

그림 1.5 ▸ 조절부의 제어 동작 특성

(1) on-off 제어(불연속 제어) : **그림 1.5**(a)
조작량의 변화가 크므로 오버슈트가 발생하고, 목표값 부근에서 계속적으로 진동(사이클링)이 발생한다.

(2) 비례 제어(P 동작) : **그림 1.5**(b)
잔류 편차(정상 오차, 옵셋)는 항상 존재하고 오차가 발생하므로 제어량이 목표값과 완전히 일치하지 않는다.

(3) 적분 제어(I 동작) : **그림 1.5**(c)

비례 제어에서 잔류 편차가 존재하는 단점을 개선하기 위하여 적분 제어(I 동작) 또는 비례 적분 제어(PI 동작)를 적용한다. 적분 제어는 미소의 잔류 편차를 시간적으로 누적한 양이 일정한 양이 되면 조작량을 증가시켜 잔류 편차를 제거한다.

(4) PI 동작(비례 적분 제어) : **그림 1.5**(d, e)

PI 동작은 제어량이 목표값에 거의 근접하여 잔류 편차가 존재하지 않는 정상 특성이 양호한 제어 방식이다. 그러나 목표값에 도달하려면 비례 제어(P 동작)에 의해 발생한 잔류 편차를 누적시키기 위한 적분 시간이 필요하거나 일정 시간의 시정수가 필요한 성질로 응답속도가 늦어져서 속응성이 좋지 않은 단점이 있다.

(5) PID 동작(비례 적분 미분 제어) : **그림 1.5**(f)

외란에 대해 속응성이 나쁜 PI 동작을 개선하기 위해 PID 동작을 적용한다. PID 동작은 측정값의 급변이나 외란을 억제하는 동작을 하면서 제어량이 목표값에 신속하게 도달하게 한다.

표 1.1은 조절부의 제어 동작 신호로 분류한 연속 제어 동작 특성을 비교하여 정리한 것이다.

표 1.1 ▶ 조절부의 동작 신호 특성

연속 제어 동작		특 성
비례 제어	P 동작	잔류 편차 발생, 속응성 불량(응답속도 늦음)
적분 제어	I 동작	잔류 편차 제거(정상 특성 양호), 속응성 불량
미분 제어	D 동작	속응성 양호(과도 특성 양호), 오버슈트 발생
비례 적분 제어	PI 동작	잔류 편차 제거(정상 특성 양호), 속응성 불량
비례 미분 제어	PD 동작	속응성 양호(과도 특성 양호)
비례 적분 미분 제어	PID 동작	잔류 편차 제거, 속응성 양호, 오버슈트 감소

연습문제

01 궤환 제어계에서 반드시 필요한 것은?

① 구동 장치　　② 정확성을 높이는 장치
③ 안정성을 증가시키는 장치　　④ 입력과 출력을 비교하는 장치

힌트 궤환 제어계(피드백 제어계) : ① 입력과 출력을 비교하고 오차를 정정하여 출력을 제어하는 계
② 입력과 출력을 비교하는 장치가 필수적인 제어계

02 제어 요소는 무엇으로 구성되는가?

① 검출부　　② 검출부와 조절부
③ 검출부와 조작부　　④ 조절부와 조작부

힌트 ① 제어 요소는 조절부와 조작부로 구성
② 제어 요소는 동작 신호를 입력, 조작량을 출력으로 하는 요소

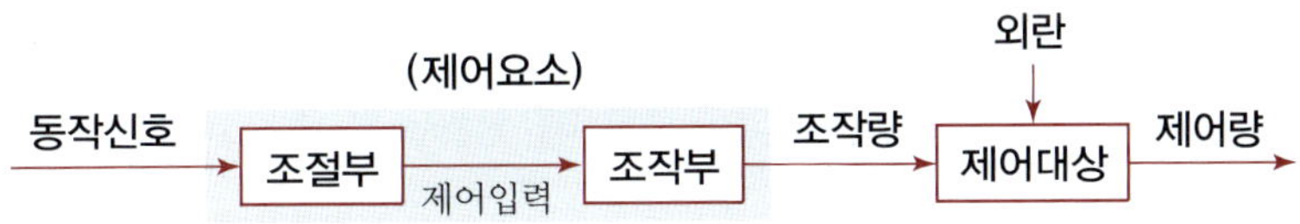

03 제어 장치가 제어 대상에 가하는 제어 신호로 제어 장치의 출력인 동시에 제어 대상의 입력인 신호는?

① 목표값　　② 조작량　　③ 제어량　　④ 제어 대상

힌트 개루프 제어계의 블록 선도 : 조작량은 제어 장치의 출력이고 제어 대상의 입력

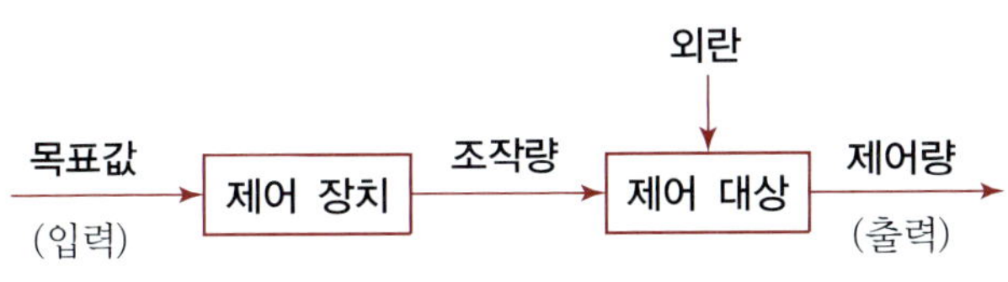

04 제어 요소가 제어 대상에 주는 양은?

① 기준 입력　　② 동작 신호　　③ 제어량　　④ 조작량

힌트 ① 제어 요소의 출력은 조작량이고, 제어 대상에 주는 요소
② 제어 요소는 동작 신호를 조작량으로 변환하고, 조작량을 제어 대상에 주는 장치

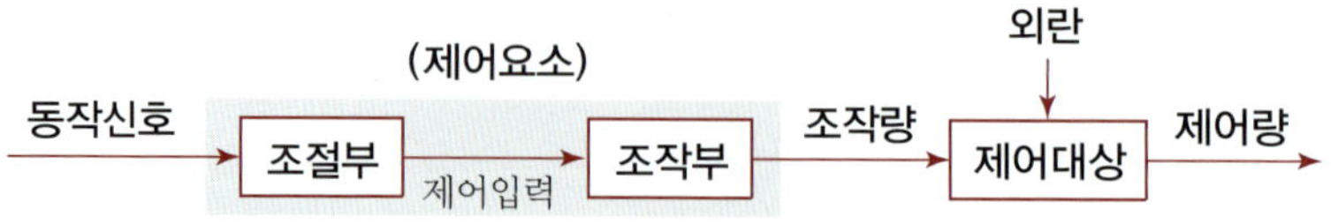

05 다음 용어 설명 중 옳지 않은 것은?

① 목표값을 제어할 수 있는 신호로 변환하는 장치를 기준 입력 장치
② 목표값을 제어할 수 있는 신호로 변환하는 장치를 조작부
③ 제어량을 설정값과 비교하여 오차를 계산하는 장치를 오차 검출기
④ 제어량을 측정하는 장치를 검출단

힌트 조작부 : 동작 신호를 증폭시켜 조작량을 출력으로 하여 직접 제어 대상을 동작시키는 장치

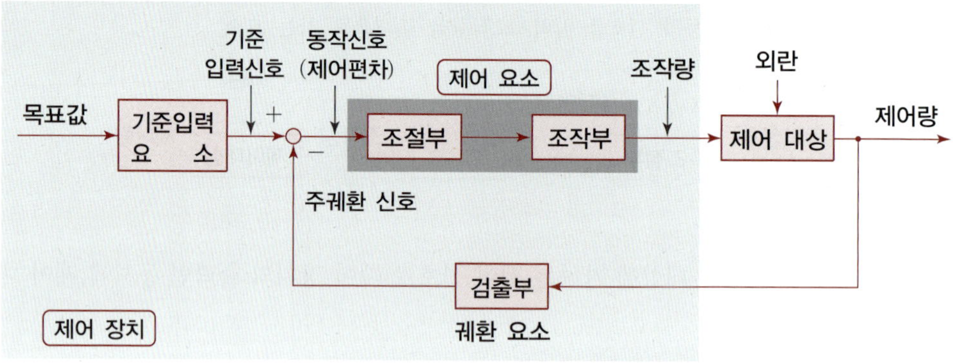

(폐루프 제어계의 블록 선도)

06 제어계를 동작시키는 기준으로서 직접 제어계에 가해지는 신호는?

① 피드백 신호 ② 동작 신호 ③ 기준 입력 신호 ④ 제어 편차 신호

힌트 ① 기준 입력 신호 : 기준 입력 요소에 의해 변환된 전기 신호이고, 제어계를 동작시키는 기준으로 직접 제어계에 가해지는 입력 신호
② 동작 신호 : 기준 입력 신호와 주 궤환 신호의 차로서 제어계의 동작 결정의 기초가 되는 신호로 제어 요소의 입력 신호

07 피드백 제어계에서 제어 요소에 대한 설명 중 옳은 것은?

① 목표치에 비례하는 신호를 발생하는 요소이다.

② 조작부와 검출부로 구성되어 있다.

③ 조절부와 검출부로 구성되어 있다.

④ 동작 신호를 조작량으로 변환시키는 요소이다.

힌트 ① 제어 요소 : 조절부와 조작부로 구성(동작 신호를 입력, 조작량을 출력으로 하는 요소)
② 제어 요소는 동작 신호를 조작량으로 변환하고, 조작량을 제어 대상에 주는 장치

08 기준 입력과 주 궤환량과의 차로서, 제어계의 동작을 일으키는 원인이 되는 신호는?

① 조작 신호 ② 동작 신호 ③ 주 궤환 신호 ④ 기준 입력 신호

힌트 ① 동작 신호 : 기준 입력 신호와 주 궤환 신호의 편차로서 제어계의 동작을 일으키는 신호 (제어 요소의 입력 신호)
② 기준 입력 신호 : 기준 입력 요소에 의해 목표값을 전기 신호로 변환된 전기 신호
③ 주 궤환 신호 : 제어량을 측정하는 검출부에 의해 발생된 궤환 신호

09 제어량의 종류에 의한 자동 제어의 분류가 아닌 것은?

① 프로세스 제어 ② 서보 기구 ③ 자동 조정 ④ 추종 제어

힌트 (1) 제어량에 의한 분류
① 서보 기구 : 제어량이 기계적 변위인 제어계(위치, 방위, 자세)
② 프로세스 제어 : 제어량이 프로세스의 상태량인 제어계(온도, 유량, 압력, 농도)
③ 자동 조정 : 제어량이 전기 및 기계적인 양인 제어계(전압, 전류, 주파수, 속도, 힘)
(2) 목표값의 시간에 따른 분류
① 정치 제어 : 목표값이 일정한 제어이고, 제어량이 일정한 목표값으로 유지하는 제어계 (프로세스 제어, 자동 조정)
② 추치 제어 : 목표값이 시간에 따라 변화하는 제어이고, 제어량이 변화하는 목표값에 추종하는 제어계(추종 제어[서보 기구], 프로그램 제어, 비율 제어)

10 다음 중 프로세스 제어에 속하지 않는 것은?

① 온도 ② 압력 ③ 유량 ④ 자세

힌트 프로세스 제어(공정 제어) : 제어량이 상태량인 제어계(온도, 유량, 압력, 액위, 농도 및 점도)

11 온도, 유량, 압력 등의 공업 프로세스 상태량을 제어량으로 하는 제어계로서 프로세스에 가해지는 외란의 억제를 주목적으로 하는 것은?

① 프로세스 제어 ② 자동 제어 ③ 서보 기구 ④ 정치 제어

힌트 프로세스 제어(공정 제어)
① 제어량이 상태량인 제어계(온도, 유량, 압력, 액위, 농도 및 점도)이고, 제어량이 일정한 목표값으로 유지하는 정치 제어
② 외란의 억제를 주목적

12 서보 기구에서 직접 제어되는 제어량은 주로 어느 것인가?

① 압력, 유량, 액위, 온도 ② 수분, 화학 성분
③ 위치, 각도 ④ 전압, 전류, 회전 속도, 회전력

힌트 서보 기구 : ① 제어량이 기계적 변위인 제어계(위치, 방위, 자세)
② 목표값이 시간에 따라 변화하는 제어로 추치 제어에 해당

13 다음의 제어량에서 추종 제어에 속하지 않는 것은?

① 유량 ② 위치 ③ 방위 ④ 자세

힌트 ① 추종 제어 : 제어량이 시간에 대해 변화하는 목표값으로 추종하는 계이고, 서보 기구가 해당
② 서보 기구 : 제어량이 기계적 변위인 제어계(위치, 방위, 자세)로 추종 제어에 해당

14 주파수를 제어하고자 하는 경우에 이는 어느 제어에 속하는가?

① 비율 제어 ② 추종 제어 ③ 비례 제어 ④ 정치 제어

힌트 ① 자동 조정 : 제어량이 전기적, 기계적인 양인 제어계(전압, 전류, 주파수, 속도, 힘)
② 정치 제어 : 일정한 목표값으로 제어량을 유지시키는 제어계(프로세스 제어와 자동 조정)
③ 주파수 제어는 제어량에 의해 자동 조정, 목표값이 일정한 정치 제어로 분류

15 연료의 유량과 공기의 유량과의 사이의 비율을 연소에 적합한 것으로 유지하고자 하는 제어는?

① 비율 제어 ② 추종 제어 ③ 프로그램 제어 ④ 시퀀스 제어

힌트 비율 제어 : ① 목표값이 다른 양과 일정한 비율 관계를 가지고 변화하는 제어계(추치 제어)
② 보일러의 자동 연소 장치, 암모니아 합성 공정에 적용

16 열차의 무인 운전을 위한 제어는 어느 것에 속하는가?

① 정치 제어 ② 추종 제어 ③ 비율 제어 ④ 프로그램 제어

힌트 프로그램 제어 : ① 목표값이 미리 정해진 프로그램 순서에 따라 제어량을 변화시키는 제어 방식
② 열차의 무인 운전, 엘리베이터의 자동 운전, 열처리 노의 온도제어 등

17 사이클링(cycling)을 일으키는 제어는?

① 비례 제어 ② 적분 제어 ③ 비례 적분 제어 ④ ON-OFF 제어

힌트 ① ON-OFF 제어(불연속 제어) : 오버슈트(overshoot, 응답 초과량)와 사이클링(진동) 발생
② 비례 제어 : 사이클링(진동)은 발생하지 않지만, 잔류 편차는 존재

18 잔류 편차(off-set)를 발생하는 제어는?

① 비례 제어 ② 미분 제어 ③ 적분 제어 ④ 비례 적분 미분 제어

힌트 비례 제어는 잔류 편차(정상 편차, off-set)가 발생하고, 이를 개선하기 위해 적분 제어(비례 적분 제어)를 적용

19 잔류 편차(off-set)를 제거하기 위한 제어법은?

① 비례 제어 ② 적분 제어 ③ on-off 제어 ④ 미분 제어

힌트 적분 제어(비례 적분 제어)는 비례 제어에서 존재하는 잔류 편차를 제거하기 위한 제어 방식이므로 잔류 편차가 존재하지 않으므로 정상 특성이 개선됨

20 PI 제어 동작은 공정 제어계의 무엇을 개선하기 위해 사용되고 있는가?

① 속응성 ② 정상 특성 ③ 이득 ④ 안정도

힌트 PI 제어(비례 적분 제어)
① 잔류 편차가 존재하는 비례 제어를 개선하기 위한 제어 방식
② 잔류 편차가 존재하지 않으므로 정상 특성이 개선됨

21 정상 특성과 응답 속응성을 동시에 개선시키려면 어느 제어를 사용해야 하는가?

① P 제어 ② PI 제어 ③ PD 제어 ④ PID 제어

힌트 ① PI 제어 : 잔류 편차 존재하지 않음(정상 특성 개선)
② PD 제어 : 속응성 양호(과도 특성 개선)
③ PID 제어 : 잔류 편차 제거(정상 특성 개선)와 속응성 양호(과도 특성 개선)의 동시 개선

22 시퀀스 제어에 관한 설명으로 틀린 것은?

① 시스템이 저가이고 간단하다.
② 제어 동작이 출력과 관계없이 오차가 많이 나올 수 있다.
③ 입력과 출력간의 오차를 시스템 내부에서 스스로 조절할 수 있다.
④ 미리 정해진 순서에 따라 제어가 순차적으로 진행된다.

힌트 개루프 제어계의 특징
① 미리 정해놓은 순서에 따라 제어가 각 단계가 순차적으로 진행하는 제어계이므로 시퀀스 제어계 또는 순차 제어계라고도 한다.
② 제어 동작이 입력과 출력이 관계없으므로 오차가 발생할 수 있으며, 오차를 보정할 수 없다.
③ 제어 시스템이 가장 간단하고 설치비가 저렴하다.

23 궤환(Feed back)) 제어계의 특징이 아닌 것은?

① 정확성이 증가한다.
② 대역폭이 증가한다.
③ 구조가 간단하고 설치비가 저렴하다.
④ 계의 특성 변화에 따라 입력 대 출력비의 감도가 감소한다.

힌트 궤환 제어계(폐루프 제어계)의 특징
① 제어의 정확성과 대역폭의 증가
② 내부의 특성 변화에 대한 계 전체 특성 변화에 미치는 정도인 감도를 줄일 수 있다.
③ 입력에 대한 출력으로 나타내는 전체 이득(전달 함수)의 감소
④ 비선형성과 왜형에 대한 효과의 감소
⑤ 구조가 복잡하며 설치비가 고가인 제어계이다.

Chapter 2

라플라스 변환

2.1 라플라스 변환의 개요

일반적으로 회로 해석은 키르히호프의 법칙에 의한 직류회로 해석, 미분 방정식에 의한 1차, 2차 회로의 과도현상 해석, 교류의 정현함수에 대한 페이저 해석 및 비정현 주기함수에 대한 푸리에 급수 변환 등의 방법을 이용하는 것에 대해 배웠다.

본 장에서 배우고자 하는 **라플라스 변환**(Laplace transform)은 RLC 회로의 과도현상에서 선형 미분 방정식을 간단한 대수 방정식으로 변환하여 완전응답을 결정하는 또 하나의 강력한 해법 수단이고, 다음과 같이 간단하고 편리한 장점이 있다.

(1) 구동전원이 지수 함수 또는 삼각 함수 등의 초월 함수와 같은 복잡한 경우에도 간단히 대수 함수로 변환시킬 수 있고, 비주기 함수나 불연속 함수를 간단한 식으로 표현힐 수 있다.
(2) 구동전원이 복잡한 함수의 선형 미분 방정식을 간단한 대수 방정식으로 변환하여 응답의 해를 쉽게 구할 수 있고 그 역변환으로 시간응답을 구할 수 있다.
(3) 임펄스 함수나 계단 함수를 효과적으로 이용하여 선형 회로에 대해 시간영역의 해를 얻게 된다.
(4) 미분 방정식의 일반해는 과도해(자연응답)와 정상해(강제응답)를 각각 구하지만, 라플라스 변환에 의한 방법은 초기조건이 자동적으로 포함되어 있기 때문에 완전응답(일반해)이 한 번에 구해진다.

라플라스 변환에 의한 선형 미분 방정식의 해를 구하는 기본적인 공식적 절차는 **그림 2.1**과 같은 흐름도로 설명할 수 있다.

참고로 **대수 방정식**은 지수, 로그 또는 삼각함수 등이 아닌 대수식(유리수나 무리수)으로만 이루어진 방정식을 의미한다.

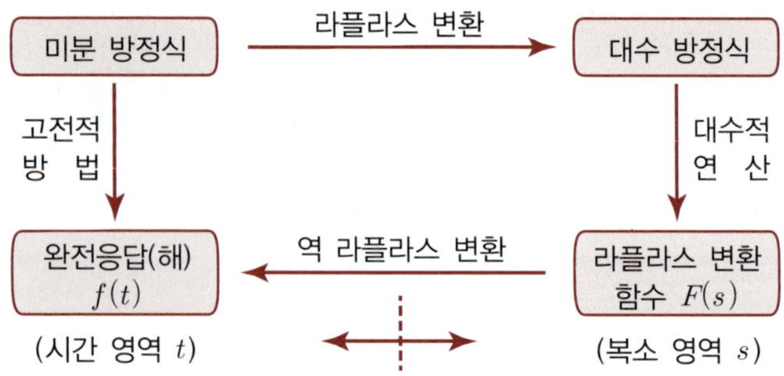

그림 2.1 ▸ 라플라스 변환의 흐름도

2.2 라플라스 변환의 정의

시간 영역(t 영역)에서 주어진 함수 $f(t)$를 $0 \le t < \infty$에서 정의된 함수라 할 때, $f(t)$에 감쇠 복소 지수함수 e^{-st}를 곱한 함수 $f(t)e^{-st}$를 시간 t에 대해 적분하면 복소 영역(s 영역)의 함수 $F(s)$는

$$F(s) = \int_0^\infty f(t)e^{-st}dt\,, \quad F(s) = \mathcal{L}[f(t)] \tag{2.1}$$

가 된다. 이 함수 $F(s)$를 원함수 $f(t)$의 **라플라스 변환**(Laplace transformation)이라 하고, $\mathcal{L}[f(t)] = F(s)$로 표기한다. 여기서 s는 $s = \sigma + j\omega$의 복소함수를 의미한다.

라플라스 변환 함수인 복소 영역의 s 함수 $F(s)$로부터 시간 영역의 t 함수 $f(t)$를 구하는 연산은 **역 라플라스 변환**(inverse Laplace transform)이라 하고, $F(s)$의 역 라플라스 변환은 $\mathcal{L}^{-1}[F(s)]$로 표기한다.

$$f(t) = \mathcal{L}^{-1}[F(s)] \tag{2.2}$$

함수 $f(t)$와 $F(s)$를 **라플라스 변환쌍**이라 하고, 역 라플라스 변환은 일반적으로 중요한 시간함수에 대한 라플라스 변환쌍이 표로 주어지므로 이를 기억하여 구한다.

라플라스 변환을 공부하기 전에 알아 두어야 할 중요한 특징은 다음과 같다.

(1) 어떤 시간함수(순시값이므로 소문자로 표현)에 대한 라플라스 변환을 표시할 때는 대문자로 쓴다. 즉,

$$v(t) \rightarrow V(s),\quad i(t) \rightarrow I(s),\quad x(t) \rightarrow X(s),\quad y(t) \rightarrow Y(s)$$

(2) 시간함수 $f(t)$에서 시간 t는 항상 0 이상의 구간 $(t \geq 0)$에서 적용하기 때문에 라플라스 변환을 정의하는 식 (2.1)의 적분의 하한은 0이 된다. 따라서 시간 t가 음(−)인 경우 $(t<0)$에는 항상 $f(t)=0$이 되므로 $f(t)$는 무시한다. 즉, $F(s)$는 오직 t가 0 이상의 양(+)의 값에서 동작하는 $f(t)$에 의해 결정된다.

2.3 라플라스 변환과 정리

함수의 라플라스 변환을 구하려면 식 (2.1)의 정의에 따라 적분을 직접 계산해서 구하는 것이 아니라 공학적으로 중요한 기본 함수의 라플라스 변환을 기억하여 구하거나 라플라스 변환에 관한 여러 가지 유용한 정리를 응용하여 구하는 것이다.

본 절에서는 공학에서 입력신호로 자주 사용되는 기본 함수들의 라플라스 변환과 라플라스 변환에 관한 정리들에 대해 설명하기로 한다. 이 정리들은 라플라스 변환쌍을 더 많이 유도할 수 있기 때문에 반드시 기억해 두어야 한다.

2.3.1 입력 신호의 기본 함수

(1) 단위 임펄스 함수(단위 충격 함수)

그림 2.2(a)와 같이 구형 펄스가 폭 ϵ, 높이 $1/\epsilon$, 면적 1인 파형을 $f(t)$라 할 때, 이 함수가 면적 1을 유지하면서 $\epsilon \rightarrow 0$으로 극한을 취할 때 ∞가 되는 파형을 **단위 임펄스 함수**(unit impulse function)라고 정의하며, 기호는 $\delta(t)$로 표시한다. 여기서 ϵ은 매우 작은 양수이다.

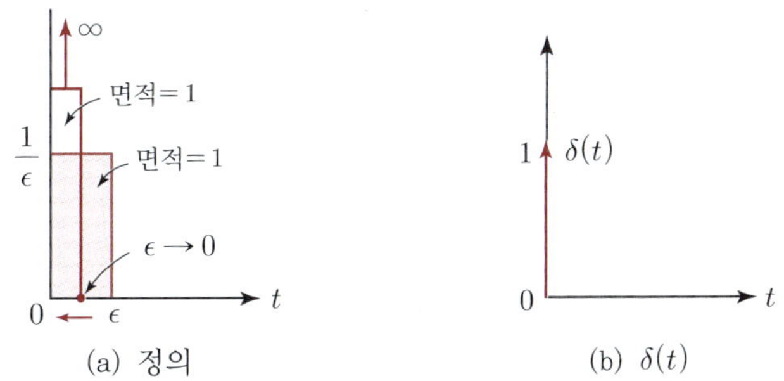

그림 2.2 ▶ **단위 임펄스 함수** $\delta(t)$

위의 정의에 의하여 함수 $\delta(t)$는 $f(t)$의 $\epsilon \to 0$인 극한이므로 수학적으로

$$\delta(t) = \lim_{\epsilon \to 0} f(t) = \begin{cases} \infty & (t=0) \\ 0 & (t \neq 0) \end{cases} \tag{2.3}$$

$$\int_{-\infty}^{\infty} \delta(t)dt = \int_{0}^{\epsilon} \delta(t)dt = 1 \text{ (면적)} \tag{2.4}$$

이 된다. $\delta(t)$는 **그림 2.2**(b)와 같이 $\delta(0)$가 무한히 크다는 의미에서 화살표로 표현하고 $\delta(t)$의 면적이 1이라는 의미에서 화살표의 길이를 1로 하며 화살표 옆에 표시한다.

단위 임펄스 함수의 라플라스 변환은 $t \neq 0$에서 $\delta(t) = 0$이므로 다음과 같다.

$$\mathcal{L}[\delta(t)] = \int_0^{\infty} \delta(t) e^{-st} dt = \int_0^{\infty} \delta(t) \cdot 1 dt = 1$$

$$\therefore \quad \mathcal{L}[\delta(t)] = 1 \tag{2.5}$$

(2) 단위 계단 함수

단위 계단 함수(unit step function)는 **그림 2.3**과 같이 $t < 0$의 구간에서 0이고 $t \geq 0$의 구간에서 크기가 1인 계단 형태의 함수를 나타낸다. 단위 계단 함수의 수학적 정의는 다음과 같고, 기호는 $u(t)$로 표시한다. 즉,

$$f(t) = u(t) = \begin{cases} 0 & (t < 0) \\ 1 & (t \geq 0) \end{cases} \tag{2.6}$$

단위 계단 함수 $u(t)$의 특징은 다음과 같다.

(1) $u(t)$는 $t=0$에서 직류 전원이 인가되거나 상수를 의미하는 경우에 사용되는 상수

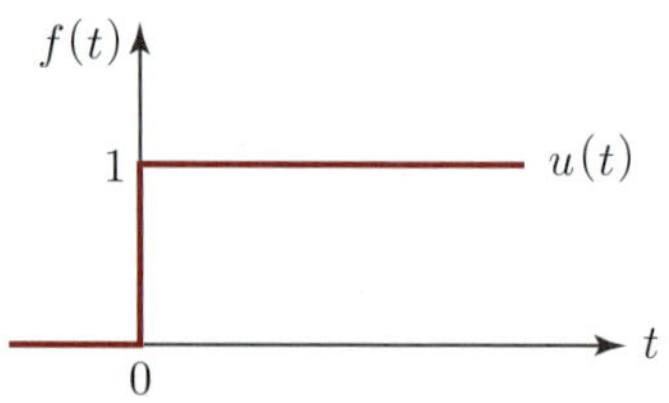

그림 2.3 ▶ **단위 계단 함수** $u(t)$

함수라고 생각할 수 있다.(예 : $2u(t)=2$, $5u(t)=5$ 등)

(2) 라플라스 변환은 $t \geq 0$에서 정의되는 함수를 전제로 하기 때문에 $u(t)$를 생략해도 된다. 이 경우에 독자는 머릿속에 $u(t)$가 있다는 것을 고려하면서 해석해야 한다.

(3) **그림 2.4**와 같이 연속 함수 $f(t)$에 $u(t)$를 곱한 $f(t)u(t)$는 $t<0$인 범위에서 $f(t)=0$이 되고, $t \geq 0$의 범위에서는 원함수 $f(t)$가 된다. 따라서 단위 계단 함수는 실수의 전 범위에서 연속인 함수를 라플라스 변환에서 정의하는 함수로 나타내기 위해 도입된 것이라고 생각해도 된다.

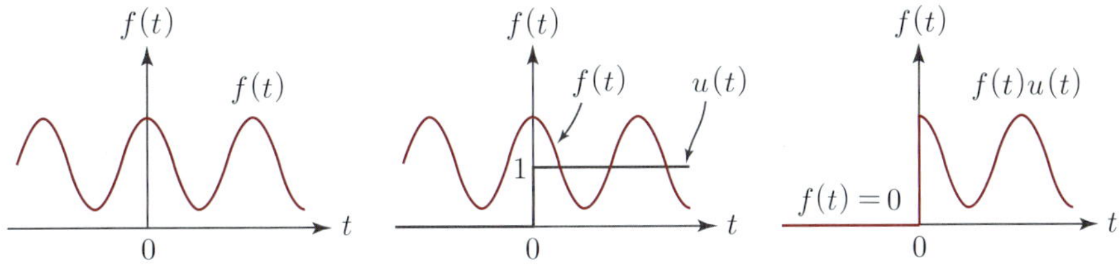

(a) $f(t)$(연속함수) (b) 함수 $f(t)$와 $u(t)$의 곱 (c) 함수 $f(t)u(t)$

그림 2.4 ▶ 단위 계단 함수의 기능

단위 계단 함수 $u(t)$의 라플라스 변환은 $u(t)$를 생략한 계수 1을 식 (2.1)의 정의 식에 대입하면 다음과 같이 구해진다.

$$\mathcal{L}[u(t)] = \int_0^\infty 1 \cdot e^{-st}\,dt = \left[-\frac{1}{s}e^{-st}\right]_0^\infty = \frac{1}{s}$$

$$\therefore \quad \mathcal{L}[u(t)] = \frac{1}{s} \tag{2.7}$$

(3) 단위 램프 함수(단위 경사 함수)

단위 램프 함수(unit ramp function)는 **그림 2.5**(a)와 같이 실수 전 범위에서 연속인 직선함수 t에 단위 계단 함수 $u(t)$를 곱하면 $t<0$의 구간에서 0, $t \geq 0$의 구간에서 기울기가 1인 직선을 의미한다. 이 함수를 **단위 경사 함수**라고도 하며, **그림 2.5**(b)에 나타낸다. 단위 램프 함수의 기호는 $tu(t)$로 표시하고, 수학적 정의는 다음과 같다.

$$f(t) = tu(t) = \begin{cases} 0 & (t<0) \\ t & (t \geq 0) \end{cases} \tag{2.8}$$

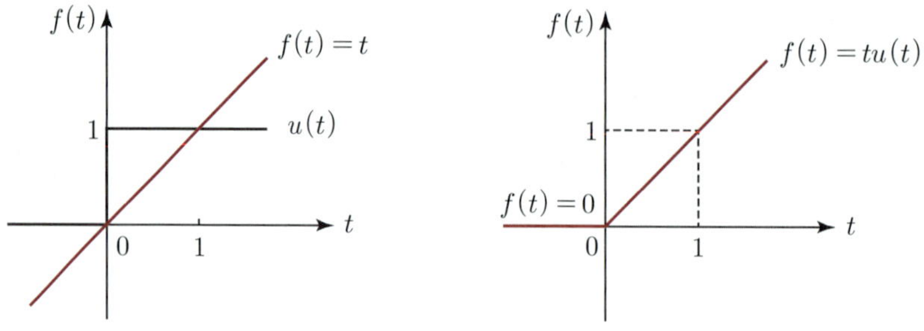

(a) t(연속함수)와 $u(t)$의 곱　　(b) $f(t)=tu(t)$

그림 2.5 ▶ 단위 램프 함수

단위 램프 함수의 라플라스 변환도 $t \geq 0$의 범위에서 정의하기 때문에 $u(t)$를 생략하여 식 (2.1)에 대입하면

$$\mathcal{L}[f(t)] = \mathcal{L}[tu(t)] = \int_0^{\infty} t \cdot e^{-st}\, dt \tag{2.9}$$

이다. 이 적분을 부분 적분법의 공식

$$\int_0^{\infty} f'(t)g(t)dt = \left[f(t)g(t)\right]_0^{\infty} - \int_0^{\infty} f(t)g'(t)dt \tag{2.10}$$

에서 $f'(t)=e^{-st}$, $g(t)=t$, $f(t)=-\dfrac{1}{s}e^{-st}$, $g'(t)=1$을 적용하면 다음과 같이 구해진다.

$$[tu(t)] = \int_0^{\infty} t \cdot e^{-st}\, dt = \left[t \cdot -\frac{e^{-st}}{s}\right]_0^{\infty} - \int_0^{\infty} -\frac{e^{-st}}{s}\, dt$$

$$= \left[-\frac{1}{s^2}e^{-st}\right]_0^{\infty} = \frac{1}{s^2}$$

$$\therefore \quad \mathcal{L}[tu(t)] = \frac{1}{s^2} \tag{2.11}$$

2.3.2 자주 사용되는 기본 함수

라플라스 변환은 본 절에서 n차 램프 함수(t^n), 지수함수(e^{-at}), 삼각함수($\cos\omega t$, $\sin\omega t$)의 기본 함수를 먼저 익힌다. 그리고 각각 두 함수의 조합으로 이루어진 지수 n차 램프함수($t^n e^{-at}$), 지수삼각함수($e^{-at}\sin\omega t$, $e^{-at}\cos\omega t$), n차 램프 삼각함수($t^n\sin\omega t$, $t^n\cos\omega t$) 등은 다음 절에서 배울 정리에 의해 변환하는 것을 배우게 될 것이다.

(1) n차 램프 함수

함수 $f(t)=t^n$ (n은 자연수)의 라플라스 변환(증명 생략)은 다음과 같다.

$$\mathcal{L}[t^n]=\frac{n!}{s^{n+1}} \tag{2.12}$$

(2) 지수함수

지수함수 $f(t)=e^{-at}u(t)$를 식 (2.1)의 정의 식에 대입하면 라플라스 변환은 다음과 같고, **그림 2.6**(a)에서 e^{-at}와 $u(t)$의 곱에 의해 **그림 2.6**(b)의 지수함수 곡선을 나타낸다. 특히 지수함수의 라플라스 변환은 지수부의 부호가 반대로 적용되는 것을 주의해야 한다.

$$\mathcal{L}[e^{-at}u(t)]=\int_0^\infty e^{-at}e^{-st}dt=\int_0^\infty e^{-(s+a)t}dt$$
$$=\left[-\frac{1}{s+a}e^{-(s+a)t}\right]_0^\infty=\frac{1}{s+a}$$

$$\therefore\ \ \mathcal{L}[e^{-at}]=\frac{1}{s+a},\quad \mathcal{L}[e^{at}]=\frac{1}{s-a} \tag{2.13}$$

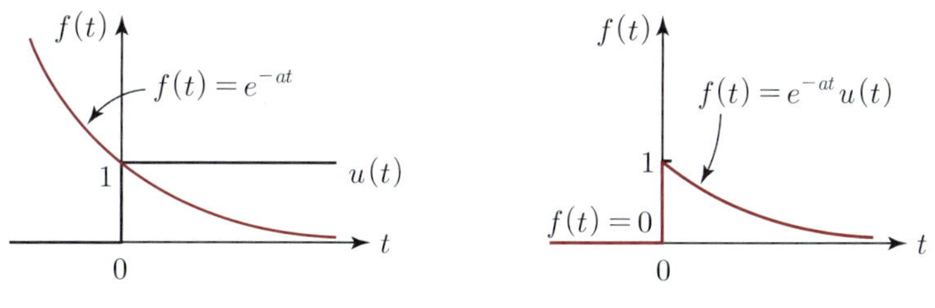

(a) e^{-at}(연속함수)와 $u(t)$의 곱　　(b) $f(t)=e^{-at}u(t)$

그림 2.6 ▸ 지수 함수

(3) 삼각함수

삼각함수 $f(t)=\cos\omega t\, u(t)$, $f(t)=\sin\omega t\, u(t)$를 식 (2.1)에 대입하면 각각

$$\mathcal{L}[\cos\omega t]=\int_0^\infty \cos\omega t\cdot e^{-st}\,dt$$
$$\mathcal{L}[\sin\omega t]=\int_0^\infty \sin\omega t\cdot e^{-st}\,dt \tag{2.14}$$

이고, $f(t)=\sin\omega t\, u(t)$의 곡선을 **그림 2.7**(b)에 나타낸다. 삼각함수의 지수형식은

$$\cos\omega t=\frac{1}{2}\left(e^{j\omega t}+e^{-j\omega t}\right),\quad \sin\omega t=\frac{1}{2j}\left(e^{j\omega t}-e^{-j\omega t}\right) \tag{2.15}$$

이므로 두 삼각함수의 라플라스 변환은 각각 다음과 같이 얻어진다.

$$\begin{aligned}\mathcal{L}[\cos\omega t]&=\frac{1}{2}\mathcal{L}\left[e^{j\omega t}+e^{-j\omega t}\right]=\frac{1}{2}\left(\frac{1}{s-j\omega}+\frac{1}{s+j\omega}\right)\\&=\frac{2s}{2(s^2+\omega^2)}=\frac{s}{s^2+\omega^2}\\ \mathcal{L}[\sin\omega t]&=\frac{1}{2j}\mathcal{L}\left[e^{j\omega t}-e^{-j\omega t}\right]=\frac{1}{2j}\left(\frac{1}{s-j\omega}-\frac{1}{s+j\omega}\right)\\&=\frac{1}{2j}\frac{2j\omega}{(s^2+\omega^2)}=\frac{\omega}{s^2+\omega^2}\end{aligned}$$

$$\therefore\ \mathcal{L}[\cos\omega t]=\frac{s}{s^2+\omega^2},\quad \mathcal{L}[\sin\omega t]=\frac{\omega}{s^2+\omega^2} \tag{2.16}$$

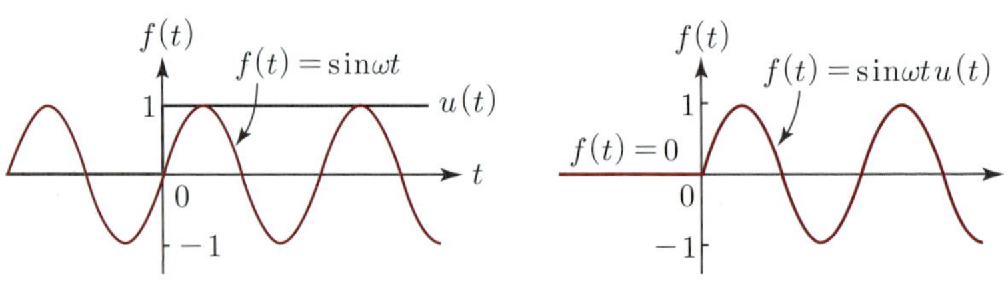

(a) sinωt(연속함수)와 u(t)의 곱　　(b) f(t) = sinωt u(t)

그림 2.7 ▸ 삼각함수

지금까지 자동제어계의 응답 특성을 알기 위하여 자주 사용하는 입력 신호로써 단위 임펄스(충격) 함수, 단위 계단 함수, 단위 램프(경사) 함수 등을 포함한 기본 함수에 대하여 라플라스 변환 과정을 나타내었다. 그러나 독자들은 라플라스 변환 과정을 익히는 것보다 변환 결과를 기억하여 여러 가지 함수들의 변환에 활용하기를 바란다.

시스템 해석에 중요한 시간함수의 라플라스 변환을 **표 2.1**에 정리하였으며, 특히 강조색으로 구분된 함수는 반드시 기억하고 나머지 함수의 라플라스 변환은 다음 절의 정리를 활용하여 구하는 방법을 배울 것이다.

표 2.1 ▶ 라플라스 변환표

번호	함 수 명	$f(t)$	$F(s)$	번호	함 수 명	$f(t)$	$F(s)$
1	단위 임펄스 함수	$\delta(t)$	1	8	지수 n차 램프 함수	$t^n e^{-at}$	$\frac{n!}{(s+a)^{n+1}}$
2	단위 계단 함수	$u(t)=1$	$\frac{1}{s}$	9	cos함수	$\cos\omega t$	$\frac{s}{s^2+\omega^2}$
3	단위 램프 함수	t	$\frac{1}{s^2}$	10	sin함수	$\sin\omega t$	$\frac{\omega}{s^2+\omega^2}$
4	포물선 함수	t^2	$\frac{2}{s^3}$	11	지수 cos함수	$e^{-at}\cos\omega t$	$\frac{s+a}{(s+a)^2+\omega^2}$
5	n차 램프 함수	t^n	$\frac{n!}{s^{n+1}}$	12	지수 sin함수	$e^{-at}\sin\omega t$	$\frac{\omega}{(s+a)^2+\omega^2}$
6	지수 함수	e^{-at}	$\frac{1}{s+a}$	13	쌍곡선 함수	$\cosh\omega t$	$\frac{s}{s^2-\omega^2}$
7	지수램프함수	te^{-at}	$\frac{1}{(s+a)^2}$	14	쌍곡선 함수	$\sinh\omega t$	$\frac{\omega}{s^2-\omega^2}$

예제 2.1

시간 영역에서 주어진 함수의 라플라스 변환을 각각 구하라.

(1) 3 (2) -5 (3) $2t$ (4) $-4t$ (5) $3t^2$

(6) $2t^3$ (7) $2e^{-t}$ (8) $5e^{4t}$ (9) $3\sin 2t$ (10) $2\cos t$

(11) $\sin(\omega t+\theta)$ (12) $\cos(10t+30°)$

풀이 라플라스 변환은 식 (2.1)의 정의에 의해 구할 수 있지만 본문의 결과만을 활용하여 구한다.

(1) 상수함수는 단위 계단 함수의 라플라스 변환 함수 $\mathcal{L}[u(t)]$의 상수배가 된다. 즉

$$\mathcal{L}[3] = \mathcal{L}[3u(t)] = 3\mathcal{L}[u(t)] = 3\times\frac{1}{s} = \frac{3}{s}$$

(2) $\mathcal{L}[-5] = -5\mathcal{L}[u(t)] = -5 \times \frac{1}{s} = -\frac{5}{s}$

(3) $\mathcal{L}[2t] = 2\mathcal{L}[t] = 2 \times \frac{1}{s^2} = \frac{2}{s^2}$

(4) $\mathcal{L}[-4t] = -4\mathcal{L}[t] = -4 \times \frac{1}{s^2} = -\frac{4}{s^2}$

(5) $\mathcal{L}[3t^2] = 3\mathcal{L}[t^2] = 3 \times \frac{2!}{s^{2+1}} = 3 \times \frac{2 \times 1}{s^{2+1}} = \frac{6}{s^3}$

(6) $\mathcal{L}[2t^3] = 2\mathcal{L}[t^3] = 2 \times \frac{3!}{s^{3+1}} = 2 \times \frac{3 \times 2 \times 1}{s^{3+1}} = \frac{12}{s^4}$

(7) $\mathcal{L}[2e^{-t}] = 2\mathcal{L}[e^{-t}] = 2 \times \frac{1}{s+1} = \frac{2}{s+1}$

(8) $\mathcal{L}[5e^{4t}] = 5\mathcal{L}[e^{4t}] = 5 \times \frac{1}{s-4} = \frac{5}{s-4}$

(9) $\mathcal{L}[3\sin 2t] = 3\mathcal{L}[\sin 2t] = 3 \times \frac{2}{s^2+2^2} = \frac{6}{s^2+4}$

(10) $\mathcal{L}[2\cos t] = 2\mathcal{L}[\cos t] = 2 \times \frac{s}{s^2+1^2} = \frac{2s}{s^2+1}$

(11) $\mathcal{L}[\sin(\omega t+\theta)] = \mathcal{L}[\sin\omega t\cos\theta + \cos\omega t\sin\theta]$ ($\sin\theta$, $\cos\theta$는 상수)

$= \cos\theta\,\mathcal{L}[\sin\omega t] + \sin\theta\,\mathcal{L}[\cos\omega t]$

$$\mathcal{L}[\sin(\omega t+\theta)] = \cos\theta \cdot \frac{\omega}{s^2+\omega^2} + \sin\theta \cdot \frac{s}{s^2+\omega^2}$$

$$\therefore\ \mathcal{L}[\sin(\omega t+\theta)] = \frac{\omega\cos\theta + s\sin\theta}{s^2+\omega^2}$$

(12) $\mathcal{L}[\cos(10t+30°)] = \mathcal{L}[\cos(10t+30°)]$

$= \mathcal{L}[\cos 10t\cos 30° - \sin 10t\sin 30°]$ ($\sin 30°$, $\cos 30°$는 상수)

$= \cos 30°\,\mathcal{L}[\cos 10t] - \sin 30°\,\mathcal{L}[\sin 10t]$

$$\mathcal{L}[\cos(10t+30°)] = \cos 30° \cdot \frac{s}{s^2+10^2} - \sin 30° \cdot \frac{10}{s^2+10^2}$$

$$\therefore\ \mathcal{L}[\cos(10t+30°)] = \frac{0.866s}{s^2+100} - \frac{5}{s^2+100} = \frac{0.866s-5}{s^2+100}$$

TIP 삼각함수의 덧셈 정리

① $\sin(\theta_1 \pm \theta_2) = \sin\theta_1\cos\theta_2 \pm \cos\theta_1\sin\theta_2$ (복호 동순)

② $\cos(\theta_1 \pm \theta_2) = \cos\theta_1\cos\theta_2 \mp \sin\theta_1\sin\theta_2$ (복호 동순)

2.3.3 라플라스 변환의 정리

라플라스 변환은 여러 가지 성질을 가지고 있으며, 이 성질과 **표 2.1**의 라플라스 변환표를 이용하면 주어진 함수의 라플라스 변환을 간단히 해결할 수 있다.

(1) 선형 정리

시간함수의 합 또는 차의 라플라스 변환은 각 시간함수의 라플라스 변환의 합 또는 차와 같다.

$$\mathcal{L}[af_1(t) \pm bf_2(t)] = \int_0^\infty [af_1(t) \pm bf_2(t)]e^{-st}\,dt$$

$$= a\int_0^\infty f_1(t)e^{-st}\,dt \pm b\int_0^\infty f_2(t)e^{-st}\,dt$$

$$= a\mathcal{L}[f_1(t)] \pm b\mathcal{L}[f_2(t)] = aF_1(s) \pm bF_2(s)$$

$$\therefore\ \mathcal{L}[af_1(t) \pm bf_2(t)] = aF_1(s) \pm bF_2(s) \qquad (2.17)$$

예제 2.2

다음의 주어진 함수의 라플라스 변환을 구하라.

(1) $f(t) = \delta(t) - be^{bt}$ **(단, $\delta(t)$는 임펄스 함수이다.)**

(2) $f(t) = 6 + 3t + 4e^{-3t} + 2\cos 5t$

풀이 선형 정리에 의하여

(1) $\mathcal{L}[f(t)] = \mathcal{L}[\delta(t) - be^{-bt}]$, $\mathcal{L}[f(t)] = \mathcal{L}[\delta(t)] - \mathcal{L}[be^{-bt}]$

$$\therefore\ F(s) = 1 - \frac{b}{s+b} = \frac{s}{s+b}$$

(2) $\mathcal{L}[f(t)] = \mathcal{L}[6 + 3t + 4e^{-3t} + 2\cos 5t]$

$$\mathcal{L}[f(t)] = \mathcal{L}[6] + \mathcal{L}[3t] + \mathcal{L}[4e^{-3t}] + \mathcal{L}[2\cos 5t]$$

$$\therefore\ F(s) = \frac{6}{s} + \frac{3}{s^2} + \frac{4}{s+3} + \frac{2s}{s^2+25}$$

(2) 복소 이동 정리(복소 추이 정리)

시간 영역의 함수 $f(t)$의 라플라스 변환을 복소 영역의 $F(s)$라 할 때, 지수함수와 곱해진 함수 $e^{at}f(t)$의 라플라스 변환은 다음과 같다.

$$\mathcal{L}[f(t)] = F(s) \tag{2.18}$$

$$\mathcal{L}[e^{at}f(t)] = \int_0^\infty f(t)e^{at}e^{-st}\,dt = \int_0^\infty f(t)e^{-(s-a)t}\,dt = F(s-a)$$

$$\therefore\ \mathcal{L}[e^{at}f(t)] = F(s-a) \tag{2.19}$$

식 (2.19)는 시간 영역에서 함수 $f(t)$에 지수함수 e^{at}를 곱한 것은 복소 영역에서 복소 함수(s 함수) $F(s)$를 a 만큼 평행 이동한 $F(s-a)$가 되는 것을 의미한다. 즉, 복소 함수 $F(s)$가 평행 이동하기 때문에 **복소 이동 정리** 또는 **복소 추이 정리**하고 한다.

결과적으로 시간 영역에서 $f(t)$에 지수함수를 곱한 함수의 라플라스 변환은 복소 영역에서 복소 함수 $F(s)$를 평행 이동한 함수로 구할 수 있다.

복소 이동 정리는 **지수함수의 곱으로 이루어진 모든 함수의 라플라스 변환**에 적용되는 가장 사용 빈도가 높은 정리로, 두 함수의 조합으로 이루어진 지수 n차 램프함수($t^n e^{-at}$), 지수삼각함수($e^{-at}\sin\omega t$, $e^{-at}\cos\omega t$) 등의 해석에 주로 적용된다.

정리 복소 이동 정리(복소 추이 정리)

지수함수를 곱한 함수 $e^{at}f(t)$의 라플라스 변환은 다음의 2단계에 의해 구한다.

(1) 지수함수를 제외한 함수인 $f(t)$를 라플라스 변환에 의해 복소 함수 $F(s)$를 구한다.

$$\mathcal{L}[f(t)] = F(s)$$

(2) $F(s)$에서 s 대신에 $s-a$를 대입하여 $F(s-a)$를 구한다.

$$\mathcal{L}[e^{at}f(t)] = F(s)\big|_{s\to s-a} = F(s-a)$$

예제 2.3

다음의 주어진 함수의 라플라스 변환을 구하라.

(1) $f(t) = e^{-3t}$ (2) $f(t) = te^{-at}$ (3) $f(t) = e^{-at}\cos\omega t$

풀이 지수함수를 포함한 함수이므로 복소 이동 정리를 적용한다.

(1) 지수함수를 제외한 1의 라플라스 변환 $\mathcal{L}[1]=\frac{1}{s}$에서 s 대신에 $s+3$을 대입하여 구한다.

$$\mathcal{L}[e^{-at}]=\left.\frac{1}{s}\right|_{s\to s+3}=\frac{1}{s+3}$$

(2) 지수함수를 제외한 t의 라플라스 변환 $\mathcal{L}[t]=\frac{1}{s^2}$에서 s 대신에 $s+a$를 대입하여 구한다.

$$\mathcal{L}[te^{-at}]=\left.\frac{1}{s^2}\right|_{s\to s+a}=\frac{1}{(s+a)^2}$$

(3) 지수함수를 제외한 $\cos\omega t$의 라플라스 변환 $\mathcal{L}[\cos\omega t]=\frac{s}{s^2+\omega^2}$에서 s 대신에 $s+a$를 대입하여 구한다.

$$\mathcal{L}[e^{-at}\cos\omega t]=\left.\frac{s}{s^2+\omega^2}\right|_{s\to s+a}=\frac{s+a}{(s+a)^2+\omega^2}$$

(3) 시간 이동 정리(시간 추이 정리)

앞의 복소 이동 정리는 시간 영역에서 함수 $f(t)$에 지수함수를 곱하면 복소 영역에서 $F(s)$를 평행 이동한 함수가 된다는 것을 배웠다. 이와 반대로 시간 영역에서 함수 $f(t)$를 평행 이동하면 복소 영역에서 $F(s)$에 지수함수를 곱한 것으로 나타낼 수 있다.

$f(t)$의 라플라스 변환 함수가 $F(s)$일 때, **그림 2.8**과 같이 시간 영역에서 함수 $f(t)$를 t축을 따라 a 만큼 평행 이동한 함수 $f(t-a)u(t-a)$의 라플라스 변환은 다음과 같다.

$$\mathcal{L}[f(t)u(t)]=F(s)$$

$$\mathcal{L}[f(t-a)u(t-a)]=e^{-as}F(s) \tag{2.20}$$

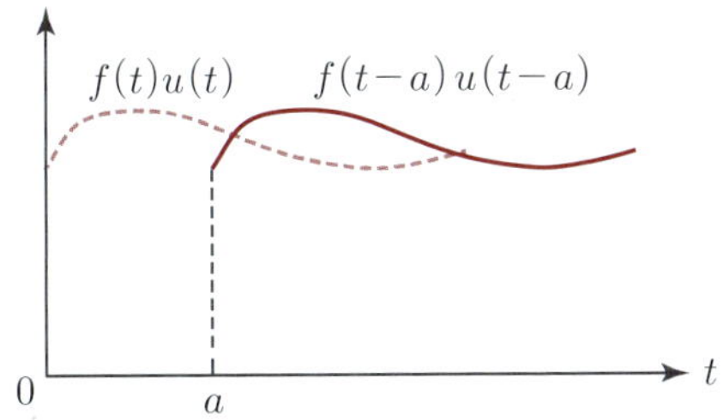

그림 2.8 ▸ 시간 이동 정리

식 (2.20)은 시간 영역에서 함수 $f(t)$를 a 만큼 평행 이동한 것은 복소 영역에서 $F(s)$에 지수함수 e^{-as}를 곱한 것이 되는 것을 의미한다. 즉 시간함수 $f(t)$의 평행 이동에 의한 것이기 때문에 라플라스 변환의 **시간 이동 정리** 또는 **시간 추이 정리**하고 한다.

결과적으로 시간 이동 함수 $f(t-a)u(t-a)$의 라플라스 변환은 복소 영역에서 $F(s)$에 이동한 시간 $(-a)$ 만큼의 지수 함수 e^{-as}를 곱하여 구할 수 있다.

예제 2.4

다음 주어진 함수의 라플라스 변환을 구하라.

(1) $f(t)=u(t-a)-u(t-b)$ **(2)** $f(t)=(t-1)u(t-1)$

풀이 (1) $u(t-a)$, $u(t-b)$는 $u(t)$를 각각 양의 방향으로 a, b 만큼 평행 이동한 함수이므로 시간 이동 정리를 적용한다. $u(t)$의 라플라스 변환 $\mathcal{L}[u(t)]=1/s$에 지수 함수를 곱하면 된다. 즉,

$$\mathcal{L}[f(t)]=\frac{1}{s}e^{-as}-\frac{1}{s}e^{-bs}=\frac{1}{s}(e^{-as}-e^{-bs})$$

(2) $f(t)=(t-1)u(t-1)$은 램프 함수 t를 양의 방향으로 1 만큼 평행 이동한 함수이므로 시간 이동 정리를 적용한다. t의 라플라스 변환 $\mathcal{L}[t]=1/s^2$에 지수 함수를 곱하면 된다. 즉,

$$\mathcal{L}[f(t)]=\frac{1}{s^2}e^{-s}$$

(4) 미분 정리

함수 $f(t)$의 라플라스 변환 함수가 $F(s)$일 때, $f(t)$의 1차 미분 $f'(t)$의 라플라스 변환은 부분 적분법을 적용하면 다음과 같이 구해진다.

$$\mathcal{L}[f'(t)]=\int_0^\infty f'(t)e^{-st}dt=\left[f(t)e^{-st}\right]_0^\infty-\int_0^\infty f(t)(-se^{-st})dt$$
$$=-f(0^+)+s\int_0^\infty f(t)e^{-st}dt=sF(s)-f(0^+)$$

$$\therefore\ \mathcal{L}[f'(t)]=sF(s)-f(0^+) \qquad (2.21)$$

여기서 $f(0)$은 $f(t)$의 초기값 $f(0)=\lim_{t\to 0} f(t)$으로 초기조건에 의해 결정된다.

2차 미분 함수 $f''(t)$의 라플라스 변환은 식 (2.21)을 이용하면

$$\begin{aligned}\mathcal{L}[f''(t)] &= \mathcal{L}[(f'(t))'] = s\mathcal{L}[f'(t)] - f'(0^+) \\ &= s\{sF(s) - f(0^+)\} - f'(0^+)\end{aligned} \tag{2.22}$$

$$\therefore \quad \mathcal{L}[f''(t)] = s^2F(s) - sf(0^+) - f'(0^+) \tag{2.23}$$

이므로 고차의 미분에 대한 라플라스 변환도 확장하여 구할 수 있다. 그러나 회로 해석은 대부분이 2차 미분 방정식이므로 1차 및 2차 미분의 라플라스 변환 식을 반드시 기억해 두어야 한다.

정리 미분 정리

■ 1차 및 2차 미분의 라플라스 변환

1차 미분 : $\mathcal{L}[f'(t)] = sF(s) - f(0^+)$

2차 미분 : $\mathcal{L}[f''(t)] = s^2F(s) - sf(0^+) - f'(0^+)$

예제 2.5

다음의 미분 방정식에 대해 라플라스 변환을 구하라.

(1) $\dfrac{dx(t)}{dt} + 3x(t) = 5, \quad x(0) = 0$

(2) $\dfrac{d^2f(t)}{dt^2} + 2\dfrac{df(t)}{dt} - 3f(t) = 4, \quad f'(0) = f(0) = 0$

풀이 (1) $\{sX(s) - x(0)\} + 3X(s) = \dfrac{5}{s}, \quad (s+3)X(s) = \dfrac{5}{s}$

$$\therefore \quad X(s) = \frac{5}{s(s+3)}$$

(2) $\{s^2F(s) - sf(0) - f'(0)\} + 2\{sF(s) - f(0)\} - 3F(s) = \dfrac{4}{s}$

$$(s^2+2s-3)F(s) = \frac{4}{s} \quad \therefore \quad F(s) = \frac{4}{s(s^2+2s-3)} = \frac{4}{s(s+3)(s-1)}$$

(5) 적분 정리

함수 $f(t)$의 라플라스 변환 함수가 $F(s)$일 때, $f(t)$의 정적분에 대한 라플라스 변환은 부분 적분법을 적용하면 다음과 같이 구해진다.

$$\mathcal{L}\left[\int f(t)dt\right] = \int_0^\infty \left\{\int_0^t f(t)dt\right\} e^{-st}\,dt$$

$$= \left[\left\{\int_0^t f(t)dt\right\}\left\{-\frac{1}{s}e^{-st}\right\}\right]_0^\infty - \int_0^\infty f(t)\left(-\frac{1}{s}e^{-st}\right)dt$$

$$= \frac{1}{s}F(s)$$

$$\therefore\ \mathcal{L}\left[\int_0^t f(t)dt\right] = \frac{1}{s}F(s) \qquad (2.24)$$

시간 영역에서 함수 $f(t)$의 적분은 복소 영역에서 $F(s)$에 $1/s$을 곱하는 대수 연산으로 변환된다.

예제 2.6

$e(t) = Ri(t) + L\dfrac{d}{dt}i(t) + \dfrac{1}{C}\displaystyle\int i(t)dt$ 에서 모든 초기값을 0 으로 하고 라플라스 변환을 구하라.

풀이 미분식과 적분식으로 이루어진 방정식이므로 미분 정리와 적분 정리를 이용하여 라플라스 변환을 한다.

$$\mathcal{L}[e(t)] = \mathcal{L}\left[Ri(t) + L\frac{d}{dt}i(t) + \frac{1}{C}\int i(t)dt\right]$$

$$E(s) = RI(s) + Ls\,I(s) + \frac{1}{Cs}I(s),\quad I(s) = \frac{1}{R + Ls + \dfrac{1}{Cs}}E(s)$$

$$\therefore\ I(s) = \frac{Cs}{LCs^2 + RCs + 1}E(s)$$

(6) 복소 미분 정리

앞의 미분 정리에서 시간 영역의 함수 $f(t)$의 미분에 대한 라플라스 변환을 배웠다. 이와 반대로 복소 영역에서 복소 함수(s 함수) $F(s)$의 미분에 대응되는 시간 영역의 함수를 구하는 **복소 미분 정리**에 대해 설명한다.

시간 영역 함수 $f(t)$의 라플라스 변환인 복소 함수 $F(s)$는

$$F(s) = \int_0^\infty f(t)\, e^{-st}\, dt \tag{2.25}$$

이고, 이 식을 s로 미분하면 다음과 같다.

$$\begin{aligned}\frac{dF(s)}{ds} &= \frac{d}{ds}\int_0^\infty f(t) e^{-st}\, dt = \int_0^\infty f(t)\frac{d}{ds}e^{-st}\, dt \\ &= \int_0^\infty f(t)(-te^{-st})\, dt = \mathcal{L}\left[(-t)f(t)\right]\end{aligned}$$

$$\therefore\ \frac{dF(s)}{ds} = \mathcal{L}\left[(-t)f(t)\right] \rightarrow \mathcal{L}\left[tf(t)\right] = -\frac{dF(s)}{ds} \tag{2.26}$$

식 (2.26)의 결과로부터 시간 영역에서 $f(t)$에 $(-t)$를 곱한 것은 복소 영역에서 복소 함수 $F(s)$를 s로 한 번 미분하는 형태가 된다. 그러므로 **복소 미분 정리**라고 한다.

식 (2.25)를 s로 두 번 미분하여 정리한 것과 이 결과들로부터 $F(s)$의 n차 미분도 일반적으로 다음과 같이 표현할 수 있다.

$$\begin{aligned}\frac{d^2F(s)}{ds^2} &= \mathcal{L}\left[(-t)^2 f(t)\right] \rightarrow \mathcal{L}\left[t^2 f(t)\right] = (-1)^2\frac{d^2F(s)}{ds^2} \\ \frac{d^nF(s)}{ds^n} &= \mathcal{L}\left[(-t)^n f(t)\right] \rightarrow \mathcal{L}\left[t^n f(t)\right] = (-1)^n\frac{d^nF(s)}{ds^n}\end{aligned} \tag{2.27}$$

결론적으로 **복소 미분 정리**는 복소 영역에서 $F(s)$를 한 번 미분할 때마다 시간 영역의 함수 $f(t)$에 $(-t)$를 한 번씩 곱하는 것이 된다. 바꿔 말하면, 시간 영역의 함수 $f(t)$에 t를 한 번 곱할 때마다 $F(s)$를 한 번씩 미분함과 동시에 (–1)을 한 번씩 곱하는 것이 된다.

복소 미분 정리는 복소 함수 $F(s)$가 대부분 분수식의 형태로 이루어져 있기 때문에 미분에 번거로워진다. 따라서 두 함수의 조합인 n차 램프 삼각 함수($t^n \sin\omega t$, $t^n \cos\omega t$)의 해석에 주로 적용되고 지수 n차 램프 함수($t^n e^{-at}$)는 복소 이동 정리로 해석하는 것이 일반적이다.

예제 2.7

$f(t) = t\sin\omega t$ 의 라플라스 변환을 구하라.

풀이 복소 미분 정리의 식 (2.26)에 의해

$$\mathcal{L}\,[t\sin\omega t] = -\frac{d}{ds}\left(\frac{\omega}{s^2+\omega^2}\right) = \frac{2\omega s}{(s^2+\omega^2)^2}$$

(7) 복소 적분 정리

앞의 적분 정리에서 시간 영역의 함수 $f(t)$의 적분에 대한 라플라스 변환을 배웠다. 이와 반대로 복소 영역에서 복소 함수(s 함수) $F(s)$의 적분에 대응되는 시간 영역의 함수를 구하는 **복소 적분 정리**에 대해 설명한다.

복소 영역의 함수 $F(s)$를 s에서 ∞까지 s로 적분하면 다음과 같이 구해진다.

$$\int_s^\infty F(s)ds = \int_s^\infty \left\{\int_0^\infty f(t)\,e^{-st}\,dt\right\}ds = \int_0^\infty f(t)\left\{\int_s^\infty e^{-st}\,ds\right\}dt$$

$$= \int_0^\infty \frac{f(t)}{t} e^{-st}\,dt = \mathcal{L}\left[\frac{f(t)}{t}\right]$$

$$\therefore\ \mathcal{L}\left[\frac{f(t)}{t}\right] = \int_s^\infty F(s)ds \qquad (2.28)$$

식 (2.28)로부터 시간 영역에서 함수 $f(t)$에 $(1/t)$을 곱하는 것은 복소 영역에서 복소 함수 $F(s)$를 적분하는 형태가 된다. 그러므로 이를 **복소 적분 정리**라고 한다.

(8) 스케일 변경(상사 정리)

시간 영역 변수 t에 양의 상수를 곱하거나 나눌 때, 스케일 변경 특성에 의해 $f(t)$와 $F(s)$의 관계는 다음과 같다.

$$\mathcal{L}[f(at)] = \frac{1}{a}F\left(\frac{s}{a}\right) \text{ 또는 } \mathcal{L}\left[f\left(\frac{t}{a}\right)\right] = aF(as) \quad (a>0) \tag{2.29}$$

식 (2.29)로부터 **스케일 변경(상사 정리)**은 시간 영역에서 $f(t)$를 t축에 대해 확장(축소)하는 것은 복소 영역에서 $F(s)$를 축소(확장)하는 것을 의미한다.

예제 2.8

다음과 같은 관계 $\mathcal{L}[e^{-t}] = \frac{1}{s+1}$을 알고 있을 때, $f(t) = e^{-5t}$의 라플라스 변환을 구하라.

풀이 스케일 변경(상사 정리)에 의해 $a = \frac{1}{5}$로 놓으면 $\mathcal{L}[f(t)] = \mathcal{L}[e^{-5t}]$는

$$\mathcal{L}[e^{-5t}] = \frac{1}{5}\left(\frac{1}{\frac{s}{5}+1}\right) = \frac{1}{s+5}$$

(9) 초기값 정리

복소 함수 $F(s)$를 알고 있으면 이에 대응되는 $f(t)$를 구하지 않더라고 초기값과 최종값을 구할 수 있다.

식 (2.21)의 미분정리 $\mathcal{L}[f'(t)] = sF(s) - f(0^+)$ 에서 $s\to\infty$로 극한을 취하면

$$\lim_{s\to\infty}\left[\int_0^\infty f'(t)e^{-st}dt\right] = \lim_{s\to\infty}[sF(s) - f(0^+)] \tag{2.30}$$

가 된다. 또 $\lim\limits_{s\to\infty} e^{-st} = 0$이므로 윗 식의 좌변은 0이다. 즉, 우변도

$$\lim_{s\to\infty}[sF(s) - f(0^+)] = 0 \tag{2.31}$$

이므로 **초기값 정리**는 다음과 같다.

$$\therefore\ f(0)=\lim_{t\to 0} f(t)=\lim_{s\to\infty} sF(s) \tag{2.32}$$

초기값 정리는 미분 방정식의 해를 구할 때 초기값을 파악할 수 있는 매우 유용한 정리이다.

(10) 최종값 정리

식 (2.21)의 미분정리 $\mathcal{L}[f'(t)]=sF(s)-f(0^+)$ 에서 $s\to 0$으로 극한을 취하면

$$\lim_{s\to 0}\left[\int_0^\infty f'(t)e^{-st}dt\right]=\lim_{s\to 0}\left[sF(s)-f(0^+)\right] \tag{2.33}$$

가 된다. 또 $\lim_{s\to 0} e^{-st}=1$이므로 윗 식의 좌변은

$$\begin{aligned}\lim_{s\to 0}\left[\int_0^\infty f'(t)e^{-st}dt\right]&=\int_0^\infty f'(t)dt=\lim_{t\to\infty}\int_0^t f'(t)dt\\&=\lim_{t\to\infty}\left[f(t)\right]_0^\infty=\lim_{t\to\infty}\{f(t)-f(0^+)\}\end{aligned} \tag{2.34}$$

이고, 식 (2.34)와 식 (2.33)의 우변과 등식으로 놓으면

$$\lim_{t\to\infty}\{f(t)-f(0^+)\}=\lim_{s\to 0}\left[sF(s)-f(0^+)\right] \tag{2.35}$$

이다. 따라서 **최종값 정리**는 다음과 같다.

$$\therefore\ f(\infty)=\lim_{t\to\infty} f(t)=\lim_{s\to 0} sF(s) \tag{2.36}$$

정리 초기값과 최종값 정리

초기값 정리 : $f(0)=\lim_{t\to 0} f(t)=\lim_{s\to\infty} sF(s)$

최종값 정리 : $f(\infty)=\lim_{t\to\infty} f(t)=\lim_{s\to 0} sF(s)$

참고 $\dfrac{\infty}{\infty}$ 형 분수함수의 극한값

① 분모가 분자보다 고차일 때의 극한값은 0이다.
② 분자가 분모보다 고차일 때의 극한값은 $\pm\infty$가 된다.
③ 분모와 분자가 동차일 때의 극한값은 최고차항의 계수가 된다.

예제 2.9

다음의 주어진 라플라스 함수에서 초기값과 최종값을 각각 구하라.

(1) $I(s)=\dfrac{12(s+8)}{4s(s+6)}$

(2) $I(s)=\dfrac{12}{s(s+6)}$

(3) $F(s)=\dfrac{3s+10}{s^3+2s^2+5s}$

풀이 (1) 초기값 정리는 식 (2.32), 최종값 정리는 식 (2.36)을 적용하여 구한다.

$$\text{초기값 : } f(0)=\lim_{t\to 0}f(t)=\lim_{s\to\infty}sF(s)$$

$$\text{최종값 : } f(\infty)=\lim_{t\to\infty}f(t)=\lim_{s\to 0}sF(s)$$

(1) $\displaystyle\lim_{t\to 0}i(t)=\lim_{s\to\infty}sI(s)=\lim_{s\to\infty}\frac{12(s+8)}{4(s+6)}=3$ (분모와 분자 동차 : 계수)

$$\lim_{t\to\infty}i(t)=\lim_{s\to 0}sI(s)=\lim_{s\to 0}\frac{12(s+8)}{4(s+6)}=4$$

(2) $\displaystyle\lim_{t\to 0}i(t)=\lim_{s\to\infty}sI(s)=\lim_{s\to\infty}\frac{12}{s+6}=0$ (분모가 분자보다 고차 : 0)

$$\lim_{t\to\infty}i(t)=\lim_{s\to 0}sI(s)=\lim_{s\to 0}\frac{12}{s+6}=2$$

(3) $\displaystyle\lim_{t\to 0}f(t)=\lim_{s\to\infty}sF(s)=\lim_{s\to\infty}\frac{3s+10}{s^2+2s+5}=0$ (분모가 분자보다 고차 : 0)

$$\lim_{t\to\infty}f(t)=\lim_{s\to 0}sF(s)=\lim_{s\to 0}\frac{3s+10}{s^2+2s+5}=\frac{10}{5}=2$$

본 절에서 설명한 라플라스 변환에 관한 정리를 **표 2.2**에 나타낸다.

표 2.2 ▶ 라플라스 변환 정리

번호	정 리	공 식
1	선형 정리	$\mathcal{L}[af_1(t)+bf_2(t)]=aF_1(s)+bF_2(s)$
2	시간 이동 정리	$\mathcal{L}[f(t-a)]=e^{-as}F(s)$
3	복소 이동 정리	$\mathcal{L}[e^{-at}f(t)]=F(s+a)$, $\mathcal{L}[e^{at}f(t)]=F(s-a)$
4	미분 정리	$\mathcal{L}[f'(t)]=sF(s)-f(0^+)$ $\mathcal{L}[f''(t)]=s^2F(s)-sf(0^+)-f'(0^+)$ $\mathcal{L}[f^n(t)]=s^nF(s)$(단, 초기값은 0)
5	적분 정리	$\mathcal{L}\left[\int f(t)dt\right]=\frac{1}{s}F(s)+\frac{1}{s}f^{(-1)}(0^+)$ $\left(f^{(-1)}(0^+)=\lim_{t\to 0^+}\int_{-\infty}^{0} f(t)dt\right)$ (초기조건 결정) $\mathcal{L}\left[\int\int f(t)dt^2\right]=\frac{1}{s^2}F(s)$
6	복소 미분 정리	$\mathcal{L}[(-t)f(t)]=\frac{dF(s)}{ds} \rightarrow \mathcal{L}[tf(t)]=-\frac{dF(s)}{ds}$ $\mathcal{L}[(-t)^2f(t)]=\frac{d^2F(s)}{ds^2} \rightarrow \mathcal{L}[t^2f(t)]=(-1)^2\frac{d^2F(s)}{ds^2}$ $\mathcal{L}[(-t)^nf(t)]=\frac{d^nF(s)}{ds^n} \rightarrow \mathcal{L}[t^nf(t)]=(-1)^n\frac{d^nF(s)}{ds^n}$
7	복소 적분 정리	$\mathcal{L}\left[\frac{f(t)}{t}\right]=\int_0^{\infty} F(s)ds$
8	스케일 변경 (상사 정리)	$\mathcal{L}[f(at)]=\frac{1}{a}F\left(\frac{s}{a}\right)$ 또는 $\mathcal{L}\left[f\left(\frac{t}{a}\right)\right]=aF(as)$
9	초기값 정리	$\lim_{t\to 0}f(t)=\lim_{s\to\infty}sF(s)$
10	최종값 정리	$\lim_{t\to\infty}f(t)=\lim_{s\to 0}sF(s)$

2.4 파형의 라플라스 변환

주기함수는 신호가 $t>0$ 에서 지속적으로 반복하여 존재하는 파형이지만, 비주기 함수는 임의의 시간 구간에서만 신호가 존재하고, 그 외의 시간에서는 0인 파형을 나타낸다. 이들의 파형은 제 2.3 절에서 설명한 기본 함수들의 파형을 응용하여 합성 파형으로 나타낼 수 있으며, 합성 파형 함수는 라플라스 변환의 정리를 적용하면 파형에 대한 라플라스 변환을 구할 수 있다.

주기 및 비주기 파형 함수의 식을 표현하려면 가장 기본적이고 중요한 파형은 단위 계단 함수 $u(t)$와 이 함수의 t축 대칭인 음(-)의 계단 함수 $-u(t)$이다.

그림 2.9(a)는 단위 계단함수 $u(t)$의 파형이고, **그림 2.9**(b)는 단위 계단함수 $u(t)$를 t축에서 양의 방향으로 a 만큼 평행 이동한 함수 $u(t-a)$의 파형이다.

그림 2.9(c)는 단위 계단함수 $u(t)$의 파형에서 t축 대칭이므로 $-u(t)$의 파형이고, **그림 2.9**(d)는 계단함수 $-u(t)$를 t축에서 양의 방향으로 a 만큼 평행 이동한 함수 $-u(t-a)$의 파형을 나타낸다.

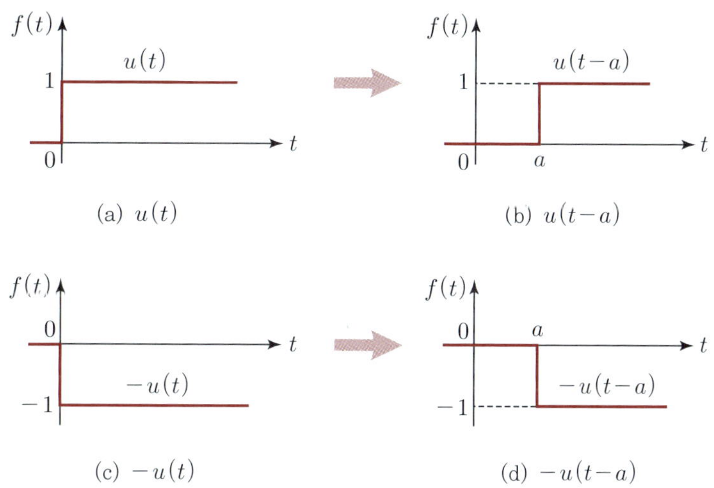

그림 2.9 ▸ **계단 함수** $u(t)$, $-u(t)$**와 평행 이동**

그림 2.9와 같은 시간 영역의 계단 함수와 평행 이동 함수 $f(t)$, 라플라스 변환에 관한 식 (2.7)과 시간 이동 정리의 식 (2.20)에 의해 구한 복소 영역의 함수 $F(s)$를 **표 2.3**에 나타내었다.

표 2.3 ▶ 라플라스 변환 [그림 2.9]

함 수	$f(t)$	$F(s)$	이동 함수	$f(t)$	$F(s)$
그림 2.9(a)	$u(t)$	$\frac{1}{s}$	그림 2.9(b)	$u(t-a)$	$\frac{1}{s}\cdot e^{-as}$
그림 2.9(c)	$-u(t)$	$-\frac{1}{s}$	그림 2.9(d)	$-u(t-a)$	$-\frac{1}{s}\cdot e^{-as}$

(1) 펄스 파형의 라플라스 변환

그림 2.10과 같이 비주기 함수 파형인 구형 펄스 파형에 대해 시간 영역에서 함수 $f(t)$와 라플라스 변환한 함수 $F(s)$를 구해본다. **구형 펄스 파형** $f(t)$는 비주기 파형 함수를 만드는데 매우 유용하므로 아래의 결과인 식 (2.37)과 식 (2.39)를 반드시 기억하자.

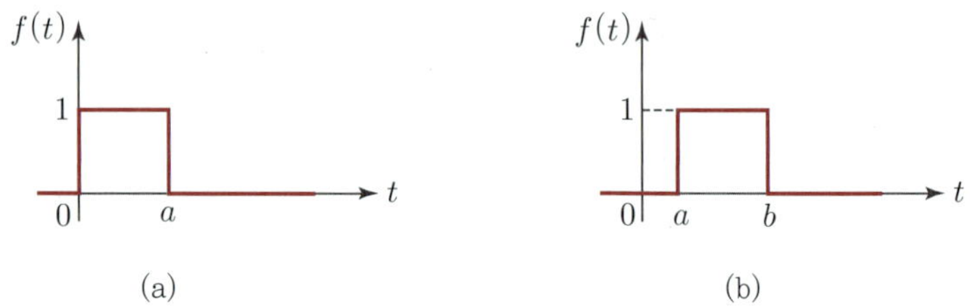

그림 2.10 ▶ 구형 펄스 파형

그림 2.10과 같은 구형 펄스 파형 $f(t)$는 **그림 2.11**(a), **그림 2.12**(a)와 같이 두 계단 함수의 합으로 이루어진 합성 함수라는 것을 알 수 있다.

(1) **그림 2.10**(a)의 파형 : **그림 2.11**(a)에서 ① $u(t)$와 ② $-u(t-a)$의 합

파형의 함수 : $f(t) = ① + ② = u(t) - u(t-a)$ (2.37)

라플라스 변환 : $F(s) = \frac{1}{s} - \frac{1}{s}e^{-as} = \frac{1}{s}(1-e^{-as})$ (2.38)

(2) **그림 2.10**(b)의 파형 : **그림 2.12**(a)에서 ① $u(t-a)$와 ② $-u(t-b)$의 합

파형의 함수 : $f(t) = ① + ② = u(t-a) - u(t-b)$ (2.39)

라플라스 변환 : $F(s) = \frac{1}{s}e^{-as} - \frac{1}{s}e^{-bs} = \frac{1}{s}(e^{-as} - e^{-bs})$ (2.40)

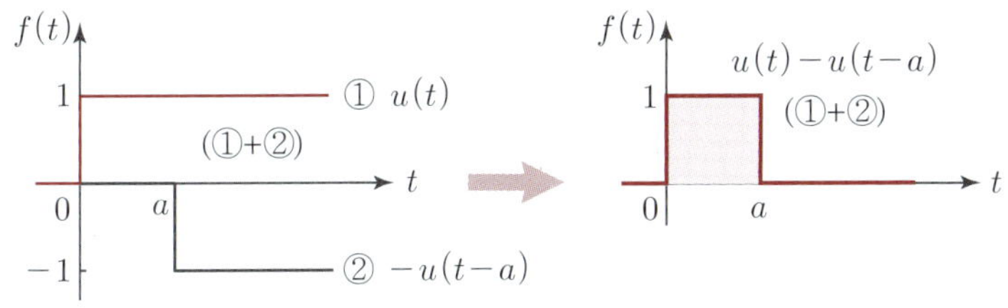

(a) 두 계단함수의 합 (b) 합성($f(t)=①+②$)

그림 2.11 ▸ 구형 펄스 파형의 합성 [그림 2.10(a)]

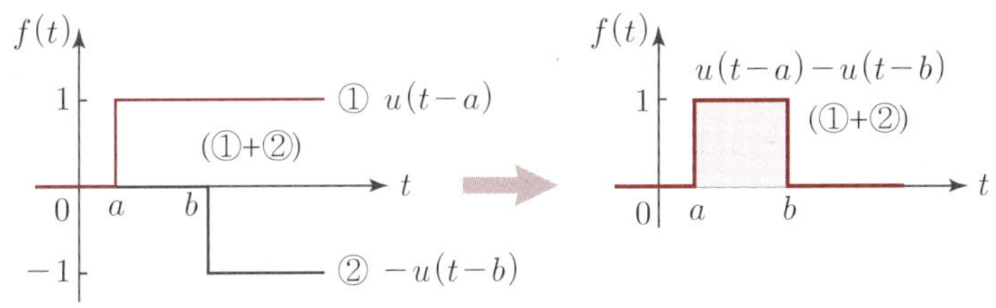

(a) 두 계단함수의 합 (b) 합성($f(t)=①+②$)

그림 2.12 ▸ 구형 펄스 파형의 합성 [그림 2.10(b)]

(2) 램프 함수의 라플라스 변환

그림 2.13과 같이 세 종류의 램프 함수 파형에 대해 시간 영역에서 함수 $f(t)$와 복소 영역에서 라플라스 변환 함수 $F(s)$를 구하고, 이 파형들에 대해 차이점을 알아본다.

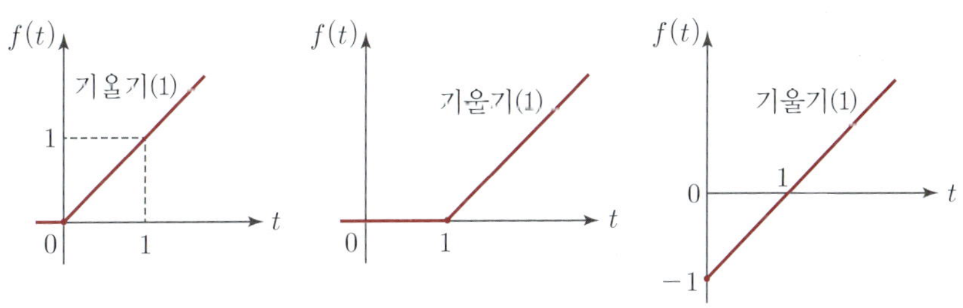

(a) (b) (c)

그림 2.13 ▸ 램프 함수 파형

그림 2.13과 같은 램프 함수의 파형 $f(t)$는 **그림 2.14**와 같이 각각 실수의 전 범위에서 연속 함수인 직선함수 t, $t-1$과 계단 함수 $u(t)$, $u(t-1)$의 곱으로 이루어진 함수라는 것을 알 수 있다.

그림 2.13(a) 파형의 함수는 **그림 2.14**(a)와 같이 ① 직선함수 t와 ② 계단 함수 $u(t)$의 곱이 된다. 파형의 함수는 $f(t)=tu(t)$이므로 램프 함수 t를 라플라스 변환하면 된다. 시간 영역의 함수 $f(t)$와 복소 영역의 라플라스 변환 $F(s)$는 각각 다음과 같다.

$$f(t)=tu(t) \qquad \therefore \ F(s)=\frac{1}{s^2} \tag{2.41}$$

그림 2.13(b) 파형의 함수는 **그림 2.14**(b)와 같이 ① 직선함수 $t-1$과 ② 계단 함수 $u(t-1)$의 곱이 된다. **그림 2.13**(a)의 램프 함수 $tu(t)$를 양의 방향으로 1 만큼 평행 이동한 것과 같으므로 파형의 함수는 $f(t)=(t-1)u(t-1)$이 된다. 라플라스 변환 $F(s)$는 램프 함수 $tu(t)$를 변환한 후 e^{-s}을 곱하면 된다.

$$f(t)=(t-1)u(t-1) \qquad \therefore \ F(s)=\frac{1}{s^2}\cdot e^{-s} \tag{2.42}$$

그림 2.13(c) 파형의 함수는 **그림 2.14**(c)와 같이 ① 직선함수 $t-1$과 ② 단위 계단 함수 $u(t)$의 곱이 된다. 파형의 함수는 $f(t)=(t-1)u(t)$이므로 라플라스 변환의 복소 함수 $F(s)$는 램프 함수 $t-1$을 변환하면 된다.

$$f(t)=(t-1)u(t) \qquad \therefore \ F(s)=\frac{1}{s^2}-\frac{1}{s} \tag{2.43}$$

특히 이 파형 $f(t)=(t-1)u(t)$는 **그림 2.13**(a)의 파형 $tu(t)$가 평행 이동된 것이 아니라는 것에 주의해야 한다.

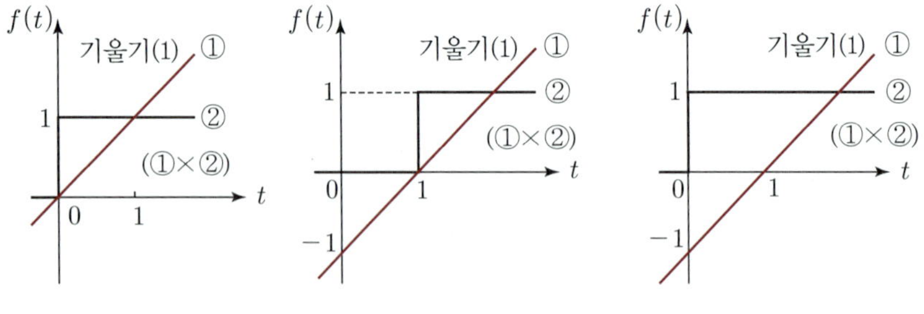

(a) $f(t)=tu(t)$ (b) $f(t)=(t-1)u(t-1)$ (c) $f(t)=(t-1)u(t)$

그림 2.14 ▶ 두 파형의 곱($f(t)=$①×②)

표 2.4 ▶ 파형의 라플라스 변환 [그림 2.13]

파 형	직선함수 ①	계단함수 ②	$f(t)$ (①×②)	$F(s)$
그림 2.13(a)	t (연속함수)	$t<0,\ u(t)=0$ $t>0,\ u(t)=1$	$t<0,\ tu(t)=0$ $t>0,\ tu(t)$ $\therefore\ f(t)=tu(t)$	$\frac{1}{s^2}$
그림 2.13(b)	$t-1$ (연속함수)	$t<1,\ u(t-1)=0$ $t>1,\ u(t-1)=1$	$t<1,\ (t-1)u(t-1)=0$ $t>1,\ (t-1)u(t-1)=t-1$ $\therefore\ f(t)=(t-1)u(t-1)$	$\frac{1}{s^2}\cdot e^{-s}$
그림 2.13(c)	$t-1$ (연속함수)	$t<0,\ u(t)=0$ $t>0,\ u(t)=1$	$t<0,\ (t-1)u(t)=0$ $t>0,\ (t-1)u(t)=t-1$ $\therefore\ f(t)=(t-1)u(t)$	$\frac{1}{s^2}-\frac{1}{s}$

예제 2.10

그림 2.15와 같은 톱니파의 라플라스 변환을 구하라.

풀이 (1) **그림 2.15**의 톱니 펄스파 $f(t)$는 1차 직선과 **그림 2.10**(a)의 구형 펄스파를 곱한 파형으로 표시할 수 있고, **그림 2.16**에 나타내었다.

[**그림 2.16** ①] : $f_1(t)=\frac{E}{T}t$

[**그림 2.16** ②] : $f_2(t)=u(t)-u(t-T)$

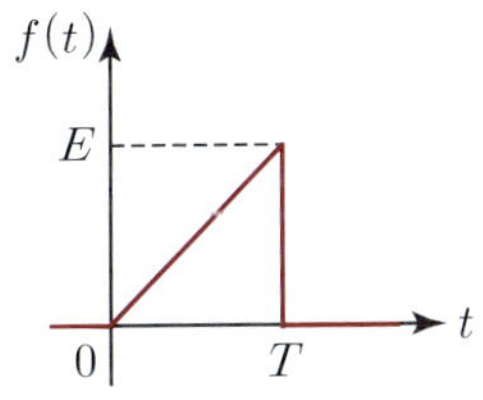

그림 2.15 ▶ 톱니 펄스파

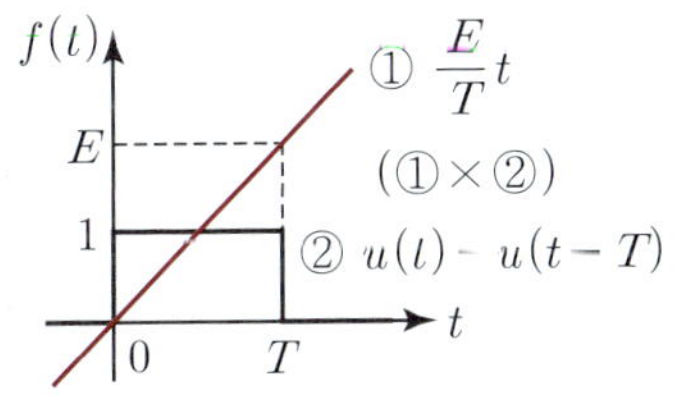

그림 2.16 ▶ 두 파형의 곱

두 파형을 곱(①×②)한 톱니파 $f(t)$는

$$f(t)=\frac{E}{T}t[u(t)-u(t-T)]=\frac{E}{T}tu(t)-\frac{E}{T}tu(t-T)$$

$$=\frac{E}{T}tu(t)-\frac{E}{T}(t-T)u(t-T)-Eu(t-T)$$

이다. 따라서 톱니파 $f(t)$의 라플라스 변환식 $F(s)$는 다음과 같이 구해진다.

$$F(s) = \mathcal{L}[f(t)] = \frac{E}{T}\cdot\frac{1}{s^2} - \frac{E}{T}\cdot\frac{1}{s^2}e^{-Ts} - \frac{E}{s}e^{-Ts}$$

$$= \frac{E}{Ts^2}(1 - e^{-Ts} - Ts\,e^{-Ts})$$

$$\therefore\ F(s) = \frac{E}{Ts^2}[1-(1+Ts)e^{-Ts}]$$

예제 2.11

그림 2.17과 같은 정현 펄스파 $f(t) = E\sin\omega t(0 \le t \le T/2)$의 라플라스 변환을 구하라.

풀이 (1) **그림 2.17**의 파형 $f(t)$는 **그림 2.18**과 같이 $E\sin\omega t\,u(t)$와 이 파형을 을 반주기 양의 방향으로 평행 이동한 파형의 합으로 표시할 수 있다.

[**그림 2.18** ①] : $f_1(t) = E\sin\omega t\,u(t)$

[**그림 2.18** ②] : $f_2(t) = E\sin\left(\omega t - \frac{T}{2}\right)u\left(t - \frac{T}{2}\right)$

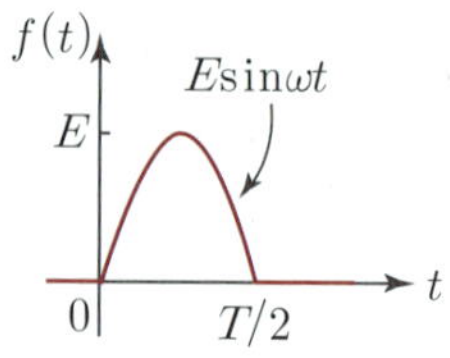

그림 2.17

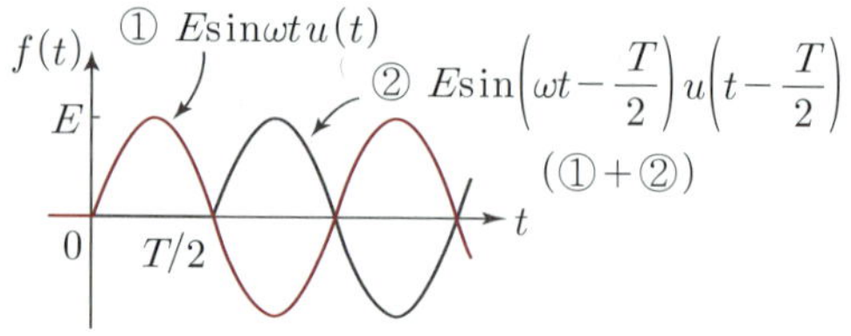

그림 2.18 ▸ 파형의 합성

두 파형을 합성(①+②)한 정현 펄스파의 함수 $f(t)$는

$$f(t) = E\sin\omega t\,u(t) + E\sin\left(\omega t - \frac{T}{2}\right)u\left(t - \frac{T}{2}\right)$$

파형 $f(t)$의 라플라스 변환식 $F(s)$는 다음과 같이 구해진다.

$$F(s) = \frac{E\omega}{s^2+\omega^2} + \frac{E\omega}{s^2+\omega^2}e^{-Ts/2} = \frac{E\omega(1+e^{-Ts/2})}{s^2+\omega^2}$$

(3) 주기함수의 라플라스 변환

그림 2.19와 같이 파형 $f(t)$가 $t \geq 0$에서 주기 T인 반파 구형 펄스파의 라플라스 변환을 구해본다.

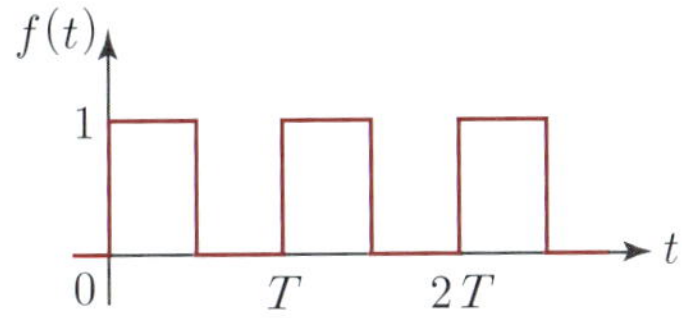

그림 2.19 ▸ 반파 구형파(주기함수)

$f(t)$의 첫 주기$(0 < t < T)$ 동안만의 시간함수 $f_1(t)$는 식 (2.37)에 의하여

$$f_1(t) = u(t) - u(t - T/2) \tag{2.44}$$

이다. 그러므로 함수 $f(t)$는 T의 정수배씩 시간 이동한 무한개의 함수의 합으로 표시될 수 있다. 즉,

$$f(t) = [u(t) - u(t - T/2)] + [u(t - T) - u(t - 3T/2)] \\ + [u(t - 2T) - u(t - 5T/2)] + \cdots$$

$$\therefore \ f(t) - f_1(t) + f_1(t - T) + f_1(t - 2T) + \cdots \tag{2.45}$$

이 결과는 $\sum$를 사용하여 다음과 같이 간략히 쓸 수 있다.

$$f(t) = \sum_{n=0}^{\infty} [f_1(t - nT)] \tag{2.46}$$

식 (2.46)의 라플라스 변환은 시간 이동 정리의 식 (2.20)에 의해

$$F(s) = \sum_{n=0}^{\infty} \mathcal{L}[f_1(t - nT)] = \sum_{n=0}^{\infty} F_1(s) e^{-nTs}$$

$$\therefore \ F(s) = F_1(s) \sum_{n=0}^{\infty} e^{-nTs} \tag{2.47}$$

가 된다. 무한 등비 급수의 공식은

$$\sum_{1}^{\infty} x^n = 1 + x + x^2 + x^3 + \cdots = \frac{1}{1-x} \tag{2.48}$$

이고, 식 (2.47)의 우변의 무한 급수에 위의 공식을 적용하면

$$\sum_{n=0}^{\infty} e^{-nTs} = 1 + e^{-Ts} + e^{-2Ts} + e^{-3Ts} + \cdots = \frac{1}{1-e^{-Ts}} \tag{2.49}$$

이 된다. 그러므로 주기함수 $f(t)$에 대한 라플라스 변환은 식 (2.47)로부터 다음과 같이 간단히 표현할 수 있으며, **주기함수에 대한 라플라스 변환 공식**으로 사용할 수 있다.

$$\therefore \; F(s) = \frac{F_1(s)}{1-e^{-Ts}} \tag{2.50}$$

단, $F_1(s)$는 주기함수의 첫 주기를 라플라스 변환한 $F_1(s) = \mathcal{L}[f_1(t)]$이다. 즉,

$$F_1(s) = \mathcal{L}[f_1(t)] = \mathcal{L}[u(t) - u(t-T/2)]$$

$$\therefore \; F_1(s) = \frac{1}{s} - \frac{1}{s}e^{-(Ts/2)} = \frac{1}{s}\left[1 - e^{-(Ts/2)}\right] \tag{2.51}$$

그림 2.19의 반파 구형파의 라플라스 변환 $F(s)$은 식 (2.50)에 식 (2.51)을 대입하면 다음과 같이 구해진다.

$$\therefore \; F(s) = \frac{F_1(s)}{1-e^{-Ts}} = \frac{1}{s} \cdot \frac{1-e^{-(Ts/2)}}{1-e^{-Ts}} \tag{2.52}$$

정리 **주기함수의 라플라스 변환**

(1) 첫 주기의 함수 $f_1(t)$를 구한다.

(2) 함수 $f_1(t)$로부터 첫 주기의 라플라스 변환 $F_1(s) = \mathcal{L}[f_1(t)]$를 구한다.

(3) 주기함수의 라플라스 변환 $F(s)$를 다음의 식에 대입하여 구한다.

$$F(s) = \frac{F_1(s)}{1-e^{-Ts}}$$

예제 2.12

그림 2.20과 같은 주기 T 인 구형 펄스파의 라플라스 변환을 구하라.

풀이 (1) **그림 2.20**의 주기함수 구형 펄스파에서 첫 주기 $f_1(t)$는 **그림 2.21**의 펄스파 $(0<t<T/2)$ ①과 이 파형을 반주기만큼 평행 이동하고 t 축 대칭인 펄스파 $(T/2<t<T)$ ②의 합으로 나타낼 수 있다.

이 두 구간에서 두 파형의 함수는 **그림 2.21**과 같이 각각 표현할 수 있다.

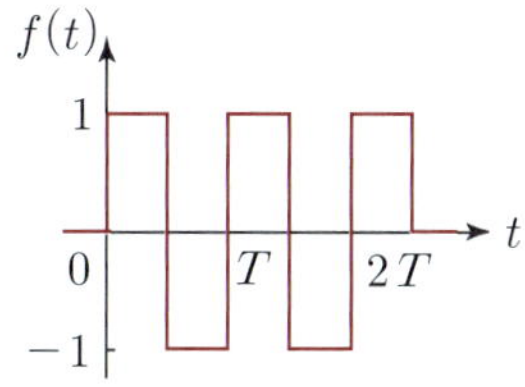

그림 2.20

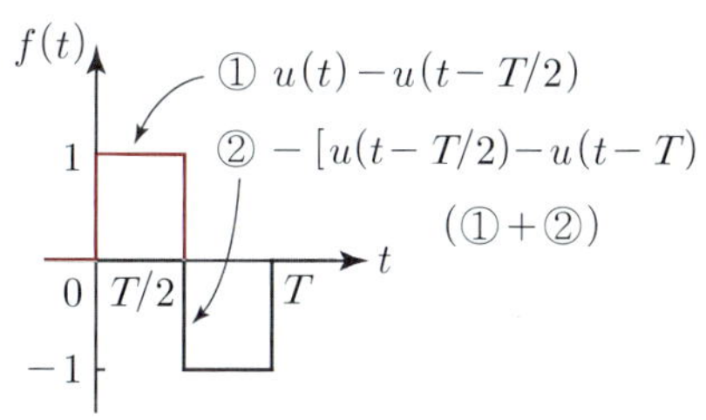

그림 2.21 ▸ 구형 펄스파 두 개의 합성

$$[\text{그림 2.21 ①}] : f(t)=u(t)-u\left(t-\frac{T}{2}\right)\left(0<t<\frac{T}{2}\right)$$

$$[\text{그림 2.21 ②}] : f(t)=-\left[u\left(t-\frac{T}{2}\right)-u(t-T)\right]\left(\frac{T}{2}<t<T\right)$$

첫 주기$(0<t<T)$의 함수 $f_1(t)$는 ①과 ②의 합이 되므로

$$0<t<T : f_1(t)=u(t)-2u\left(t-\frac{T}{2}\right)+u(t-T)$$

가 된다. 함수 $f_1(t)$의 라플라스 변환 $F_1(s)$는

$$F_1(s)=\frac{1}{s}-\frac{2}{s}e^{-Ts/2}+\frac{1}{s}e^{-Ts}=\frac{1}{s}(1-e^{-Ts/2})^2$$

이다. 따라서 주기 T 인 함수 $f(t)$에 대한 라플라스 변환 $F(s)$는 식 (2.50)에 의해 다음과 같이 구해진다.

$$\therefore \quad F(s)=\frac{F_1(s)}{1-e^{-Ts}}=\frac{1}{s}\cdot\frac{(1-e^{-Ts/2})^2}{1-e^{-Ts}}$$

예제 2.13

그림 2.22의 주기 T인 톱니파와 그림 2.23의 계단 함수로 주어진 파형에 대하여 라플라스 변환을 구하라.

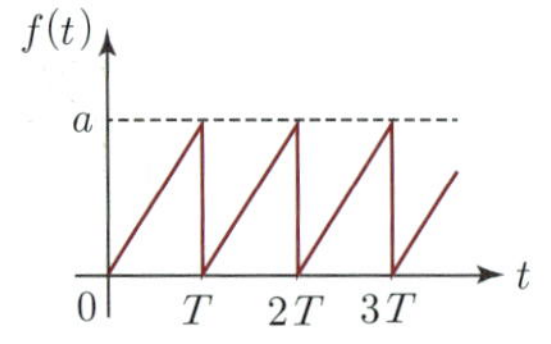

그림 2.22

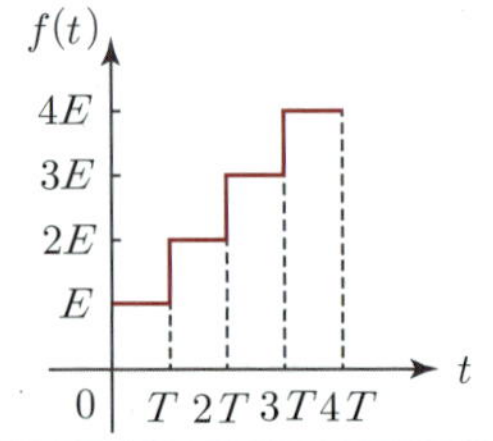

그림 2.23

풀이 (1) 주기함수의 라플라스 변환을 구하기 위해 첫 주기($0<t<T$)의 함수 $f_1(t)$에 의한 라플라스 변환 $F_1(s)$는 **예제 2.10**의 결과를 이용한다.

$$F_1(s)=\frac{a}{Ts^2}(1-e^{-Ts}-Tse^{-Ts})$$

주기함수 $f(t)$에 대한 라플라스 변환 $F(s)$는 식 (2.50)에 의해

$$F(s)=\frac{F_1(s)}{1-e^{-Ts}}=\frac{a}{Ts^2}\cdot\frac{1-e^{-Ts}-Tse^{-Ts}}{1-e^{-Ts}}$$

$$\therefore\ F(s)=\frac{a}{s}\cdot\left(\frac{1}{Ts}-\frac{e^{-Ts}}{1-e^{-Ts}}\right)$$

(2) 파형은 첫 주기의 $Eu(t)$에 주기 시간 T가 증가할 때마다 $Eu(t-nT)$가 누적되기 때문에 다음과 같이 시간 함수를 표현할 수 있다.

$0<t<T$: $f_1(t)=Eu(t)$, $\quad 0<t<2T$: $f_2(t)=Eu(t)+Eu(t-T)$

$0<t<3T$: $f_3(t)=Eu(t)+Eu(t-T)+Eu(t-2T)$

$$\therefore\ f(t)=E[u(t)+u(t-T)+u(t-2T)+u(t-3T)+\cdots]$$

함수 $f(t)$는 식 (2.46)과 같이 T의 정수배씩 시간 이동한 무한개의 함수의 합이 된다. 따라서 라플라스 변환 $F(s)$는 식 (2.50)에 의해 다음과 같이 구해진다.

$$\therefore\ F(s)=\frac{F_1(s)}{1-e^{-Ts}}=\frac{E}{s}\cdot\frac{1}{1-e^{-Ts}}=\frac{E}{s(1-e^{-Ts})}\quad\left(\because\ F_1(s)=\frac{E}{s}\right)$$

별해 함수 $f(t)$의 각 항을 라플라스 변환하고, 식 (2.49)의 무한등비급수를 적용

$$F(s)=\mathcal{L}[f(t)]=E\left(\frac{1}{s}+\frac{1}{s}e^{-Ts}+\frac{1}{s}e^{-2Ts}+\frac{1}{s}e^{-3Ts}+\cdots\right)$$

$$=\frac{E}{s}(1+e^{-Ts}+e^{-2Ts}+e^{-3Ts}+\cdots)=\frac{E}{s}\cdot\frac{1}{1-e^{-Ts}}$$

2.5 역 라플라스 변환

지금까지 시간 함수 $f(t)$를 복소 함수 $F(s)$로 변환하는 라플라스 변환에 대하여 학습하였다. 이제 역으로 복소 함수 $F(s)$로부터 시간 함수 $f(t)$를 구하는 **역 라플라스 변환**에 대하여 공부하기로 한다.

2.5.1 간단한 함수의 역 라플라스 변환

역 라플라스 변환은 계산이 매우 복잡하기 때문에 간단한 함수는 **표 2.1**의 라플라스 변환쌍과 **표 2.2**의 라플라스 변환 정리들을 이용하여 구한다.

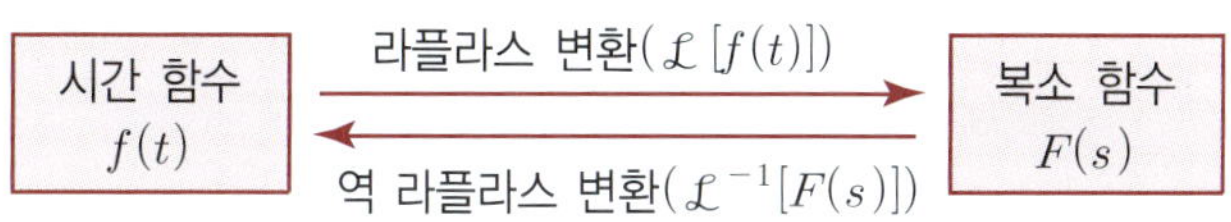

예제 2.14

다음 함수의 역 라플라스 변환을 구하라.

(1) $F(s) = \dfrac{1}{s^3}$ (2) $F(s) = \dfrac{1}{s+3}$

(3) $F(s) = \dfrac{4}{s^2+4}$ (4) $F(s) = \dfrac{1}{s^2+2s+2}$

풀이 (1) $\mathcal{L}[t^n] = \dfrac{n!}{s^{n+1}}$ 이므로 $f(t) = \mathcal{L}^{-1}\left[\dfrac{1}{s^n}\right] = \dfrac{t^{n-1}}{(n-1)!}$

$$\therefore\ f(t) = \mathcal{L}^{-1}\left[\frac{1}{s^3}\right] = \frac{t^{(3-1)}}{(3-1)!} = \frac{1}{2}t^2$$

(2) $f(t) = \mathcal{L}^{-1}\left[\dfrac{1}{s+3}\right] = e^{-3t}$

(3) $f(t) = \mathcal{L}^{-1}\left[2 \cdot \dfrac{2}{s^2+2^2}\right] = 2\sin 2t$

(4) $f(t) = \mathcal{L}^{-1}\left[\dfrac{1}{s^2+2s+2}\right] = \mathcal{L}^{-1}\left[\dfrac{1}{(s+1)^2+1^2}\right] = e^{-t}\sin t$

2.5.2 부분 분수 전개법에 의한 역 라플라스 변환

라플라스 변환 함수 $F(s)$가 s의 다항식인

$$F(s)=\frac{P(s)}{Q(s)}=\frac{b_m s^m+b_{m-1}s^{m-1}+\cdots+b_1 s+b_0}{a_n s^n+a_{n-1}s^{n-1}+\cdots+a_1 s+a_0} \tag{2.53}$$

로 표시될 때, a_i, b_i는 실수이고 m, n은 양의 정수$(m \le n)$이다. 역 라플라스 변환을 하기 위해서 함수 $F(s)$는 다음의 조건에 따라 정리해 주어야 한다.

(1) $m=n$(분자, 분모의 최고차항 차수가 같은 경우) : 분자를 분모로 나누어 분자는 분모의 차수보다 낮게 한다.(분모의 식이 분자에 포함되도록 하여 변형한다.)

예

$$F(s)=\frac{s^2+3s+10}{s^2+2s+5}=\frac{(s^2+2s+5)+s+5}{s^2+2s+5}=1+\frac{s+5}{s^2+2s+5}$$

$$=1+\frac{(s+1)+2\cdot 2}{(s+1)^2+2^2} \qquad \therefore\ f(t)=\delta(t)+e^{-t}(\cos 2t+2\sin 2t)$$

(2) $m<n$(분자가 분모보다 차수가 낮은 경우) : 부분 분수 전개법 적용

역 라플라스 변환에 가장 많이 활용되는 **부분 분수 전개법**은 $m<n$인 경우에 복잡한 유리함수 $F(s)$를 **표 2.1**과 같은 함수(라플라스 변환쌍)가 포함된 간단한 1차 또는 2차식의 합으로 표현하는 방법이고, 다음과 같이 기준을 세워두고 학습하면 많은 도움이 된다.

① **분자는 분모의 차수보다 한 차수 낮게 한다.**
(분모가 1차식이면 분자는 상수, 분모가 2차식이면 분자는 1차식으로 한다.)
② **분모 최고차항의 계수가 1이 되도록 한다.**

식 (2.53)의 유리함수 $F(s)$에서 분자가 분모의 차수보다 낮고 분모 $Q(s)=0$이라 놓았을 때 그 근 s는 $F(s)$의 극(pole)이다. 이 극을 p_1, p_2, $\cdots$ p_n이라 하면 $F(s)$는

$$F(s)=\frac{P(s)}{Q(s)}=\frac{P(s)}{(s-p_1)(s-p_2)\cdots(s-p_n)} \tag{2.54}$$

와 같이 인수분해가 된다. 이 때 극의 형태에 따라 **실수 단극**(단순극, simple pole), **중복극**(다중극, multiple pole) 및 **공액 복소극**(허수극)으로 나누어진다.

식 (2.54)를 부분 분수로 전개하면

$$F(s)=\frac{K_1}{s-p_1}+\frac{K_2}{s-p_2}+\cdots+\frac{K_n}{s-p_n} \tag{2.55}$$

의 형태가 된다. 이 때 K_1, K_2, $\cdots$, K_n을 미정 계수라고 한다.

극의 형태(실수 단극, 중복극, 공액 복소극)에 따른 부분 분수 전개법, 미정 계수를 구하는 방법 및 역 라플라스 변환에 대해 실례를 들면서 설명한다.

(1) 실수 단극(단순극)인 경우

예 $$F(s)=\frac{s+2}{s(s+1)} \tag{2.56}$$

① 분모의 인수가 두 개이므로 부분 분수의 항도 두 개의 전개식으로 구성된 **부분 분수 전개식의 형태(꼴)**를 만든다.(미정 계수 K_1, K_2)

$$F(s)=\frac{s+2}{s(s+1)}=\frac{K_1}{s}+\frac{K_2}{s+1} \tag{2.57}$$

② 미정 계수 K_1은 준 식 $F(s)$에 s를 곱하여 $s=0$을 대입하고, K_2는 $F(s)$에 $s+1$을 곱하여 $s=-1$을 대입하여 구한다. 이 방법을 **실수 단근법**이라 한다.

$$\begin{aligned} K_1 &= s\cdot F(s)\Big|_{s=0}=\frac{s+2}{s+1}\Big|_{s=0}=2 \\ K_2 &= (s+1)\cdot F(s)\Big|_{s=-1}=\frac{s+2}{s}\Big|_{s=-1}=-1 \end{aligned} \tag{2.58}$$

③ 미정 계수 K_1, K_2를 식 (2.57)에 대입하여 부분 분수 전개를 마친다.

$$F(s)=\frac{s+2}{s(s+1)}=\frac{2}{s}-\frac{1}{s+1} \tag{2.59}$$

④ 역 라플라스 변환 $f(t)=\mathcal{L}^{-1}[F(s)]$를 구한다.

$$f(t)=\mathcal{L}^{-1}[F(s)]=2-e^{-t} \tag{2.60}$$

예제 2.15

다음 함수의 역 라플라스 변환을 구하라.

(1) $F(s)=\dfrac{2}{(s+1)(s+3)}$ **(2)** $F(s)=\dfrac{2s+3}{s^2+3s+2}$

풀이 (1) $F(s)=\dfrac{2}{(s+1)(s+3)}=\dfrac{K_1}{s+1}+\dfrac{K_2}{s+3}$

$$K_1=(s+1)\cdot F(s)\big|_{s=-1}=\left.\frac{2}{s+3}\right|_{s=-1}=1$$

$$K_2=(s+3)\cdot F(s)\big|_{s=-3}=\left.\frac{2}{s+1}\right|_{s=-3}=-1$$

$$F(s)=\frac{1}{s+1}-\frac{1}{s+3}$$

$$\therefore\ f(t)=\mathcal{L}^{-1}[F(s)]=e^{-t}-e^{-3t}$$

(2) $F(s)=\dfrac{2s+3}{s^2+3s+2}=\dfrac{2s+3}{(s+1)(s+2)}=\dfrac{K_1}{s+1}+\dfrac{K_2}{s+2}$

$$K_1=(s+1)\cdot F(s)\big|_{s=-1}=\left.\frac{2s+3}{s+2}\right|_{s=-1}=1$$

$$K_2=(s+2)\cdot F(s)\big|_{s=-2}=\left.\frac{2s+3}{s+1}\right|_{s=-2}=1$$

$$F(s)=\frac{1}{s+1}+\frac{1}{s+2}$$

$$\therefore\ f(t)=\mathcal{L}^{-1}[F(s)]=e^{-t}+e^{-2t}$$

(2) 중복극인 경우

예

$$F(s)=\frac{1}{(s+2)(s+1)^2} \tag{2.61}$$

① 분모의 인수가 세 개이므로 부분 분수의 항도 세 개의 전개식으로 구성된 **부분 분수 전개식의 형태(꼴)**를 만든다.(미정 계수 K_1, K_2, K_3)

$$F(s)=\frac{1}{(s+2)(s+1)^2}=\frac{K_1}{s+2}+\frac{K_2}{(s+1)^2}+\frac{K_3}{s+1} \tag{2.62}$$

② 미정 계수 K_1은 준 식 $F(s)$에 $s+2$를 곱하여 $s=-2$를 대입하고, K_2는 $F(s)$에 $(s+1)^2$을 곱하여 $s=-1$을 대입하여 구한다. K_3는 $F(s)$에 $(s+1)^2$을 곱한 결과를 미분하여 $s=-1$을 대입하여 구한다.(실수 단근법)

$$K_1=(s+2)\cdot F(s)\Big|_{s=-2}=\frac{1}{(s+1)^2}\Bigg|_{s=-2}=1$$

$$K_2=(s+1)^2\cdot F(s)\Big|_{s=-1}=\frac{1}{s+2}\Bigg|_{s=-1}=1$$

$$K_3=\frac{d}{ds}(s+1)^2\cdot F(s)\Bigg|_{s=-1}=\frac{d}{ds}\frac{1}{s+2}\Bigg|_{s=-1}$$

$$=\frac{-1}{(s+2)^2}\Bigg|_{s=-1}=-1 \tag{2.63}$$

③ 미정 계수 K_1, K_2, K_3를 식 (2.62)에 대입하여 부분 분수 전개를 마친다.

$$F(s)=\frac{1}{s+2}+\frac{1}{(s+1)^2}-\frac{1}{s+1} \tag{2.64}$$

④ 역 라플라스 변환 $f(t)=\mathcal{L}^{-1}[F(s)]$를 구한다.

$$f(t)=\mathcal{L}^{-1}[F(s)]=e^{-2t}+te^{-t}-e^{-t} \tag{2.65}$$

만일 $F(s)$의 분모가 $s^2(s+1)$일 때 인수는 3개이므로 **부분 분수의 전개 항**은 3개가 되고, 전개 항의 분모는 각각 s^2, s, $s+1$이 된다.(다음의 **예제**에서 확인하기 바란다.)

예제 2.16

다음 함수의 역 라플라스 변환을 구하라.

(1) $F(s)=\dfrac{s+2}{(s+1)^2}$ (2) $F(s)=\dfrac{s+3}{s^2(s+1)}$

풀이 (1) $F(s)=\dfrac{s+2}{(s+1)^2}=\dfrac{K_1}{(s+1)^2}+\dfrac{K_2}{s+1}$

$$K_1=(s+1)^2\cdot F(s)\Big|_{s=-1}=s+2\Big|_{s=-1}=1$$

$$K_2=\frac{d}{ds}(s+1)^2\cdot F(s)\Big|_{s=-1}=\frac{d}{ds}(s+2)\Big|_{s=-1}=1$$

$$F(s)=\frac{1}{(s+1)^2}+\frac{1}{s+1}$$

$$\therefore\ f(t)=\mathcal{L}^{-1}[F(s)]=te^{-t}+e^{-t}=e^{-t}(t+1)$$

(2) $F(s)=\dfrac{s+3}{s^2(s+1)}=\dfrac{K_1}{s^2}+\dfrac{K_2}{s}+\dfrac{K_3}{s+1}$

$$K_1=s^2\cdot F(s)\Big|_{s=0}=\frac{s+3}{s+1}\Big|_{s=0}=3$$

$$K_2=\frac{d}{ds}s^2\cdot F(s)\Big|_{s=0}=\frac{d}{ds}\frac{s+3}{s+1}\Big|_{s=0}=\frac{-2}{(s+1)^2}\Big|_{s=0}=-2$$

$$K_3=(s+1)\cdot F(s)\Big|_{s=-1}=\frac{s+3}{s^2}\Big|_{s=-1}=2$$

$$F(s)=\frac{3}{s^2}-\frac{2}{s}+\frac{2}{s+1}$$

$$\therefore\ f(t)=\mathcal{L}^{-1}[F(s)]=3t-2+2e^{-t}$$

TIP 함수의 곱과 분수식의 미분 공식

① $\dfrac{d}{dx}\{f(x)\cdot g(x)\}=f'(x)\cdot g(x)+f(x)\cdot g'(x)$

② $\dfrac{d}{dx}\left\{\dfrac{f(x)}{g(x)}\right\}=\dfrac{f'(x)\cdot g(x)-f(x)\cdot g'(x)}{\{g(x)\}^2}$

(3) 공액 복소극을 포함한 경우

예
$$F(s)=\frac{3s+10}{s(s^2+2s+10)} \tag{2.66}$$

① 분모의 인수가 두 개이므로 부분 분수의 항도 두 개의 전개식으로 구성된 **부분 분수 전개식의 형태(꼴)**를 만든다.(미정 계수 K, A, B)

$$F(s)=\frac{3s+10}{s(s^2+2s+10)}=\frac{K}{s}+\frac{As+B}{s^2+2s+10} \tag{2.67}$$

② 미정 계수 K는 실수 단근법, A와 B는 항등식의 계수 비교법으로 결정한다.

$$K=s\cdot F(s)|_{s=0}=\left.\frac{3s+10}{s^2+2s+10}\right|_{s=0}=1 \tag{2.68}$$

식 (2.66)의 부분 분수 전개식에 $K=1$을 대입, 양변에 $s(s^2+2s+10)$을 곱한다.

$$\frac{3s+10}{s(s^2+2s+10)}=\frac{1}{s}+\frac{As+B}{s^2+2s+10} \tag{2.69}$$

$$3s+10=(s^2+2s+10)+s(As+B)$$

$$3s+10=(1+A)s^2+(2+B)s+10,\quad 1+A=0,\quad 2+B=3$$

$$\therefore\ A=-1,\quad B=1 \tag{2.70}$$

TIP 공액 복소극인 경우의 부분 분수 전개법의 다른 해법

식 (2.67)의 우변 제 2 항 분모를 완전 제곱꼴 $s^2+2s+10=(s+1)^2+3^2$으로 변형한 후 이로부터 복소극 $s=-1+j3$을 구하고, 다음의 관계식을 적용하여 계수 비교법에 의해 A와 B를 구할 수 있다.

$$\left.\frac{3s+10}{s}\right|_{s=-1+j3}=As+B|_{s=-1+j3}$$

③ 미정 계수 K, A, B를 식 (2.67)에 대입하고, 분모를 완전 제곱꼴로 변형하여 부분 분수 전개를 마친다.

$$F(s)=\frac{3s+10}{s(s^2+2s+10)}=\frac{1}{s}+\frac{-s+1}{s^2+2s+10}$$

$$=\frac{1}{s}-\frac{s-1}{s^2+2s+10}=\frac{1}{s}-\frac{(s+1)-2}{(s+1)^2+3^2}$$

$$\therefore\ F(s)=\frac{1}{s}-\frac{s+1}{(s+1)^2+3^2}+\frac{2}{(s+1)^2+3^2} \tag{2.71}$$

④ 역 라플라스 변환 $f(t)=\mathcal{L}^{-1}[F(s)]$를 구한다.

$$f(t)=\mathcal{L}^{-1}[F(s)]=1-e^{-t}\cos 3t+\frac{2}{3}e^{-t}\sin 3t \tag{2.72}$$

2.6 회로소자의 라플라스 변환

교류 회로 해석에서 페이저로 하는 경우 페이저 전압 $\boldsymbol{V}$, 전류 $\boldsymbol{I}$를 표시하고 선형소자인 $R \rightarrow R$, $L \rightarrow j\omega L$, $C \rightarrow 1/j\omega C$로 임피던스를 대체한 다음, 키르히호프 법칙이나 여러 가지 회로망 정리 등을 적용하여 해석하였다.

마찬가지로 라플라스 변환에 의한 회로 해석을 하는 경우에도 전원 전압 $V(s)$, 전류 $I(s)$를 변환하고 회로소자의 라플라스 변환에 의한 복소 임피던스로 대체한 다음, 기계적으로 키르히호프 법칙이나 회로망 정리에 적용할 수 있다.

본 절에서는 라플라스의 회로 해석법을 적용하기 위한 회로소자 R, L, C의 라플라스 변환 관계를 학습한다.

(1) 저항

저항 소자의 단자 전압과 전류의 관계는 시간 영역(t 영역)과 복소 영역(s 영역)에서 각각 다음과 같이 나타낼 수 있다.

$$\text{시간 영역 : } v(t) = Ri(t) \quad \text{복소 영역 : } V(s) = RI(s) \tag{2.73}$$

복소 영역의 식 (2.73)으로부터 복소 임피던스 $Z(s)$는

$$Z(s) = \frac{V(s)}{I(s)} = R \tag{2.74}$$

이 된다. 따라서 저항 소자의 복소 임피던스는 R이 되고 시간 영역의 임피던스와 같음을 알 수 있다. **그림 2.24**는 저항 소자에 대한 저항값을 시간 영역과 복소 영역에서 각각 나타낸 등가 변환 회로이다.

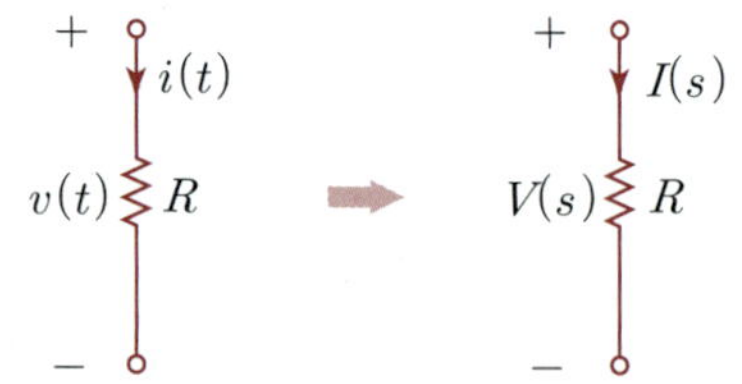

(a) 시간 영역 (b) 복소 영역

그림 2.24 ▶ 저항의 등가 변환 회로

(2) 인덕터

인덕터의 단자 전압과 전류의 관계는 시간 영역(t 영역)과 복소 영역(s 영역)에서 각각 다음과 같이 나타낼 수 있다.

$$\text{시간 영역 : } v(t) = L\frac{di(t)}{dt} \tag{2.75}$$

$$\text{복소 영역 : } V(s) = L[sI(s) - i(0^+)] \tag{2.76}$$

복소 영역의 식 (2.76)에서 분배 법칙에 의해 단자 전압 $V(s)$는

$$V(s) = sLI(s) - Li(0^+) \tag{2.77}$$

로 표현된다. 식 (2.77)의 우변에서 $sLI(s)$는 인덕터 소자의 전압강하, $Li(0^+)$는 인덕터의 초기 전류에 의해 발생한 초기 전압(전압원)을 의미한다.

인덕터 소자의 전압강하를 $V_1(s)$라고 하면 $V_1(s) = sLI(s)$이고, 인덕터 소자의 복소 임피던스 $Z(s)$는 다음과 같다.

$$Z(s) = \frac{V_1(s)}{I(s)} = sL \tag{2.78}$$

식 (2.77)에서 KVL을 적용하면, 우변은 복소 임피던스 sL과 초기 전압 $Li(0^+)$의 전압원이 직렬 접속된 것을 의미한다. 이때 전압원 $Li(0^+)$의 극성은 부호가 (-)이므로 전류의 방향에 대해 전압상승이 된다. 따라서 식 (2.77)의 **인덕터의 등가 회로**는 **그림 2.25**(b)의 직렬 회로가 된다. 또 식 (2.77)을 전류 $I(s)$에 대해 정리하면

$$I(s) = \frac{V(s)}{sL} + \frac{i(0^+)}{s} \tag{2.79}$$

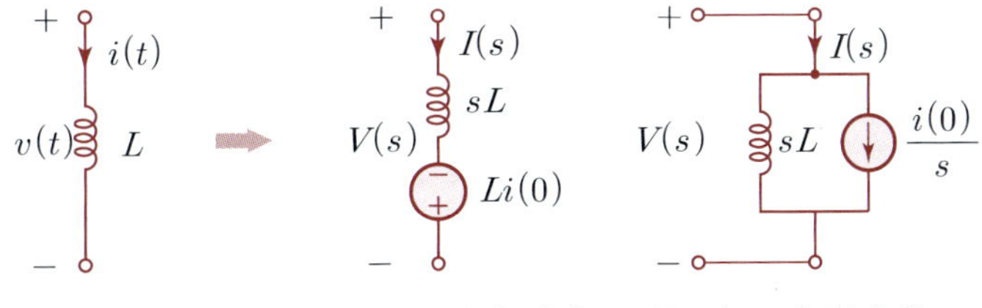

(a) 시간 영역 (b) 복소 영역(직렬) (c) 복소 영역(병렬)

그림 2.25 ▸ 인덕터의 등가 변환 회로

가 된다. 식 (2.79)에서 KCL을 적용하면, 우변은 복소 임피던스 sL과 초기 전류에 의한 $i(0^+)/s$의 전류원이 병렬로 접속된 것을 의미한다. 이때 전류원의 방향은 우변 부호가 (+)이므로 한 마디(접속점)에서 $I(s)$와 반대인 유출 전류가 된다. 따라서 식 (2.79)에 대한 **인덕터의 등가 회로**는 **그림 2.25**(c)의 병렬 회로가 된다.

만약 인덕터에 초기 전류가 없는 경우 $[i(0^+)=0]$, 인덕터 소자의 등가 변환은 전압원과 전류원은 제거되고 단지 복소 임피던스 sL 만으로 간단히 표현된다.

(3) 커패시터

커패시터의 단자 전압과 전류의 관계는 시간 영역(t 영역)과 복소 영역(s 영역)에서 각각 다음과 같이 나타낼 수 있다.

$$v(t)=\frac{1}{C}\int i(t)dt \tag{2.80}$$

$$V(s)=\frac{1}{C}\left[\frac{I(s)}{s}+\frac{q(0^+)}{s}\right] \quad \text{단, } q(0^+)=\int_{-\infty}^{0} i(t)dt \tag{2.81}$$

복소 영역의 식 (2.81)에서 분배 법칙에 의해 단자 전압 $V(s)$는

$$V(s)=\frac{I(s)}{sC}+\frac{q(0^+)}{sC} \tag{2.82}$$

로 표현된다. 커패시터의 관계식 $q=Cv$ 에서 $v=q/C$이므로 $q(0^+)/C$는 초기 전압 $v(0)$가 된다. 따라서 식 (2.82)는

$$V(s)=\frac{I(s)}{sC}+\frac{v(0)}{s} \tag{2.83}$$

로 변형할 수 있다. 식 (2.83)의 우변에서 $\frac{I(s)}{sC}$는 커패시터 소자의 전압강하, $\frac{v(0)}{s}$는 커패시터의 초기 전압(전압원)을 의미한다.

커패시터 소자의 전압을 $V_1(s)$라고 하면 $V_1(s)=\frac{I(s)}{sC}$이고, 커패시터의 복소 임피던스 $Z(s)$는 다음과 같다.

$$Z(s)=\frac{V_1(s)}{I(s)}=\frac{1}{sC} \tag{2.84}$$

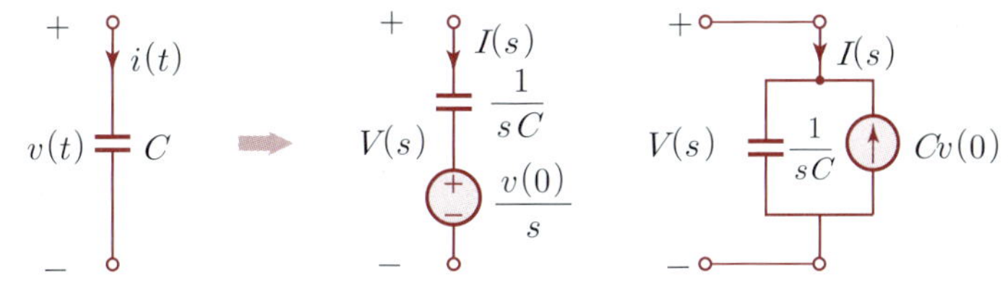

(a) 시간 영역 (b) 복소 영역(직렬) (c) 복소 영역(병렬)

그림 2.26 ▸ 커패시터의 등가 변환 회로

식 (2.83)에서 KVL을 적용하면, 우변은 복소 임피던스 $1/sC$과 초기 전압 $v(0)/s$의 전압원이 직렬 접속된 것을 의미한다. 이때 전압원 $v(0)/s$의 극성은 우변의 부호가 (+)이므로 전류 방향에 대해 전압강하가 된다. 따라서 식 (2.83)에 대한 **커패시터의 등가 회로**는 **그림 2.26**(b)의 직렬 회로가 된다.

또 식 (2.83)을 전류 $I(s)$에 대해 정리하면

$$I(s) = sCV(s) - Cv(0) \tag{2.85}$$

가 된다. 식 (2.85)에서 KCL을 적용하면, 우변은 복소 임피던스 $1/sC$과 초기 전류에 의한 $Cv(0)$의 전류원이 병렬로 접속된 것을 의미한다. 이때 전류원의 방향은 우변 부호가 (−)이므로 한 마디(접속점)에서 $I(s)$와 동일한 유입 전류가 된다. 따라서 식 (2.85)에 대한 **커패시터의 등가 회로**는 **그림 2.26**(c)의 병렬 회로가 된다.

만약 커패시터에 초기 전압이 없는 경우$[v(0)=0]$, 커패시터 소자의 등가 변환은 전압원과 전류원은 제거되고 단지 복소 임피던스 $1/sC$만으로 간단히 표현된다.

표 2.5 ▸ 회로소자의 시간 영역과 복소 영역에서 전압-전류의 관계

회로소자	시간 영역(t 영역)	복소 영역(s 영역)	복소 임피던스(초기값 0)
저 항	$v(t)=Ri(t)$ $i(t)=\dfrac{v(t)}{R}$	$V(s)=RI(s)$ $I(s)=\dfrac{1}{R}V(s)$	$Z(s)=R$
인덕터	$v(t)=L\dfrac{di(t)}{dt}$ $i(t)=\dfrac{1}{L}\int v(t)dt$	$V(s)=sLI(s)-Li(0^+)$ $I(s)=\dfrac{V(s)}{sL}+\dfrac{i(0^+)}{s}$	$Z(s)=sL$
커패시터	$v(t)=\dfrac{1}{C}\int i(t)dt$ $i(t)=C\dfrac{dv(t)}{dt}$	$V(s)=\dfrac{I(s)}{sC}+\dfrac{v(0)}{s}$ $I(s)=sCV(s)-Cv(0)$	$Z(s)=\dfrac{1}{sC}$

2.7 라플라스 변환에 의한 회로 해석

선형 미분 방정식은 일반해의 형식을 구하고 여기에 초기 조건을 대입하여 상수를 포함한 완전응답을 구하는 방법을 취한다. 차수가 높아지면 일반해를 구하는 것이 어려워질 뿐만 아니라 초기 조건이 많게 되므로 상당히 복잡한 계산 과정을 거쳐야 한다.

그러나 미분 방정식을 라플라스 변환하면 초기 조건이 자동적으로 포함되어 있으므로 대수 연산에 의해 복소 함수의 해를 쉽게 구할 수 있다. 따라서 최종적으로 완전응답은 복소 함수의 역 라플라스 변환에 의해 구할 수 있다.

그림 2.27의 RC 직렬회로에서 커패시터의 **초기 전압이 있는 경우**(V_0), $t=0$에서 스위치를 닫고 직류 전압 V가 인가된 경우에 과도전류 $i(t)$를 라플라스 변환에 의해 구해본다.

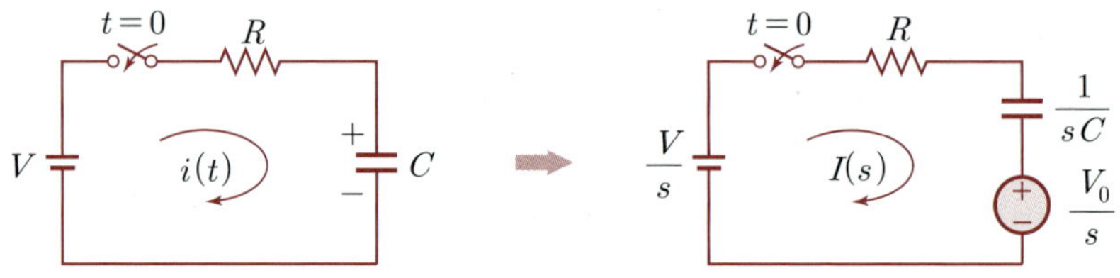

그림 2.27 ▸ RC 직렬 회로

먼저 초기 전압이 있는 커패시터는 **그림 2.26**(b)의 등가회로를 적용하고, 직류 전압 V와 전류 $i(t)$도 라플라스 변환한 V/s, $I(s)$에 의해 라플라스 변환 회로인 **그림 2.27**(b)와 같이 나타낸다. **그림 2.27**(b)에서 키르히호프의 전압 방정식을 세우면

$$\frac{V}{s} = RI(s) + \frac{1}{sC}I(s) + \frac{V_0}{s} \tag{2.86}$$

이고, 식 (2.86)을 $I(s)$로 정리하면 다음과 같다.

$$I(s) = \frac{\dfrac{V}{s} - \dfrac{V_0}{s}}{R + \dfrac{1}{sC}} = \frac{C(V - V_0)}{RCs + 1} = \frac{V - V_0}{R} \cdot \frac{1}{s + \dfrac{1}{RC}} \tag{2.87}$$

$i(t)$는 식 (2.87)의 $I(s)$를 역 라플라스 변환하여 다음과 같이 구한다.

$$i(t) = \frac{V - V_0}{R} e^{-\frac{1}{RC}t} \tag{2.88}$$

초기 전압이 없는 경우($V_0 = 0$), 커패시터 소자의 변환은 단순히 복소 임피던스 $1/sC$만 있으므로

$$\frac{V}{s} = \left(R + \frac{1}{sC}\right) I(s) \tag{2.89}$$

$$\therefore \quad I(s) = \frac{V}{s\left(R + \frac{1}{sC}\right)} = \frac{CV}{RCs + 1} = \frac{V}{R} \cdot \frac{1}{s + \frac{1}{RC}} \tag{2.90}$$

이다. $i(t)$는 식 (2.90)의 $I(s)$를 역 라플라스 변환하여 다음과 같이 구한다.

$$i(t) = \frac{V}{R} e^{-\frac{1}{RC}t} \tag{2.91}$$

이제 **그림 2.27**(a)의 시간 영역에서 신속히 구하기 위해 **그림 2.27**(b)의 변환 회로를 작성하지 않고 직접 구하는 방법을 알아본다.

(1) **그림 2.27**(a)의 RC 직렬 회로에 대한 전압 방정식을 세운다.

$$Ri + \frac{1}{C}\int i dt = V \tag{2.92}$$

(2) 식 (2.92)의 양변을 직접 라플라스 변환하여 구한다. 이때 적분이 포함된 좌변의 둘째항은 초기 전압이 있는 경우(V_0)와 초기 전압이 없는 경우($V_0 = 0$)를 **공식화**하여 다음과 같이 구분하여 적용한다.

$$\begin{aligned} &(V_0) \qquad RI(s) + \frac{1}{sC}I(s) + \frac{V_0}{s} = \frac{V}{s} \text{ [식 (2.86)과 일치]} \\ &(V_0 = 0) \quad RI(s) + \frac{1}{sC}I(s) = \frac{V}{s} \text{ [식 (2.89)와 일치]} \end{aligned} \tag{2.93}$$

예제 2.17

그림 2.28(a)와 같은 RC 직렬회로에서 $t=0$ 일 때 스위치를 닫았다. 이 때 회로에 흐르는 전류 $I(s)$와 $i(t)$를 구하라. 단, $V_C(0)=1[\mathrm{V}]$이다.

풀이

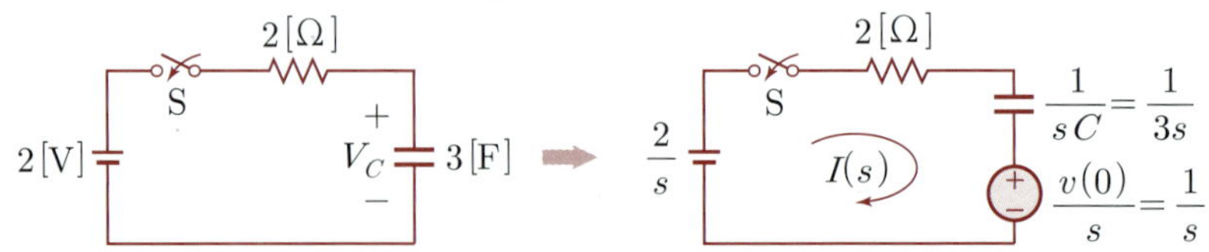

(a) 시간 영역 (b) 라플라스 변환 회로

그림 2.28 ▸ RC 직렬 회로

그림 2.28(b)와 같이 커패시터의 복소 임피던스 $Z(s)$와 초기 전압이 있으므로 전압원이 직렬로 접속된 라플라스 변환의 등가 회로를 그린다.

$$\text{복소 임피던스 : } Z(s)=\frac{1}{sC}=\frac{1}{3s}, \qquad \text{전압원 : } \frac{v(0)}{s}=\frac{1}{s}$$

키르히호프 법칙에 의한 전압 방정식을 세우고, 복소 영역에서 전류 $I(s)$로 정리하면 다음과 같이 구해진다.

$$\frac{2}{s}=2I(s)+\frac{1}{3s}I(s)+\frac{1}{s}, \qquad \left(2+\frac{1}{3s}\right)I(s)=\frac{1}{s}$$

$$\therefore\ I(s)=\frac{1}{s\left(2+\frac{1}{3s}\right)}=\frac{3}{6s+1}$$

시간 영역의 전류 $i(t)$는 $I(s)$의 역 라플라스 변환에 의해 다음과 같이 구해진다. 특히 $I(s)$에서 분모의 최고차항의 계수는 1로 변형시켜 놓고 역 라플라스 변환해야 한다.

$$i(t)=\mathcal{L}^{-1}[I(s)]=\mathcal{L}^{-1}\left[\frac{3/6}{s+(1/6)}\right]=\mathcal{L}^{-1}\left[\frac{1}{2}\cdot\frac{1}{s+(1/6)}\right]=\frac{1}{2}e^{-\frac{1}{6}t}$$

TIP **그림 2.28**(a)에서 식 (2.92)의 전압방정식을 세우고, 식 (2.93)의 초기 전압 $V(0)$이 있는 경우의 라플라스 변환에 의하여 직접 전류 $I(s)$를 구할 수 있다.

$$Ri+\frac{1}{C}\int i dt=V \ \rightarrow\ 2i+\frac{1}{3}\int i dt=2$$

$$2I(s)+\frac{1}{3s}I(s)+\frac{1}{s}=\frac{2}{s}\ \rightarrow\ \left(2+\frac{1}{3s}\right)I(s)=\frac{1}{s} \quad \therefore\ I(s)=\frac{3}{6s+1}$$

예제 2.18

그림 2.29의 RL회로에서 $t=0$에서 스위치를 닫았을 때, 이 회로에 흐르는 전류 $i(t)$를 라플라스 변환을 이용하여 구하라.(단, 초기조건 : 0)

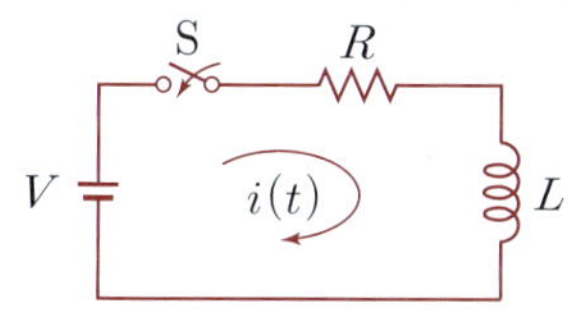

그림 2.29 ▶ RL 직렬 회로

풀이 키르히호프의 전압 방정식에 의해 미분 방정식은

$$Ri(t)+L\frac{di(t)}{dt}=V$$

이다. 이 식의 양변을 라플라스 변환하고 초기값 0을 대입하면 다음과 같다.

$$RI(s)+L[sI(s)-i(0)]=\frac{V}{s},\quad (R+Ls)I(s)=\frac{V}{s}$$

$$\therefore\ I(s)=\frac{V}{s(Ls+R)}=\frac{V/L}{s(s+R/L)}$$

위에서 구한 $I(s)$를 부분 분수로 전개하면 다음과 같다.

$$I(s)=\frac{V/L}{s(s+R/L)}=\frac{K_1}{s}+\frac{K_2}{s+R/L}$$

$$K_1=sI(s)|_{s=0}=\left.\frac{V/L}{s+R/L}\right|_{s=0}=\frac{V}{R}$$

$$K_2=(s+R/L)I(s)|_{s=-(R/L)}=\left.\frac{V/L}{s}\right|_{s=-(R/L)}=-\frac{V}{R}$$

$$\therefore\ I(s)=\frac{V}{R}\left(\frac{1}{s}-\frac{1}{s+R/L}\right)$$

전류 $i(t)$는 $I(s)$의 역 라플라스 변환에 의해 다음과 같이 구해진다.

$$i(t)=\mathcal{L}^{-1}[I(s)]=\frac{V}{R}\left(1-e^{-\frac{R}{L}t}\right)$$

연습문제

01 다음 함수의 라플라스 변환을 구하라.

(1) $f(t) = 3t^2$ (2) $f(t) = 10t^3$

(3) $f(t) = 5e^{-2t}$ (4) $f(t) = 3 + 2e^{-t}$

(5) $f(t) = e^{j\omega t}$ (6) $f(t) = 5\sin 2t$

(7) $f(t) = \sin^2 t$ (8) $f(t) = \sin t \cos t$

(9) $f(t) = 2\sin 4t - 3\cos 2t$ (10) $f(t) = 4t^2 + 2e^{-3t} + \cos 2t$

힌트 (7) 삼각함수의 반각 공식 : $\cos^2 t = \dfrac{1+\cos 2t}{2}$, $\sin^2 t = \dfrac{1-\cos 2t}{2}$

(8) 삼각함수의 배각 공식 : $\sin 2t = 2\sin t\cos t \rightarrow \sin t\cos t = \dfrac{1}{2}\sin 2t$

02 다음 지수함수가 포함된 함수의 라플라스 변환을 구하라.

(1) $f(t) = te^t$ (2) $f(t) = t^2 e^{3t}$

(3) $f(t) = 2t^3 e^{-2t}$ (4) $f(t) = e^t \sin t$

(5) $f(t) = 3e^{2t}\cos 3t$ (6) $f(t) = e^{-2t}\sin 2t$

(7) $f(t) = e^{-at}\sin\omega t$ (8) $f(t) = 1 - e^{-at}$

힌트 지수함수 곱한 함수 $e^{at}f(t)$의 라플라스 변환 : 복소 이동 정리

$\mathcal{L}[e^{at}f(t)] = F(s)\big|_{s \to s-a} = F(s-a)$

03 $I(s) = \dfrac{2(s+1)}{s^2+2s+5}$의 초기값 $i(0)$를 구하라.

힌트 초기값 정리 : $i(0) = \lim\limits_{t \to 0} i(t) = \lim\limits_{s \to \infty} sI(s) = \lim\limits_{s \to \infty}\left\{\dfrac{2(s^2+s)}{s^2+2s+5}\right\}$

$\dfrac{\infty}{\infty}$형 : 분모, 분자가 동차인 경우의 극한값(최고차항의 계수)

04 $I(s) = \dfrac{2s+15}{s^3+s^2+3s}$ 의 최종값 $i(\infty)$를 구하라.

힌트 최종값 정리 : $i(\infty) = \lim\limits_{t \to \infty} i(t) = \lim\limits_{s \to 0} sI(s) = \lim\limits_{s \to 0} \left\{ \dfrac{2s+15}{s^2+s+3} \right\}$

05 $I(s) = \dfrac{2s+5}{s(s+1)(s+2)}$ 의 최종값 $i(\infty)$를 구하라.

힌트 최종값 정리 : $i(\infty) = \lim\limits_{t \to \infty} i(t) = \lim\limits_{s \to 0} sI(s) = \lim\limits_{s \to 0} \left\{ \dfrac{2s+5}{(s+1)(s+2)} \right\}$

06 다음 주어진 함수의 역 라플라스 변환을 구하라.

(1) $F(s) = \dfrac{2}{s+3}$

(2) $F(s) = \dfrac{2}{s^2+9}$

(3) $F(s) = \dfrac{3s}{s^2+9}$

(4) $F(s) = \dfrac{2s+4}{s^2+4}$

(5) $F(s) = \dfrac{1}{s(s+1)}$

(6) $F(s) = \dfrac{5s+3}{s(s+1)}$

(7) $F(s) = \dfrac{2s^2+13s+17}{s^2+4s+3}$

(8) $F(s) = \dfrac{2}{s^2+2s+5}$

(9) $F(s) = \dfrac{s+4}{2s^2+5s+3}$

(10) $F(s) = \dfrac{6s+2}{s(6s+1)}$

(11) $F(s) = \dfrac{1}{(s+1)^2(s+2)}$

(12) $F(s) = \dfrac{s+2}{s^2(s-1)^2}$

07 다음 미분 방정식을 라플라스 변환을 이용하여 풀어라.

(1) $\dfrac{d}{dt}x(t) + x(t) = 1 \ [x(0) = 0]$

(2) $\dfrac{d^2y}{dt^2} + 3\dfrac{dy}{dt} + 2y = 4 \ [y(0^+) = 0, \ y'(0^+) = 0]$

(3) $\dfrac{d}{dt}i(t) + 4i(t) + 4\displaystyle\int i(t)dt = 50u(t)$ (모든 초기값 0)

(4) $\frac{d^2y}{dt^2}+9y=0 \quad [y(0)=3,\ y'(0)=4]$

힌트 미분 정리와 적분 정리를 이용

08 $\frac{d^2i(t)}{dt^2}+2\frac{di(t)}{dt}+i(t)=1$ 에서 $i(t)$를 구하라. 단, $i(0^+)=i'(0^+)=0$ 이다.

09 **그림 2.30**과 **그림 2.31**의 파형에 대한 라플라스 변환을 구하라.

(1)

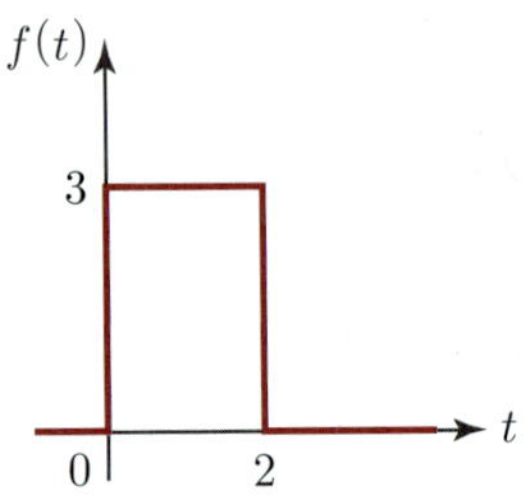

그림 2.30 ▶ 구형 펄스파

(2)

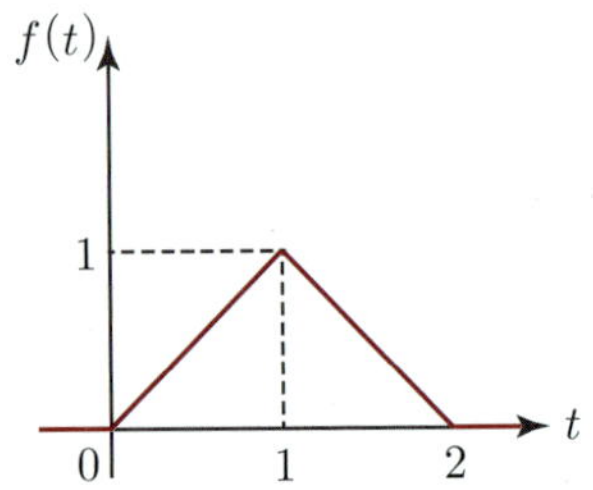

그림 2.31 ▶ 삼각 펄스파

힌트 (1) $f(t)=3\{u(t)-u(t-2)\}$

(2) $f(t)=t\{u(t)-u(t-1)\}-(t-2)\{u(t-1)-u(t-2)\}$ (**그림 2.32** 참고)

$=tu(t)-2(t-1)u(t-1)+(t-2)u(t-2)$

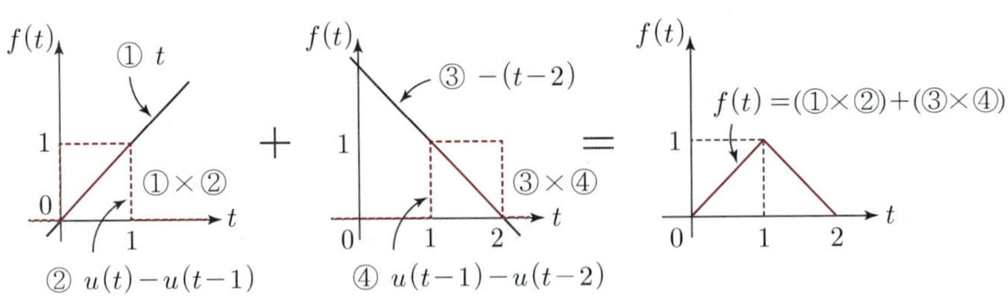

(a) 직선함수와 구형 펄스파의 합성 (b) 삼각 펄스파

그림 2.32 ▶ 삼각 펄스파의 합성

Chapter 3

전달 함수

3.1 자동 제어계의 전달 함수

자동 제어계는 일반적으로 여러 가지 요소의 결합으로 구성되어 있다. 여러 요소 중의 하나에 어떤 원인으로 신호가 가해지면 다른 요소에 상태를 변화시키는 결과를 초래하고, 상태 변화된 요소의 결과는 또 다른 요소의 상태를 변화시키는 원인이 된다. 이와 같이 자동 제어계는 연쇄적으로 작동하게 된다.

그러므로 자동 제어계를 구성하는 요소는 원인과 결과의 연쇄적인 기능적 관계로부터 자동제어계를 **시스템**(system)이라고 한다.

자동 제어계를 구성하는 요소는 전기 시스템, 기계 시스템, 유체 시스템, 열적 시스템 등 형태가 다른 여러 가지 형식이 있으며, 이들의 해석과 설계는 선형 미분 방정식으로 표현할 수 있다. 선형 미분 방정식은 그 시스템을 지배하는 물리 법칙으로 얻을 수 있으며, **전기 시스템**은 **키르히호프의 법칙**(KCL, KVL)을 적용하고, **기계 시스템**은 **뉴튼의 법칙**을 적용하여 얻는다. 이때 제어계에 대해 적절한 수학적 모델을 적용하는 것은 제어계의 해석과 설계에 매우 중요한 과정이다.

전기계나 기계계와 같이 형태가 다른 모든 자동 제어계에서 하나의 요소에 가해지는 입력 신호에 대하여 다음 요소로 전달하는 것을 출력 신호(응답)라고 하고, 여러 요소의 조합에 대해서도 전체 요소에 대한 입력 신호와 출력 신호로 생각할 수 있다. 이와 같이 자동 제어계는 입력 신호에 대한 출력 신호의 신호 전달에 관한 특성을 취급하는 것이고, 신호 전달이라는 개념으로 제어계를 여러 부분으로 나누어 생각하는 경우에 각 부분들을 **전달 요소**(transfer element)라고 한다.

4단자망에서 전기적 특성을 알고자 하는 경우에 내부의 구조에 관계없이 입력과 출력의 관계만으로 알 수 있는 것과 마찬가지로 제어 요소 간에 신호 전달 특성의 개념을 고려하면 제이계에서도 내부 구조나 성질들을 파악할 필요가 없이 입력 신호와 출력 신호의 관계만으로 취급할 수 있다. 이들의 관계에 관한 요소의 신호 전달 특성을 양적으로 표시하는 것을 **전달함수**(transfer function)라고 한다.

3.2 전달 함수의 정의

제어계에서 어떤 요소의 출력 신호(응답)는 그 요소의 성질과 입력 신호의 변화에 의해 변하게 되지만 입력 신호의 파형이나 크기에 관계없이 입력 신호와 출력 신호의 관계를 일정하게 표현할 수 있으면 그 요소의 신호 전달 특성도 일정하게 된다.

입력과 출력 신호의 관계를 나타내는 두 신호의 비, 즉 신호 전달 특성을 시간 영역에서는 일정하게 표시할 수 없지만, s 영역에서 라플라스 변환에 의한 두 신호의 비는 일정하게 표현할 수 있다. 이와 같은 신호 전달 특성을 수식적으로 표현한 것을 **전달함수**(transfer function)라고 하고 다음과 같이 정의한다.

전달함수는 모든 초기값을 0으로 했을 때 입력 신호의 라플라스 값에 대한 출력 신호의 라플라스 값의 비로 정의한다.

그림 3.1은 입력과 출력 신호의 관계를 블록 선도로 나타낸 것이다. 입력 신호 $r(t)$, 출력 신호 $c(t)$, 이것의 라플라스 변환을 각각 $R(s)$, $C(s)$라고 할 때, 전달함수 $G(s)$는

$$G(s) = \frac{C(s)}{R(s)} = \frac{\text{출력(라플라스 변환 값)}}{\text{입력(라플라스 변환 값)}} \tag{3.1}$$

으로 표시한다. 식 (3.1)에 의해 복소 영역의 출력 신호 $C(s)$는

$$C(s) = G(s)R(s) \ : \ \text{출력} = \text{전달함수} \times \text{입력} \tag{3.2}$$

이다. 시간 영역에서 출력 신호(응답) $c(t)$는 식 (3.2)를 역 라플라스 변환에 의해

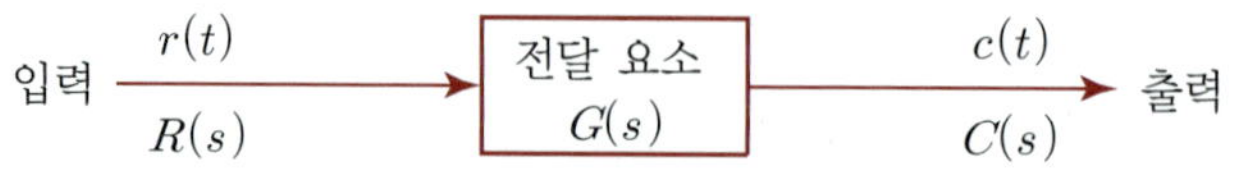

그림 3.1 ▶ 자동 제어계의 전달함수

$$c(t) = \mathcal{L}^{-1}[G(s)R(s)] \tag{3.3}$$

로 구해진다.

그림 3.1과 같은 제어계의 입력 신호 $r(t)$, 출력 신호 $c(t)$라 할 때, 입력과 출력의 관계를 미분 방정식으로 표시하면

$$\begin{aligned} & a_n \frac{d^n c(t)}{dt^n} + a_{n-1} \frac{d^{n-1} c(t)}{dt^{n-1}} + \cdots + a_1 \frac{dc(t)}{dt} + a_0 c(t) \\ & = b_m \frac{d^m r(t)}{dt^m} + b_{m-1} \frac{d^{m-1} r(t)}{dt^{m-1}} + \cdots + b_1 \frac{dr(t)}{dt} + b_0 r(t) \end{aligned} \tag{3.4}$$

가 된다. 여기서 입력과 출력의 계수는 실수인 정수이고, 일반적으로 $n \geq m$ 이다.

식 (3.4)의 시간 함수로 표현되는 미분 방정식으로부터 전달함수를 구하기 위하여 초기값을 0으로 가정하고 양변을 라플라스 변환하여 정리하면

$$\begin{aligned} & (a_n s^n + a_{n-1} s^{n-1} + \cdots + a_1 s + a_0) C(s) \\ & = (b_m s^m + b_{m-1} s^{m-1} + \cdots + b_1 s + b_0) R(s) \end{aligned} \tag{3.5}$$

가 된다. 이로부터 입력과 출력의 관계인 전달함수 $G(s)$는 다음과 같이 구해진다.

$$G(s) = \frac{C(s)}{R(s)} = \frac{b_m s^m + b_{m-1} s^{m-1} + \cdots + b_1 s + b_0}{a_n s^n + a_{n-1} s^{n-1} + \cdots + a_1 s + a_0} \tag{3.6}$$

전달함수의 성질은 다음과 같이 요약할 수 있다.

(1) 전달함수는 선형 시불변 제어계에서만 정의되고, 선형 시변 제어계에서는 정의되지 않는다.

(2) 제어계의 전달함수는 입력 신호에 대한 출력 신호의 라플라스 변환 값의 비로 나타내며, 단위 임펄스 응답의 라플라스 변환으로 정의한다.

(3) 제어계의 모든 초기 조건은 0으로 한다.

(4) 전달함수는 제어계의 입력 신호(크기나 성질)에 무관하다.

(5) 전달함수는 s를 변수로 하는 복소 함수로 표시된다.

예제 3.1

제어계를 표시하는 미분 방정식이 다음과 같이 주어졌을 때 전달함수를 구하라. 단, 모든 초기값은 0 으로 한다.

(1) $\dfrac{d^3c(t)}{dt^3}+4\dfrac{d^2c(t)}{dt^2}+5\dfrac{dc(t)}{dt}+c(t)=5r(t)$: **입력** $r(t)$, **출력** $c(t)$

(2) $\dfrac{d^2y(t)}{dt^2}+3\dfrac{dy(t)}{dt}+2y(t)=\dfrac{dx(t)}{dt}+x(t)$: **입력** $x(t)$, **출력** $y(t)$

풀이 식 (3.4)와 같이 제어계의 주어진 미분 방정식의 양변을 라플라스 변환하여 s 함수의 전달함수 $G(s)$를 구한다.

(1) $s^3C(s)+4s^2C(s)+5sC(s)+C(s)=5R(s)$

$(s^3+4s^2+5s+1)C(s)=5R(s)$

$$\therefore\ G(s)=\frac{C(s)}{R(s)}=\frac{5}{s^3+4s^2+5s+1}$$

(2) $s^2Y(s)+3sY(s)+2Y(s)=sX(s)+X(s)$

$(s^2+3s+2)Y(s)=(s+1)X(s)$

$$\therefore\ G(s)=\frac{Y(s)}{X(s)}=\frac{s+1}{s^2+3s+2}=\frac{s+1}{(s+2)(s+1)}=\frac{1}{s+2}$$

예제 3.2

전달함수가 다음과 같이 주어진 제어계를 미분 방정식으로 표시하라.

$$G(s)=\frac{C(s)}{R(s)}=\frac{s+1}{s^2+3s+1}$$

풀이 전달함수 $G(s)$를 다음과 같이 정리하고, 정리한 식을 역 라플라스 변환하여 시간 함수의 미분 방정식을 구한다.

$$(s^2+3s+1)C(s)=(s+1)R(s)$$

$$\therefore\ \frac{d^2c(t)}{dt^2}+3\frac{c(t)}{dt}+c(t)=\frac{dr(t)}{dt}+r(t)$$

3.3 제어계의 출력 응답

(1) 임펄스 응답

단위 임펄스 함수를 입력 신호로 하는 경우의 출력 응답을 **단위 임펄스 응답**(unit impulse response)이라고 한다. 단위 임펄스 입력의 시간 함수와 이의 라플라스 변환식의 수학적 표현은 다음과 같다.

$$r(t) = \delta(t) \quad \rightarrow \quad R(s) = 1 \tag{3.7}$$

입력 신호 $r(t)$가 단위 임펄스 함수 $\delta(t)$일 때, 복소 영역의 출력 응답 $C(s)$는 식 (3.2)의 $C(s) = G(s)R(s)$로부터

$$C(s) = G(s)R(s) = G(s) \cdot 1 = G(s)$$

$$\therefore \quad C(s) = G(s) \tag{3.8}$$

가 된다. 이로부터 시간 영역의 출력 응답인 **단위 임펄스 응답** $c(t)$는 식 (3.8)의 역 라플라스 변환에 의해 다음과 같이 구해진다.

$$c(t) = \mathcal{L}^{-1}[G(s)] \tag{3.9}$$

제어계에 단위 임펄스 입력이 주어지면 s의 복소 영역에서 출력 응답 $C(s)$는 전달함수 $G(s)$와 같고, t의 시간 영역에서 출력 응답 $c(t)$는 전달함수 $G(s)$의 역 라플라스 변환과 같다. 따라서 임펄스 응답은 선형 시불변 제어계에서 계의 특성에 관한 모든 정보를 얻을 수 있다.

그림 3.2는 단위 임펄스 응답의 블록 선도(block diagram)를 나타낸 것이다. 블록 선도는 제 4 장에서 상세히 다룰 것이다.

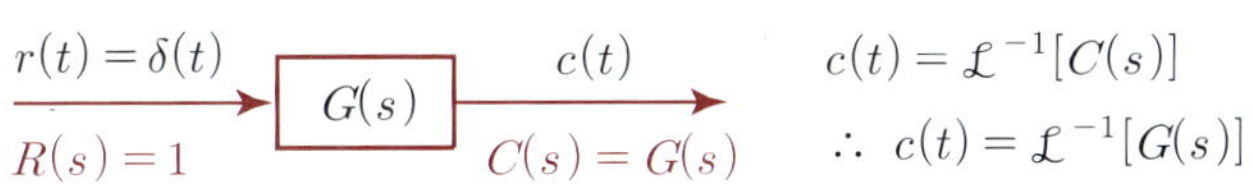

그림 3.2 ▶ 단위 임펄스 응답의 블록 선도

(2) 인디셜 응답

단위 계단 함수를 입력 신호로 하는 경우의 출력 응답을 **단위 계단 응답**(unit step response) 또는 **인디셜 응답**(indicial response)이라고 한다. 단위 계단 입력의 시간 함수와 라플라스 변환 식의 수학적 표현은 다음과 같다.

$$r(t) = u(t) \quad \rightarrow \quad R(s) = \frac{1}{s} \tag{3.10}$$

입력 신호 $r(t)$가 단위 계단 함수 $u(t)$일 때, 복소 영역의 출력 응답 $C(s)$는 식 (3.2)의 $C(s) = G(s)R(s)$로부터

$$C(s) = G(s)R(s) = G(s) \cdot \frac{1}{s}$$

$$\therefore \quad C(s) = \frac{1}{s}G(s) \tag{3.11}$$

가 된다. 이로부터 시간 영역의 출력 응답인 **인디셜 응답**(단위 계단 응답) $c(t)$는 식 (3.11)의 역 라플라스 변환에 의해 다음과 같이 구해진다.

$$c(t) = \mathcal{L}^{-1}\left[\frac{1}{s}G(s)\right] \tag{3.12}$$

그림 3.3은 인디셜 응답의 블록 선도(block diagram)를 나타낸 것이다.

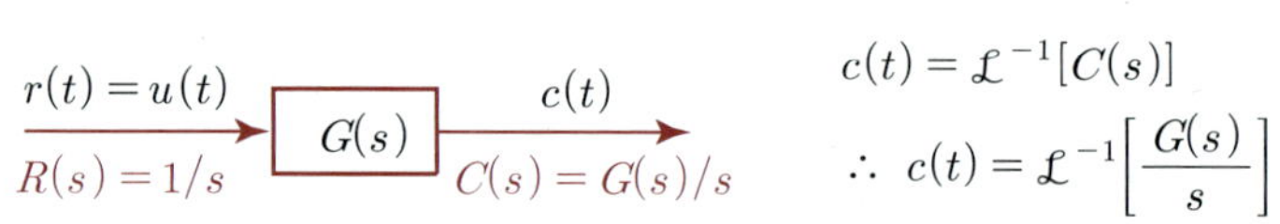

그림 3.3 ▸ 인디셜 응답의 블록 선도

예제 3.3

제어계의 입력을 $r(t)$, 출력을 $c(t)$라 하고, 전달함수 $G(s) = \frac{1}{s+2}$일 때, 단위 임펄스 응답과 인디셜 응답을 구하라.

풀이 (1) 단위 임펄스 응답

입력 신호(단위 임펄스 함수) $\delta(t)$, 라플라스 변환 $R(s) = \mathcal{L}[\delta(t)] = 1$

$$C(s) = G(s)R(s) = G(s) = \frac{1}{s+2}$$

단위 임펄스 응답 $c(t)$는 전달함수 $G(s)$의 역 라플라스 변환에 의해 다음과 같이 구해진다.

$$c(t) = \mathcal{L}^{-1}\left[\frac{1}{s+2}\right] = e^{-2t}$$

(2) 인디셜 응답(단위 계단 응답)

입력 신호(단위 계단 함수) $u(t)$, 라플라스 변환 $R(s) = \mathcal{L}[u(t)] = \frac{1}{s}$

$$C(s) = G(s)R(s) = \frac{G(s)}{s} = \frac{1}{s(s+2)} = \frac{1}{2}\left(\frac{1}{s} - \frac{1}{s+2}\right)$$

인디셜 응답 $c(t)$는 $C(s)$의 역 라플라스 변환에 의해 다음과 같이 구해진다.

$$c(t) = \mathcal{L}^{-1}\left[\frac{1}{2}\left(\frac{1}{s} - \frac{1}{s+2}\right)\right] = \frac{1}{2}\left(1 - e^{-2t}\right)$$

3.4 제어 요소의 전달 함수

자동 제어계는 여러 가지의 구성 요소로 되어 있고, 그 요소들에 대한 신호 전달 특성을 전달함수로 해석하기 위하여 입력과 출력의 관계를 선형으로 해석하지 않으면 안 된다. 그러나 실제 제어계에서 입력과 출력의 관계는 비선형인 경우가 많기 때문에 물리량의 변화 범위를 작게 취하면 부분적으로 선형화하여 근사할 수 있다. 이러한 근사의 선형 관계를 이용하여 전달함수를 구함으로써 제어계의 설계 및 해석을 쉽게 접근할 수 있다.

특히 제어계는 제어 요소가 다르더라도 전달함수의 형식은 동일한 것이 많기 때문에 전달함수는 제어계에 따라 몇 개의 표준 형식으로 정할 수 있고, 이들을 기본 요소로 설정하면 전달함수는 기본 요소 중에 해당되거나 기본 요소들의 조합으로 구성된다.

따라서 제어계의 구성 요소 중에서 많이 적용되는 **제어계의 표준 형식들에 관한 전달 함수의 기본 요소**를 알아보기로 한다.

(1) 비례 요소

제어계의 입력 신호 $r(t)$와 출력 신호 $c(t)$의 관계가

$$c(t) = Kr(t) \tag{3.13}$$

로 표시되는 요소를 **비례 요소**라고 한다. 즉 출력은 입력의 K에 비례하여 변하는 요소이다.

식 (3.13)의 양변을 라플라스 변환에 의해

$$C(s) = KR(s) \tag{3.14}$$

가 얻어진다. 따라서 식 (3.14)에 의해 **비례 요소의 전달함수** $G(s)$는

$$G(s) = \frac{C(s)}{R(s)} = K \tag{3.15}$$

가 된다. 여기서 K를 **이득 상수**(gain constant)라고 한다.

그림 3.4(b)는 비례 요소의 블록 선도, **그림 3.4**(a)는 단위 계단 함수를 입력, **그림 3.4**(c)는 단위 계단 입력의 K배인 출력 응답을 나타낸다.

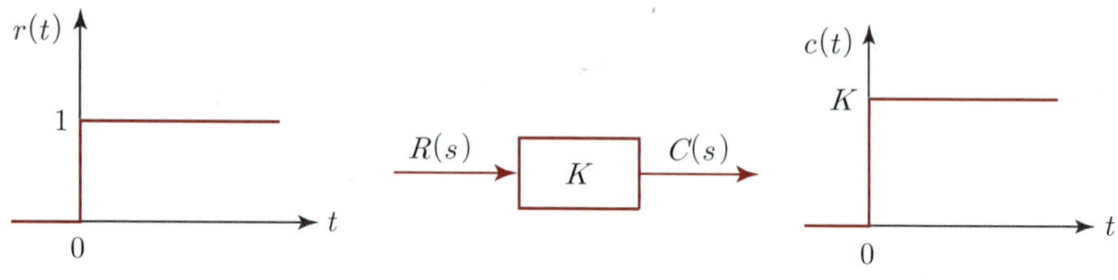

(a) 단위 계단 입력 (b) 블록 선도 (c) 출력(인디셜 응답)

그림 3.4 ▶ 비례 요소

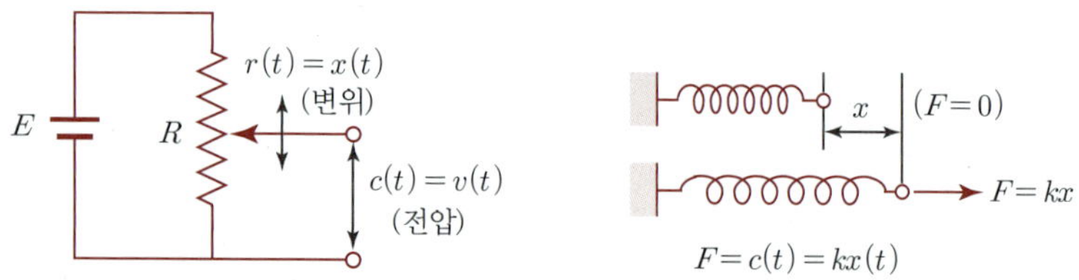

(a) 가변 저항 (b) 스프링

그림 3.5 ▶ 비례 요소의 예

비례 요소는 스프링(후크의 법칙 $F=kx$), 가변 저항(변위와 전압의 관계), 유체 저항 ($Q=Av$) 등이 해당된다.

(2) 미분 요소

제어계의 입력 신호 $r(t)$와 출력 신호 $c(t)$의 관계가

$$c(t)=K\frac{dr(t)}{dt} \tag{3.16}$$

로 표시되는 요소를 **미분 요소**라고 한다. 즉 출력은 입력을 미분한 값에 비례하여 나타나는 요소이다.

초기값 0 의 조건에서 식 (3.16)의 양변을 라플라스 변환하면 $C(s)=KsR(s)$이므로 **미분 요소의 전달함수** $G(s)$는

$$G(s)=\frac{C(s)}{R(s)}=Ks \tag{3.17}$$

가 된다.

그림 3.6(b)는 미분 요소의 블록 선도이고, **그림 3.6**(a)의 단위 계단 입력에 대한 출력 응답은 **그림 3.6**(c)와 같이 임펄스로 된다.

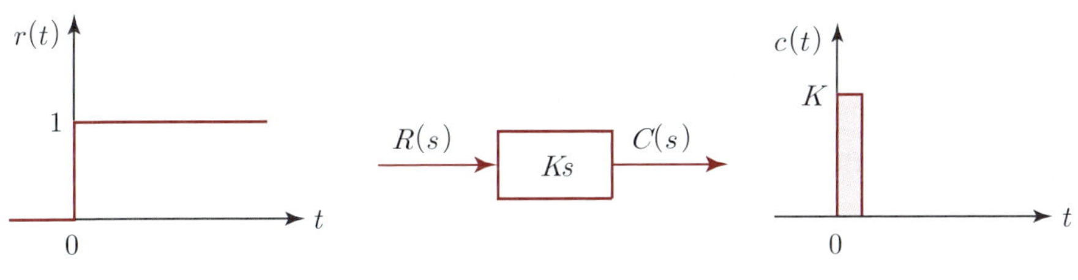

(a) 단위 계단 입력 (b) 블록 선도 (c) 출력(인디셜 응답)

그림 3.6 ▶ 미분 요소

미분 요소는 **그림 3.7**과 같이 인덕턴스 회로, 미분 회로($RC \ll 1$)가 있으며, 타코 발전기(tacho-generator) 등이 해당된다.

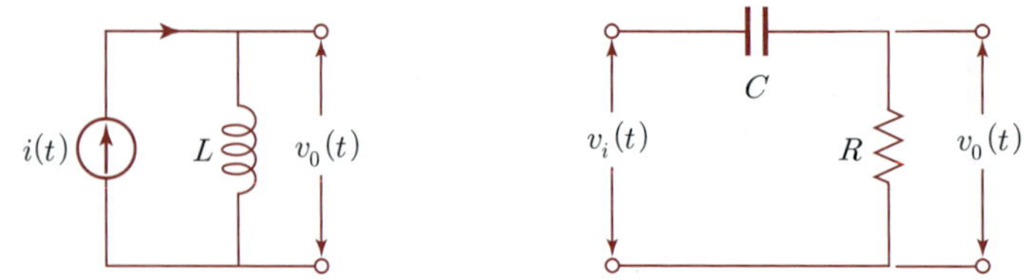

(a) $v(t) = L\frac{di(t)}{dt}\ [V(s) = sLI(s)]$ (b) 미분 회로($RC \ll 1$)

그림 3.7 ▸ 미분 요소의 예(전기계)

(3) 적분 요소

제어계의 입력 신호 $r(t)$와 출력 신호 $c(t)$의 관계가

$$c(t) = K\int r(t)dt \tag{3.18}$$

로 표시되는 요소를 **적분 요소**라고 한다. 즉 출력은 입력을 적분한 값에 비례하여 나타나는 요소이다.

초기값 0의 조건에서 식 (3.18)의 양변을 라플라스 변환하면 $C(s) = KR(s)/s$이므로 적분 요소의 전달함수 $G(s)$는

$$G(s) = \frac{C(s)}{R(s)} = \frac{K}{s} \tag{3.19}$$

가 된다.

그림 3.8(b)는 적분 요소의 블록 선도이고, **그림 3.8**(a)의 단위 계단 입력에 대해 출력 응답은 **그림 3.8**(c)와 같이 기울기가 K인 램프 함수(경사 함수)가 된다.

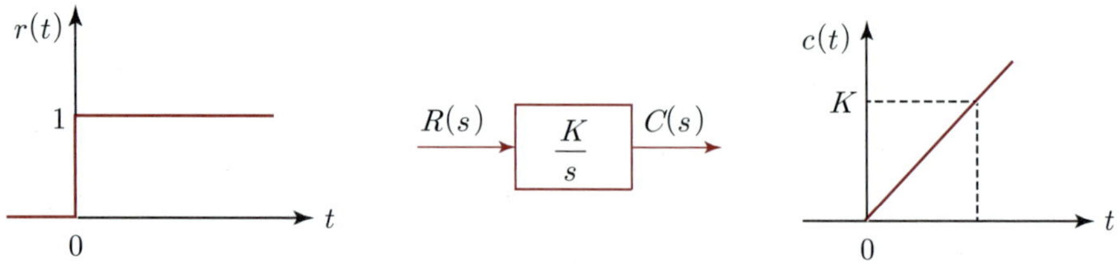

(a) 단위 계단 입력 (b) 블록 선도 (c) 출력(인디셜 응답)

그림 3.8 ▸ 적분 요소

적분 요소는 **그림 3.9**와 같이 전기계에서 커패시터 회로, 적분 회로($RC \gg 1$), 수위계에서 수조(water tank) 내에 유입 유량 q와 수위 h의 관계, 열계에서 수조 내 전열 등의 열원에 의한 열량 $q_1(t)$과 수조내의 수온 상승 $\theta(t)$의 관계를 나타내는 온수기(water heater) 등이 해당된다.

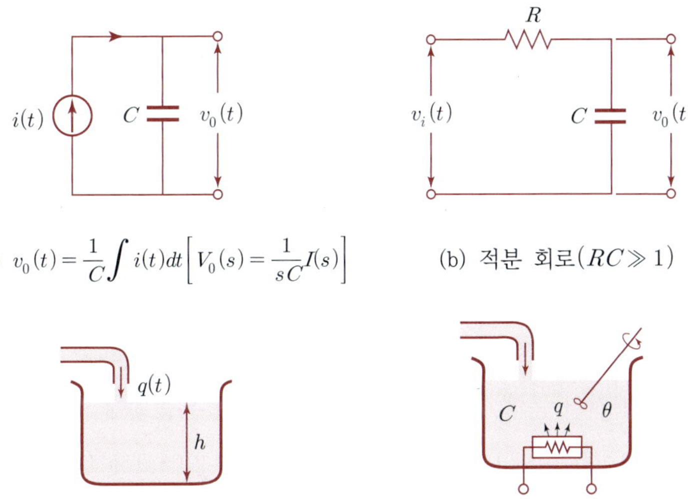

(a) $v_0(t) = \frac{1}{C}\int i(t)dt \left[V_0(s) = \frac{1}{sC}I(s) \right]$ (b) 적분 회로($RC \gg 1$)

(c) 수위계 (d) 열계(온수기)

그림 3.9 ▸ 적분 요소의 예

(4) 1차 지연 요소

제어계의 입력 신호 $r(t)$와 출력 신호 $c(t)$의 관계가

$$T\frac{dc(t)}{dt} + c(t) = Kr(t) \tag{3.20}$$

와 같이 1차 미분 방정식으로 표현되는 요소를 **1차 지연 요소** 또는 간단히 **1차계**라고 한다. 여기서 T를 **시정수**(time constant), K를 **이득 상수**(gain constant)라고 한다.

초기값 0의 조건에서 식 (3.20)의 양변을 라플라스 변환하면 전달함수 $G(s)$는

$$G(s) = \frac{C(s)}{R(s)} = \frac{K}{1+Ts} \tag{3.21}$$

가 된다. 식 (3.21)은 1차 지연 요소에 관한 전달함수의 표준 형식이 된다.

그림 3.10(b)는 1차 지연 요소의 블록 선도이고, (a)의 단위 계단 입력에 대한 출력 응답은 (c)와 같이 입력의 변화에 따라 일정한 값이 되는데 시간 지연이 발생한다.

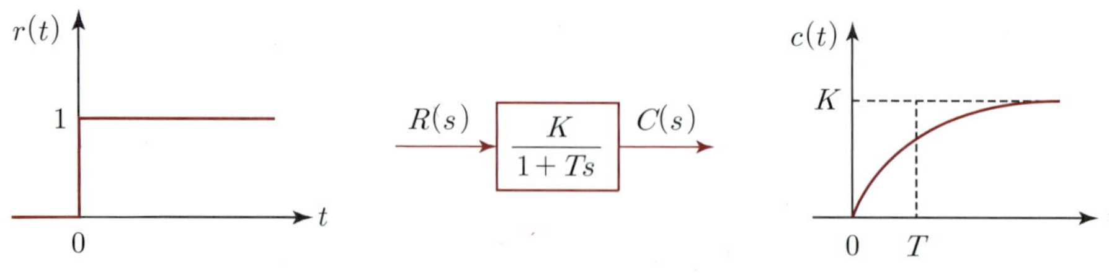

(a) 단위 계단 입력 (b) 블록 선도 (c) 출력(인디셜 응답)

그림 3.10 ▶ 1차 지연 요소

1차 지연 요소는 **그림 3.11**과 같이 전기계에서 RC 회로, 수위계에서 수조 내에 유입수의 유량 $q_i(t)$와 유출수의 유량 $q_0(t)$의 관계를 고려한 유량과 수위의 변화량의 관계, 열계에서 수조 내 전열 등의 열원에 의한 열량 $q_i(t)$과 유출수에 의해 빼앗기는 열량 $q_0(t)$을 고려한 수온 상승 $\theta(t)$의 관계를 나타내는 온수기(water heater) 등이 해당된다.

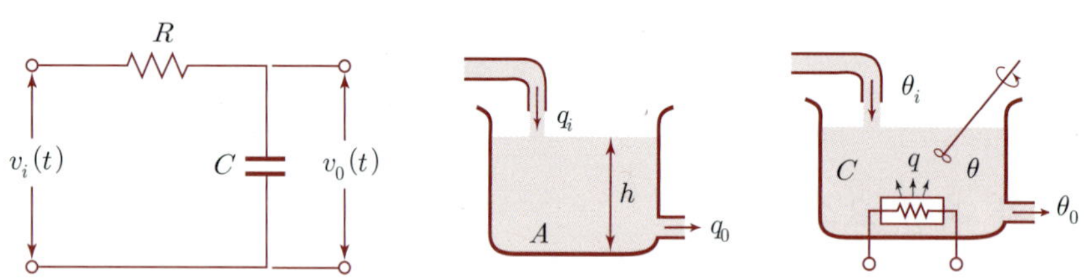

(a) 전기계 (b) 수위계 (c) 열계

그림 3.11 ▶ 1차 지연 요소의 예

(5) 2차 지연 요소

제어계의 입력 신호 $r(t)$와 출력 신호 $c(t)$의 관계가

$$a_2 \frac{d^2c(t)}{dt^2} + a_1 \frac{dc(t)}{dt} + a_0 c(t) = r(t) \tag{3.22}$$

와 같이 2차 미분 방정식으로 표현되는 요소를 **2차 지연 요소** 또는 **2차 요소** 간단히 **2차계**라고 한다.

초기값 0의 조건에서 식 (3.22)의 양변을 라플라스 변환하면 전달함수 $G(s)$는

$$G(s) = \frac{C(s)}{R(s)} = \frac{1}{a_2 s^2 + a_1 s + a_0} \tag{3.23}$$

이 된다. 2차 지연 요소의 전달함수 $G(s)$는 일반적으로 감쇠비(제동비) ζ, 고유 주파수 또는 비감쇠 주파수 ω_n을 사용하여 다음의 형태로 나타낸다.

$$G(s) = \frac{1}{a_2} \cdot \frac{{\omega_n}^2}{s^2 + 2\zeta\omega_n s + {\omega_n}^2} \tag{3.24}$$

$$\therefore \quad G(s) = \frac{K{\omega_n}^2}{s^2 + 2\zeta\omega_n s + {\omega_n}^2} \tag{3.25}$$

여기서 $\zeta = \frac{a_1}{2\sqrt{a_0 a_2}}$, $\omega_n = \sqrt{\frac{a_0}{a_2}}$, $K = \frac{1}{a_2}$ 이다.

그림 3.12(b)는 2차 지연 요소의 블록 선도이고, **그림 3.12**(a)의 단위 계단 입력에 대한 출력 응답은 **그림 3.12**(c)와 같이 나타난다.

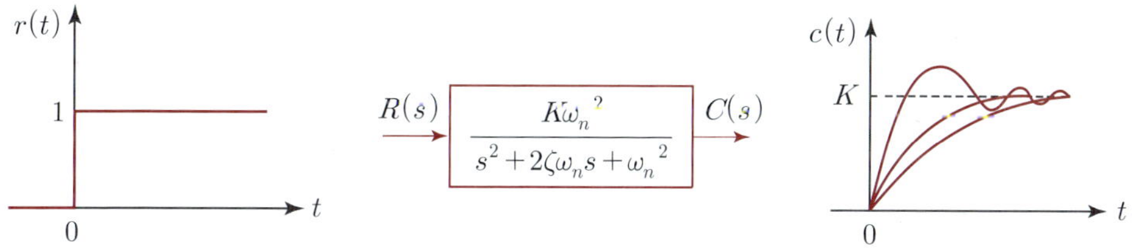

(a) 단위 계단 입력 (b) 블록 선도 (c) 출력(인디셜 응답)

그림 3.12 ▶ 2차 지연 요소

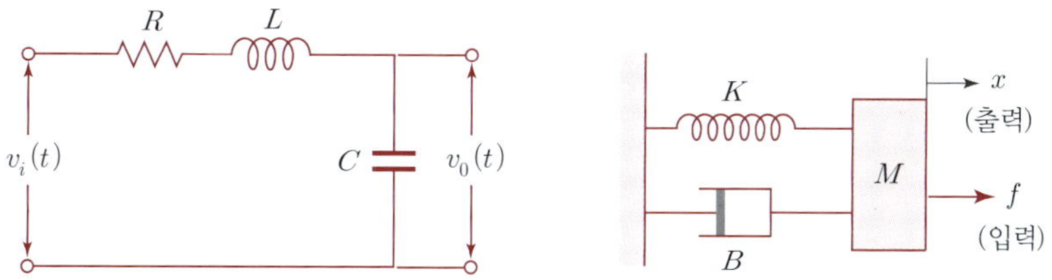

(a) 전기계 (b) 기계계

그림 3.13 ▶ 2자 지연 요소의 예

2차 지연 요소는 **그림 3.13**과 같이 전기계에서 RLC 회로, 스프링-질량-댐퍼계에서 외력과 변위의 관계 등이 해당된다.

(6) 부동작 시간 요소

제어계의 입력 신호 $r(t)$와 출력 신호 $c(t)$의 관계가

$$c(t) = Kr(t-L) \tag{3.26}$$

로 표현되는 요소를 **부동작 시간 요소**라고 한다. 단, L은 부동작 시간(dead time)이다.

출력 응답 $c(t)$는 입력 신호 $r(t)$와 파형은 같지만 일정 시간 L만큼 지연되어 나타난다. **그림 3.14**는 부동작 시간 요소의 예로 $t=0$에서 입력의 변화가 일어나도 $t=L$까지는 출력에 어떤 영향도 나타나지 않는 요소이다.

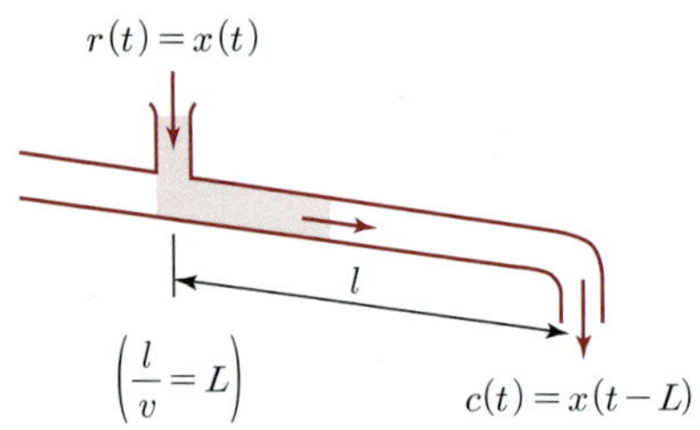

그림 3.14 ▸ 부동작 시간 요소

식 (3.26)으로부터 전달함수 $G(s)$는 다음과 같이 표현할 수 있다.

$$G(s) = Ke^{-Ls} \tag{3.27}$$

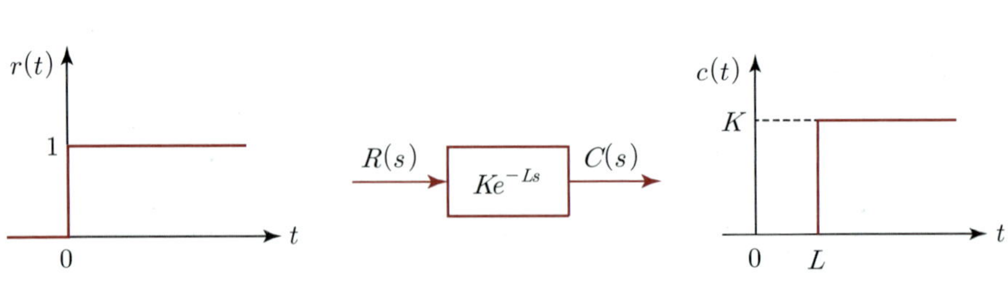

(a) 단위 계단 입력　(b) 블록 선도　(c) 출력(인디셜 응답)

그림 3.15 ▸ 부동작 시간 요소

그림 3.15(b)는 부동작 시간 요소의 블록 선도이고, **그림 3.15**(a)의 단위 계단 입력에 대한 출력 응답은 **그림 3.15**(c)와 같이 나타난다.

3.5 전기계의 전달 함수

전달함수는 계의 미분 방정식을 세워서 라플라스 변환에 의해 구하는 것이 일반적이다. 그러나 **전기 회로망에 대한 전달함수**는 **표 3.1**과 같이 수동 소자 R, L, C의 라플라스 변환된 s 영역의 복소 임피던스 $Z(s)$를 직접 적용하여 **키르히호프의 법칙**(KCL, KVL)에 의해 간편하게 구할 수 있다.(제 2.7 절의 라플라스 변환에 의한 회로해석 참고)

또 입력 전압에 대한 출력 전압의 비로 나타내는 전달함수는 다음의 **정리**를 참고하면 쉽게 구할 수 있다.

표 3.1 ▶ 시간 영역과 복소 영역에서의 회로소자의 전압과 전류의 관계

회로소자	시간 영역(t 영역)	복소 영역(s 영역)	복소 임피던스 (초기값 0)
저항	$v(t)=Ri(t)$ $i(t)=\dfrac{v(t)}{R}$	$V(s)=RI(s)$ $I(s)=\dfrac{1}{R}V(s)$	$Z(s)=R$
인덕터	$v(t)=L\dfrac{di(t)}{dt}$ $i(t)=\dfrac{1}{L}\int v(t)dt$	$V(s)=sLI(s)-Li(0^+)$ $I(s)=\dfrac{V(s)}{sL}+\dfrac{i(0^+)}{s}$	$Z(s)=sL$
커패시터	$v(t)=\dfrac{1}{C}\int i(t)dt$ $i(t)=C\dfrac{dv(t)}{dt}$	$V(s)=\dfrac{I(s)}{sC}+\dfrac{v(0)}{s}$ $I(s)=sCV(s)-Cv(0)$	$Z(s)=\dfrac{1}{sC}$

(1) 지상 회로(1차 지연 요소)

그림 3.16(a)와 같은 RC 회로망에서 입력 $v_i(t)$, 출력 $v_0(t)$라고 할 때, 회로망의 전달함수를 구하여 본다.

먼저 **그림 3.16**(b)와 같이 수동소자의 복소 임피던스를 적용하여 라플라스 변환 회로를 작성하고 입력과 출력 전압 $v_i(t)$, $v_0(t)$도 라플라스 변환하여 $V_i(s)$, $V_0(s)$로 나타

낸다. 입력과 출력 전압에 대해 키르히호프의 전압방정식(KVL)을 세우면

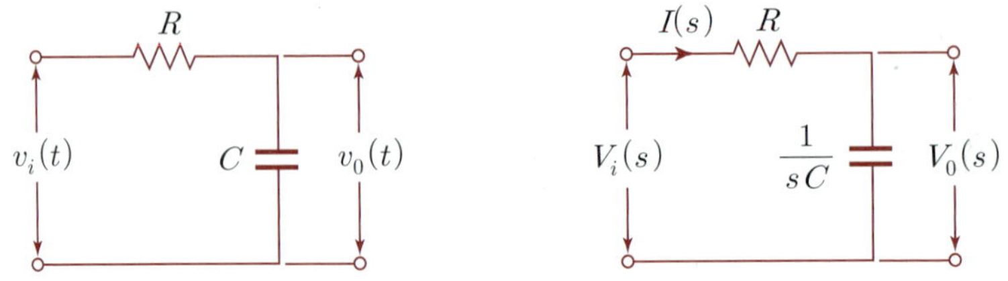

(a) RC 회로망 (b) 라플라스 변환 회로

그림 3.16 ▶ 지상 회로(RC 적분 회로)

$$\begin{cases} V_i(s) = \left(R + \dfrac{1}{sC}\right) I(s) \\ V_0(s) = \dfrac{1}{sC} I(s) \end{cases} \tag{3.28}$$

이다. 식 (3.28)로부터 전달함수 $G(s)$는

$$G(s) = \frac{V_0(s)}{V_i(s)} = \frac{\dfrac{1}{sC} I(s)}{\left(R + \dfrac{1}{sC}\right) I(s)} = \frac{\dfrac{1}{sC}}{R + \dfrac{1}{sC}}$$

$$\therefore \quad G(s) = \frac{1}{1 + RCs} = \frac{1}{1 + Ts} \quad (\text{단}, T = RC) \tag{3.29}$$

로 구해진다. 여기서 $T = RC$로 놓은 것이고, 이것을 회로의 **시정수**(time constant)라고 한다. 식 (3.29)의 결과로부터 RC 회로망은 1차 지연 요소가 된다.

식 (3.29)의 전달함수에 의해 출력 전압 $V_0(s)$를 전달함수 $G(s)$와 입력 전압 $V_i(s)$로 나타내면

$$V_0(s) = G(s) V_i(s) = \frac{1}{1 + Ts} V_i(s) \tag{3.30}$$

이다. 또 $s = j\omega$를 대입하여 주파수 영역에서 출력 전압 $V_0(j\omega)$는

$$V_0(j\omega) = G(j\omega)V_i(j\omega) = \frac{1}{1+j\omega T}V_i(j\omega) \tag{3.31}$$

로 표현할 수 있다.

식 (3.31)에서 극좌표 형식의 편각(위상) 계산에 의해 분자의 위상 0°에서 분모의 위상 $\tan^{-1}\omega T$를 뺀 출력 전압 $v_0(t)$의 위상은 $\theta = -\tan^{-1}\omega T < 0$ (음의 각)이 된다. 따라서 출력 전압 $v_0(t)$의 위상은 입력 전압 $v_i(t)$의 위상보다 뒤진 **지상 회로**가 된다.

정리 전기 회로망에서 전달함수의 간편 해석법

그림 3.17과 같이 주어지는 형태의 라플라스 변환한 전기 회로망에서 입력 전압에 대한 출력 전압의 비로 나타내는 전달함수 $G(s) = V_0(s)/V_i(s)$는 다음과 같이 간단히 구한다.

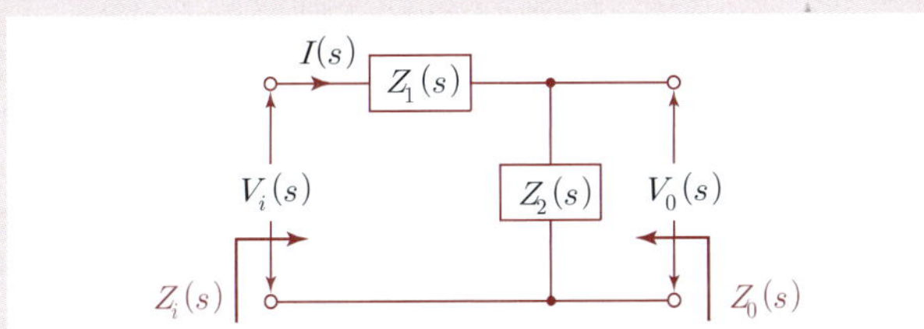

그림 3.17 ▸ 전달함수

$$\begin{cases} V_i(s) = \{Z_1(s) + Z_2(s)\}I(s) \\ V_0(s) = Z_2(s)I(s) \end{cases}$$

$$G(s) = \frac{V_0(s)}{V_i(s)} = \frac{Z_2(s)I(s)}{\{Z_1(s)+Z_2(s)\}I(s)} \quad [I(s)\ \text{약분}]$$

$$\therefore\ G(s) = \frac{Z_2(s)}{\{Z_1(s)+Z_2(s)\}} \tag{3.32}$$

전달함수의 결과의 식 (3.28)로부터 전달함수 $G(s)$는 다음의 식으로 정리할 수 있다.

$$G(s) = \frac{V_0(s)}{V_i(s)} = \frac{Z_0(s)}{Z_i(s)} = \frac{\text{출력에서 본 복소 임피던스}}{\text{입력에서 본 복소 임피던스}} \tag{3.33}$$

식 (3.33)의 전달함수 간편 해석법은 **예제 3.4**와 **3.5**의 **별해**를 참고 바라며, 본 절의 본문에 나오는 전기회로망의 전달함수를 이 방법으로 구하는 것은 독자에게 맡긴다.

참고 RC 적분 회로

그림 3.16과 같은 지상 회로의 RC 회로망에서 전달함수 $G(s)$는 식 (3.29)에서

$$G(s) = \frac{1}{1+RCs} = \frac{1}{1+Ts} \text{ (단, 시정수 } T = RC) \tag{3.34}$$

이다. 여기서 $RC \gg 1$로 근사하면, 분모는 $1+RCs = 1+Ts \simeq RCs = Ts$ 이므로 전달함수 $G(s)$는

$$G(s) = \frac{1}{RCs} = \frac{1}{Ts} \tag{3.35}$$

로 근사된다. 식 (3.35)는 적분 요소가 되므로 **그림 3.16**의 회로를 **RC 적분 회로**라고 하고, 이와 같은 회로를 **적분기**(integrator)라고 한다.

(적분 회로의 특징)

(1) 출력 신호 $v_0(t)$가 입력 신호 $v_i(t)$의 적분 형태 $\int v_i(t)dt$로 표현되는 회로

(2) 식 (3.31)의 전달함수를 주파수 영역에서 $G(j\omega) = \frac{1}{j\omega RC} = \frac{1}{\omega RC}\angle -90°$ 관계가 되므로 출력 전압의 위상이 입력 전압의 위상보다 90° 뒤지는 **지상 회로**이다.

(3) RC 적분 회로는 주기 T(펄스의 시간 폭)의 펄스 입력 전압을 공급하였을 때, 입력 주기 T보다 상대적으로 시정수 RC가 큰 회로이다($T \ll RC$).

(4) 시정수 RC가 입력 주기의 시간 폭보다 클수록 출력 전압 파형은 **그림 3.18**과 같이 매우 작게 나타나면서 충전 시에는 직선적으로 증가하고 방전 시에는 직선적으로 감소한다. 따라서 파형은 수학적으로 1차 직선 함수가 되므로 입력 펄스의 적분 형태가 된다. 이와 같은 회로를 **적분기**라고 한다.

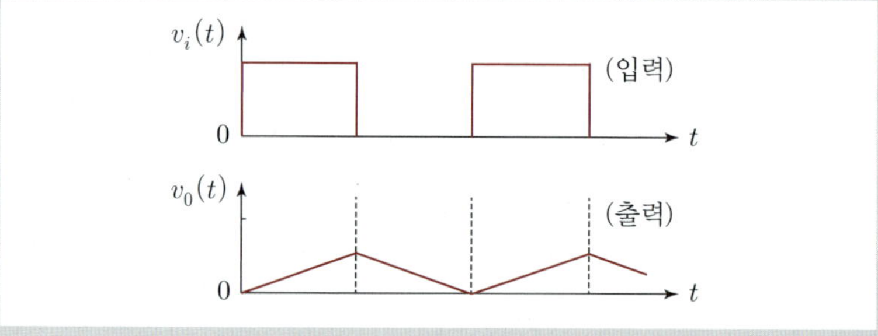

그림 3.18 ▸ 펄스 입력 파형에 대한 출력 적분 파형

(2) 진상 회로

그림 3.16(a)의 회로망에서 R과 C의 위치를 바꾼 **그림 3.19**(a)와 같은 CR 회로망에서 입력 $v_i(t)$, 출력 $v_0(t)$라고 할 때, 회로망의 전달함수를 구하여 본다.

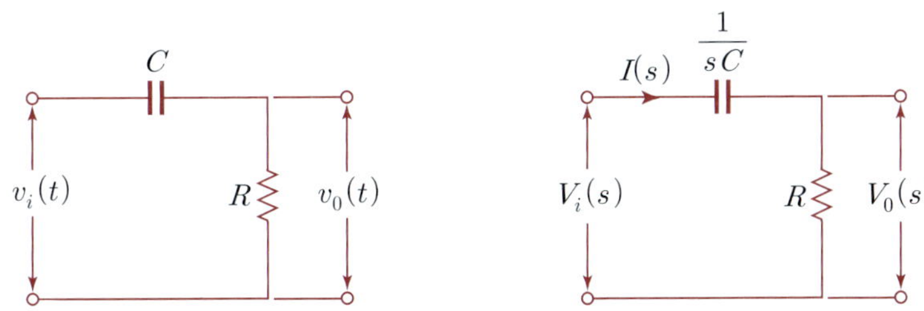

(a) CR 회로망 (b) 라플라스 변환 회로

그림 3.19 ▸ 진상 회로(CR 미분 회로)

먼저 **그림 3.19**(b)와 같이 수동소자의 복소 임피던스를 적용하여 라플라스 변환 회로를 작성하고 입력과 출력 전압 $v_i(t)$, $v_0(t)$도 라플라스 변환하여 $V_i(s)$, $V_0(s)$로 나타낸다. 입력과 출력 전압에 대해 키르히호프의 전압방정식(KVL)을 세우면

$$V_i(s)=\left(R+\frac{1}{sC}\right)I(s), \qquad V_0(s)=RI(s) \tag{3.36}$$

이다. 식 (3.36)으로부터 전달함수 $G(s)$는

$$G(s)=\frac{V_0(s)}{V_i(s)}=\frac{RI(s)}{\left(R+\frac{1}{sC}\right)I(s)}=\frac{R}{R+\frac{1}{sC}}$$

$$\therefore \quad G(s)=\frac{RCs}{1+RCs}=\frac{Ts}{1+Ts} \quad (\text{단}, T=RC) \tag{3.37}$$

로 구해진다. 여기서 $T=RC$로 놓은 것이고, 이것을 회로의 **시정수**(time constant)라고 한다. 식 (3.37)의 결과로부터 분모는 1차 지연 요소, 분자는 미분 요소가 된다.

식 (3.37)의 전달함수에 의해 출력 전압 $V_0(s)$를 입력 전압 $V_i(s)$로 나타내면

$$V_0(s)=G(s)V_i(s)=\frac{Ts}{1+Ts}V_i(s) \tag{3.38}$$

이다. 또 $s = j\omega$를 대입하여 주파수 영역에서 출력 전압 $V_0(j\omega)$는

$$V_0(j\omega) = G(j\omega)V_i(j\omega) = \frac{j\omega T}{1+j\omega T}V_i(j\omega) \tag{3.39}$$

로 표현할 수 있다. 즉 출력 전압 $v_0(t)$의 위상은 $\theta = 90° - \tan^{-1}\omega T > 0$ (양의 각)이 된다. 즉 출력 전압 $v_0(t)$의 위상은 입력 전압 $v_i(t)$의 위상보다 앞선 **진상 회로**가 된다.

참고 *CR* **미분 회로**

그림 3.19(a)와 같은 진상 회로의 CR 회로망에서 전달함수 $G(s)$는 식 (3.37)에서

$$G(s) = \frac{RCs}{1+RCs} = \frac{Ts}{1+Ts} \quad (\text{단, 시정수 } T = RC) \tag{3.40}$$

이다. 여기서 $RC \ll 1$로 근사하면, 분모는 $1 + RCs = 1 + Ts \simeq 1$이므로 전달함수 $G(s)$는

$$G(s) = RCs = Ts \tag{3.41}$$

로 근사된다. 식 (3.41)은 미분 요소가 되므로 **그림 3.19**를 ***CR*** **미분 회로**라고 하고, 이와 같은 회로를 **미분기**(differentiator)라고 한다.

(미분 회로의 특징)

(1) 출력 신호 $v_0(t)$가 입력 신호 $v_i(t)$의 미분 형태 $dv_i(t)/dt$로 표현되는 회로

(2) 식 (3.41)의 전달함수를 주파수 영역에서 $G(j\omega) = j\omega RC = \omega RC\underline{/90°}$ 관계로부터 출력 전압의 위상은 입력 전압의 위상보다 90° 앞서는 **진상 회로**이다.

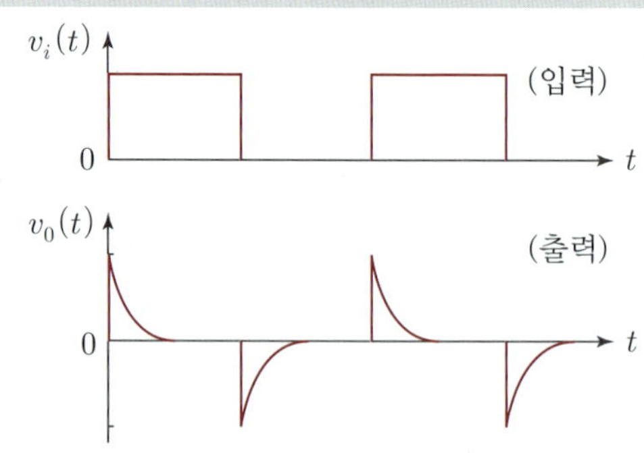

그림 3.20 ▸ 펄스 입력 파형에 대한 출력 미분 파형

(3) RC 미분 회로는 주기 T(펄스의 시간 폭)의 펄스 입력 전압을 공급하였을 때, 입력 주기 T보다 상대적으로 시정수 RC가 작은 회로이다($T \gg RC$).

(4) 시정수 RC가 입력 주기의 시간 폭보다 작을수록 출력 전압 파형은 **그림 3.19**와 같이 수직으로 세워진 직선에 가까운 파형으로 나타난다. 따라서 파형은 수학적으로 0에 가까우므로 입력 펄스의 미분 형태가 된다. 이와 같은 회로를 **미분기**라고 한다.

(3) 2차 지연 요소

그림 3.21(a)와 같은 RLC 회로망에서 입력 $v_i(t)$, 출력 $v_0(t)$라고 할 때, 회로망의 전달함수는 구하여 본다.

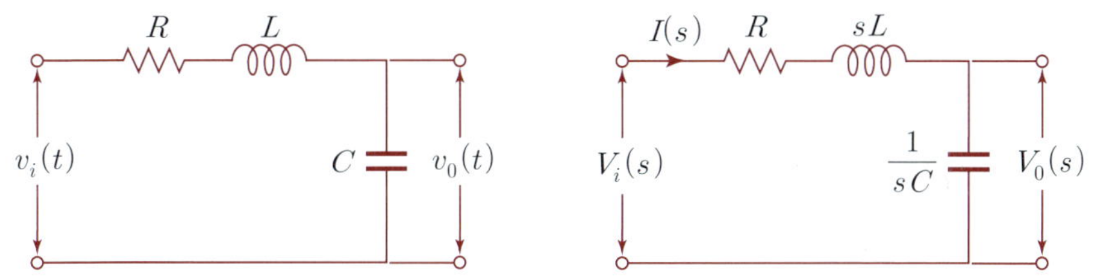

(a) RLC 회로망 (b) 라플라스 변환 회로

그림 3.21 ▶ 2차 지연 회로

먼저 **그림 3.21**(b)와 같이 수동소자의 복소 임피던스를 적용하여 라플라스 변환 회로를 작성하고 입력과 출력 전압 $v_i(t)$, $v_0(t)$도 라플라스 변환하여 $V_i(s)$, $V_0(s)$로 나타낸다. 입력과 출력 전압에 대해 키르히호프의 전압방정식(KVL)을 세우면

$$V_i(s) = \left(R + sL + \frac{1}{sC}\right) I(s), \quad V_0(s) = \frac{1}{sC} I(s) \tag{3.42}$$

이다. 식 (3.42)로부터 전달함수 $G(s)$는 다음과 같이 구해진다.

$$G(s) = \frac{V_0(s)}{V_i(s)} = \frac{\frac{1}{sC} I(s)}{\left(R + sL + \frac{1}{sC}\right) I(s)} = \frac{\frac{1}{sC}}{R + sL + \frac{1}{sC}}$$

$$\therefore \; G(s) = \frac{1}{LCs^2 + RCs + 1} \tag{3.43}$$

예제 3.4

그림 3.22(a)의 회로에서 전달함수를 구하라. 단, e_i는 입력, e_0는 출력이다.

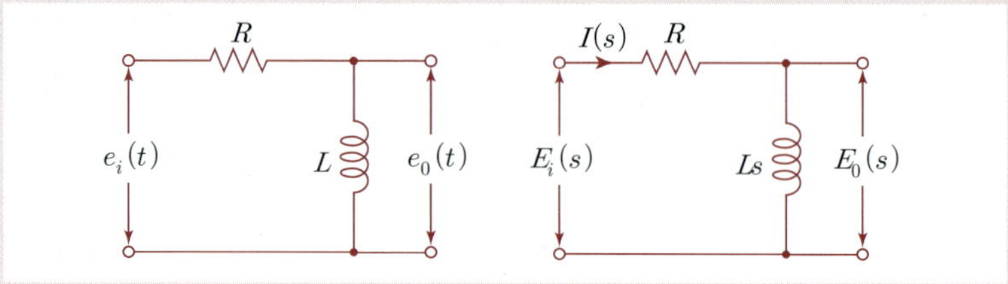

(a) (b)

그림 3.22

풀이 **(전기 회로에서 전달함수 구하는 방법)**

① **그림 3.22**(b)와 같이 입력 전압과 출력 전압의 라플라스 변환과 각 소자에 대한 s 영역의 복소 임피던스를 나타낸다.

② 입력과 출력에 대한 키르히호프의 법칙(KVL)을 적용하여 방정식을 세우고, 전달함수 $G(s)$는 입력 전압에 대한 출력 전압의 라플라스 값의 비로 구한다.

$$\begin{cases} E_i(s) = (R + Ls)I(s) \\ E_0(s) = LsI(s) \end{cases} \qquad \therefore \; G(s) = \frac{E_0(s)}{E_i(s)} = \frac{Ls}{R + Ls}$$

별해 식 (3.33)에 의한 전달함수 구하는 방법

입력에서 본 복소 임피던스 : $Z_i(s) = R + Ls$

출력에서 본 복소 임피던스 : $Z_0(s) = Ls$

전달함수 : $G(s) = \dfrac{E_0(s)}{E_i(s)} = \dfrac{Z_0(s)}{Z_i(s)} = \dfrac{Ls}{R + Ls}$

예제 3.5

그림 3.23(a)의 회로에서 전달함수를 구하라. 단, e_i는 입력, e_0는 출력이다.

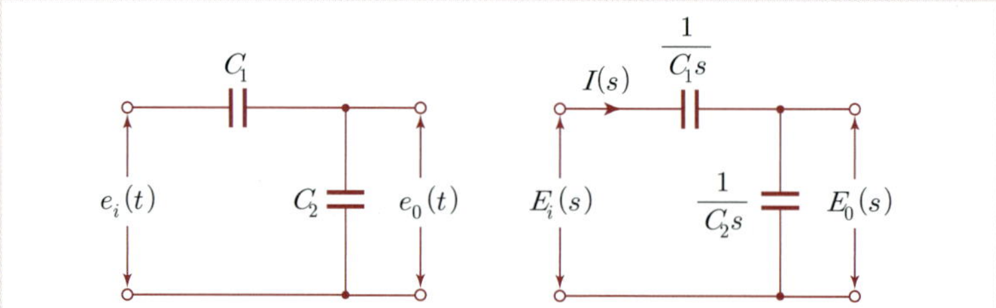

(a) (b)

그림 3.23

풀이 **예제 3.4**와 동일한 방법을 적용하여 전달함수를 구한다.
그림 3.23(b)와 같이 라플라스 변환 회로를 나타내고, 입력 전압과 출력 전압에 관하여 키르히호프의 전압법칙(KVL)을 적용하여 방정식을 세운다. 이로부터 전달함수 $G(s)$는 입력 전압에 대한 출력 전압의 라플라스 값의 비로 구한다.

$$\begin{cases} E_i(s) = \left(\dfrac{1}{C_1 s} + \dfrac{1}{C_2 s}\right) I(s) \\ E_0(s) = \dfrac{1}{C_2 s} I(s) \end{cases} \qquad G(s) = \frac{E_0(s)}{E_i(s)} = \frac{\dfrac{1}{C_2 s}}{\dfrac{1}{C_1 s} + \dfrac{1}{C_2 s}}$$

$$\therefore \; G(s) = \frac{C_1}{C_1 + C_2}$$

별해 식 (3.33)에 의한 전달함수 구하는 방법

입력에서 본 복소 임피던스 : $Z_i(s) = \dfrac{1}{C_1 s} + \dfrac{1}{C_2 s}$

출력에서 본 복소 임피던스 : $Z_0(s) = \dfrac{1}{C_2 s}$

전달함수 : $G(s) = \dfrac{E_0(s)}{E_i(s)} = \dfrac{Z_0(s)}{Z_i(s)} = \dfrac{C_1}{C_1 + C_2}$

예제 3.6

그림 3.24(a)의 회로에서 전달함수를 구하라. 단, i는 입력, e_0는 출력이다.

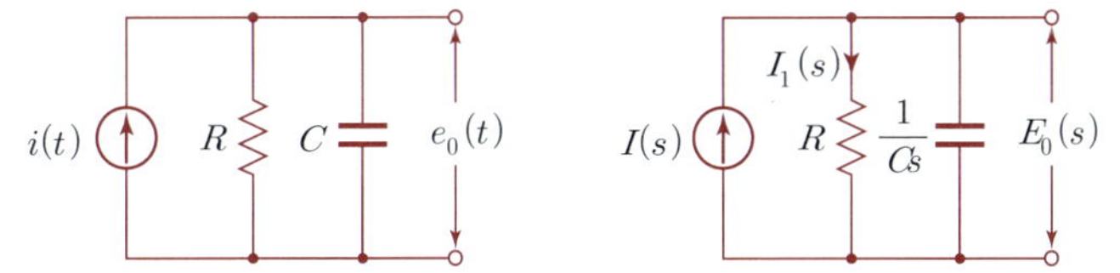

(a) (b)

그림 3.24

풀이 **그림 3.24**(b)와 같이 라플라스 변환 회로를 나타낸다. 이 회로에서 가지전류 $I_1(s)$는 전류 분류 법칙에 의해 다음과 같다.

$$I_1(s) = \frac{\dfrac{1}{Cs}}{R + \dfrac{1}{Cs}} I(s) = \frac{1}{RCs + 1} I(s)$$

출력 전압 $E_0(s) = RI_1(s)$이므로 위의 가지전류 $I_1(s)$를 대입하면

$$E_0(s) = RI_1(s) = \frac{R}{RCs+1}I(s)$$

이다. 전달함수 $G(s) = E_0(s)/I(s)$는 식 변형에 의해 다음과 같이 구해진다.

$$G(s) = \frac{E_0(s)}{I(s)} = \frac{R}{RCs+1}$$

예제 3.7

그림 3.25(a)와 같은 회로에서 전달함수 $\frac{I(s)}{E(s)}$를 구하라.

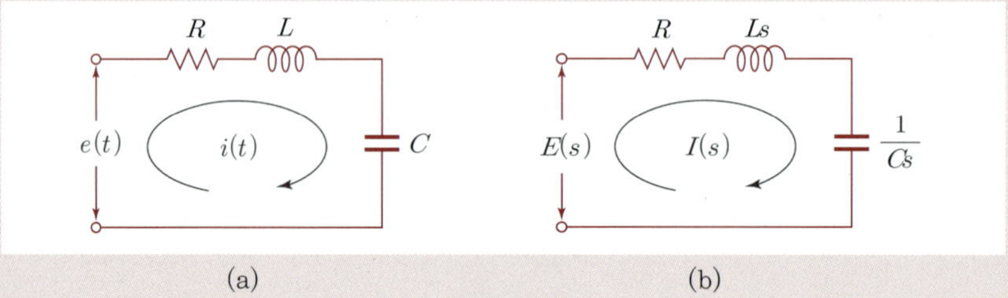

그림 3.25

풀이 **그림 3.25**(b)와 같이 라플라스 변환 회로를 나타낸다. 이 회로에서 KVL에 의해 전압방정식을 세우고, 이로부터 전달함수를 구한다.

$$E(s) = \left(R + Ls + \frac{1}{Cs}\right)I(s)$$

$$\therefore\ G(s) = \frac{I(s)}{E(s)} = \frac{1}{R + Ls + \frac{1}{Cs}} = \frac{Cs}{LCs^2 + RCs + 1}$$

3.6 물리계의 전달 함수

앞 절에서는 전기 회로에서 입력과 출력의 라플라스 변환에 의해 표현되는 전달함수를 대수적으로 구하는 것에 대해 학습하였다. 물리계도 전기 회로망과 마찬가지로 동일하게 전달함수를 대수적으로 구할 수 있다.

본 절에서는 기계적 요소, 유체 요소 및 열적 요소 등으로 분류할 수 있는 물리계에서 기계적 요소를 중심으로 전달함수를 구하는 것에 대해 설명하기로 한다.

기계적 제어 시스템은 **병진 운동**(직선 운동)과 **회전 운동**하는 요소로 구분할 수 있다. **기계적 요소의 전달함수**는 기본적으로 **뉴튼의 제2법칙**(뉴튼의 운동 법칙 중 가속도 법칙)의 운동 방정식을 적용하여 수학적으로 구할 수 있다.

3.6.1 병진 운동계

직선 운동으로 정의되는 병진 운동 기계 시스템의 세 가지 기본 요소는 질량(mass)계, 스프링(spring)계, 점성 마찰(viscous friction)계가 있다.

질량은 운동 에너지를 저장하는 요소이고, 스프링은 탄성 에너지(위치 에너지)를 저장하는 요소이다. 또 점성 마찰 시스템은 점성 마찰이 발생하여 에너지를 흡수(소비)하는 성질이 있다.

병진 운동의 요소로 사용되는 변수는 힘 $f(t)$를 표시하기 위하여 직선 운동의 상태 변화를 표시하는 변위 $x(t)$, 속도 $v(t)$, 가속도 $a(t)$가 있으며, 이 변수들의 수학적 관계는 **표 3.2**에 나타낸다.

표 3.2 ▶ 병진 운동계의 변위, 속도, 가속도의 관계

변 수	변수의 수학적 표현
변위 $x(t)$	$x(t)$
속도 $v(t)$	$v(t)=\dfrac{dx(t)}{dt}$
가속도 $a(t)$	$a(t)=\dfrac{dv(t)}{dt}=\dfrac{d}{dt}\left(\dfrac{dx(t)}{dt}\right)=\dfrac{d^2x(t)}{dt^2}$

병진 운동계에서 뉴튼의 운동 법칙$(f=Ma)$에 의한 **운동 방정식**은

$$\sum f_i = Ma \left(= M\frac{dv}{dt} = M\frac{d^2x}{dt^2}\right) \tag{3.44}$$

로 표현된다. 좌변의 $\sum f_i$는 물체에 작용하는 모든 힘의 대수합, 우변의 Ma는 물체의 알짜 힘이고, M은 질량, a는 가속도, v는 속도, x는 변위이다.

참고 뉴튼의 제 2 법칙(가속도 법칙) 정의

"물체에 작용하는 힘의 대수합은 물체의 알짜 힘(물체의 질량과 가속도의 곱)과 같다. 이때 물체에 작용하는 힘의 방향은 가속도를 정(+)의 기준 방향으로 한다.

운동 방정식 : $\sum f_i = Ma$ (물체에 작용하는 힘의 대수합=알짜 힘)

(1) 질량계

질량 M은 병진 운동계에서 운동 에너지를 저장하는 요소의 성질이 있다.

그림 3.26과 같이 질량 M의 물체에 힘 $f(t)$가 작용할 때, 힘에 대한 운동 방정식은 뉴튼의 운동 법칙에 의해 다음과 같이 표시된다.

$$f(t) = Ma(t) = M\frac{dv(t)}{dt} = M\frac{d^2x(t)}{dt^2} \tag{3.45}$$

$$\therefore \ f(t) = M\frac{d^2x(t)}{dt^2} \tag{3.46}$$

여기서 $x(t)$는 변위, $v(t)$는 속도, $a(t)$는 가속도이고, 물체에 작용하는 힘의 방향을 기준으로 한다.

식 (3.46)과 같은 질량계에 대응되는 전기회로는 순 L 회로이고, 키르히호프의 전압 법칙(KVL)에 의해 전압 방정식은

$$e(t) = L\frac{di(t)}{dt} = L\frac{d^2q(t)}{dt^2} \tag{3.47}$$

이다. 여기서 $e(t)$는 입력 전압, $i(t)$는 출력 전류, $q(t)$는 전하량이다.

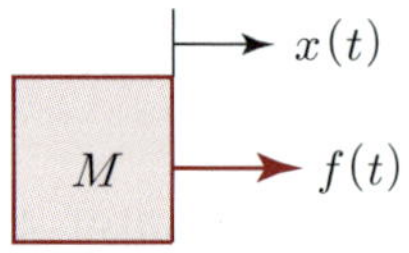

그림 3.26 ▶ 질량계

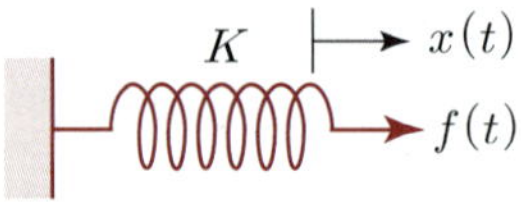

그림 3.27 ▶ 스프링계

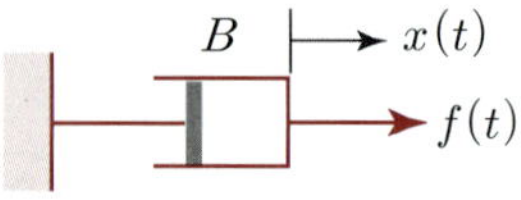

그림 3.28 ▶ 점성 마찰계

병진 운동계의 운동 방정식의 식 (3.46)과 전기계의 전압 방정식의 식 (3.47)을 비교하면, 힘 $f(t)$는 전압 $e(t)(f \leftrightarrow e)$, 질량 M은 인덕턴스 $L(M \leftrightarrow L)$, 속도 $v(t)$는 전류 $i(t)(v \leftrightarrow i)$, 변위 $x(t)$는 전하량 $q(t)(x \leftrightarrow q)$로 대응됨을 알 수 있다.

(2) 스프링계

스프링은 탄성 에너지(위치 에너지)를 저장하는 요소이다. 일반적으로 스프링은 비선형이지만, 스프링의 탄성 한계 범위에서는 선형 관계($f \propto x$)로 근사화 할 수 있다.

그림 3.27과 같이 스프링에 힘 $f(t)$를 가하여 변위 $x(t)$가 일어나는 스프링계에서 후크의 법칙(Hook's law)에 의해 다음과 같이 표시된다.

$$f(t) = Kx(t)\left(= K\int v(t)dt\right) \tag{3.48}$$

여기서 K는 **탄성 계수** 또는 **스프링 상수**라고 한다. 식 (3.48)에서 스프링에 작용하는 힘은 스프링의 변위에 비례하는 것을 나타낸다.

스프링계에 대응되는 전기회로는 순 C 회로이고, 키르히호프의 전압법칙(KVL)에 의해 전압 방정식은

$$e(t) = \frac{1}{C}q(t)\left(= \frac{1}{C}\int i(t)dt\right) \tag{3.49}$$

이다. 병진 운동계의 식 (3.48)과 전기 회로망의 식 (3.49)를 비교하면, 힘 $f(t)$는 전압 $e(t)(f \leftrightarrow e)$, 탄성 계수 K는 커패시턴스 C의 역수($K \leftrightarrow C$), 변위 $x(t)$는 전하량 $q(t)(x \leftrightarrow q)$, 속도 $v(t)$는 전류 $i(t)(v \leftrightarrow i)$로 대응됨을 알 수 있다.

(3) 점성 마찰계(댐퍼계)

점성 마찰계(댐퍼계)는 점성 마찰이 발생하여 운동 에너지를 흡수(소비)하는 성질이 있다. 점성 마찰(viscous friction)은 외력과 속도 사이에 선형 관계가 있는 마찰력을 나타내며, 물체의 운동을 방해하는 힘이다.

그림 3.28과 같이 점성 마찰계의 모델은 댐퍼(damper 또는 dashpot)로 표현한다. 점성 마찰의 수학적 표현은

$$f(t) = Bv(t) = B\frac{dx(t)}{dt} \quad \therefore \; f(t) = B\frac{dx(t)}{dt} \tag{3.50}$$

이다. 여기서 B는 **점성 마찰 계수** 또는 **점성 감쇠 계수**라고 한다.

점성 마찰계에서 점성 마찰은 점성 저항으로 작용하여 이에 대응되는 전기회로는 순 R 회로이고, 키르히호프의 전압법칙(KVL)에 의해 전압 방정식은

$$e(t) = Ri(t)\left(= R\frac{dq(t)}{dt}\right) \tag{3.51}$$

가 된다. 따라서 식 (3.50)과 식 (3.51)을 비교하면, 점성 마찰 계수 B는 전기 저항 R ($B \leftrightarrow R$), 속도 $v(t)$는 전류 $i(t)$($v \leftrightarrow i$)로 대응됨을 알 수 있다.

표 3.3 ▶ 병진 운동계의 힘-속도, 힘-변위의 관계

병진 요소		힘-속도	힘-변위	유사성
질량	M	$f(t) = M\frac{dv(t)}{dt}$	$f(t) = M\frac{d^2x(t)}{dt^2}$	$M \leftrightarrow L$
스프링	K	$f(t) = K\int_0^t v(\tau)\,d\tau$	$f(t) = Kx(t)$	$K \leftrightarrow C$
점성 마찰 (댐퍼)	B	$f(t) = Bv(t)$	$f(t) = B\frac{dx(t)}{dt}$	$B \leftrightarrow R$

예제 3.8

그림 3.29와 같은 질량-스프링-댐퍼계에서 전달함수 $X(s)/F(s)$를 구하라. 단, M은 질량, K는 탄성 계수, B는 점성 마찰 계수, $f(t)$는 입력, $x(t)$는 출력이다.

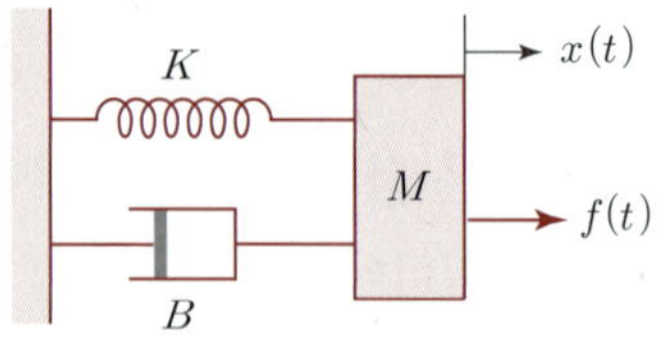

그림 3.29 ▶ 질량-스프링-댐퍼계

풀이 질량 M에 외력 $f(t)$를 가하여 물체가 가속도 a로 운동하면, 알짜 힘은 Ma가 된다. 이때 스프링과 댐퍼는 운동을 방해하는 방향으로 작용한다. 즉, 가속도의 방향을 정(+)으로 취할 때, 외력은 동일 방향으로 정(+), 스프링과 댐퍼에 의한 힘은 반대 방향으로 작용하여 부(−)가 된다.

그림 3.30은 질량 M에 작용하는 모든 힘의 평형 관계를 나타낸 것이다.

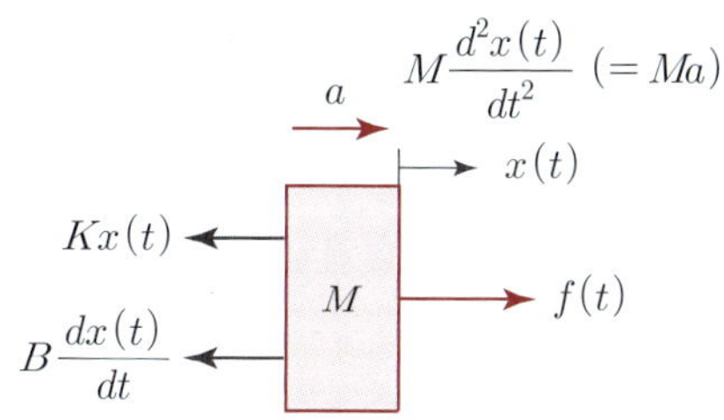

그림 3.30 ▶ 힘의 평형 관계

이들의 힘을 변위 $x(t)$를 변수로 하는 수식으로 표현하면 각각 다음과 같다.

알짜 힘 : $Ma(t) = M\frac{dv(t)}{dt} = M\frac{d^2x(t)}{dt^2}$

외력 : $f(t)$

스프링의 저지 탄성력 : $-Kx(t)$

댐퍼의 저지 마찰력 : $-Bv(t) = -B\frac{dx(t)}{dt}$

그림 3.30으로부터 뉴튼의 법칙(알짜 힘 = 물체에 작용하는 힘의 대수합)에 의한 **운동 방정식**은 다음과 같이 표시할 수 있다.

$$M\frac{d^2x(t)}{dt^2} = f(t) - Kx(t) - B\frac{dx(t)}{dt}$$

$$\therefore\ f(t) = M\frac{d^2x(t)}{dt^2} + B\frac{dx(t)}{dt} + Kx(t)$$

위의 운동 방정식을 라플라스 변환하면

$$F(s) = Ms^2X(s) + BsX(s) + KX(s) = (Ms^2 + Bs + K)X(s)$$

$$\therefore\ F(s) = (Ms^2 + Bs + K)X(s)$$

이다. 전달함수 $G(s) = X(s)/F(s)$는 다음과 같이 구해진다.

$$\therefore\ G(s) = \frac{X(s)}{F(s)} = \frac{1}{Ms^2 + Bs + K}$$

3.6.2 회전 운동계

회전 운동 기계 시스템은 회전 관성(inertia)계, 회전 스프링계, 회전 점성 마찰계(또는 회전 댐퍼계)의 세 가지 기본 요소가 있다.

회전 운동의 요소로 사용되는 변수는 토크(torque) $T(t)$를 표시하기 위하여 회전 운동의 상태 변화를 표시하는 각변위 $\theta(t)$, 각속도 $\omega(t)$, 각가속도 $\alpha(t)$가 있으며, 이 변수들의 수학적 관계는 **표 3.4**에 나타낸다.

표 3.4 ▸ 회전 운동계의 각변위, 각속도, 각가속도의 관계

변 수	변수의 수학적 표현
각변위 $\theta(t)$	$\theta(t)$
각속도 $\omega(t)$	$\omega(t) = \dfrac{d\theta(t)}{dt}$
각가속도 $\alpha(t)$	$\alpha(t) = \dfrac{d\omega(t)}{dt} = \dfrac{d}{dt}\left(\dfrac{d\theta(t)}{dt}\right) = \dfrac{d^2\theta(t)}{dt^2}$

회전 운동계는 병진 운동계와 유사하며, 회전 운동계에 대한 운동 방정식도 병진 운동계와 동일하게 적용된다. 즉 뉴튼의 운동 법칙에 의한 회전체의 **운동 방정식**은

$$\sum T = J\alpha \left(= J\frac{d\omega}{dt} = J\frac{d^2\theta}{dt^2}\right) \tag{3.52}$$

이다. 좌변의 $\sum T$는 회전체에 작용하는 토크의 대수합, 우변의 $J\alpha$는 회전체의 알짜 토크, J는 관성 모멘트 또는 관성 능률, α는 각가속도, ω는 각속도, θ는 각변위이다.

(1) 회전 관성계

관성(inertia) J는 회전 운동계에서 회전체의 운동 에너지를 저장하는 요소의 성질이 있다. 고정축에 기하학적으로 대칭인 원판 또는 원형축의 관성은 다음과 같이 주어진다.

$$J = \frac{1}{2}Mr^2 \tag{3.53}$$

그림 3.31과 같이 관성계의 회전체에 토크 $T(t)$가 작용할 때, 토크에 대한 운동 방정식

은 다음과 같이 표시된다.

$$T(t) = J\alpha(t) = J\frac{d\omega(t)}{dt} = J\frac{d^2\theta(t)}{dt^2} \tag{3.54}$$

$$\therefore \quad f(t) = J\frac{d^2\theta(t)}{dt^2} \tag{3.55}$$

여기서 J는 **관성 모멘트**(inertial moment) 또는 **관성 능률**이라고 한다.

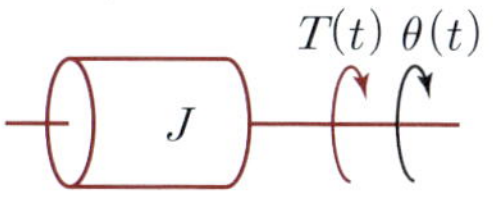

그림 3.31 ▶ 회전 관성계

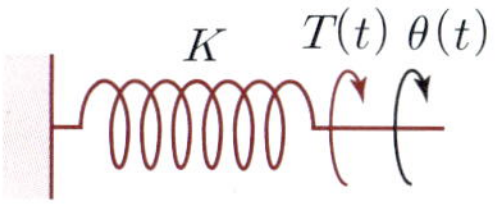

그림 3.32 ▶ 회전 스프링계

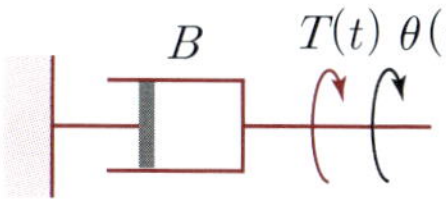

그림 3.33 ▶ 회전 마찰계

(2) 회전 스프링계

그림 3.32와 같이 회전 스프링계에 토크 $T(t)$가 작용할 때, 병진 운동의 스프링계와 마찬가지로 토크에 대한 운동 방정식은 다음과 같이 표시된다.

$$T(t) = K\theta(t)\left(= K\int \omega(t)dt\right) \tag{3.56}$$

여기서 K는 **비틀림 탄성 계수** 또는 **비틀림 강도**라고 한다. 식 (3.56)에서 회전 스프링에 작용하는 토크는 회전 스프링의 각변위에 비례하는 것을 나타낸다.

(3) 회전 마찰계(회전 댐퍼계)

회전 점성 마찰계(회전 댐퍼계)에서 점성 마찰(viscous friction)은 토크와 각속도 사이에 선형 관계가 있는 회전 마찰력을 나타내며, 물체의 회전 운동을 방해하는 힘이다.

따라서 **그림 3.33**과 같은 회전 점성 마찰계의 운동 방정식은

$$T(t) = B\omega(t) = B\frac{d\theta(t)}{dt} \qquad \therefore \quad T(t) = B\frac{d\theta(t)}{dt} \tag{3.57}$$

이다. 여기서 B는 **회전 점성 마찰 계수** 또는 **회전 점성 감쇠 계수**라고 한다.

표 3.5 ▶ 회전 운동계의 토크-각속도, 토크-각변위의 관계

회전 요소		토크-각속도	토크-각변위	유사성
관성 모멘트 (관성 능률)	J	$T(t)=J\dfrac{d\omega(t)}{dt}$	$T(t)=J\dfrac{d^2\theta(t)}{dt^2}$	$J\leftrightarrow L$
회전 스프링	K	$T(t)=K\int_0^t \omega(\tau)\,d\tau$	$T(t)=K\theta(t)$	$K\leftrightarrow C$
회전 마찰 (회전 댐퍼)	B	$T(t)=B\omega(t)$	$T(t)=B\dfrac{d\theta(t)}{dt}$	$B\leftrightarrow R$

예제 3.9

그림 3.34와 같은 회전 운동계에서 토크 $T(t)$를 입력, 변위 $\theta(t)$를 출력으로 할 때 전달함수를 구하라. 단, J는 관성 모멘트, K는 비틀림 탄성 계수(비틀림 강도), B는 회전 점성 마찰 계수이다.

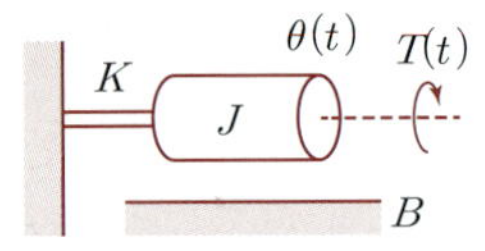

그림 3.34

풀이 뉴튼의 운동 법칙에 의해 토크 $T(t)$와 변위 $\theta(t)$사이에 **회전체의 운동 방정식**은

$$T(t)=J\frac{d^2\theta(t)}{dt^2}+B\frac{d\theta(t)}{dt}+K\theta(t)$$

가 된다. 이 식을 초기 조건 0으로 하고 라플라스 변환하면

$$\begin{aligned}T(s)&=Js^2\theta(s)+Bs\theta(s)+K\theta(s)\\&=\left(Js^2+Bs+K\right)\theta(s)\end{aligned}$$

이다. 따라서 전달함수 $G(s)$는

$$\therefore\ G(s)=\frac{\theta(s)}{T(s)}=\frac{1}{Js^2+Bs+K}$$

로 구해진다.

3.6.3 기계계와 전기계의 유사성

앞 절에서 기계 시스템은 뉴튼의 법칙에 의한 운동 방정식으로 수학적인 해석을 하고, 전기 회로망은 키르히호프 법칙에 의한 전압 방정식으로 수학적인 해석을 할 수 있었다. 이들의 방정식을 적용하여 제어계의 전달함수를 구할 수 있었으며, 기계적 요소와 전기적 요소는 서로 대응되는 것을 알 수 있었다.

그림 3.35와 **그림 3.36**은 병진 운동계와 회전 운동계에 대해 각각 전기회로로 등가 변환하여 대응 관계를 나타낸 것이다. 또 **표 3.6**은 전기계, 기계계, 유체계, 열계 등에 관한 물리계의 상호간에 성립하는 대응 관계를 나타낸다.

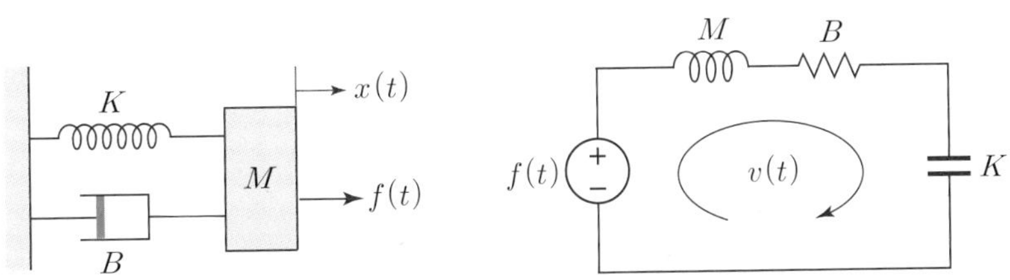

(a) 병진 운동계 (b) 등가 전기 회로

그림 3.35 ▶ 병진 운동계의 등가 전기 회로

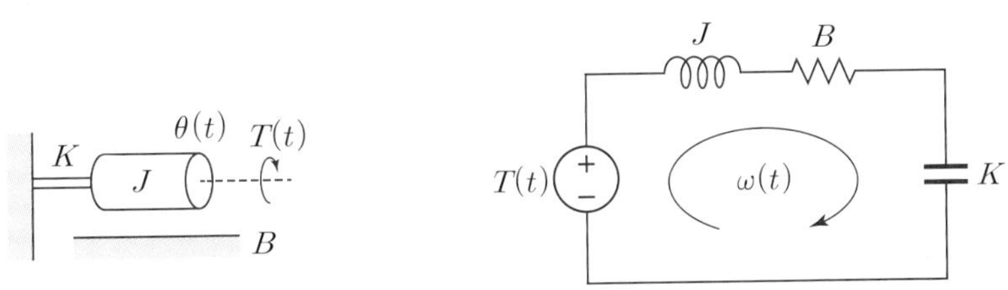

(a) 회전 운동계 (b) 등가 전기 회로

그림 3.36 ▶ 회전 운동계의 등가 전기 회로

표 3.6 ▶ 물리계의 상호 대응 관계(유사성)

전기계	기계계		유체계	열계
	병진 운동계	회전 운동계		
전하량 Q	변위 x	각변위 θ	유체량 $Q[\mathrm{m}^3]$	열량 $Q[\mathrm{kcal}]$
전류 I	속도 v	각속도 ω	유량 $q[\mathrm{m}^3/\mathrm{min}]$	열유량 $Q[\mathrm{kcal}/\mathrm{min}]$
전압 V	힘 f	토크 T	유체높이 h, 압력 p	온도 θ
인덕턴스 L	질량 M	관성 모멘트 J	유체 질량 M	-
정전용량 C	탄성계수 K	비틀림 탄성계수 K	유체 면적 A	열용량 C
저항 R	마찰계수 B	마찰계수 B	유체(관로) 저항 R	열저항 R

지금까지 전기 시스템은 **키르히호프의 법칙**, 기계 시스템은 뉴튼의 **운동 방정식**을 이용하여 전달함수를 구하는 방법에 관하여 학습하였다.

여기서는 열적 시스템의 대표적인 온수기에서 **열평형 방정식**으로부터 전달함수를 구하는 방법에 관하여 **참고**의 예를 통하여 설명한다.

참고 열계(온수기)의 전달함수

그림 3.37과 같이 유입 유량과 유출 유량이 일정한 탱크 내에 수온을 일정하게 하는 교반기와 가열장치가 있는 온수기(가열기)에서 입력 신호를 공급 열량 q, 출력 신호를 수온 상승 θ로 하는 전달함수를 구해본다.

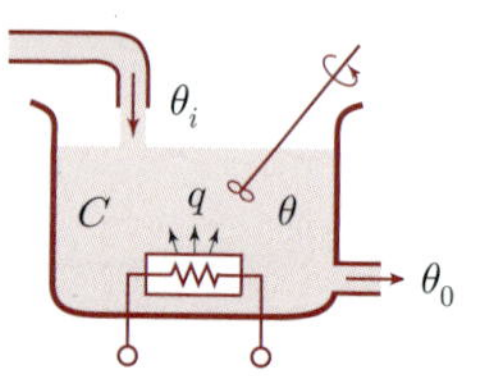

그림 3.37 ▸ 온수기

미소 시간 dt 동안 탱크의 수온 상승 $d\theta = d(\theta_0 - \theta_i)$일 때 **열평형 방정식**은

$$Cd\theta + mc\theta dt = qdt \tag{3.58}$$

이다. 단, m은 물의 질량, c는 물의 비열이다.
식 (3.58)에서 $R = 1/mc$(열저항)로 놓고 식 변형을 하면 다음과 같다.

$$C\frac{d\theta}{dt} + \frac{1}{R}\theta = q \tag{3.59}$$

수온 상승 θ의 초기값을 0으로 놓고, 라플라스 변환하면

$$sC\Theta(s) + \frac{1}{R}\Theta(s) = Q(s) \tag{3.60}$$

가 된다. 여기서 $\Theta(s) = \mathcal{L}[\theta]$, $Q(s) = \mathcal{L}[q]$이다.
입력 신호 $Q(s)$에 대한 출력신호 $\Theta(s)$의 전달함수 $G(s)$는 다음과 같이 구해지고, 온수기는 1차 지연요소를 나타낸다.

$$G(s) = \frac{\Theta(s)}{Q(s)} = \frac{1}{1+RCs} = \frac{1}{1+Ts} \tag{3.61}$$

3.7 제어계의 보상기

제어계에서 과도 특성과 정상 특성이 이득 상수만으로 조정되지 않을 경우에 적당한 보상 요소를 제어계에 삽입하여 개회로 전달함수에 대한 형을 변경하여 특성을 개선한다.

일반적으로 RC 회로망을 사용하는 제어계의 보상기는 진상 보상기, 지상 보상기, 진상・지상 보상기가 있으며, 이 보상기들에 대한 전달함수와 특성을 알아본다.

3.7.1 진상 보상기

그림 3.38(a)의 회로망에서 초기값을 0으로 가정하고 라플라스 변환한 회로를 **그림 3.38**(b)와 같이 작성한다.

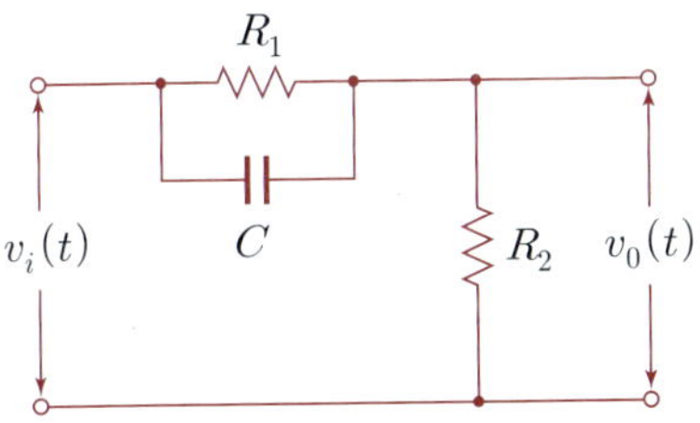

(a) RC 회로망

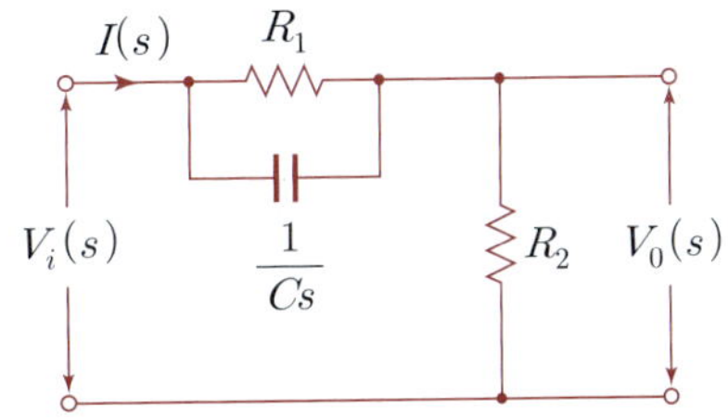

(b) 라플라스 변환 회로

그림 3.38 ▸ 진상 보상기

입력과 출력 전압 $V_i(s)$, $V_0(s)$에 대해 키르히호프의 전압방정식(KVL)을 적용하면

$$V_i(s) = \left(R_1 /\!/ \frac{1}{Cs} + R_2\right) I(s) = \left(\frac{R_1 \cdot \frac{1}{Cs}}{R_1 + \frac{1}{Cs}} + R_2\right) I(s)$$

$$\therefore \quad V_i(s) = \frac{R_1 + R_2 + R_1 R_2 Cs}{1 + R_1 Cs} I(s) \tag{3.62}$$

$$V_0(s) = R_2 I(s) \tag{3.63}$$

이다. 위의 $V_i(s)$, $V_0(s)$로부터 전달함수 $G(s)$는

$$G(s) = \frac{V_0(s)}{V_i(s)} = \frac{s + 1/R_1 C}{s + 1/R_1 C + 1/R_2 C} = \frac{s+a}{s+b} \tag{3.64}$$

$$\text{단, } a = \frac{1}{R_1 C},\ b = \frac{1}{R_1 C} + \frac{1}{R_2 C}\ (b > a)$$

가 구해진다. 단, $b > a$이면 $s = j\omega$를 대입한 주파수 전달함수 $G(j\omega) = \frac{a + j\omega}{b + j\omega}$에서 편각(위상)은 $\theta = \tan^{-1}\frac{\omega}{a} - \tan^{-1}\frac{\omega}{b} > 0$을 만족한다. $V_0(s) = G(s)V_i(s)$의 관계로부터 출력 전압의 위상은 입력 전압의 위상보다 앞서므로 이 회로는 **진상 회로**가 된다. 그러므로 **그림 3.38**의 RC 보상기 회로는 **진상 보상기**(lead compensator)로 작동한다. (제 3.5 절의 진상 회로 참고)

진상 보상기는 **고주파**에서 출력의 위상을 입력의 위상보다 앞서게 하여 제어계의 **안정성과 속응성**을 개선하는 목적으로 사용한다.

3.7.2 지상 보상기

그림 3.39(a)의 회로망에서 초기값을 0으로 가정하고 라플라스 변환한 회로를 **그림 3.39**(b)와 같이 작성한다.

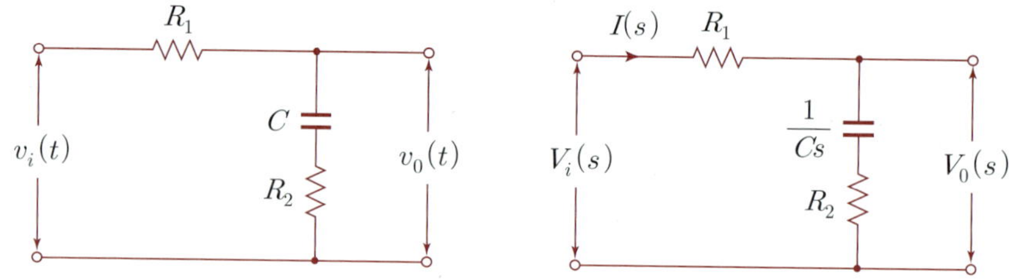

(a) RC 회로망 (b) 라플라스 변환 회로

그림 3.39 ▶ 지상 보상기

입력과 출력 전압 $V_i(s)$, $V_0(s)$에 대해 키르히호프의 전압방정식(KVL)을 적용하면

$$V_i(s) = \left(R_1 + R_2 + \frac{1}{Cs}\right) I(s) \tag{3.65}$$

$$V_0(s) = \left(R_2 + \frac{1}{Cs}\right) I(s) \tag{3.66}$$

이다. 위의 $V_i(s)$, $V_0(s)$로부터 전달함수 $G(s)$는

$$G(s) = \frac{V_0(s)}{V_i(s)} = \frac{R_2 + 1/Cs}{R_1 + R_2 + 1/Cs} = \frac{a(s+b)}{b(s+a)} \tag{3.67}$$

$$\text{단, } a = \frac{1}{(R_1 + R_2)C}, \quad b = \frac{1}{R_2 C} \quad (b > a)$$

이 구해진다. 식 (3.67)을 주파수 전달함수로 변환한 것으로부터 극좌표 형식의 편각 (위상) θ 는 분자의 위상에서 분모의 위상을 뺀 값이다. 따라서 $b > a$의 관계이면 분자의 위상이 분모의 위상보다 작으므로 $\theta < 0$ 을 만족한다. $V_0(s) = G(s) V_i(s)$의 관계로부터 출력 전압의 위상은 입력 전압의 위상보다 뒤지게 되어 이 회로는 **지상 회로**가 된다. 그러므로 이 RC 보상기 회로는 **지상 보상기**(lag compensator)로 작동한다.

지상 보상기는 **저주파**에서 출력의 위상을 입력의 위상보다 뒤지게 하여 제어계의 **정상 편차**를 개선하는 목적으로 사용한다.

3.7.3 진상 · 지상 보상기

그림 3.40(a)의 회로망에서 초기값을 0 으로 가정하고 라플라스 변환한 회로를 **그림 3.40**(b)와 같이 작성한다.

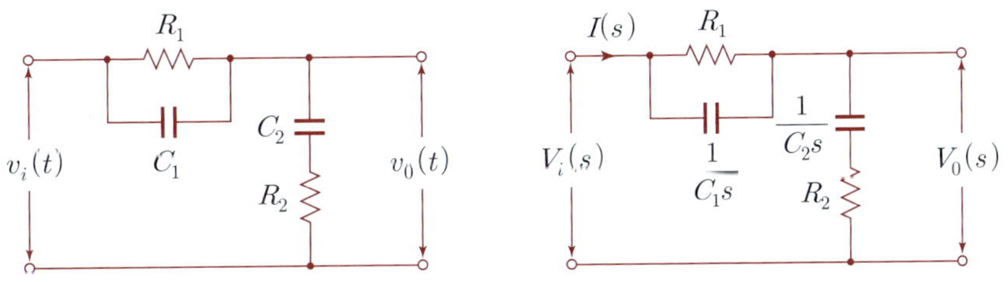

(a) RC 회로망 (b) 라플라스 변환 회로

그림 3.40 ▸ 진상 · 지상 보상기

입력과 출력 전압 $V_i(s)$, $V_0(s)$에 대해 키르히호프의 전압방정식(KVL)을 적용하면

$$V_i(s) = \left(R_1 /\!/ \frac{1}{C_1 s} + R_2 + \frac{1}{C_2 s}\right) I(s) = \left(\frac{R_1 \cdot \frac{1}{C_1 s}}{R_1 + \frac{1}{C_1 s}} + R_2 + \frac{1}{C_2 s}\right) I(s)$$

$$\therefore \quad V_i(s) = \left(\frac{R_1 + R_2 + R_1 R_2 C_1 s}{R_1 C_1 s + 1} + R_2 + \frac{1}{C_2 s} \right) I(s) \tag{3.68}$$

$$V_0(s) = \left(R_2 + \frac{1}{C_2 s} \right) I(s) \tag{3.69}$$

이다. 위의 입력과 출력 전압 $V_i(s)$, $V_0(s)$로부터 전달함수 $G(s)$는

$$G(s) = \frac{V_0(s)}{V_i(s)}$$

$$= \frac{(s + 1/R_1 C_1)(s + 1/R_2 C_2)}{s^2 + (1/R_2 C_2 + 1/R_2 C_1 + 1/R_1 C_1)s + 1/R_1 C_1 R_2 C_2}$$

$$\therefore \quad G(s) = \frac{(s + a_1)(s + b_2)}{(s + b_1)(s + a_2)} \tag{3.70}$$

여기서 $a_1 = \dfrac{1}{R_1 C_1}$, $b_1 a_2 = a_1 b_2$, $b_1 + a_2 = a_1 + b_2 + \dfrac{1}{R_2 C_1}$, $b_2 = \dfrac{1}{R_2 C_2}$ 이다.

이 보상기는 두 개의 극점과 영점을 가지고 있으며, 이 보상기가 동작하기 위한 보상 조건은 $b_1 > a_1$, $b_2 > a_2$이다. 이 RC 보상기 회로는 **진상 · 지상 보상기**(lead-lag compensator)로 작동한다.

진상 · 지상 보상기는 저주파에서 출력의 위상이 입력의 위상보다 뒤지게 되어 지상의 성질로 제어계의 **정상 편차**를 개선하고, 고주파에서는 출력의 위상이 앞서게 되어 진상의 성질로 **안정성과 속응성**을 동시에 개선하는 목적으로 사용한다.

3.8 연산 증폭기(능동 보상기)

연산 증폭기(operational amplifier, OP Amp)는 두 개의 입력 단자와 한 개의 출력 단자를 가지고 있으며, 두 개의 입력 단자 간의 전압 차이(차동 입력 전압)를 증폭시키는 소자로 아날로그 신호를 가산, 감산, 미분, 적분 등의 연산이 가능한 증폭기를 말한다.

제 3.7 절에서 배운 수동 소자로만 이루어진 보상기는 이득의 값이 1보다 작기 때문에

제어계의 설계 과정에서 능동 소자인 연산 증폭기를 보상기로 설정하여 1보다 큰 직류 이득을 얻기 위해 사용한다. 제어계의 보상기는 RC 회로망의 수동 보상기에 대해 연산 증폭기의 보상기를 능동 보상기라고 한다.

(1) 이상 연산 증폭기

그림 3.41(a)는 이상적인 연산 증폭기를 나타낸 것이고, **그림 3.41**(b)는 이상 연산 증폭기의 등가 모델을 나타낸 것이다. **이상 연산 증폭기의 성질**은 다음과 같다.

① 입력 단자 V_+, V_- 사이의 전압은 $0(V_i = V_+ - V_- = 0)$이므로 두 입력 단자의 전압은 같다.$(V_+ = V_-)$

② 입력 저항은 $R_{in} = \infty$이다. 즉 두 입력 단자에서 들어가는 입력 전류는 0이다.

③ 출력 저항은 $R_{out} = 0$이다. 즉 출력은 이상 전압원을 의미한다.

④ 입력과 출력의 관계는 $V_0 = A(V_+ - V_-) = AV_i$이다. 즉, 전압 이득 $A = \infty$이다.

⑤ 대역폭 BW는 ∞이다.

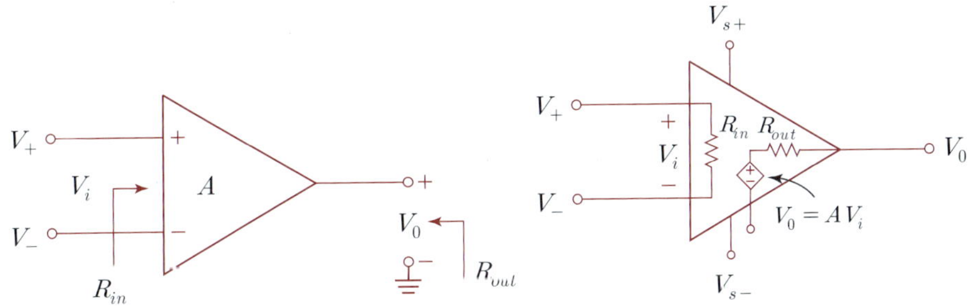

(a) 이상 연산 증폭기 (b) 연산 증폭기의 등가 모델

그림 3.41 ▸ 이상 연산 증폭기

(2) 연산 증폭기의 회로

그림 3.42는 연산 증폭기의 회로 기호를 나타낸 것이다. 각 기호의 의미는 다음과 같으며, 회로의 해석에서 영향을 크게 미치지 않는 경우에는 증폭기의 공급 전압 기호는 생략할 수 있다.

V_+ : 비반전 입력 단자, V_- : 반전 입력 단자

V_i : 입력 전압$(V_+ - V_-)$, V_0 : 출력 전압, A : 전압 이득

V_{s+} : 공급 선압(양, +), V_{s-} : 공급 전압(음, −)

연산 증폭기의 출력 V_0는 다음과 같이 주어진다.

$$V_0 = A(V_+ - V_-) = AV_i \tag{3.71}$$

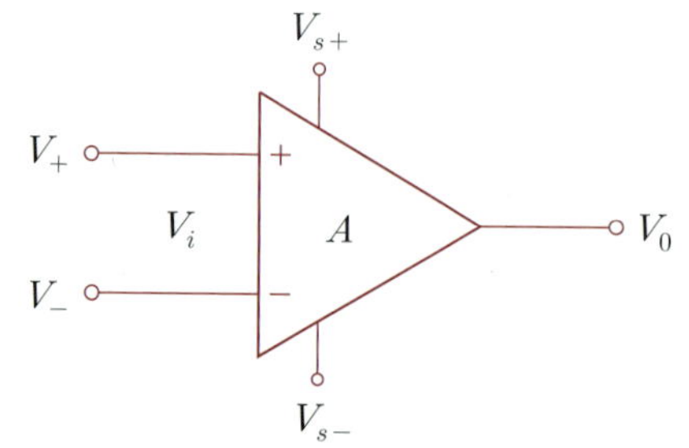

그림 3.42 ▶ 연산 증폭기의 회로 기호

증폭 회로로 사용되는 연산 증폭기(OP Amp)는 반전 증폭기, 비반전 증폭기, 가산기, 적분기 및 미분기 등의 기본적인 회로로 구성된다. 본 절에서는 기본적인 연산 증폭기에 대한 **전달함수** 또는 **출력 전압**을 알아본다.

3.8.1 반전 증폭기

반전 증폭기(inverting OP Amp)는 가장 간단하고 많이 사용되는 증폭기이다. 반전 증폭기는 **그림 3.43**과 같이 반전 입력 단자 V_-에 입력 신호 전압 V_i를 인가하고, 비반전 입력 단자 V_+를 접지한 회로이다.

그림 3.43에서 이상 연산 증폭기의 성질을 이용한 회로 해석으로 전달함수를 구한다.

이상 연산 증폭기의 성질은 두 입력 단자 V_+와 V_-에서 들어가는 입력 전류는 0이고, 두 입력 단자 전압도 같다($V_+ = V_-$).

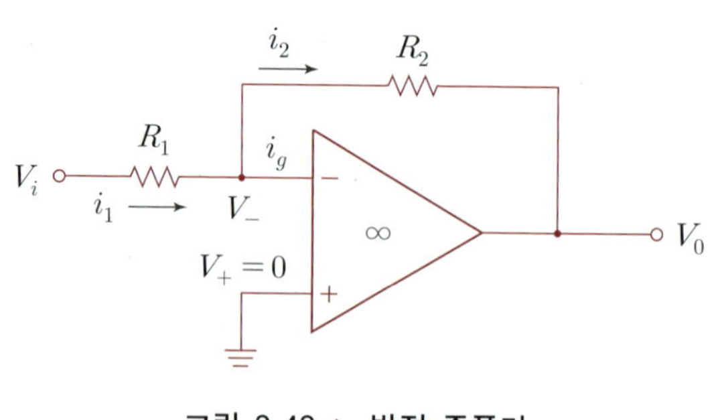

그림 3.43 ▶ 반전 증폭기

이 연산 증폭기의 성질을 이용하면 **그림 3.43**에서 비반전 단자 V_+는 접지되어 $V_+=0$이므로 반전 단자 V_-도 $V_-=0$이 된다. 또 반전 입력 단자 V_-에서 들어가는 입력 전류는 $i_g=0$이 되므로 $i_1=i_2$의 관계가 성립한다.

i_1, i_2는 옴의 법칙에 의한 다음의 식에서 $V_-=0$을 대입하면

$$i_1=\frac{V_i-V_-}{R_1}=\frac{V_i}{R_1},\quad i_2=\frac{V_--V_0}{R_2}=-\frac{V_0}{R_2} \tag{3.72}$$

가 구해진다. $i_1=i_2$의 관계를 적용하면

$$\frac{V_i}{R_1}=-\frac{V_0}{R_2} \tag{3.73}$$

가 된다. 이로부터 반전 증폭기의 전달함수 $G(s)$와 출력 전압 V_0는 다음과 같이 구해진다.

$$G(s)=\frac{V_0}{V_i}=-\frac{R_2}{R_1}\quad\therefore\ V_0=-\frac{R_2}{R_1}V_i \tag{3.74}$$

출력 신호 전압 V_0는 입력 신호 전압 V_i와 역위상이 되어 180°로 극성이 반전되어 출력되는 특징이 있다.

3.8.2 비반전 증폭기

그림 3.44와 같이 비반전 입력 단자 V_+에 입력 신호 전압 V_i를 인가하고, 반전 입력 단자 V_-를 접지한 회로를 **비반전 증폭기**(noninverting OP Amp)라고 한다.

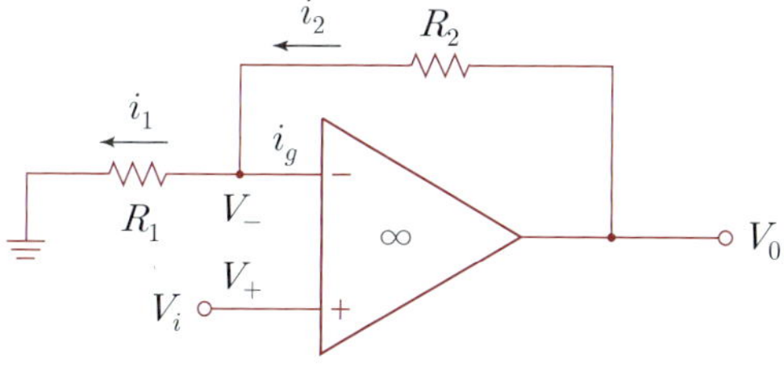

그림 3.44 ▶ 비반전 증폭기

그림 3.44와 같은 비반전 증폭기도 반전 증폭기의 해석과 마찬가지로 이상 연산 증폭기의 성질을 이용하여 전달함수를 구한다.

이상 연산 증폭기의 성질은 두 입력 단자 V_+와 V_-에서 들어가는 입력 전류는 0이고, 두 입력 단자 전압도 같다($V_+ = V_-$).

이 연산 증폭기의 성질을 이용하면 **그림 3.44**에서 비반전 입력 단자 V_+의 전압은 입력 신호 전압 V_i와 같고($V_+ = V_i$), 또 반전 입력 단자 V_-의 전압은 $V_- = V_+ = V_i$의 관계가 성립한다. 또 반전 입력 단자 V_-에서 들어가는 입력 전류는 $i_g = 0$이 되므로 $i_1 = i_2$의 관계가 성립한다. 즉 i_1, i_2는 옴의 법칙에 의해

$$i_1 = \frac{V_- - 0}{R_1} = \frac{V_i}{R_1}, \quad i_2 = \frac{V_0 - V_-}{R_2} = \frac{V_0 - V_i}{R_2} \tag{3.75}$$

가 얻어진다. $i_1 = i_2$의 관계를 적용하여 다음과 같이 정리하면 비반전 증폭기의 전달함수 $G(s)$와 출력 전압 V_0는 다음과 같이 구해진다.

$$\frac{V_i}{R_1} = \frac{V_0 - V_i}{R_2} \rightarrow \frac{V_0 - V_i}{V_i} = \frac{R_2}{R_1} \tag{3.76}$$

$$G(s) = \frac{V_0}{V_i} = 1 + \frac{R_2}{R_1} \quad \therefore \quad V_0 = \left(1 + \frac{R_2}{R_1}\right) V_i \tag{3.77}$$

출력 신호 전압 V_0는 입력 신호 전압 V_i와 동위상이 되어 극성이 동일하게 출력되는 비반전의 특징이 있다.

3.8.3 가산기

가산기(Adder)는 **그림 3.45**와 같이 두 개 또는 두 개 이상의 입력을 반전 입력 단자 V_-에 접속한 반전 증폭기를 변형한 형태의 회로이다. 출력 전압은 반전 증폭기와 마찬가지로 입력 전압과 역위상("−" 부호)으로 반전되어 나타난다.

그림 3.45와 같이 두 개의 입력 전압 V_1, V_2를 인가하여 전류 i_1, i_2가 흐를 때, 이상 연산 증폭기의 성질을 이용하면 비반전 입력 단자 V_+의 전압은 접지되어 0이므로 반전 입력 단자 V_-의 전압도 0이 된다. 또 반전 입력 단자 V_-에서 들어가는 전류도 $i_g = 0$

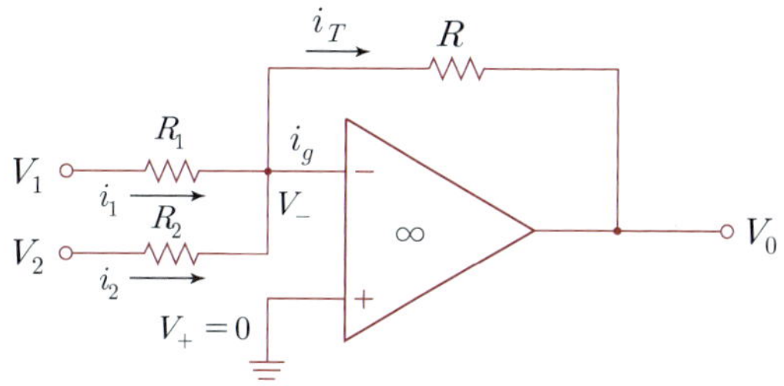

그림 3.45 ▶ 가산기

이 된다. 따라서 두 입력 전류 i_1, i_2의 합은 저항 R을 통하여 흐르는 전류 i_T가 된다. 즉, 입력 단자 V_-의 마디에서 키르히호프의 전류 법칙(KCL)을 적용하면

$$i_1 + i_2 = i_T \tag{3.78}$$

이다. i_1, i_2, i_T는 옴의 법칙에 의해 각각 구하면

$$i_1 = \frac{V_1 - V_-}{R_1} = \frac{V_1}{R_1}, \quad i_2 = \frac{V_2 - V_-}{R_2} = \frac{V_2}{R_2}$$
$$i_T = \frac{V_- - V_0}{R} = -\frac{V_0}{R} \tag{3.79}$$

이고, 이들을 식 (3.78)에 대입하면 출력 전압 V_0는 다음과 같이 구해진다.

$$V_0 = -R\left(\frac{V_1}{R_1} + \frac{V_2}{R_2}\right) \quad \text{또는} \quad V_0 = -\left(\frac{R}{R_1}V_1 + \frac{R}{R_2}V_2\right) \tag{3.80}$$

이로부터 **가산기의 출력 전압은 반전 연산 증폭기의 각각의 입력에 대한 합으로 중첩**됨을 알 수 있다.

만약 입력 저항 R_1, R_2와 궤환 저항 R을 모두 같게 하면 출력 전압 V_0는

$$V_0 = -(V_1 + V_2) \tag{3.81}$$

이고, 출력 전압은 두 입력 전압의 합과 같다.

또 입력 저항 R_1, R_2만을 같게 하여 $R_1 = R_2 - R_i$로 하면 출력 전압 V_0는

$$V_0 = -\frac{R}{R_i}(V_1 + V_2) \tag{3.82}$$

이다. 이 식에서 가산기는 궤환 저항의 값을 입력 저항보다 클 때 증폭기의 동작을 한다.

3.8.4 적분기

적분기(integrator)는 **그림 3.46**과 같이 반전 증폭기의 궤환 저항 R 대신에 커패시터 C를 접속한 연산 증폭기이다.

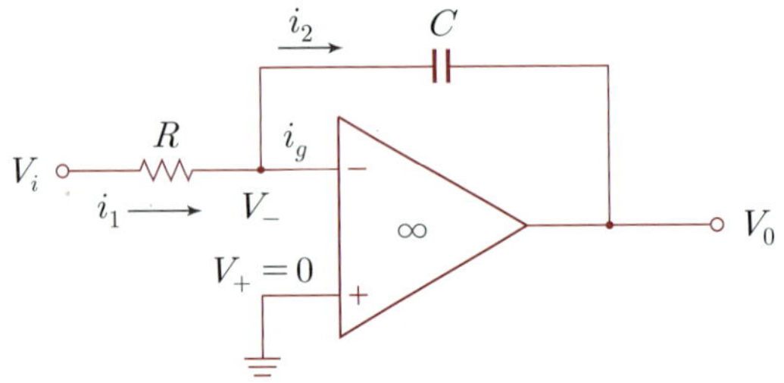

그림 3.46 ▸ 적분기

이상 연산 증폭기의 성질에 의해 **그림 3.46**에서 비반전 입력 전압 V_+는 접지되어 0이므로 반전 입력 전압 V_-도 0이다. 또 반전 입력 단자 V_-에서 들어가는 입력 전류도 $i_g = 0$이 되어 $i_1 = i_2$의 관계가 성립한다. 즉 i_1, i_2는

$$i_1 = \frac{V_i - V_-}{R} = \frac{V_i}{R} \tag{3.83}$$

$$i_2 = C\frac{d}{dt}(V_- - V_0) = -C\frac{dV_0}{dt} \tag{3.84}$$

가 얻어진다. 식 (3.84)와 $i_1 = i_2$의 관계를 적용하여 출력 전압 V_0를 나타내면

$$V_0 = -\frac{1}{C}\int i_2\,dt = -\frac{1}{C}\int i_1\,dt = -\frac{1}{C}\int \frac{V_i}{R}\,dt \tag{3.85}$$

$$\therefore\ V_0 = -\frac{1}{RC}\int V_i\,dt \tag{3.86}$$

로 표현된다. 적분기에서는 출력 전압 V_0는 입력 전압 V_i를 적분하고 90°의 위상차가 되어 나타난다.

3.8.5 미분기

미분기(differentiator)는 **그림 3.47**과 같이 반전 증폭기의 입력 저항 R_1 대신에 커패시터 C를 접속한 연산 증폭기이다.

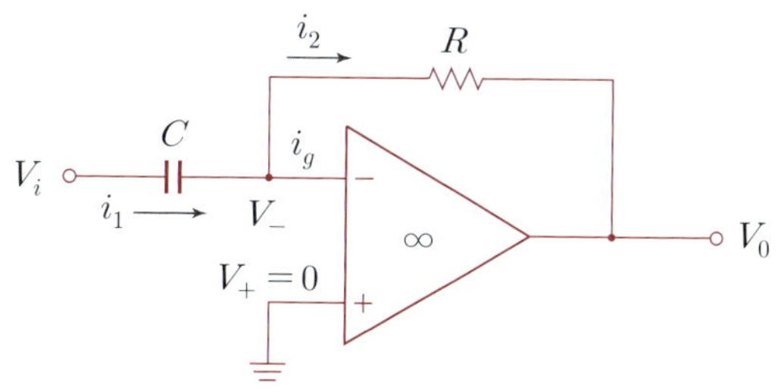

그림 3.47 ▸ 미분기

이상 연산 증폭기의 성질을 이용하면 **그림 3.47**에서 비반전 입력 단자 V_+는 접지되어 0이므로 반전 입력 V_-도 0이다. 또 반전 입력 단자 V_-에서 들어가는 입력 전류는 $i_g = 0$이 되므로 $i_1 = i_2$의 관계가 성립한다. 즉 i_1, i_2는

$$i_1 = C\frac{d}{dt}(V_i - V_-) = C\frac{dV_i}{dt} \tag{3.87}$$

$$i_2 = \frac{V_- - V_0}{R} = -\frac{V_0}{R} \tag{3.88}$$

가 얻어진다. 위의 두 식에서 $i_1 = i_2$의 관계를 적용하여 출력 전압 V_0를 나타내면

$$-\frac{V_0}{R} = C\frac{dV_i}{dt} \tag{3.89}$$

$$\therefore \quad V_0 = -RC\frac{dV_i}{dt} \tag{3.90}$$

로 표현된다. 이로부터 미분기에서는 출력 전압 V_0는 입력 전압 V_i를 미분하고 90°의 위상차가 되어 나타난다.

정리 연산 증폭기의 입력과 출력 전압 관계, 적분 및 미분 회로의 특성

표 3.7 ▶ 연산 증폭기의 종류에 따른 입력 전압과 출력 전압의 관계

연산 증폭기	출력 전압 V_0	입력 신호 전압
반전 증폭기	$V_0 = -\frac{R_2}{R_1} V_i$	반전(−) 단자
비반전 증폭기	$V_0 = \left(1 + \frac{R_2}{R_1}\right) V_i$	비반전(−) 단자
가산기	$V_0 = -R\left(\frac{V_1}{R_1} + \frac{V_2}{R_2}\right)$	반전(−) 단자
적분기	$V_0 = -\frac{1}{RC}\int V_i\,dt$	반전(−) 단자
미분기	$V_0 = -RC\frac{dV_i}{dt}$	반전(−) 단자

표 3.8 ▶ 적분 회로와 미분 회로

구 분	적분 회로와 미분 회로의 특성
적분 회로	① 지상 회로(**그림 3.48**(a) : RC 적분 회로) ② 출력 전압의 위상은 입력 전압의 위상보다 뒤진다. ③ 시정수가 입력의 주기보다 상대적으로 큰 회로($T \ll RC$) ④ 펄스 입력에 대한 적분 파형(**그림 3.18**) ⑤ 지상 보상기 : 저주파 입력에서 정상 편차의 개선 목적
미분 회로	① 진상 회로(**그림 3.48**(b) : CR 미분 회로) ② 출력 전압의 위상은 입력 전압의 위상보다 앞선다. ③ 시정수가 입력의 주기보다 상대적으로 작은 회로($T \gg RC$) ④ 펄스 입력에 대한 미분 파형(**그림 3.20**) ⑤ 진상 보상기 : 고주파 입력에서 안정성과 속응성의 개선 목적

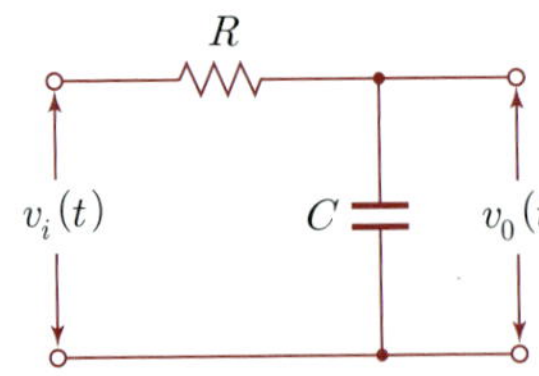

(a) 적분 회로($T \ll RC$)

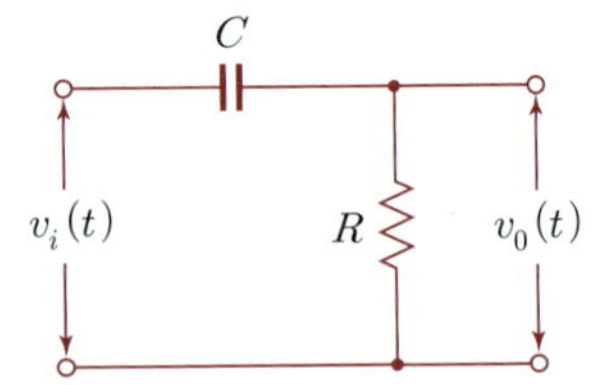

(b) 미분 회로($T \gg RC$)

그림 3.48 ▶ 기본적인 적분 회로와 미분 회로

연습문제

01 그림 3.49에서 전달함수는?

① $\dfrac{U(s)}{C(s)}$ ② $\dfrac{C(s)}{U(s)}$

③ $U(s) \cdot C(s)$ ④ $\dfrac{C^2(s)}{U(s)}$

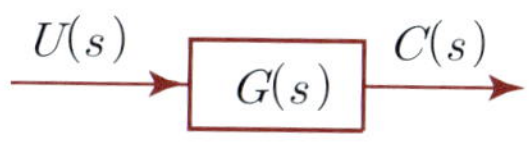

그림 3.49

힌트 전달함수는 초기값을 0 으로 하였을 때, 입력 신호의 라플라스 변환 $U(s)$에 대한 출력 신호의 라플라스 변환 $C(s)$의 비이다.

02 전달함수의 성질 중 옳지 않은 것은?

① 어떤 계의 전달함수는 그 계에 대한 임펄스 응답의 라플라스 변환과 같다.

② 전달함수 $P(s)$인 계의 입력이 임펄스 함수(δ 함수)이고 모든 초기값이 0 이면 그 계의 출력 변환은 $P(s)$와 같다.

③ 계의 전달함수는 계의 미분 방정식을 라플라스 변환하고 초기값에 의하여 생긴 항을 무시하면 $P(s) = \mathcal{L}^{-1}\left[\dfrac{Y^2}{X^2}\right]$과 같이 얻어진다.

④ 계 전달함수의 분모를 0으로 놓으면 이것이 곧 특성 방정식이 된다.

03 입력 신호 $x(t)$와 출력 신호 $y(t)$의 관계가 다음과 같을 때 전달함수는?

$$\frac{d^2}{dt^2}y(t) + 5\frac{d}{dt}y(t) + 6y(t) = x(t)$$

① $\dfrac{1}{(s+2)(s+3)}$ ② $\dfrac{s+1}{(s+2)(s+3)}$

③ $\dfrac{s+4}{(s+2)(s+3)}$ ④ $\dfrac{s}{(s+2)(s+3)}$

힌트 초기값 0, 미분 방정식의 라플라스 변환 : $s^2Y(s) + 5sY(s) + 6Y(s) = X(s)$

$(s^2+5s+6)Y(s) = X(s) \quad \therefore \; G(s) = \dfrac{Y(s)}{X(s)} = \dfrac{1}{s^2+5s+6} = \dfrac{1}{(s+2)(s+3)}$

04 시간 지연 요인을 포함한 어떤 특성계가 다음의 미분 방정식으로 표현된다. 이 계의 전달함수를 구하면?

$$\frac{dy}{dt}+y(t)=x(t-T)$$

① $P(s)=\dfrac{Y(s)}{X(s)}=\dfrac{e^{-sT}}{s+1}$　　② $P(s)=\dfrac{X(s)}{Y(s)}=\dfrac{e^{sT}}{s-1}$

③ $P(s)=\dfrac{X(s)}{Y(s)}=\dfrac{s+1}{e^{sT}}$　　④ $P(s)=\dfrac{Y(s)}{X(s)}=\dfrac{e^{-2sT}}{s+1}$

힌트 초기값 0, 미분 방정식의 라플라스 변환 : $sY(s)+Y(s)=e^{-Ts}X(s)$
$(s+1)Y(s)=e^{-Ts}X(s)$　$\therefore\ G(s)=Y(s)/X(s)$

05 $\dfrac{A(s)}{B(s)}=\dfrac{1}{2s+1}$ 의 전달함수를 미분 방정식으로 표시하면?

① $\dfrac{da(t)}{dt}+2a(t)=2b(t)$　　② $2\dfrac{da(t)}{dt}+a(t)=2b(t)$

③ $\dfrac{da(t)}{dt}+2a(t)=b(t)$　　④ $2\dfrac{da(t)}{dt}+a(t)=b(t)$

힌트 $\dfrac{A(s)}{B(s)}=\dfrac{1}{2s+1}$, $(2s+1)A(s)=B(s)$, $2sA(s)+A(s)=B(s)$
$\therefore\ 2\dfrac{da(t)}{dt}+a(t)=b(t)$

06 $\dfrac{X(s)}{Y(s)}=\dfrac{2}{(s+1)^2}$ 의 전달함수를 미분 방정식으로 표시하면?

① $y(t)=\dfrac{1}{2}\dfrac{d^2x(t)}{dt^2}+\dfrac{dx(t)}{dt}+\dfrac{1}{2}x(t)$　　② $y(t)=2\dfrac{dx(t)}{dt}+x(t)+\displaystyle\int x(t)dt$

③ $y(t)=\dfrac{dx(t)}{dt}+x(t)+1$　　④ $2x(t)=\dfrac{d^2y(t)}{dt^2}+2\dfrac{dy(t)}{dt}+y(t)$

힌트 $\dfrac{X(s)}{Y(s)}=\dfrac{2}{s^2+2s+1}$, $2Y(s)=s^2X(s)+2sX(s)+X(s)$, $2y(t)=\dfrac{d^2x(t)}{dt^2}+2\dfrac{dx(t)}{dt}+x(t)$
$\therefore\ y(t)=\dfrac{1}{2}\dfrac{d^2x(t)}{dt^2}+\dfrac{dx(t)}{dt}+\dfrac{1}{2}x(t)$

07 적분 요소의 전달함수는?

① K　② $\frac{K}{1+Ts}$　③ $\frac{1}{Ts}$　④ Ts

힌트 비례 요소 K, 미분 요소 Ts, 적분 요소 : $\frac{1}{Ts}$, 1차 지연 요소 : $\frac{K}{1+Ts}$

08 부동작 시간 요소의 전달함수는?

① K　② $\frac{K}{s}$　③ Ke^{-Ls}　④ Ks

09 **그림 3.50**과 같은 전기 회로망의 전달함수 $G(s) = V_2(s)/V_1(s)$를 구하면?

① $\frac{LC}{1+LCs}$　② $\frac{LC}{1+LCs^2}$

③ $\frac{1}{1+LCs}$　④ $\frac{1}{1+LCs^2}$

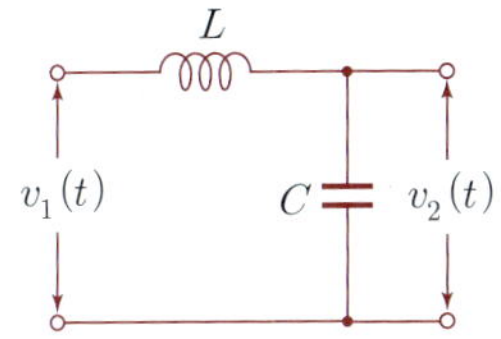

그림 3.50

힌트 식 (3.29)의 전달함수 간편 해석법을 이용한다.

입력에서 본 복소 임피던스 $Z_1(s) = Ls + \frac{1}{Cs}$

출력에서 본 복소 임피던스 $Z_2(s) = \frac{1}{Cs}$ $\therefore\ G(s) = \frac{V_2(s)}{V_1(s)} = \frac{Z_2(s)}{Z_1(s)} = \frac{\frac{1}{Cs}}{Ls + \frac{1}{Cs}} = \frac{1}{1+LCs^2}$

10 **그림 3.51**과 같은 회로에서 입력 i, 출력 e_0로 하는 경우의 전달함수는?

① $\frac{s}{C_1 + C_2}$　② $\frac{C_1}{C_1 s + C_2 s}$

③ $\frac{1}{C_1 s + C_2 s}$　④ $\frac{C_2}{C_1 s + C_2 s}$

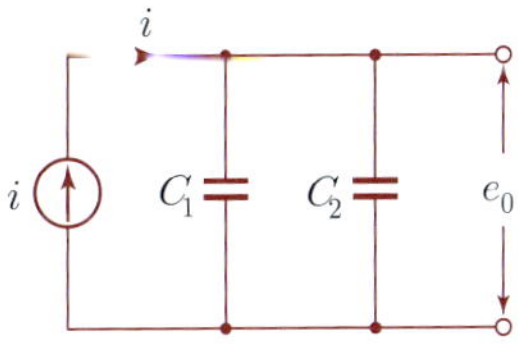

그림 3.51

힌트 회로에서 초기값 0, 라플라스 변환한다. C_1과 C_2에 흐르는 전류를 $I_1(s)$, $I_2(s)$라고 할 때, $I_1(s)$, $I_2(s)$의 전류는 옴의 법칙에 의해 $I_1(s) = C_1 s E_0(s)$, $I_2(s) = C_2 s E_0(s)$이다. 전류 $I(s)$는 KCL에 의해 $I(s) = I_1(s) + I_2(s)$이므로 $I(s) = C_1 s E_0(s) + C_2 s E_0(s)$

$$I(s) = (C_1 s + C_2 s)E_0(s) \qquad \therefore\ G(s) = \frac{E_0(s)}{I(s)} = \frac{1}{C_1 s + C_2 s}$$

11 **그림 3.52**와 같은 회로에서 e_i를 입력, e_0를 출력으로 할 경우 전달함수는?

① $\dfrac{s}{LCs^2+RCs+1}$ ② $\dfrac{1}{LCs^2+RCs+1}$

③ $\dfrac{Ls}{LCs^2+RCs+1}$ ④ $\dfrac{Cs}{LCs^2+RCs+1}$

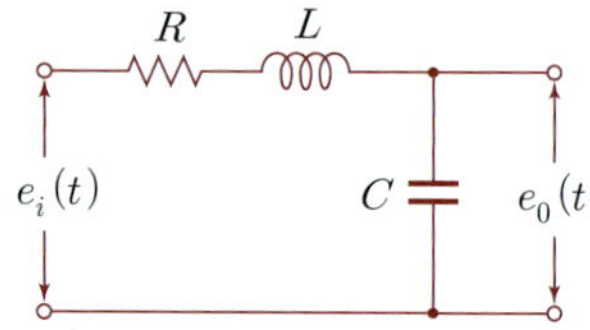

그림 3.52

힌트 식 (3.29)의 전달함수 간편 해석법 이용

입력에서 본 복소 임피던스 $Z_1(s)=R+Ls+\dfrac{1}{Cs}$

출력에서 본 복소 임피던스 $Z_2(s)=\dfrac{1}{Cs}$

$$\therefore\ G(s)=\frac{E_0(s)}{E_i(s)}=\frac{Z_2(s)}{Z_1(s)}=\frac{\dfrac{1}{Cs}}{R+Ls+\dfrac{1}{Cs}}=\frac{1}{LCs^2+RCs+1}$$

12 **그림 3.53**의 회로에서 $G(s)=E_0(s)/E_i(s)$는 얼마인가?

① $\dfrac{(R_1+R_2)Cs+1}{R_2Cs+1}$ ② $\dfrac{R_2Cs+1}{(R_1+R_2)Cs+1}$

③ $\dfrac{R_2C+1}{(R_1+R_2)Cs+1}$ ④ $\dfrac{(R_1+R_2)C+1}{R_2C+1}$

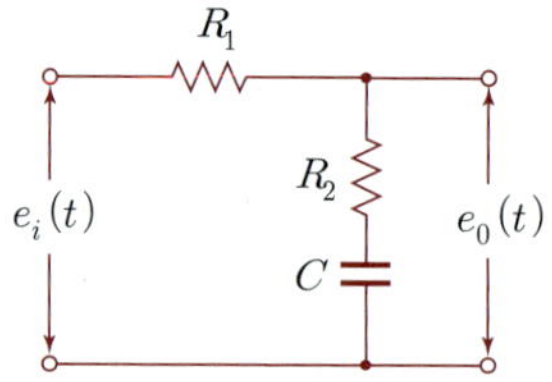

그림 3.53

힌트 식 (3.29)의 전달함수 간편 해석법 이용

$Z_1(s)=R_1+R_2+\dfrac{1}{Cs}$, $Z_2(s)=R_2+\dfrac{1}{Cs}$

$$\therefore\ G(s)=\frac{E_0(s)}{E_i(s)}=\frac{Z_2(s)}{Z_1(s)}=\frac{R_2+\dfrac{1}{Cs}}{R_1+R_2+\dfrac{1}{Cs}}=\frac{R_2Cs+1}{(R_1+R_2)Cs+1}$$

13 **그림 3.54**와 같은 회로에서 RC 브리지 회로의 전달함수 $G(s)=E_0(s)/E_i(s)$는?

① $\dfrac{1}{1+RCs}$ ② $\dfrac{RCs}{1+RCs}$

③ $\dfrac{1+RCs}{1-RCs}$ ④ $\dfrac{1-RCs}{1+RCs}$

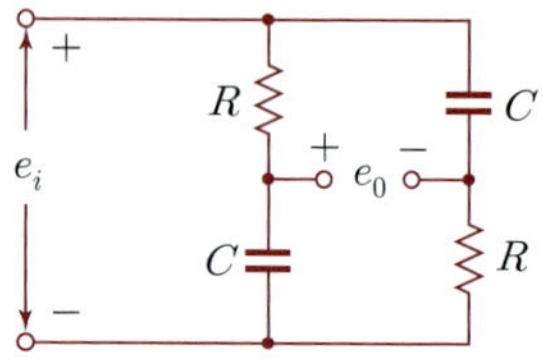

그림 3.54

힌트 라플라스 변환에 의해 입력 전압 $E_i(s)$, 출력 전압 $E_0(s)$, 각 소자의 복소 임피던스를 나타낸다. 병렬 회로이므로 직류 회로의 해석과 동일한 방법으로 전압 분배 법칙을 적용하여 두 점의 전위 $E_0^{+}(s)$와 $E_0^{-}(s)$를 각각 구한다.

$$E_0^{+}(s)=\frac{\frac{1}{Cs}}{R+\frac{1}{Cs}}E_i(s)=\frac{1}{1+RCs}E_i(s),\quad E_0^{-}(s)=\frac{R}{R+\frac{1}{Cs}}E_i(s)=\frac{RCs}{1+RCs}E_i(s)$$

두 전위로부터 전위차(출력 전압) $E_0(s)=E_0^{+}(s)-E_0^{-}(s)$를 구하면 전달함수를 얻을 수 있다.

$$E_0(s)=\frac{1-RCs}{1+RCs}E_i(s)\qquad \therefore\ G(s)=\frac{E_0(s)}{E_i(s)}=\frac{1-RCs}{1+RCs}$$

14 그림 3.55와 같은 브리지 회로에서 입력 전압 e_i 에 대한 출력 전압 e_0 의 전달함수는?

① $\dfrac{LCs^2+1}{LCs^2-1}$　② $\dfrac{1}{LCs^2+1}$

③ $\dfrac{1}{LCs^2-1}$　④ $\dfrac{LCs^2-1}{LCs^2+1}$

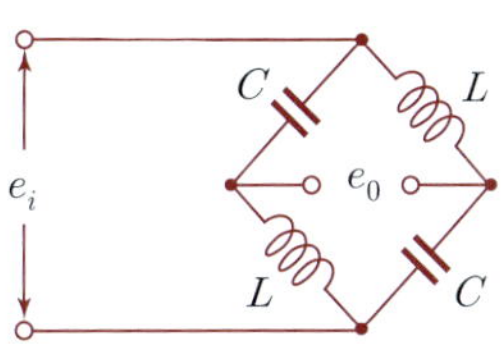

그림 3.55

힌트 문제 13과 동일한 방법을 적용한다. 두 점의 전위 $E_0^{+}(s)$와 $E_0^{-}(s)$를 각각 구한다.

$$E_0^{+}(s)=\frac{Ls}{\frac{1}{Cs}+Ls}E_i(s)=\frac{LCs^2}{LCs^2+1}E_i(s),\quad E_0^{-}(s)=\frac{\frac{1}{Cs}}{\frac{1}{Cs}+Ls}E_i(s)=\frac{1}{LCs^2+1}E_i(s)$$

두 전위로부터 전위차(출력 전압) $E_0(s)=E_0^{+}(s)-E_0^{-}(s)$를 구하면 전달함수를 얻을 수 있다.

$$E_0(s)=\frac{LCs^2-1}{LCs^2+1}E_i(s)\qquad \therefore\ G(s)=\frac{E_0(s)}{E_i(s)}=\frac{LCs^2-1}{LCs^2+1}$$

15 병진 운동계의 질량이 전기계로 유추되는 것은?

① 전압　② 전기 저항　③ 정전용량　④ 인덕턴스

힌트 병진 운동계의 요소와 전기적 요소와의 유사성
변위 → 전하, 속도 → 전류, 힘 → 전압, 질량 → 인덕턴스, 탄성계수 → 정전용량
점성 마찰계수 → 저항

16 회전 운동계의 각속도를 전기적 요소로 변환하면?

① 전압　② 전류　③ 정전용량　④ 인덕턴스

힌트 회전 운동계의 요소와 전기적 요소와의 유사성
각변위 → 전하, 각속도 → 전류, 토크 → 전압, 관성 모멘트 → 인덕턴스
비틀림 탄성계수(비틀림 강도) → 정전용량, 점성 마찰계수 → 저항

17 힘 $f(t)$에 의해 질량 M이 $y(t)$ 만큼 이동될 경우의 전달함수는?

① Ms　② Ms^2　③ $\frac{1}{Ms}$　④ $\frac{1}{Ms^2}$

힌트 병진운동의 운동 방정식 $f(t) = Ma = M\frac{d^2y(t)}{dt}$, $F(s) = Ms^2Y(s)$ $\therefore\ G(s) = \frac{Y(s)}{F(s)} = \frac{1}{Ms^2}$

18 **그림 3.56**과 같은 요소는 제어계의 어떤 요소인가?

① 적분 요소

② 미분 요소

③ 1차 지연 요소

④ 1차 지연 미분 요소

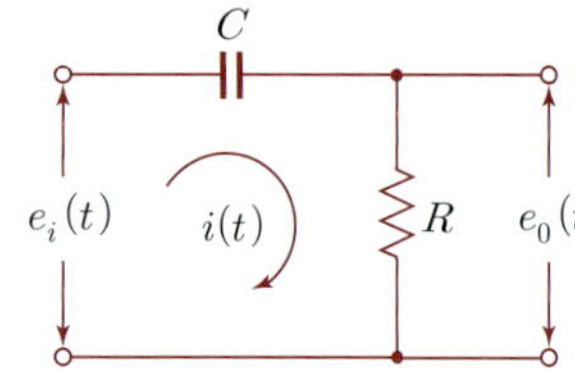

그림 3.56

힌트 식 (3.29)의 전달함수 간편 해석법 이용하면 전달함수 $G(s)$를 구하면, 분모는 1차 지연 요소, 분자는 미분 요소가 되므로 이 회로는 **1차 지연 미분 요소**가 된다.

$$G(s) = \frac{E_0(s)}{E_i(s)} = \frac{Z_2(s)}{Z_1(s)} = \frac{R}{R+\frac{1}{Cs}} = \frac{RCs}{1+RCs}$$

19 **그림 3.56**과 같은 RC 회로에서 $RC \ll 1$인 경우 어떤 요소의 회로인가?

① 비례 요소　② 미분 요소　③ 적분 요소　④ 2차 지연 요소

힌트 문제 18에서 구한 전달함수 $G(s)$에서 $RC \ll 1$의 조건을 적용하면, 다음의 근사식으로 변형되므로 **미분 요소**가 된다.

$$G(s) = \frac{RCs}{1+RCs} \simeq RCs \text{ (미분 요소)}$$

20 그림 3.56과 같은 RC 회로에서 출력 전압의 위상은 입력 전압의 위상에 비해 어떠한가?

① 뒤진다. ② 앞선다 ③ 전압과 관계없다. ④ 같다.

힌트 문제 18에서 구한 전달함수 $G(s)$에서 $s=j\omega$를 대입하여 주파수 전달함수 $G(j\omega)$로 나타낸다.

$$G(s)=\frac{RCs}{1+RCs} \quad \therefore\ G(j\omega)=\frac{j\omega RC}{1+j\omega RC}$$

전달함수의 편각(위상)은 분자와 분모의 극좌표 형식에서 $\theta=90°-\tan^{-1}(\omega RC)$이다. 그러므로 위상의 범위는 $0°<\theta<90°$이고, 출력 전압 $V_0=G(s)\,V_i=|G(s)|\underline{/\theta}\,V_i$의 관계로부터 출력 전압의 위상은 입력 전압의 위상보다 앞서게 된다. 또 진상 회로이므로 **미분 회로**가 된다.

21 그림 3.57과 같은 회로에서 입력 전압의 위상은 출력 전압의 위상과 비교하여 어떠한가?

① 앞선다.

② 뒤진다.

③ 동상이다.

④ 앞설 수도 있고 뒤질 수도 있다.

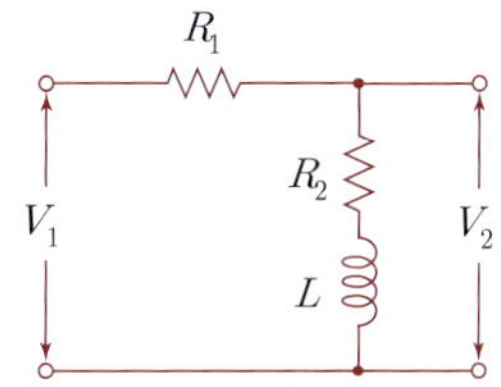

그림 3.57

힌트 식 (3.29)의 전달함수 간편 해석법 이용하여 구한 전달함수 $G(s)$와 $s=j\omega$를 대입한 주파수 전달함수 $G(j\omega)$를 나타낸다.

$$G(s)=\frac{R_2+Ls}{R_1+R_2+Ls} \quad \therefore\ G(j\omega)=\frac{R_2+j\omega L}{R_1+R_2+j\omega L}$$

전달함수의 편각(위상)은 극좌표 형식에서 $\theta=\tan^{-1}(\omega L/R_2)-\tan^{-1}\omega L/(R_1+R_2)$이다. 그러므로 위상의 범위는 $0°<\theta<90°$이고, 출력 전압 $V_0=G(s)\,V_i=|G(s)|\underline{/\theta}\,V_i$의 관계로부터 출력 전압의 위상은 입력 전압의 위상보다 앞서게 된다. 따라서 입력의 위상이 출력보다 뒤진다.

22 그림 3.58과 같은 회로는?

① 미분 회로

② 적분 회로

③ 가산 회로

④ 미분, 적분 회로

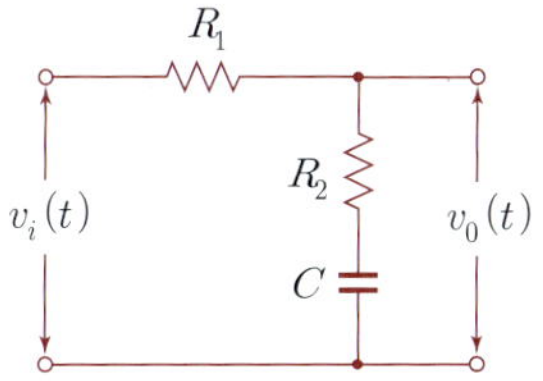

그림 3.58

힌트 식 (3.29)의 전달함수 간편 해석법 이용하여 구한 전달함수 $G(s)$와 $s=j\omega$를 대입한 주파수 전달함수 $G(j\omega)$를 나타낸다.

$$G(s)=\frac{1+R_2Cs}{1+(R_1+R_2)Cs} \quad \therefore \; G(j\omega)=\frac{1+j\omega R_2C}{1+j\omega(R_1+R_2)C}$$

전달함수의 편각(위상)은 극좌표 형식에서 $\theta=\tan^{-1}(\omega R_2C)-\tan^{-1}\omega(R_1+R_2)C$이다. 그러므로 위상의 범위는 $0°>\theta>-90°$ 이고, 출력 전압 $V_0=G(s)V_i=|G(s)|\underline{/\theta}\,V_i$ 의 관계로부터 출력 전압의 위상은 입력 전압의 위상보다 뒤진다. 따라서 지상 회로이므로 **적분 회로**가 된다.

23 **그림 3.59**와 같은 회로망은 어떤 보상기로 사용할 수 있는 가?(단, $1 \ll R_1C$ 인 경우로 한다.)

① 지연 보상기 ② 진 · 지상 보상기
③ 진상 보상기 ④ 지상 보상기

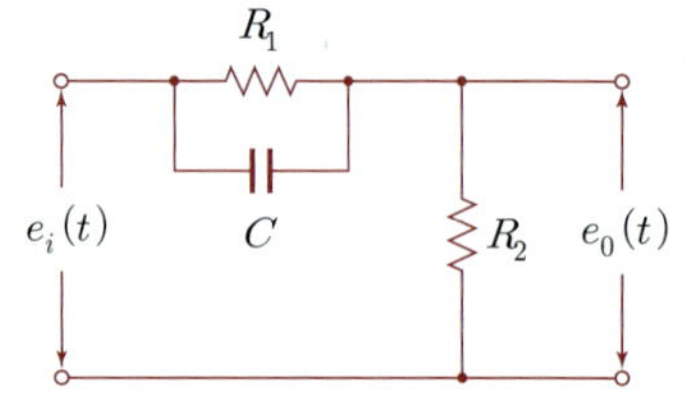

그림 3.59

힌트 진상 회로(CR 미분 회로) : 진상 보상기(**표 3.8** 참고)
지상 회로(RC 적분 회로) : 지상 보상기

24 진상 보상기의 특성에 대한 설명으로 잘못된 것은?

① 제어계 응답의 속응성을 좋게 한다.
② 이득을 향상시켜 정상 오차를 개선한다.
③ 공진 주파수의 특성을 그대도 두면서 저주파 영역의 이득을 높인다.
④ 저주파에서는 이득이 낮았다가 고주파에서는 이득이 커진다.

힌트 진상 보상기 : 고주파에서 안정성과 속응성 개선, 지상 보상기 : 저주파에서 정상 편차 개선

25 다음의 전달함수를 갖는 회로가 진상 보상 회로의 특성을 가지려면 그 조건은?

$$G(s)=\frac{s+b}{s+a}$$

① $a>b$ ② $a<b$ ③ $a>1$ ④ $b>1$

힌트 전달함수의 위상 $\theta>0$에서 진상 보상 회로(진상회로, 미분회로)의 특성을 갖는다. 주파수 전달함수

$$G(j\omega)=\frac{b+j\omega}{a+j\omega}\text{에서 } \theta=\tan^{-1}\frac{\omega}{b}-\tan^{-1}\frac{\omega}{a}>0 \rightarrow \tan^{-1}\frac{\omega}{b}>\tan^{-1}\frac{\omega}{a} \quad \therefore \; a>b$$

26 보상기의 전달함수가 $G(s) = \frac{1+\alpha Ts}{1+Ts}$ 일 때 진상 보상기가 되기 위한 조건은?

① $\alpha > 1$ ② $\alpha < 1$ ③ $\alpha = 1$ ④ $\alpha = 0$

힌트 진상 보상기는 $G(j\omega) = \frac{1+j\alpha\omega T}{1+j\omega T}$ 에서 위상 $\theta = \tan^{-1}(\alpha\omega T) - \tan^{-1}(\omega T) > 0$의 진상 회로 조건을 만족해야 한다. 즉 $\tan^{-1}(\alpha\omega T) > \tan^{-1}(\omega T)$ $\therefore \ \alpha > 1$

27 연산 증폭기의 성질에 관한 설명으로 틀린 것은?

① 전압 이득이 매우 크다.
② 입력 임피던스가 매우 작다.
③ 전력 이득이 매우 크다.
④ 출력 임피던스가 매우 작다.

힌트 본문의 이상 연산 증폭기의 성질 참고
(입력 임피던스 $Z_i = \infty$, 출력 임피던스 $Z_0 = 0$, 전압 이득 $A_V = \infty$, 전력 이득 $A_P = \infty$)

28 **그림 3.60**의 연산 증폭기 회로에서 출력 전압 V_0를 나타내는 식은? (단, V_i는 입력 신호이다.)

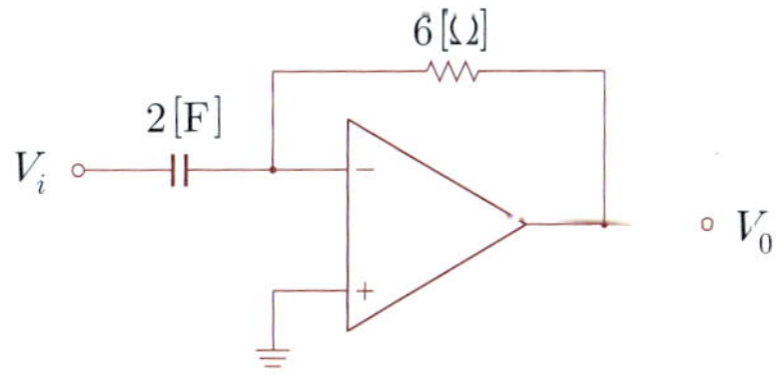

그림 3.60

① $V_0 = -12\frac{dV_i}{dt}$ ② $V_0 = -8\frac{dV_i}{dt}$

③ $V_0 = -0.5\frac{dV_i}{dt}$ ④ $V_0 = -\frac{1}{8}\frac{dV_i}{dt}$

힌트 미분기에서 식 (3.90)의 출력 전압 $V_0 = -RC\frac{dV_i}{dt} = -12\frac{dV_i}{dt}$

29 그림 3.61의 회로에서 출력 전압 V_0는? (단, V_1, V_2, V_3는 입력 신호 전압이다.)

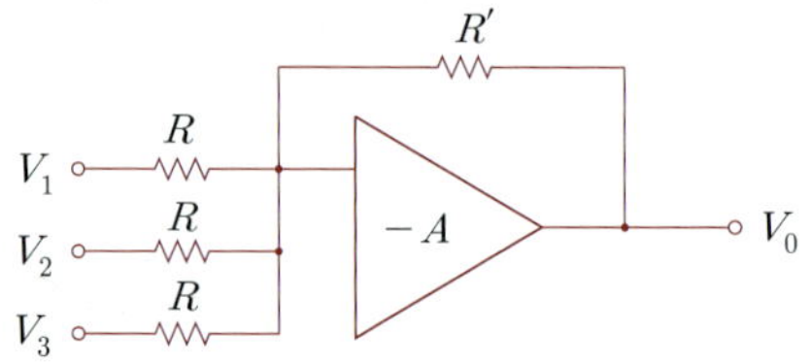

그림 3.61

① $V_0 = -\frac{R'}{3R}(V_1 + V_2 + V_3)$　　② $V_0 = \frac{R'}{3R}(V_1 + V_2 + V_3)$

③ $V_0 = -\frac{R'}{R}(V_1 + V_2 + V_3)$　　④ $V_0 = \frac{R'}{R}(V_1 + V_2 + V_3)$

힌트 가산기의 출력 전압은 반전 연산 증폭기의 각각의 입력 전압에 대한 합으로 중첩이 된다.
식 (3.80)에서 출력 전압 $V_0 = -\frac{R'}{R_1}V_1 - \frac{R'}{R_2}V_2 - \frac{R'}{R_3}V_3$　$\therefore\ V_0 = -\frac{R'}{R}(V_1 + V_2 + V_3)$

Chapter 4

블록 선도와 신호 흐름 선도

4.1 블록 선도와 신호 흐름 선도의 개요

자동 제어계에서 각 요소의 신호 전달 특성은 전달함수를 이용하여 수식적으로 표현할 수 있었다. 제어계는 이와 같은 여러 가지 요소의 조합으로 구성되어 있기 때문에 각 요소에 대한 전달함수의 조합으로 전체 계에 대해 수식적으로 표현할 수 있다.

그러나 복잡한 제어계, 즉 전달 요소를 수식만으로 표현하면 요소의 구성과 동작 사이의 대응 관계를 쉽게 알 수 없기 때문에 입・출력의 신호 전달 특성 관계를 알기 쉽도록 그림으로 간단히 나타내는 것으로 **블록 선도**(block diagram)와 **신호 흐름 선도**(signal flow diagram)가 있다.

이와 같은 제어계(요소)를 블록 선도나 신호 흐름 선도로 표시하면 입력과 출력의 관계, 계의 동작 및 특성 사이의 관계가 명백해지고 구체적으로 신호 흐름을 알 수 있다. 또 신호 전달 관계를 대수적으로 계산할 수 있는 장점이 있다.

블록 선도는 블록과 화살표를 이용한 그림이고, 신호 흐름 선도는 마디와 가지를 이용한 그림으로 전체 제어계의 입력과 출력의 관계를 간략히 표현하는 방법이다.

4.2 블록 선도

4.2.1 블록 선도의 구성

그림 4.1은 제어계의 전달 요소, 즉 전달함수 $G(s)$, 입력 신호 $X(s)$와 출력 신호

$Y(s)$로 이루어진 가장 **기본적인 블록 선도**의 구성을 나타낸 것이다.

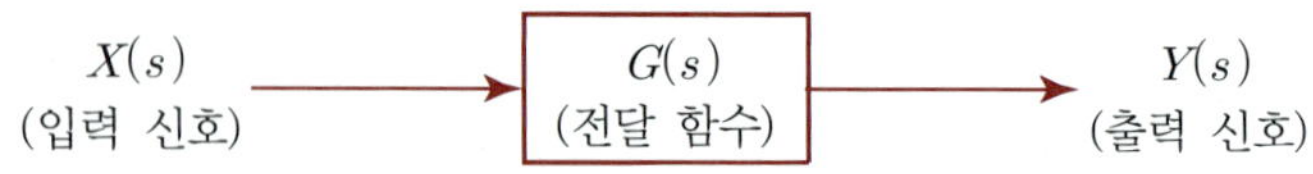

그림 4.1 ▸ 기본적인 블록 선도(최소 요소 선도)

그림 4.1에서 전달 요소의 전달함수 $G(s)$, 입력 신호 $X(s)$와 출력 신호 $Y(s)$의 관계를 수식으로 표현하면 식 (3.2)와 같이 다음의 관계식이 성립한다.

$$Y(s) = G(s)X(s) \quad : \textbf{출력} = \textbf{전달함수} \times \textbf{입력} \tag{4.1}$$

블록 선도에서 전달 요소는 입력과 출력의 물리적 성질이나 에너지의 작용 등은 전혀 나타내지 않고, 신호의 전달 관계에 관한 정보만을 알려준다.

4.2.2 블록 선도의 표시

블록 선도는 전달 요소, 화살표, 가합점 및 인출점의 네 가지를 기본 요소로 구성하고, 이 네 가지의 기본 요소를 이용하여 제어계를 표현한다.

(1) 전달 요소

입력 신호를 받아서 적당히 변환된 출력 신호를 만드는 **신호 전달 요소**는 **그림 4.2**와 같이 네모난 블록(block)으로 표시하고 블록 내에 전달함수를 기입한다.

전달 요소(transfer element)는 간단히 요소(element)라고도 한다.

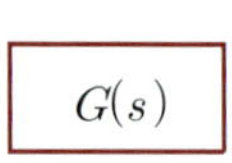

그림 4.2 ▸ 제어계의 전달 요소

(2) 화살표

입력 신호, 출력 신호와 같은 신호가 흐르는 방향을 **화살표**(→)로 표시하고, 그 화살표에 신호의 기호를 기입한다. 화살표는 전달 요소에서 신호의 흐름 방향을 나타낸다.

(3) 가합점

두 가지 이상의 신호가 있을 때, 이들 신호의 합과 차를 만드는 부분으로 **가합점**(summing point)이라고 한다. 가합점은 화살표 옆에 (+) 또는 (−)의 부호를 붙여 **그림 4.3**과 같이 표시한다. **그림 4.3**(a)와 (b)에 대한 수식은 다음과 같이 신호의 합 또는 차를 신호의 대수합으로 표현한다.

$$Y(s) = X(s) - C(s)$$
$$Y(s) = X(s) + C(s) \qquad (4.2)$$

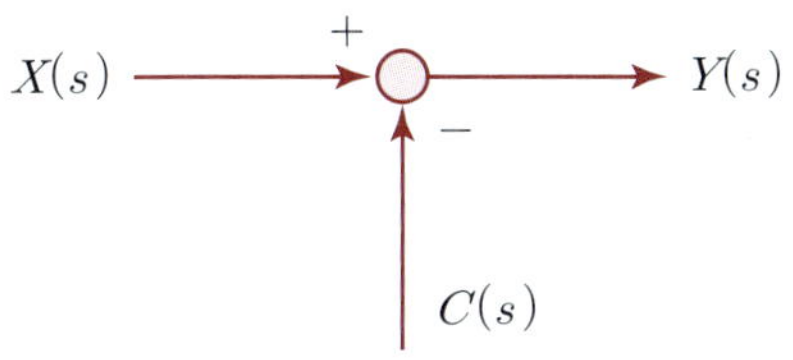

(a) 차 $[Y(s) = X(s) - C(s)]$

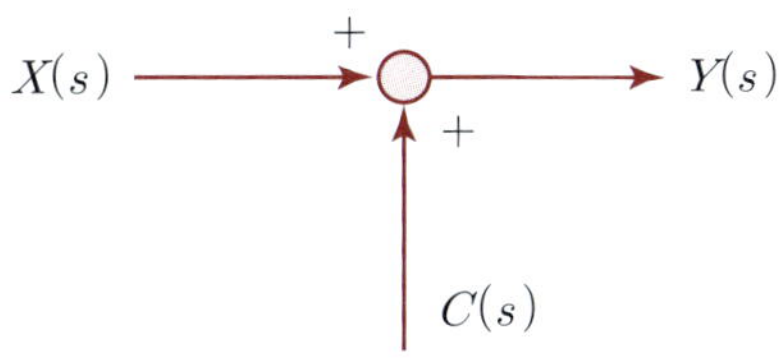

(b) 합 $[Y(s) = X(s) + C(s)]$

그림 4.3 ▸ 가합점

(4) 인출점

하나의 신호를 여러 계통으로 동시에 보내기 위해 분기하는 점을 **인출점**(branch point)이라 하고, **그림 4.4**와 같이 표시한다.

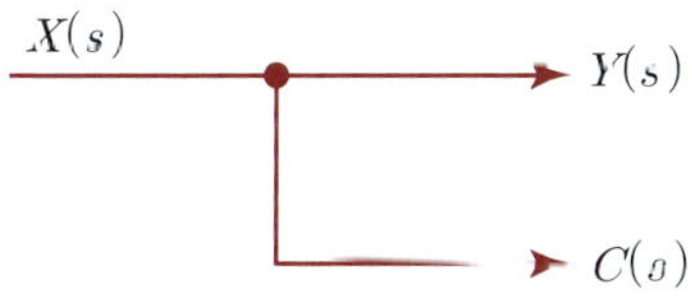

그림 4.4 ▸ 인출점 $[X(s) = Y(s) = C(s)]$

그림 4.4와 같은 입력 신호 $X(s)$가 인출점을 지나서 전달되는 출력 신호 $Y(s)$, $C(s)$는 변화가 일어나지 않고 그대로 입력 신호와 같다. 따라서 수식은 다음과 같이 표현한다.

$$X(s) = Y(s) = C(s) \qquad (4.3)$$

자동 제어계의 블록 선도는 신호의 전달법에 따라 위에서 설명한 **전달 요소, 화살표, 가합점, 인출점**의 **네 가지의 기본 요소**를 **조합**하면 모두 표현할 수 있다.

그림 4.5(a)와 같은 RC 회로망에서 입력 전압 $v_i(t)$, 출력 전압 $v_0(t)$일 때, 블록 선도의 네 가지 기본 요소를 이용하여 블록 선도를 그려본다.

예

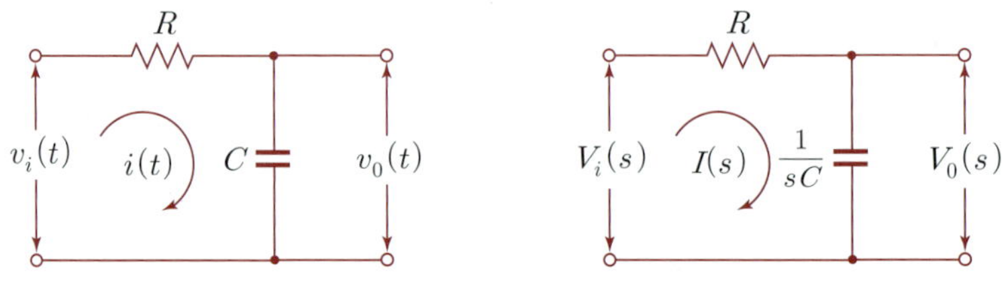

(a) RC 회로망　　(b) 라플라스 변환 회로

그림 4.5 ▶ 전기 회로망

(1) **그림 4.5**(a)의 시간 영역을 **그림 4.5**(b)와 같이 복소 영역의 라플라스 변환 회로로 작성한다.

(2) 저항 R과 커패시터 C의 두 요소에 대해 방정식을 세운다.

$$I(s) = \frac{1}{R}\left[V_i(s) - V_0(s)\right] \tag{4.4}$$

$$V_0(s) = \frac{1}{Cs} I(s) \tag{4.5}$$

(3) 식 (3.2)의 $C(s) = G(s)R(s)$, 즉 [출력= 전달함수× 입력]에 의해 식 (4.4)에서 좌변의 $I(s)$는 출력 신호, 우변의 $\left[V_i(s) - V_0(s)\right]$은 입력 신호이고 $1/R$은 전달함수에 해당된다. 즉, 입력 $\left[V_i(s) - V_0(s)\right]$는 가합점을 이용하여 블록 선도로 나타내면 **그림 4.6**(a)와 같다.

또 식 (4.5)에서 좌변의 $V_0(s)$는 출력 신호, 우변의 $I(s)$는 입력 신호이고 $1/Cs$은 전달함수가 된다. 이것을 블록 선도로 나타내면 **그림 4.6**(b)와 같다.

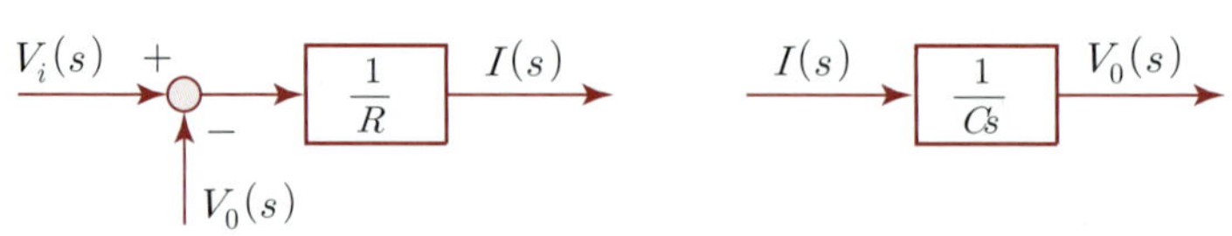

(a)　　(b)

그림 4.6 ▶ 블록 선도

(4) **그림 4.6**(a)의 출력 신호 $I(s)$는 **그림 4.6**(b)의 입력 신호가 되므로 두 선도를 결합하면 **그림 4.7**과 같이 블록 선도를 완성할 수 있다.

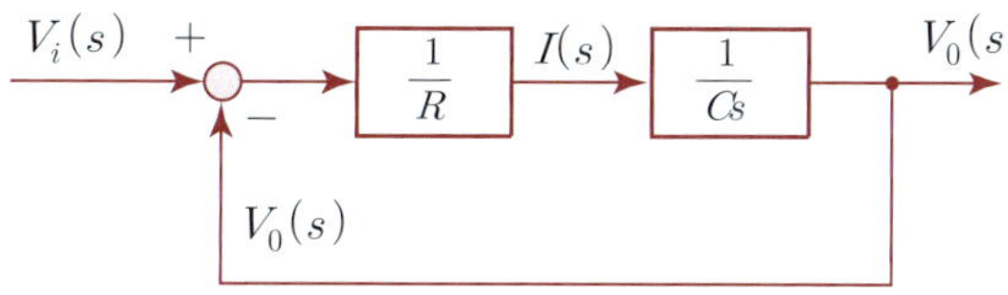

그림 4.7 ▶ RC **회로망의 블록 선도**

4.2.3 블록 선도의 등가 변환

블록 선도는 제어계를 수식으로 나타내어 이를 도형화 한 것으로 복잡하게 표현되어 있으면 간단히 해석하기 어렵다. 따라서 전기 회로망에서 수동 소자 R, L, C의 직·병렬 접속을 간단히 합성하여 표현하는 것과 마찬가지로 블록 선도도 등가 변환하여 **그림 4.1**의 기본적인 블록 선도와 같은 간략한 선도로 나타낼 수 있다.

블록 선도의 접속은 직렬 접속, 병렬 접속, 궤환 접속의 세 가지 기본 형태가 있다.

(1) 직렬 접속(종속 접속)

블록 선도의 직렬 접속은 **그림 4.8**(a)와 같이 제어계의 두 개 이상의 전달 요소가 접속되어 제 1 요소의 출력 신호가 제 2 요소의 입력 신호가 되는 접속을 말한다.

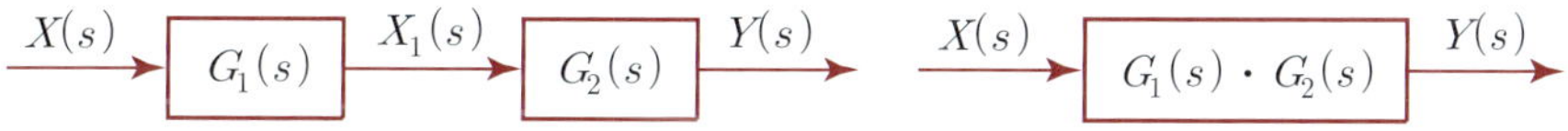

(a) 직렬 접속 (b) 등가 변환

그림 4.8 ▶ 블록 선도의 직렬 접속

그림 4.8(a)에서 전달함수 $G_1(s)$, $G_2(s)$를 갖는 두 개의 전달 요소가 직렬 접속되어 있는 경우의 제 1 요소는 입력 $X(s)$에 대해 출력 $X_1(s)$는

$$X_1(s) = G_1(s)X(s) \tag{4.6}$$

가 된다. 출력 $X_1(s)$가 제 2 요소의 입력 신호가 되므로 제 2 요소의 출력 $Y(s)$는

$$Y(s) = G_2(s)X_1(s) \tag{4.7}$$

가 성립한다. 식 (4.6)의 $X_1(s)$를 식 (4.7)에 대입하면, 제어계의 출력 신호 $Y(s)$와 계 전체의 종합 전달함수 $G_0(s)$는 다음과 같이 구해진다.

$$Y(s) = [G_1(s)G_2(s)]X(s) \tag{4.8}$$

$$\therefore \quad G_0(s) = \frac{Y(s)}{X(s)} = G_1(s)G_2(s) \tag{4.9}$$

즉 여러 개의 요소가 **직렬 접속**된 경우의 전체 전달함수는 **각 요소의 전달함수를 곱한 값**으로 정의할 수 있다. 따라서 **그림 4.8**(a)와 같은 직렬 접속은 **그림 4.8**(b)와 같이 하나의 요소를 갖는 전달함수로 간략화 하여 등가 변환할 수 있다.

회로망에서의 직렬 접속은 소자를 지나도 전류는 일정하지만, 블록 선도에서는 앞의 요소에 영향을 받아서 요소를 지날 때마다 그 결과에 종속되므로 직렬 접속보다는 종속 접속이라는 용어가 정확한 표현이다.

(2) 병렬 접속

블록 선도의 병렬 접속은 **그림 4.9**(a)와 같이 제어계의 입력 $X(s)$가 인출점에서 분기하여 두 개 이상의 전달 요소로 병렬 접속되어 있는 것을 말한다.

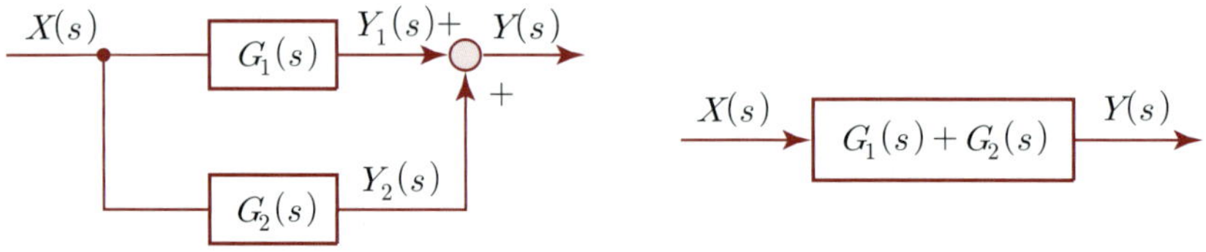

(a) 병렬 접속 (b) 등가 변환

그림 4.9 ▶ 블록 선도의 병렬 접속

그림 4.9(a)에서 전달함수 $G_1(s)$, $G_2(s)$를 갖는 두 개의 전달 요소가 병렬 접속되어 있는 경우에 각 요소는

$$Y_1(s) = G_1(s)X(s) \tag{4.10}$$

$$Y_2(s) = G_2(s)X(s) \tag{4.11}$$

가 된다. 가합점에서 출력은 $Y(s) = Y_1(s) + Y_2(s)$의 관계이므로 두 식으로부터 제어계의 출력 신호 $Y(s)$와 계 전체의 종합 전달함수 $G_0(s)$는

$$Y(s) = [G_1(s) + G_2(s)]X(s) \tag{4.12}$$

$$\therefore \quad G_0(s) = \frac{Y(s)}{X(s)} = G_1(s) + G_2(s) \tag{4.13}$$

가 된다. 즉 여러 개의 요소가 **병렬 접속**된 경우의 전체 종합 전달함수는 **각 요소의 전달함수를 합한 값**으로 정의할 수 있다. 따라서 **그림 4.9**(a)와 같은 병렬 접속은 **그림 4.9**(b)와 같이 하나의 요소를 갖는 전달함수로 간략화 하여 등가 변환할 수 있다.

(3) 궤환 접속

블록 선도의 궤환(feedback, 피드백) 접속은 출력 신호에 임의의 전달 요소를 통하여 입력 측에 궤환(피드백)하여 가합점에서 제어계의 입력 신호에 합(+)하거나 빼(−)는 경우를 취하는 접속이다. 가합점에서 궤환 신호가 (+)로 들어가면 **정궤환**이라 하고, (−)로 들어가면 **부궤환**이라고 한다. 그러나 자동 제어계에서 정궤환은 거의 사용하지 않는다.

그림 4.10(a)는 자동 제어계에서 주로 사용하는 부궤환 제어계의 기본적인 블록 선도이다.

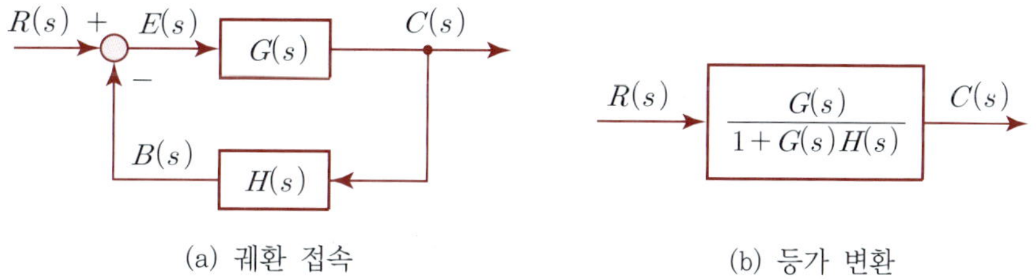

그림 4.10 ▸ 블록 선도의 부궤환 접속

부궤환 제어계의 블록 선도에서 주로 사용되는 **용어**는 다음과 같다.

$R(s)$: 입력 신호(input signal), $C(s)$: 출력 신호(output signal)
$G(s)$: 전향 전달함수(forward transfer function)
$H(s)$: 궤환(피드백) 전달함수(feedback transfer function)
$B(s)$: 궤환(피드백) 신호(feedback signal)

그림 4.10(a)와 같은 부궤환 제어계의 가합점에서 $E(s)$는 $B(s)=H(s)C(s)$에 의해

$$E(s)=R(s)-B(s)=R(s)-H(s)C(s) \tag{4.14}$$

이고, 출력 $C(s)$는

$$C(s)=G(s)E(s) \tag{4.15}$$

가 성립한다. 식 (4.14)를 식 (4.15)에 대입하면

$$\begin{aligned} C(s) &= G(s)E(s)=G(s)[R(s)-H(s)C(s)] \\ &= G(s)R(s)-G(s)H(s)C(s) \end{aligned} \tag{4.16}$$

이고, 식 (4.16)을 정리하면

$$\begin{aligned} &C(s)+G(s)H(s)C(s)=G(s)R(s) \\ &[1+G(s)H(s)]\,C(s)=G(s)R(s) \end{aligned} \tag{4.17}$$

가 된다. 그러므로 식 (4.17)에 의해 제어계 전체의 종합 전달함수 $G_0(s)$는

$$G_0(s)=\frac{C(s)}{R(s)}=\frac{G(s)}{1+G(s)H(s)} \tag{4.18}$$

로 구해진다. 따라서 **그림 4.10**(a)와 같은 부궤환 제어계는 **그림 4.10**(b)와 같이 하나의 요소를 갖는 전달함수로 간략화 하여 등가 변환할 수 있다.

이와 같이 궤환 접속을 갖는 제어 계통을 **폐루프 제어계**라고 하고, 폐루프 제어계의 전체 전달함수 $G_0(s)$는 **폐루프 전달함수**라고 한다. 또 $G(s)H(s)$는 루프를 한 바퀴 일순(일주)하면서 경로에 있는 전 요소의 곱을 의미하므로 **일순 전달함수**라고 하고, 루프의 한 곳을 열었을 때 그 점 전・후 사이의 전달함수이므로 **개루프 전달함수**라고도 한다. 개루프 전달함수는 폐루브 전달함수와 구분하기 위하여 간단히 **루프 전달함수**라고도 한다.

폐루프 제어계에서 사용되는 다음의 **전달함수 용어**를 혼동하지 않도록 주의해야 한다.

> $G_0(s)$: 폐루프 전달함수(closed-loop transfer function)
>
> $G(s)H(s)$: 개루프 전달함수(open-loop transfer function)
>
> 루프 전달함수(loop transfer function), 일순 전달함수

그림 4.11과 같이 출력 신호를 그대로 궤환(피드백)하는 경우, 즉 궤환 요소의 전달함수 $H(s)=1$인 제어계를 특히 **단일 궤환계**(unity feedback system) 또는 **단위 궤환계**라고 하며, **그림 4.10**(a)의 부궤환 제어계의 블록 선도에서 $H(s)=1$인 경우이다.

식 (4.18)에서 $H(s)=1$로 놓으면 **그림 4.11**의 단일 궤환계에서 폐루프 전달함수 $G_0(s)$는 다음과 같이 얻어진다.

$$G_0(s)=\frac{C(s)}{R(s)}=\frac{G(s)}{1+G(s)} \tag{4.19}$$

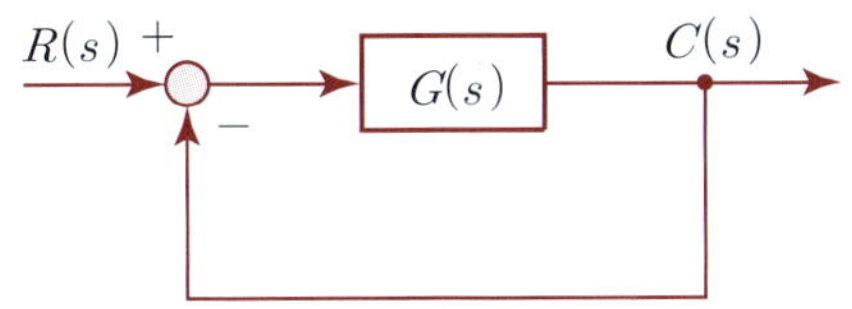

그림 4.11 ▶ 단일 궤환계

정리 궤환 제어계의 전달함수 기본 공식

그림 4.12의 궤환 제어계는 가합점의 궤환 신호의 부호에 의해 정궤환과 부궤환 제어계로 분류된다. 자동 제어계는 부궤환(−)이고, 정궤환(+)은 거의 사용하지 않는다.

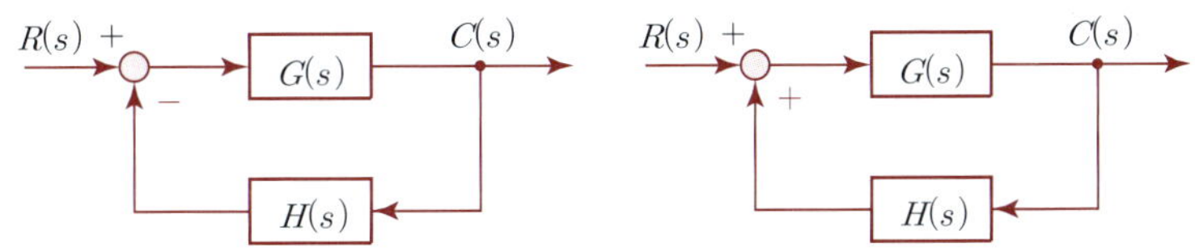

(a) 부궤환 제어계 (b) 정궤환 제어계

그림 4.12 ▶ 궤환 제어계

(1) 부궤환과 정궤환 제어계의 폐루프 전달함수 $G_0(s)$

$$\text{부궤환 : } G_0(s)=\frac{G(s)}{1+G(s)H(s)}$$
$$\text{정궤환 : } G_0(s)=\frac{G(s)}{1-G(s)H(s)} \tag{4.20}$$

(2) 폐루프 전달함수 : 궤환 제어계의 종합 전달함수 $G_0(s)$

개루프 전달함수 : 궤환(피드백)의 이득(절대값) [부궤환, 정궤환 : $G(s)H(s)$]

참고 블록 선도의 전달함수 기본 공식

블록 선도로 표현된 제어계의 전달함수는 다음의 기본 공식에 적용하면 간단히 구할 수 있다. 먼저 단순 제어계를 암기해 놓고, 확장하여 복잡한 궤환 제어계를 단계별로 암기하면 간단하다.

(1) 단순 궤환 제어계의 전달함수(폐루프 전달함수) $G_0(s)$

$$G_0(s) = \frac{(\text{개로})}{1-(\text{폐로})} \tag{4.21}$$

$$\begin{cases} \text{개로(전향 경로 이득)} : G(s) \\ \text{폐로(루프 이득)} \end{cases}$$

(2) 복잡한 궤환 제어계의 전달함수(폐루프 전달함수) $G_0(s)$

$$G_0(s) = \frac{\sum \text{개로}}{1-\sum \text{폐로}} \tag{4.22}$$

$$\begin{cases} \sum \text{개로(개로의 합)} : \text{모든 전향 경로 이득의 합} \\ \sum \text{폐로(폐로의 합)} : \text{모든 폐루프 이득의 합} \end{cases}$$

(3) 이 공식들은 다음 절에서 배울 신호 흐름 선도의 전달함수를 구하는 메이슨 이득 공식을 이용한 중요한 공식이다.(전향 경로 이득은 신호 흐름 선도의 용어 참고)

(4) 개로와 폐로의 용어는 자동제어에서 사용하지 않는 용어이지만, 공식의 암기를 쉽게 하기 위해 회로 이론의 용어를 사용한 것이다.

예제 4.1

그림 4.13의 블록 선도에서 전달함수를 구하라.

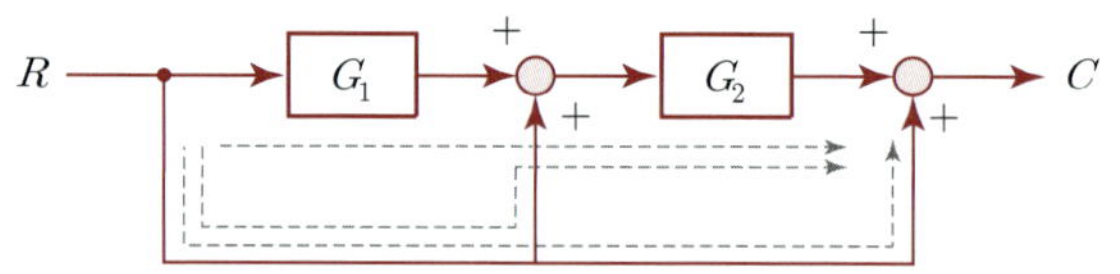

그림 4.13 ▶ 블록 선도

풀이 인출점 1개와 가합점 2개로 구성된 블록 선도

(1) 입력 신호는 인출점에서 그대로 전달되어 출력 신호 R이 된다.

(2) 첫째 가합점의 입력 신호는 G_1 요소의 RG_1과 인출점에서 나온 신호 R의 합이다. 즉 RG_1+R은 G_2 요소의 입력이 된다. 이 입력에 의해 G_2 요소의

출력은 $(RG_1+R)G_2$가 된다.

(3) 둘째 가합점의 입력 신호는 G_2 요소의 출력 $(RG_1+R)G_2$과 인출점에서 나온 신호 R의 합이다. 즉 가합점의 입력은 $(RG_1+R)G_2+R$이 된다. 그러므로 블록 선도의 출력 신호 C는 다음과 같이 얻어지고, 이로부터 전달함수 G도 구해진다.

$$C=(RG_1+R)G_2+R \qquad \therefore\ C=(G_1G_2+G_2+1)R$$

$$\therefore\ G=\frac{C}{R}=G_1G_2+G_2+1$$

별해 전향 경로가 3개 있는 블록 선도이고, 전달함수는 식 (4.22)에서 다음의 각 성분을 대입하면 간단히 구할 수 있다.$\left(\sum \text{개로}=G_1G_2+G_2+1,\ \sum \text{폐로}=0\right)$

$$G_0(s)=\frac{\sum \text{개로}}{1-\sum \text{폐로}}=\frac{G_1G_2+G_2+1}{1-0}=G_1G_2+G_2+1$$

예제 4.2

그림 4.14의 블록 선도에서 전달함수를 구하라.

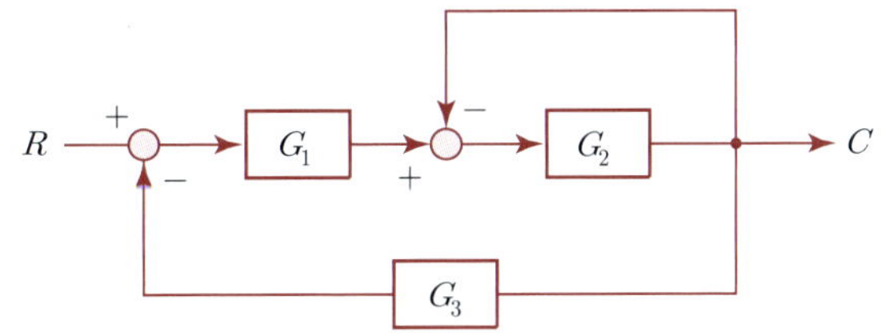

그림 4.14 ▸ 블록 선도

풀이 두 개의 부궤환 접속으로 구성된 블록 선도

(1) G_2 요소의 단일 궤환 접속을 식 (4.21)에 의해 전달함수 G를 구하여 하나의 블록으로 등가 변환하고, **그림 4.15**(a)와 같이 간략화 한다.

$$G=\frac{\text{개로}}{1-\text{폐로}}=\frac{G_2}{1-(-G_2)}=\frac{G_2}{1+G_2}$$

(2) **그림 4.15**(a)의 직렬 접속(종속 접속)에서 두 이득(전달함수)을 곱하여 **그림 4.15**(b)와 같이 등가 변환하여 간략화 한다.

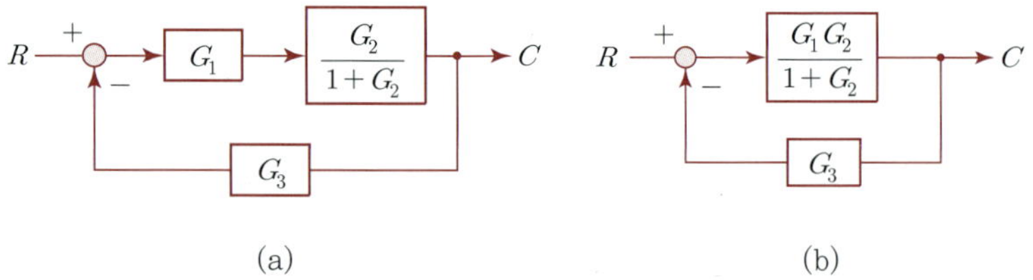

그림 4.15 ▶ 블록 선도의 간략화 단계

(3) **4.15**(b)는 부궤환 접속이므로 식 (4.21)에 의해 전달함수 G_0를 구할 수 있다.

$$G_0 = \frac{\text{개로}}{1-\text{폐로}} = \frac{\dfrac{G_1G_2}{1+G_2}}{1-\left(-\dfrac{G_1G_2G_3}{1+G_2}\right)} = \frac{\dfrac{G_1G_2}{1+G_2}}{1+\dfrac{G_1G_2G_3}{1+G_2}}$$

$$\therefore\ G_0 = \frac{G_1G_2}{1+G_2+G_1G_2G_3}$$

별해 전달함수는 식 (4.22)에서 다음의 성분을 각각 대입하면 간략화 단계를 거치지 않고 직접 구할 수 있다.$\left(\sum \text{개로} = G_1G_2,\ \ \sum \text{폐로} = -G_2 - G_1G_2G_3\right)$

$$G_0(s) = \frac{\sum \text{개로}}{1-\sum \text{폐로}} = \frac{G_1G_2}{1-(-G_2-G_1G_2G_3)} = \frac{G_1G_2}{1+G_2+G_1G_2G_3}$$

예제 4.3

그림 4.16의 블록 선도를 간략화하여 하나의 전달함수로 등가 변환하라.

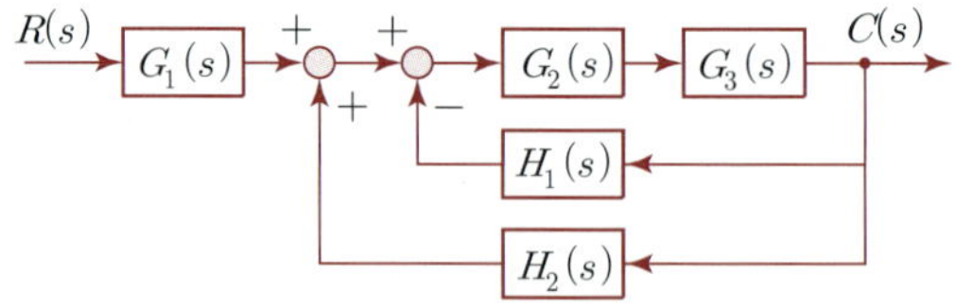

그림 4.16 ▶ 블록 선도

풀이 복잡한 블록 선도를 다음의 단계에 의해 하나의 블록으로 간략화한다.

(1) 두 개의 가합점을 한 개의 가합점으로 감소시킨다.[**그림 4.17**(a)]

(2) 두 개의 궤환 이득(전달함수) $H_1(s)$, $H_2(s)$는 하나의 공통 마디에서 출발하여 또 다른 공통 마디로 들어가므로 병렬 접속이다. 따라서 하나의 등가 전달함수는 대수합이 되어 $H_1(s)-H_2(s)$가 된다.

(3) 요소 $G_2(s)$과 $G_3(s)$는 직렬 접속이므로 등가 전달함수는 이득의 곱이 되어 $G_2(s)G_3(s)$이다. 단계 (2)와 (3)의 결과를 **그림 4.17**(b)와 같이 선도를 그린다.

(4) **그림 4.17**(b)에서 부궤환 제어계의 등가 전달함수를 식 (4.19)로부터 구하고 이 등가 전달함수와 $G_1(s)$을 곱하여 **그림 4.17**(c)와 같이 하나의 전달함수 $G_0(s)$로 구성된 최소 요소 표시의 간략화한 블록 선도를 그린다.

$$\therefore \; G_0 = \frac{G_1G_2G_3}{1+G_2G_3(H_1-H_2)}$$

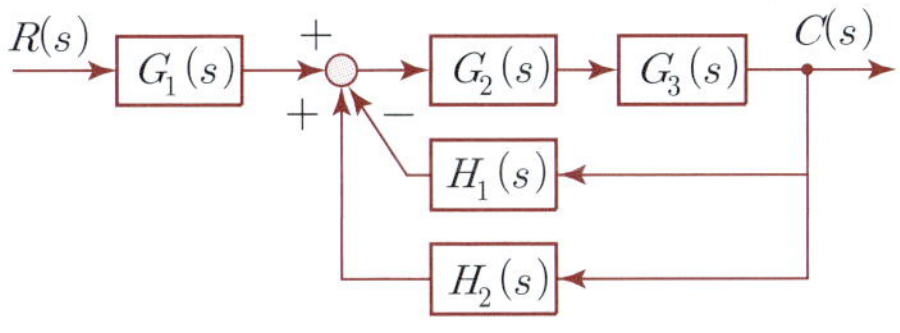

(a)

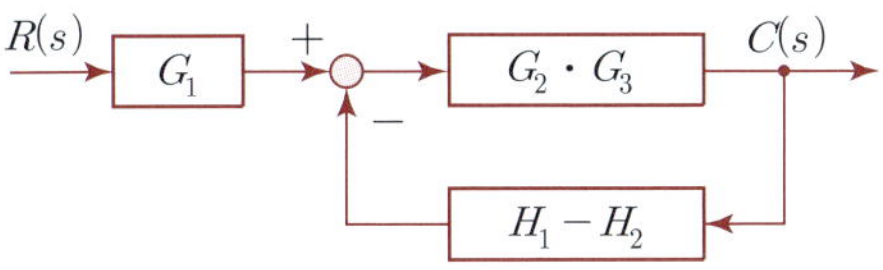

(b)

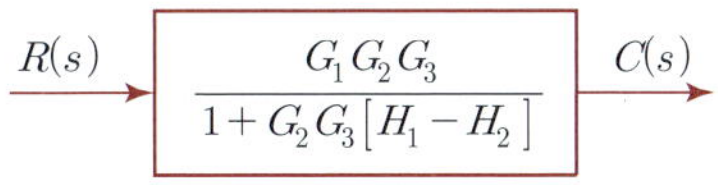

(c)

그림 4.17 ▸ 블록 선도의 간략화 단계

별해 전달함수는 식 (4.22)에 다음의 각 성분을 대입하면 간략화 단계를 거치지 않고 직접 구할 수 있다. 블록 선도에서 개로(전향 경로) 1개, 폐로(루프) 2개이다.

$$\left(\sum \text{개로} = G_1G_2G_3,\quad \sum \text{폐로} = -G_2G_3H_1 + G_2G_3H_2\right)$$

$$G_0(s) = \frac{\sum \text{개로}}{1-\sum \text{폐로}} = \frac{G_1G_2G_3}{1-(-G_2G_3H_1+G_2G_3H_2)}$$

$$\therefore \; G_0(s) = \frac{G_1G_2G_3}{1+G_2G_3H_1-G_2G_3H_2}$$

4.3 신호 흐름 선도

자동 제어계에서 **블록 선도**는 입력과 출력 간의 상호 관계인 전달함수를 표현하는 데는 적합하지만, 복잡한 제어계에서 블록 선도를 이용하여 전달함수를 구하는 것은 블록 선도의 간략화 단계가 매우 번거롭고 어렵기 때문에 수월하지 않은 단점이 있다.

메이슨(S. J. Mason)에 의하여 개발된 **신호 흐름 선도**(signal flow diagram)는 입력과 출력 간에 외란 등의 신호 전달 상황까지도 상세히 표시할 수 있고, 복잡한 궤환 제어계의 해석에도 쉬울 뿐만 아니라 종합 전달함수의 계산도 블록 선도보다 간단히 구할 수 있는 장점이 있다.

4.3.1 신호 흐름 선도의 성질

신호 흐름 선도는 선형 대수 방정식의 변수 사이의 입력과 출력 관계를 도식적으로 나타내는 방법이다. 특히 신호 흐름 선도는 궤환 제어 이론이 계통 내에서 신호의 흐름과 처리에 관한 것이므로 궤환 제어계의 해석에 유용하다.

선형 제어계에서 입력 변수 x_i, 출력 변수 x_j라고 할 때 대수 방정식은 다음과 같다.

$$x_j = \sum_{i=1}^{n} a_{ij} x_i \quad (\text{단, } j = 1,\ 2,\ 3, \cdots\cdots, n) \tag{4.23}$$

여기서 a_{ij}는 이득 또는 전달함수가 된다.

블록 선도는 전달 요소, 화살표, 가합점 및 인출점의 네 가지의 기본 요소로 표현하지만, 신호 흐름 선도는 **마디**(node)와 **가지**(branch)의 두 가지의 기본 요소로 표현한다.

신호 흐름 선도의 작도는 **그림 4.18**(b)와 같이 입・출력 신호의 변수 x_i, x_j는 마디(node, 절점)를 사용하고, 마디는 인과 관계를 나타내는 방정식에 따라 가지(branch)라고 하는 선으로 연결한다. 즉 **마디**는 **신호(즉, 변수)**를 표시하고, **가지**는 마디와 마디 사이를 연결하며 화살표 방향으로 신호가 전달되는 **방향**을 표시한다. 특히 가지는 일반적으로 **전달함수**라고 하는 **이득**을 기입하여 신호의 상태 변화를 알려 준다.

입력과 출력 신호 x_1, x_2와 전달함수 a_{12}의 관계가 있는 제어계는 식 (4.23)에 의해

$$x_2 = a_{12} x_1 \ (\text{단, 입력 } x_1\text{, 출력 } x_2\text{, 이득(전달함수) } a_{12}) \tag{4.24}$$

의 대수 방정식으로 표현되는 제어계의 블록 선도와 신호 흐름 선도를 나타내면 **그림 4.18**과 같으며, 선도의 기본 요소로 구성된 최소 요소 선도이다.

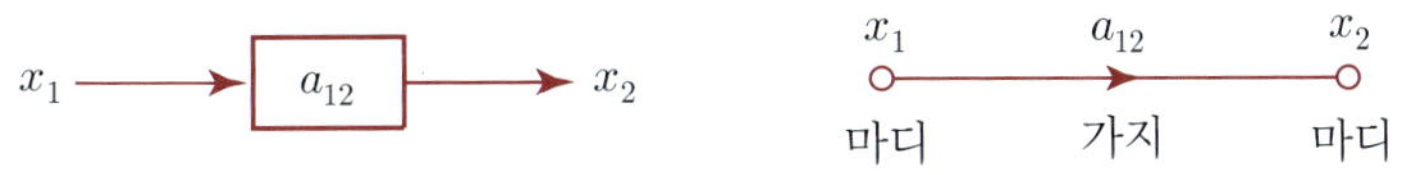

(a) 블록 선도 (b) 신호 흐름 선도

그림 4.18 ▸ 신호 흐름 선도(최소 요소 선도)

신호 흐름 선도의 기본적인 성질을 요약하면 다음과 같이 정리할 수 있다.

(1) 선형 실계수의 대수 방정식으로 표현되는 제어계에만 적용한다.
(2) 마디는 입력과 출력 등의 변수를 표현하는데 사용하고, 가지는 원인과 결과의 순서로 왼쪽부터 차례로 배열한다.
(3) 신호는 가지의 화살표 방향으로만 전달된다.
(4) 입력 마디에서 출력 마디까지 연결된 가지는 입력의 변수가 출력에 종속됨을 나타내고, 그 역은 성립하지 않는다.
(5) 입력 마디에서 출력 마디까지 연결된 가지를 따라 이동하는 입력 신호는 가지의 이득이 곱해져서 출력 신호는 가지의 이득과 입력을 곱한 신호를 전달받게 된다.

4.3.2 용어의 정의

신호 흐름 선도에서 기본적으로 사용되는 용어의 정의에 대해 **그림 4.19**의 신호 흐름 선도를 가지고 설명하기로 한다.

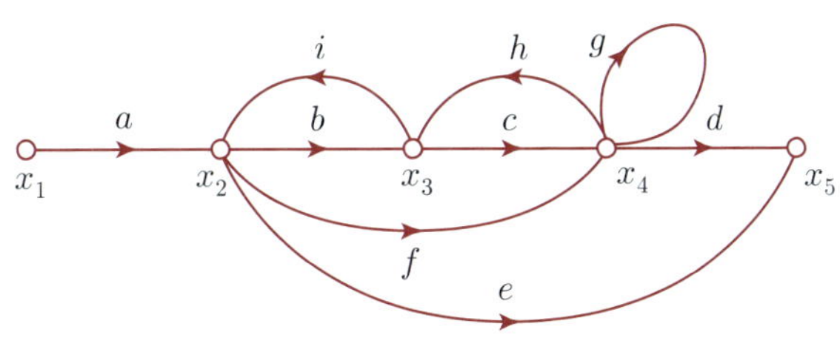

그림 4.19 ▸ 신호 흐름 선도

(1) 입력 마디(source)

신호가 밖으로 나가는 방향의 가지만을 갖는 마디(**그림 4.19** : x_1)

(2) 출력 마디(sink)

신호가 들어오는 방향의 가지만을 갖는 마디(**그림 4.19** : x_5)

(3) 경로(path)

마디와 다른 마디 사이를 진행하는 하나의 가지 또는 연결 가지들의 집합이다. 신호 흐름 선도에서 경로의 수는 무수히 많이 존재할 수 있다. **그림 4.19**에서 경로의 예는 다음과 같으며 일부를 나타낸 것이다.

① $x_1 \to x_2$ ② $x_2 \to x_3 \to x_4$ ③ $x_1 \to x_2 \to x_3 \to x_4$
④ $x_1 \to x_2 \to x_5$ ⑤ $x_1 \to x_2 \to x_4 \to x_5$ ⑥ $x_1 \to x_2 \to x_3 \to x_4 \to x_5$

(4) 전향 경로(개로, forward path)

입력 마디에서 출발하여 출력 마디에서 도착하는 경로이다. 이때 동일 마디를 두 번 이상 거치지 않아야 한다. **그림 4.19**에서 전향 경로는 다음과 같이 3개가 존재한다.

① $x_1 \to x_2 \to x_5$ ② $x_1 \to x_2 \to x_4 \to x_5$ ③ $x_1 \to x_2 \to x_3 \to x_4 \to x_5$

(5) 루프(폐로, loop)

한 마디에서 출발하여 동일 마디를 두 번 이상 거치지 않고 원래의 마디로 되돌아오는 경로이다. **그림 4.19**에서 4개의 루프(폐로)가 존재하며, **그림 4.20**에 나타낸다.

① $x_2 \to x_3 \to x_2$ ② $x_3 \to x_4 \to x_3$ ③ $x_4 \to x_4$ ④ $x_2 \to x_4 \to x_3 \to x_2$

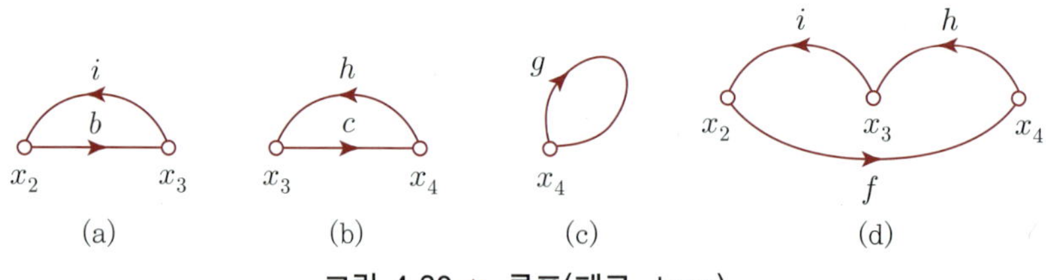

그림 4.20 ▶ **루프(폐로, loop)**

(6) 경로 이득(path gain)

경로를 형성하고 있는 가지들의 이득의 곱을 말한다. **그림 4.19**에서 경로의 집합 중 다음의 경로에 대한 경로 이득은 다음과 같다.

① $x_1 \to x_2$: a　　② $x_2 \to x_3 \to x_4$: bc　　③ $x_1 \to x_2 \to x_3 \to x_4$: abc

(7) 전향 경로 이득(개로 이득. forward path gain)

전향 경로(개로)를 형성하고 있는 가지들의 이득의 곱을 말한다. **그림 4.19**에서 전향 경로가 3개 존재하므로 이들에 대한 **전향 경로 이득(개로 이득)**은 각각 다음과 같다.

① $x_1 \to x_2 \to x_5$: ae　　② $x_1 \to x_2 \to x_4 \to x_5$: afd

③ $x_1 \to x_2 \to x_3 \to x_4 \to x_5$: $abcd$

(8) 루프 이득(폐로 이득, loop gain)

루프(폐로)를 형성하고 있는 가지들의 이득의 곱을 말한다. **그림 4.19**의 신호 흐름 선도에서 **그림 4.20**과 같이 4개의 루프(폐로)가 존재하므로 이들에 대한 **루프 이득(폐로 이득)**은 각각 다음과 같다.

① $x_2 \to x_3 \to x_2$: bi　　② $x_3 \to x_4 \to x_3$: ch

③ $x_4 \to x_4$: g　　④ $x_2 \to x_4 \to x_3 \to x_2$: fhi

(9) 비접촉 루프(비접촉 폐로, non-touching loops)

비접촉 루프(비접촉 폐로)는 루프 간에 서로 접촉하지 않는 루프들을 의미하고, 루프 중에서 마디를 전혀 공유하지 않는 루프들을 말한다.

그림 4.20에서 비접촉 루프는 **그림 4.21**과 같이 색선(color line)으로 표시한 두 개의 루프이다. 이때 **비접촉 루프 이득**은 두 개의 루프 이득을 곱한 값이 된다.

① 비접촉 루프(두 개)의 각각의 이득 : bi, g

② 비접촉 루프 이득 : big

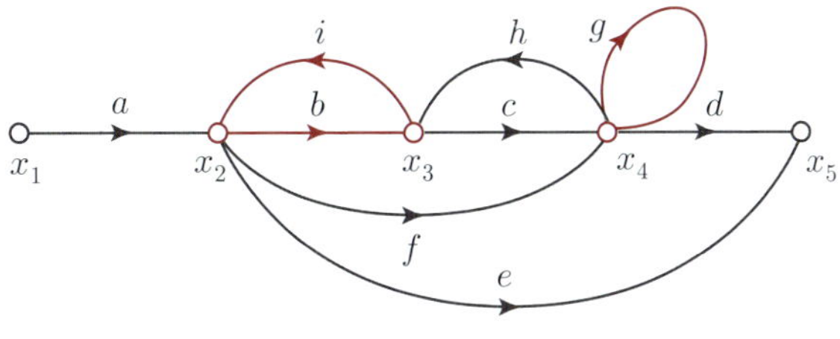

그림 4.21 ▶ 비접촉 루프(비접촉 폐로, non-touching loops)

4.3.3 신호 흐름 선도의 등가 변환

신호 흐름 선도에서 여러 가지 접속의 형태에 따른 간략화 과정을 거쳐 **그림 4.18**(b)의 두 마디와 하나의 가지로 나타낼 수 있도록 신호 흐름 선도를 등가 변환할 수 있다. 이 방법은 신호 흐름 선도의 성질을 적용하고 블록 선도의 등가 변환과 유사한 특징이 있다.

(1) 직렬 접속(종속 접속)

그림 4.22는 한 방향으로 가지들이 직렬 접속된 신호 흐름 선도이다. 두 마디 x_1, x_2와 x_2, x_3 사이에는 각각 입・출력의 관계가 된다. 따라서 $x_2 = ax_1$이고 $x_3 = bx_2$의 관계가 성립한다. 따라서 출력 신호 x_3는 다음과 같이 구해진다.

$$x_3 = bx_2 = b(ax_1) = abx_1 \qquad \therefore \; x_3 = abx_1 \tag{4.25}$$

즉, **직렬 접속**은 각 가지의 이득의 곱과 같은 이득을 가지는 하나의 가지로 등가 변환할 수 있다. 이와 같이 직렬 접속의 이득은 각 가지의 곱으로 연산되므로 적산법이라고 한다.

신호 흐름 선도의 직렬 접속은 블록 선도와 마찬가지로 앞의 가지에 영향을 받아서 가지를 지날 때마다 값이 종속되므로 직렬 접속을 종속 접속이라고도 한다.

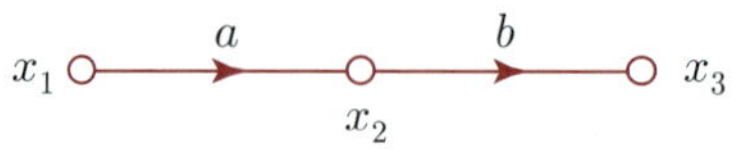

그림 4.22 ▸ 직렬 접속

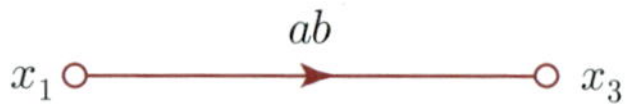

(등가 변환)

(2) 병렬 접속

그림 4.23과 같이 두 마디 사이에서 같은 방향으로 여러 개의 가지가 연결되어 있는 접속을 병렬 접속이라 한다. **병렬 접속**은 병렬 가지의 이득의 합과 같은 하나의 가지로 등가 변환할 수 있다. 각 가지의 신호는 ax_1과 bx_1이 되고, 신호 흐름 선도의 성질에 의해 최종의 출력 신호 x_2는 두 가지에서 들어오는 신호의 합이 된다. 즉,

$$x_2 = ax_1 + bx_1 = (a+b)x_1 \qquad \therefore \; x_2 = (a+b)x_1 \tag{4.26}$$

의 관계가 된다.

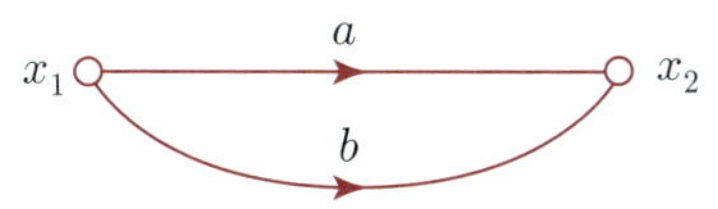

그림 4.23 ▸ 병렬 접속

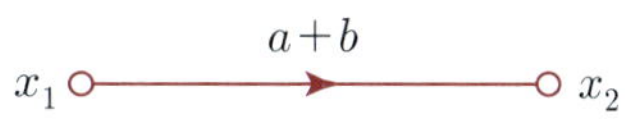

(등가 변환)

(3) 가산법

그림 4.24와 같이 여러 개의 가지가 한 마디에 연결되어 신호가 들어오는 접속을 나타낸 것이다. 신호 흐름 선도의 성질에 의해 그 한 마디에 들어오는 신호는 각 가지에서 들어오는 신호의 합으로 나타낼 수 있으며, 이를 **가산법**이라 한다. 즉 마디 x_3의 변수 값은 두 마디 x_1, x_2에서 들어오는 각각의 신호 ax_1과 bx_2의 합이 되므로 다음의 식과 같이 표현할 수 있다.

$$x_3 = ax_1 + bx_2 \tag{4.27}$$

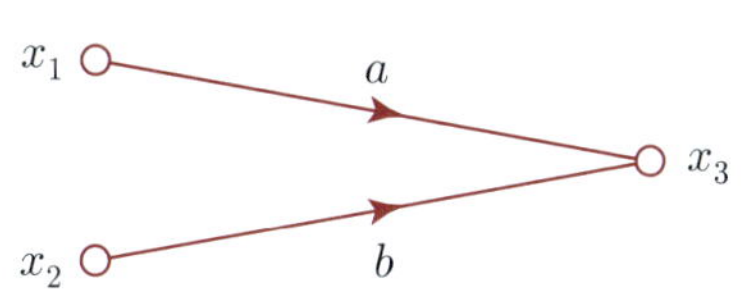

$$x_3 = ax_1 + bx_2$$

그림 4.24 ▸ 가산법

(4) 궤환 루프법

그림 4.10(a)의 블록 선도로 표시되는 부궤환 제어계에서 궤환 접속을 신호 흐름 선도로 변환한 것이 **그림 4.25**이다. 입력 x_1에 대해 출력 x_4는 다음의 식으로 나타낸다.

$$G(s) = \frac{x_4}{x_1} = \frac{a}{1+ab} \qquad \therefore \; x_4 = \frac{a}{1+ab}x_1 \tag{4.28}$$

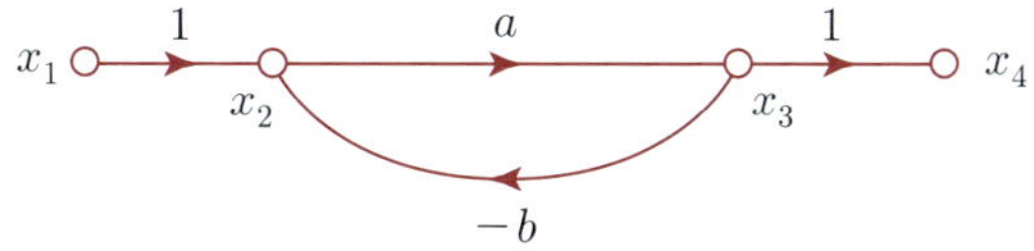

그림 4.25 ▸ 궤환 루프법

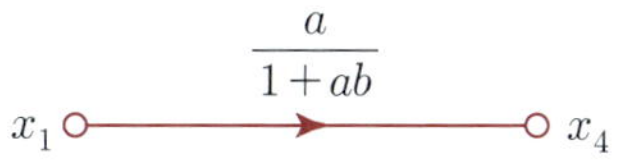

(등가 변환)

(5) 자기 루프법

그림 4.26과 같이 표현되는 신호 흐름 선도는 다음과 같이 입・출력 관계를 나타낸다.

$$G(s) = \frac{x_2}{x_1} = \frac{a}{1+b} \qquad \therefore \; x_2 = \frac{a}{1+b}x_1 \tag{4.29}$$

(등가 변환)

그림 4.26 ▶ 자기 루프법

4.3.4 신호 흐름 선도의 전달함수

(1) 메이슨의 이득 공식

복잡하게 주어진 블록 선도에서 이의 기본 요소와 등가 변환을 응용하여 입력과 출력 그리고 하나의 전달함수로 구성된 기본적인 블록 선도로 나타내는 간략화 과정을 제 4.2 절에서 학습하였다. 신호 흐름 선도에서도 계 전체의 전달함수는 신호 선도의 성질과 등가 변환에 의해 간략화 단계를 거쳐 구할 수 있지만 이 방법들은 매우 번거롭고 실수할 확률도 높은 편이다. 그러나 두 신호 선도의 간략화는 **그림 4.18**과 같은 최소 요소 선도로 표시하는 것이므로 궁극적으로 제어계의 전달함수를 구하는 것으로 귀결된다.

신호 흐름 선도에서 복잡한 간략화 단계를 거치지 않고도 임의의 두 마디 사이의 **전달 함수를 체계적으로 구하는 공식**은 메이슨(S. J. Mason)에 의해 고안되었으며, 이를 **메이슨 이득 공식**(Mason's gain formula)이라고 한다. 메이슨의 이득 공식은 계 전체의 전달 함수를 구하는 공식이며, 신호 흐름 선도는 물론 블록 선도에서도 그대로 적용할 수 있는 매우 유용한 공식이다.

신호 흐름 선도로 표현된 계 전체의 전달함수는 다음의 **일반적인 메이슨 이득 공식**에 의해 구할 수 있다.

$$G(s) = \frac{C(s)}{R(s)} = \frac{\sum G_k \Delta_k}{\Delta} \tag{4.30}$$

단, $k=$ 전향 경로의 수

G_k = 입력과 출력의 두 마디 사이의 k번째 전향 경로 이득

Δ = 1−(모든 루프 이득의 합)+(두 개의 비접촉 루프 이득의 곱에 대한 합)
−(세 개의 비접촉 폐루프 이득의 곱에 대한 합)+ ……

Δ_k = 입력과 출력의 두 마디 사이의 k번째 전향 경로와 비접촉 부분의 Δ 값

메이슨의 이득 공식은 매우 복잡하게 보이지만 선도의 간략화의 방법에 비해 매우 편리한 장점이 있다. 그러나 메이슨의 이득 공식을 적용할 때마다 공식에 포함된 모든 성분(G_k, Δ, Δ_k)들을 확인하고 계산해야 하므로 선도를 주의 깊게 관찰해야 하는 번거로움이 있다. 또 메이슨의 이득 공식은 비접촉 루프의 성분(Δ, Δ_k)을 포함하고 있기 때문에 매우 복잡한 식이 된다.

그러므로 메이슨 이득 공식은 세 가지 유형으로 나누어 변형할 수 있고, 변형된 공식을 기억하여 신호 흐름 선도에 적용하면 전달함수를 구하는데 훨씬 쉽고 간단해진다.

① **비접촉 폐로(비접촉 루프)를 포함하지 않은 선도**
② **비접촉 폐로(비접촉 루프)를 포함(Δ)한 선도**
③ **비접촉 개로(전향 경로)와 독립 폐로를 포함(Δ_k)한 선도**

(2) 메이슨 이득 공식의 성분

제 4.3.2 절에서 신호 흐름 선도에 대한 용어의 정의를 설명하였지만, 메이슨의 이득 공식에 포함된 성분들을 조사하는 데 이해를 돕고자 **그림 4.27**을 통하여 성분들을 직접 구해보고 메이스 이득 공식의 변형과 활용법에 대해 본격적으로 설명하고자 한다.

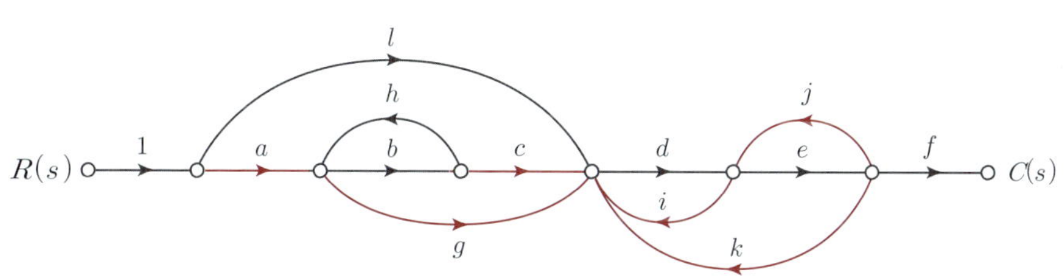

그림 4.27 ▸ 메이슨의 이득 공식에 포함된 성분 조사

(a) **폐로 이득**(**루프 이득**, loop gain) : 4개

① bh ② di ③ ej ④ dek (4.31)

(b) **개로 이득**(**전향 경로 이득**, forward path gain) : 3개

① $abcdef$ ② $agdef$ ③ $ldef$ (4.32)

(c) **비접촉 폐로 이득(비접촉 루프 이득**, non-touching loop gain)

비접촉 폐로는 폐로 사이에 서로 접촉하지 않는 폐로를 의미하며, **비접촉 폐로 이득**은 주어진 형태에 따라 각각 다음과 같이 구한다.

㉮ 비접촉 폐로가 두 개로 이루어진 선도(**2조합 비접촉 폐로)**

그림 4.27에서 폐로 bh는 폐로 di, ej, dek와 각각 접촉하지 않는 폐로가 된다. 이와 같이 두 개의 폐로가 접촉하지 않는 경우를 **2조합 비접촉 폐로**라 한다. 이때 2조합 비접촉 폐로 이득은 폐로 bh와 폐로 di, ej, dek를 한 쌍씩 조합한 이득의 곱으로 3개가 된다.

(2 조합 : 3개) ① $bhdi$ ② $bhej$ ③ $bhdek$ (4.33)

㉯ 비접촉 폐로가 세 개로 이루어진 선도

폐로 이득 N_1, N_2, N_3인 세 개의 폐로가 서로 접촉하지 않는 선도의 경우, 두 개의 폐로 조합인 2조합 비접촉 폐로와 세 개의 폐로 조합인 3조합 비접촉 폐로가 있다. 이때 비접촉 폐로 이득은 **2조합**과 **3조합 비접촉 폐로**로 구분하여 구한다.

(2 조합 : 3개) ① N_1N_2 ② N_2N_3 ③ N_3N_1 (4.34)

(3 조합 : 1개) ① $N_1N_2N_3$ (4.35)

(d) **비접촉 개로와 독립 폐로**

그림 4.27에서 개로(전향 경로) 3개와 폐로 4개가 있는 선도이다. 이 개로와 폐로 중에서 개로 $ldef$와 폐로 bh는 서로 접촉하지 않는 성분이다.

이와 같이 폐로와 서로 접촉하지 않는 개로를 **비접촉 개로**$(ldef)$라 하고, 개로와 접촉하지 않는 폐로를 **독립 폐로**(독립 루프, independent loop)(bh)라고 한다[**그림 4.27**의 흑색 경로 참고]. 공식에서 비접촉 개로와 독립 폐로의 곱(이득)이 이용된다.

① 비접촉 개로 : 폐로와 접촉하지 않는 개로(전향 경로), $ldef$

② 독립 폐로(독립 루프) : 개로(전향 경로)와 접촉하지 않는 폐로, bh

③ (비접촉 개로×독립 폐로) : $ldef \cdot bh = ldef\,bh\,bh$

(3) 메이슨 이득 변형 공식

메이슨의 이득 공식은 신호 흐름 선도에서 ① **비접촉 폐로를 포함하지 않은 선도(개로와 폐로가 모두 접촉하는 선도)** ② **비접촉 폐로를 포함한 선도** ③ **비접촉 개로와 독립 폐로를 포함한 선도**의 세 가지 유형으로 나누어 공식을 변형하면 각각 다음과 같다.

① **비접촉 폐로 미포함 선도 공식(제 1 유형)**

$$G(s)=\frac{\sum \text{개로}}{1-\sum \text{폐로}} \quad (4.36)$$

단, $\sum$개로(개로의 합) : 모든 전향 경로 이득의 합

$\sum$폐로(폐로의 합) : 모든 루프 이득의 합

② **비접촉 폐로 포함 선도 공식(제 2 유형)**

$$G(s)=\frac{\sum \text{개로}}{1-\sum \text{폐로}+\sum \text{조합 비접촉 폐로}} \quad (4.37)$$

단, $\sum$개로(개로의 합) : 모든 전향 경로 이득의 합

$\sum$폐로(폐로의 합) : 모든 루프 이득의 합

$\sum$조합 비접촉 폐로

$=\sum 2$ 조합 비접촉 폐로 $-\sum 3$ 조합 비접촉 폐로

③ **비접촉 개로와 독립 폐로가 있는 선도 공식(제 3 유형)**

$$G(s)=\frac{\sum \text{개로}-(\text{비접촉 개로}\times\text{독립 폐로})}{1-\sum \text{폐로}} \quad (4.38)$$

단, $\sum$개로(개로의 합) : 모든 전향 경로 이득의 합(비접촉 개로 포함)

$\sum$폐로(폐로의 합) : 모든 루프 이득의 합

여기서 개로, 폐로, 비접촉 폐로, 비접촉 개로와 독립 폐로는 이득을 의미한다. 또 제 3 유형의 식 (4.38)의 분자는 메이슨 이득 공식의 분자의 원 의미로써 개로+비접촉 개로(1−독립 폐로)[단, 이 개로는 비접촉 개로를 제외]를 알기 쉽도록 변형한 것이다.

세 가지 유형의 공식에서 사용한 개로와 폐로의 용어는 서로 상반된 의미를 가지므로 독자들이 쉽게 암기를 할 수 있도록 한 것이다. 원 용어가 익숙한 독자라면 바꾸어 암기해도 된다.

신호 흐름 선도에서 세 가지 유형에 따른 메이슨 이득 공식의 변형 공식을 적용하여 전달함수를 구하는 방법에 관하여 다음의 **예**를 통하여 학습하기로 한다.

(4) 메이슨 이득 변형 공식의 활용 예

(a) 비접촉 폐로 미포함 선도 공식(제 1 유형)

예 1

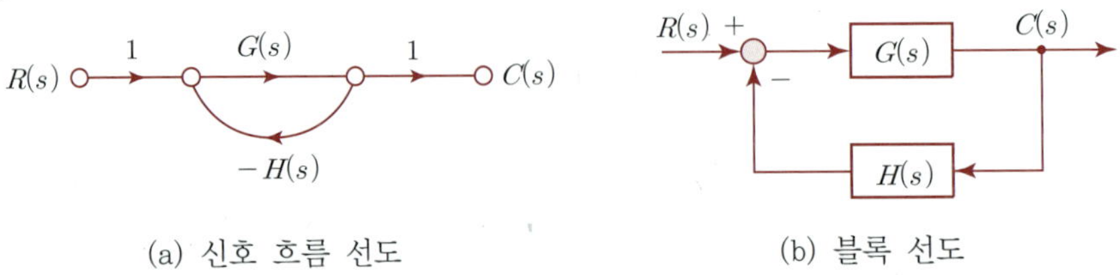

그림 4.28 ▸ 부궤환 제어계의 선도(비접촉 폐로 미포함)

(1) 개로(전향 경로 이득, 1개) : $G(s)$

(2) 폐로(루프 이득, 1개) : $-G(s)H(s)$

(3) 전달함수(비접촉 폐로 미포함) : 식 (4.36)의 제 1 유형 적용

$$G_0(s) = \frac{\text{개로}}{1-\text{폐로}} = \frac{G(s)}{1-\{-G(s)H(s)\}} = \frac{G(s)}{1+G(s)H(s)} \tag{4.39}$$

(4) **그림 4.12**(b)의 궤환부 부호가 (+)인 정궤환계는 개로 $G(s)$, 폐로가 $G(s)H(s)$이고, 또 $H(s)=1$인 단일 (부)궤환계는 개로 $G(s)$, 폐로 $-G(s)$가 된다. 따라서 선도들의 전달함수는 각각 다음과 같다.

$$\text{정궤환계} : G_0(s) = \frac{G(s)}{1-G(s)H(s)}$$

$$\text{단일 (부)궤환계} : G_0(s) = \frac{G(s)}{1-\{-G(s)\}} = \frac{G(s)}{1+G(s)} \tag{4.40}$$

예 2

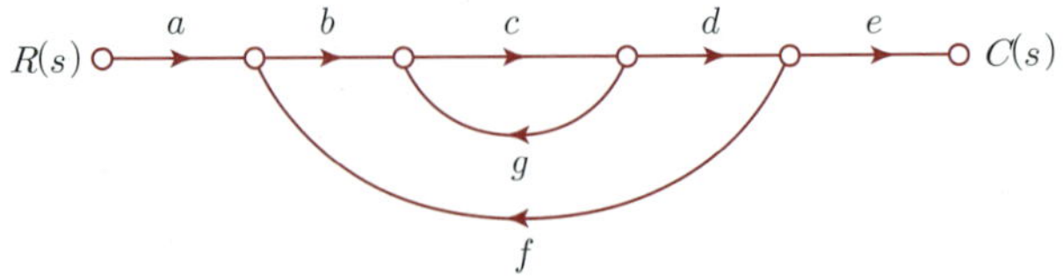

그림 4.29 ▸ 신호 흐름 선도(비접촉 폐로 미포함)

(1) 개로(전향 경로 이득, 1개) : $abcde$ $\quad \therefore \sum 개로 = abcde$

(2) 폐로(루프 이득, 2개) : cg, $bcdf$ $\quad \therefore \sum 폐로 = cg + bcdf$

(3) 전달함수(비접촉 폐로 미포함) : 식 (4.36)의 제 1 유형 적용

$$G(s) = \frac{\sum 개로}{1 - \sum 폐로} = \frac{abcde}{1-(cg+bcdf)} = \frac{abcde}{1-cg-bcdf} \tag{4.41}$$

예 3

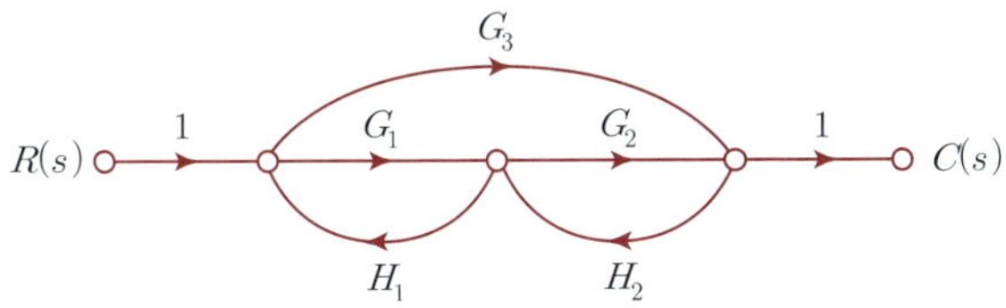

그림 4.30 ▶ 신호 흐름 선도(비접촉 폐로 미포함)

(1) 개로(전향 경로 이득, 2개) : G_1G_2, G_3 $\quad \therefore \sum 개로 = G_1G_2 + G_3$

(2) 폐로(루프 이득, 3개) : G_1H_1, G_2H_2, $G_3H_1H_2$

$\sum 폐로 = G_1H_1 + G_2H_2 + G_3H_1H_2$

(3) 전달함수(비접촉 폐로 미포함) : 식 (4.36)의 제 1 유형 적용

$$G_0(s) = \frac{\sum 개로}{1 - \sum 폐로} = \frac{G_1G_2 + G_3}{1-(G_1H_1 + G_2H_2 + G_3H_1H_2)} \tag{4.42}$$

(b) 비접촉 폐로 포함 선도 공식(제 2 유형)

예 1 비접촉 폐로(2개) 포함한 선도(2조합 비접촉 폐로)

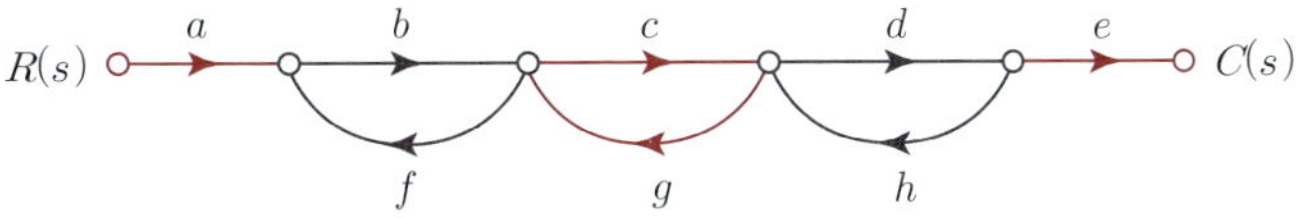

그림 4.31 ▶ 신호 흐름 선도(비접촉 폐로[흑색 경로] 포함)

(1) 개로(전향 경로 이득, 1개) : $abcde$ $\therefore \sum$개로 $= abcde$

(2) 폐로(루프 이득, 3개) : bf, cg, dh $\therefore \sum$폐로 $= bf + cg + dh$

(3) 2조합 비접촉 폐로(1개) : bf, dh $\therefore \sum$2 조합 비접촉 폐로 이득 $= bfdh$

(4) 전달함수(비접촉 폐로[2개]) : 식 (4.37)의 제 2 유형 적용

$$G(s) = \frac{\sum \text{개로}}{1 - \sum \text{폐로} + \sum 2\ \text{조합 비접촉 폐로}}$$

$$\therefore \quad G(s) = \frac{abcde}{1-(bf+cg+dh)+bfdh} \qquad (4.43)$$

예 2 비접촉 폐로(3개) 포함한 선도

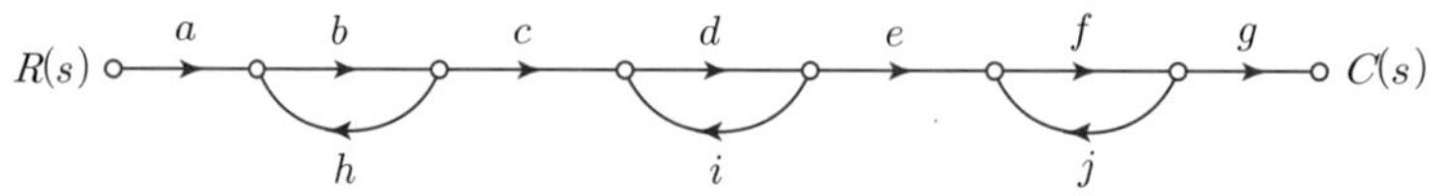

그림 4.32 ▸ 신호 흐름 선도(비접촉 폐로 포함)

(1) 개로(전향 경로 이득, 1개) : $abcdefg$ $\therefore \sum$개로 $= abcdefg$

(2) 폐로(루프 이득, 3개) : bh, di, fj $\therefore \sum$폐로 $= bh + di + fj$

(3) 비접촉 폐로(3개 : 2 조합 3개와 3 조합 1개의 이득) : bh, di, fj

① 2조합 비접촉 폐로(3개) : $(bh,\ di)$, $(di,\ fj)$, $(fj,\ bh)$ 곱의 이득

$$\begin{aligned}\sum 2\ \text{조합 비접촉 폐로} &= (bh \cdot di) + (di \cdot fj) + (fj \cdot bh) \\ &= (bhdi) + (difj) + (fjbh)\end{aligned}$$

② 3조합 비접촉 폐로(1개) : $(bh,\ di,\ fj)$ 곱의 이득

$$\sum 3\ \text{조합 비접촉 폐로} = bh \cdot di \cdot fj = bhdifj$$

(4) 전달함수(비접촉 폐로[3개]) : 식 (4.37)의 제 2 유형 적용

$$G(s) = \frac{\sum \text{개로}}{1 - \sum \text{폐로} + \sum 2\ \text{조합 비접촉 폐로} - \sum 3\ \text{조합 비접촉 폐로}}$$

$$\therefore \quad G(s) = \frac{abcdefg}{1-(bh+di+fj)+(bhdi+difj+fjbh)-bhdifj} \qquad (4.44)$$

(c) 비접촉 개로와 독립 폐로가 있는 선도 공식(제 3 유형)

예

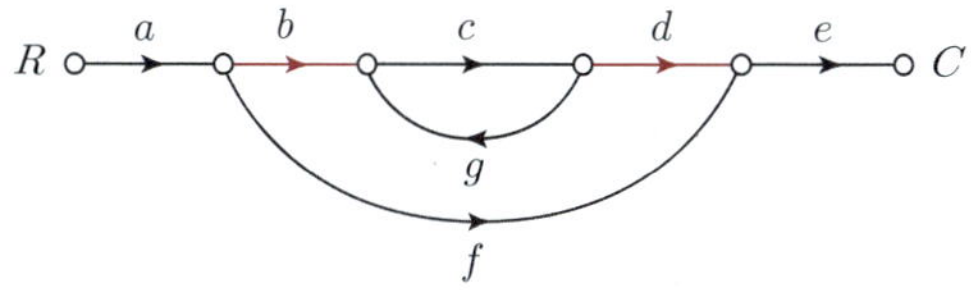

그림 4.33 ▶ 신호 흐름 선도(비접촉 개로와 독립 폐로 포함)

(1) 개로(전향 경로 이득, 2개) : $abcde$, afe $\quad\therefore\ \sum$개로 $= abcde + afe$

(2) 폐로(루프 이득, 1개) : cg $\quad\therefore\ \sum$폐로 $= cg$

(3) 비접촉 개로(1개) : afe, 독립 폐로(1개) : cg (흑색 경로[**그림 4.33**])

$\therefore$ (비접촉 개로 × 독립 폐로) $= afe \cdot cg = afecg$

(4) 전달함수(비접촉 개로와 독립 폐로 포함한 선도) : 식 (4.38)의 제 3 유형 적용

$$G(s) = \frac{\sum \text{개로} - (\text{비접촉 개로} \times \text{독립 폐로})}{1 - \sum \text{폐로}}$$

$$\therefore \quad G(s) = \frac{abcde + afe - afecg}{1 - cg} \tag{4.45}$$

제어계는 제 1 유형의 비접촉 폐로가 없는 선도가 가장 많고, 제 3 유형의 비접촉 개로와 독립 폐루가 있는 선도는 일반적으루 존재하지 않지만 국가기술자격 및 공무원 시험에 드물게 출제되는 경우를 대비한 것이다.

참고로 **그림 4.27**의 신호 흐름 선도는 개로(3개), 폐로(4개), 비접촉 폐로(bh와 di, ej, dek의 2 조합[3개]), 비접촉 개로($ldef$)와 독립 폐로(bh)의 4성분이 모두 존재한다.

식 (4.30)의 **메이슨 이득 공식**은 세 가지 유형을 종합하여 알기 쉽게 표현하면, 식 (4.46)이 된다. 즉 **그림 4.27**의 전달함수는 각 성분의 값을 이 식에 대입하여 구할 수 있다.

$$G(s) = \frac{\sum \text{개로} - (\text{비접촉 개로} \times \text{독립 폐로})}{1 - \sum \text{폐로} + \sum 2 \text{ 조합 비접촉 폐로}} \tag{4.46}$$

$$\sum \text{개로} = abcdef + agdef + ldef$$

$$\sum \text{폐로} = bh + di + ej + dek$$

$$\sum 2\text{조합 비접촉 폐로(3개)} = bhdi + bhej + bhdek$$

$$(\text{비접촉 개로} \times \text{독립 폐로}) = ldef \cdot bh = ldefbh$$

이와 같이 메이슨의 이득 공식은 블록 선도 및 신호 흐름 선도에서 복잡한 간략화 단계를 거치지 않고도 제어계의 전달함수를 구할 수 있는 매우 유용한 공식이다.

다음의 **예제**를 통하여 완전히 숙지하고, 앞 절의 블록 선도의 전달함수도 이 공식을 적용하여 구해 보도록 한다.

예제 4.4

그림 4.34의 신호 흐름 선도에서 전달함수 $G = C/R$를 구하라.

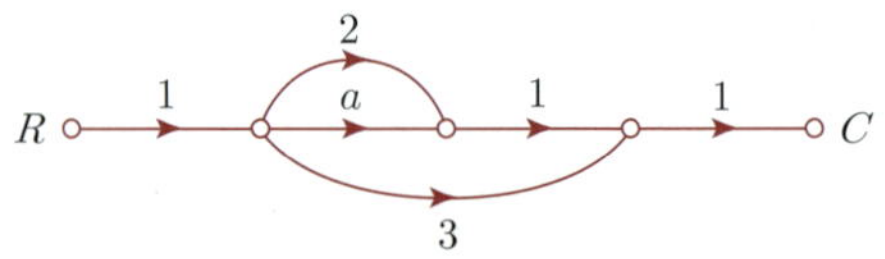

그림 4.34

풀이 (1) 개로(전향 경로 이득, 3개) : a, 2, 3 $\quad \therefore \sum \text{개로} = a + 2 + 3 = a + 5$

(2) 폐로(루프 이득, 0개) $\quad \therefore \sum \text{폐로} = 0$

(3) 전달함수(비접촉 폐로 미포함) : 식 (4.36)의 제 1 유형 적용

$$G(s) = \frac{C(s)}{R(s)} = \frac{\sum \text{개로}}{1 - \sum \text{폐로}} = \frac{a+5}{1-0} = a + 5$$

예제 4.5

그림 4.35의 신호 흐름 선도에서 전달함수 $G = C/R$를 구하라.

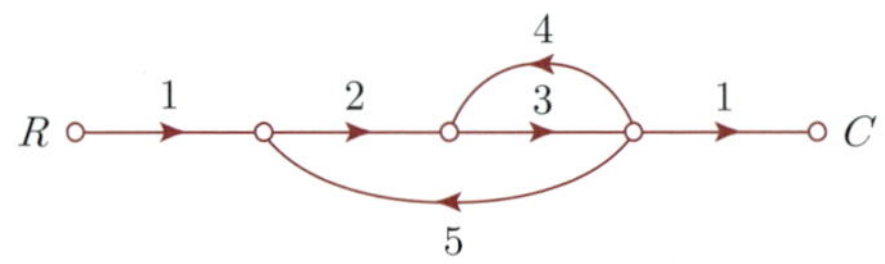

그림 4.35

풀이 (1) 개로(전향 경로 이득, 1개) : $2 \times 3 = 6$ $\qquad \therefore \sum$개로 $= 6$

(2) 폐로(루프 이득, 2개) : $2 \times 3 \times 5 = 30$, $3 \times 4 = 12$

$\therefore \sum$폐로 $= 30 + 12 = 42$

(3) 전달함수(비접촉 폐로 미포함) : 식 (4.36)의 제 1 유형 적용

$$G(s) = \frac{C(s)}{R(s)} = \frac{\sum \text{개로}}{1 - \sum \text{폐로}} = \frac{6}{1-42} = -\frac{6}{41}$$

예제 4.6

그림 4.36의 신호 흐름 선도에서 전달함수 $G = C/R$를 구하라.

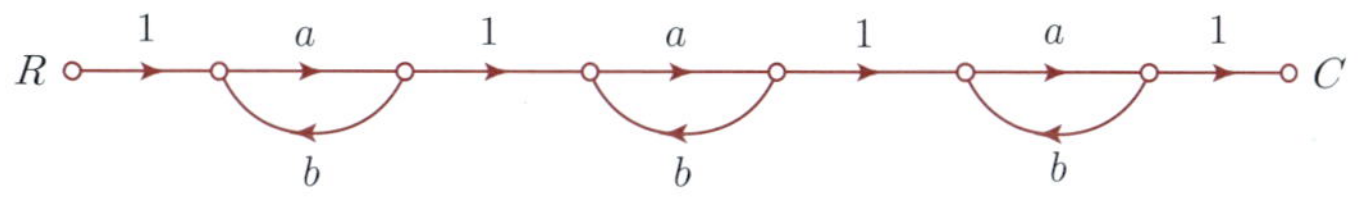

그림 4.36

풀이 (1) 개로(전향 경로 이득, 1개) : $a \cdot a \cdot a = a^3$ $\qquad \therefore \sum$개로 $= a^3$

(2) 폐로(루프 이득, 3개) : ab, ab, ab

$\therefore \sum$폐로 $= ab + ab + ab = 3ab$

(3) 비접촉 폐로(3개) : ab, ab, ab (2 조합과 3 조합 비접촉 폐로 이득 필요) :

① 2 조합 비접촉 폐로(3개) : $(ab,\ ab)$, $(ab,\ ab)$, $(ab,\ ab)$의 곱

$\sum$2 조합 비접촉 폐로 $= a^2b^2 + a^2b^2 + a^2b^2 = 3a^2b^2$

② 3 조합 비접촉 폐로(1개) : $(ab,\ ab,\ ab)$의 곱

$\sum$3 조합 비접촉 폐로 $= ab \cdot ab \cdot ab = a^3b^3$

(4) 전달함수(비접촉 폐로 포함) : 식 (4.37)의 제 2 유형 적용

$$G(s) = \frac{\sum \text{개로}}{1 - \sum \text{폐로} + \sum 2\text{ 조합 비접촉 폐로} - \sum 3\text{ 조합 비접촉 폐로}}$$

$$\therefore G(s) = \frac{a^3}{1 - 3ab + 3a^2b^2 - a^3b^3} = \frac{a^3}{(1-ab)^3}$$

4.4 블록 선도와 신호 흐름 선도의 복수 입력

자동 제어계에서 전체 전달함수가 주어지면 블록 선도와 신호 흐름 선도를 **그림 4.18**과 같이 최소 요소 선도로 간략히 나타낼 수 있다. 또 계 전체에 대한 출력 $C(s)$도 다음의 식으로부터 간단히 구할 수 있다.

$$C(s) = G(s)R(s) \ : \text{출력} = \text{전달함수} \times \text{입력} \tag{4.47}$$

그러나 제어계에서 입력은 정상적인 입력 이외에 외란 등이 추가되어 여러 개(복수)로 가해지는 경우가 발생한다. 이와 같이 복수의 입력이 가해지는 제어계는 계통 전체의 전달함수를 구할 수 없기 때문에 식 (4.47)의 관계에 의해 출력을 표시하는 것도 곤란하다.

본 절에서는 외란 등에 의해 두 개 이상의 입력이 가해지는 제어계에 대한 출력을 나타내는 방법을 설명하고, 외란에 의해 계통에 미치는 영향은 제 5.7 절에서 다룰 것이다.

이와 같이 **복수 개의 입력**이 가해지면 위에서 설명한 것과 같이 계통 전체의 전달함수를 구할 수 없기 때문에 회로망 이론에서 배운 중첩의 정리와 같은 방법을 적용한다.

즉, **각각의 입력에 대하여 독립적으로 취급하여 다음의 순서**에 의해 구한다.

(1) 복수 개의 입력 중에서 한 입력을 선택하고, 나머지 입력들은 0으로 놓는다.
(2) 한 입력에 대한 전달함수를 메이슨의 이득 공식을 적용하여 구한다.
(3) 한 입력에 대한 출력은 단계 (2)에서 구한 전달함수를 식 (4.47)에 대입하여 구한다.
(4) 나머지 입력에 대해서도 단계 (1)에서 단계 (3)의 과정을 동일한 방법으로 반복하면서 각각의 출력을 구한다.
(5) 각 입력에 대한 출력들을 대수적으로 합하여 계통의 전체 출력을 구한다.

그림 4.37은 정상 입력 $R(s)$와 외란 $D(s)$의 두 개의 입력이 가해진 동일한 제어계의 블록 선도와 신호 흐름 선도를 나타낸 것이다. 이 선도로부터 계통 전체의 출력 $C(s)$를 구해 보기로 한다.

계통 전체의 출력 $C(s)$는 두 개의 입력 $R(s)$, $D(s)$에 대해 독립적으로 구한 출력 $C_1(s)$, $C_2(s)$의 합 $C_1(s) + C_2(s)$를 취하여 구한다.

(1) 입력 $R(s)$에 의한 출력 $C_1(s)$

정상 입력 $R(s)$에 의한 출력 $C_1(s)$를 구하기 위해 나머지 입력(외란) $D(s) = 0$으로

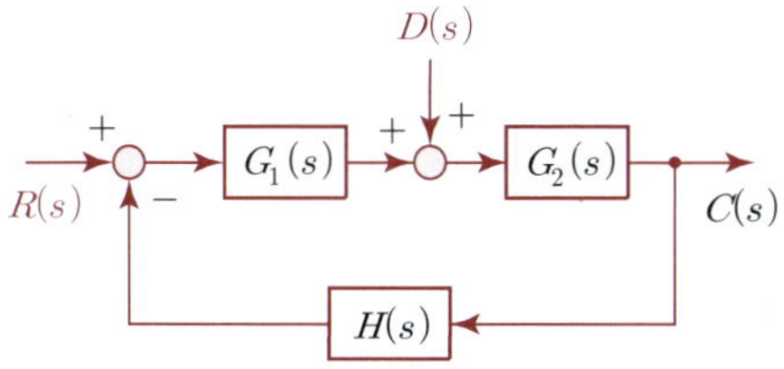

(a) 블록 선도

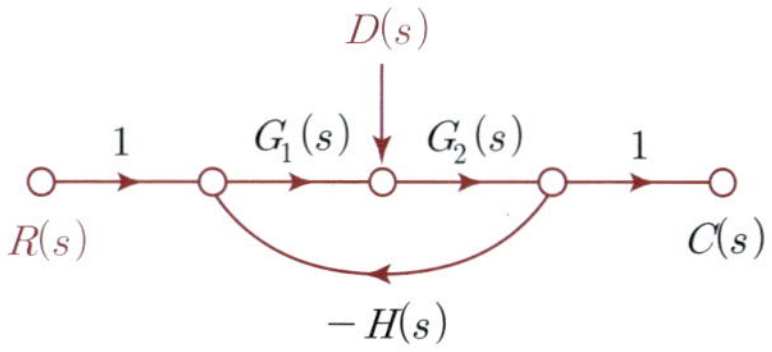

(b) 신호 흐름 선도

그림 4.37 ▶ 두 입력이 있는 제어계의 선도

놓고, 메이슨의 이득 공식의 식 (4.36)에 의하여 전달함수 $G_{01}(s)$는

$$G_{01}(s) = \frac{\text{개로}}{1 - \text{폐로}} = \frac{G_1(s)G_2(s)}{1 - \{-G_1(s)G_2(s)H(s)\}} \tag{4.48}$$

$$\therefore \quad G_{01}(s) = \frac{G_1(s)G_2(s)}{1 + G_1(s)G_2(s)H(s)} \tag{4.49}$$

가 된다. 입력 $R(s)$에 의한 출력 $C_1(s)$는 식 (4.49)을 식 (4.47)에 대입하면

$$C_1(s) = G_{01}(s)R(s) = \frac{G_1(s)G_2(s)}{1 + G_1(s)G_2(s)H(s)}R(s) \tag{4.50}$$

가 구해진다.

(2) 입력(외란) $D(s)$에 의한 출력 $C_2(s)$

입력(외란) $D(s)$에 의한 전달함수 $G_{02}(s)$와 출력 $C_2(s)$도 정상 입력 $R(s)=0$으로 놓고, 위와 동일한 방법을 적용하면 다음과 같이 각각 구해진다.

$$G_{02}(s) = \frac{G_2(s)}{1 + G_1(s)G_2(s)H(s)} \tag{4.51}$$

$$C_2(s) = G_{02}(s)D(s) = \frac{G_2(s)}{1 + G_1(s)G_2(s)H(s)}D(s) \tag{4.52}$$

(3) 계통 전체의 출력 $C(s)$

계통 전체의 출력 $C(s)$는 위에서 구한 두 입력에 의한 출력 $C_1(s)$와 $C_2(s)$의 합으로 구할 수 있다. 즉, 계통 전체의 출력 $C(s) = C_1(s) + C_2(s)$로부터 다음과 같이 구해진다.

$$C(s) = \frac{G_1(s)G_2(s)}{1+G_1(s)G_2(s)H(s)}R(s) + \frac{G_2(s)}{1+G_1(s)G_2(s)H(s)}D(s)$$

$$\therefore \quad C(s) = \frac{G_1(s)G_2(s)R(s) + G_2(s)D(s)}{1+G_1(s)G_2(s)H(s)} \tag{4.53}$$

예제 4.7

그림 4.38과 같이 외란이 있는 블록 선도에서 출력 C를 각각 구하라.

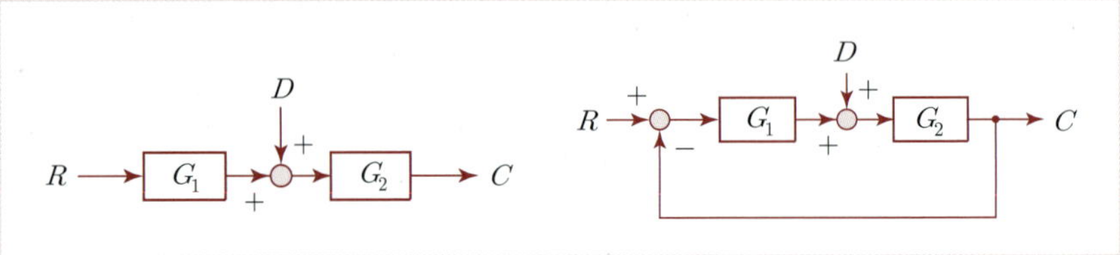

(a) (b)

그림 4.38

풀이 (a) ① R에 의한 출력 : $C_1 = G_{01}R = G_1G_2R$ (전달함수 $G_{01} = G_1G_2$)

② D에 의한 출력 : $C_2 = G_{02}D = G_2D$ (전달함수 $G_{02} = G_2$)

③ 계통 전체의 출력 : $C = C_1 + C_2 = G_1G_2R + G_2D$

(b) ① R에 의한 전달함수 G_{01}(제 1 유형)과 출력 C_1

$$G_{01} = \frac{\text{개로}}{1-\text{폐로}} = \frac{G_1G_2}{1+G_1G_2} \qquad \therefore\ C_1 = G_{01}R = \frac{G_1G_2}{1+G_1G_2}R$$

② D에 의한 전달함수 G_{02}(제 1 유형)와 출력 C_2

$$G_{02} = \frac{\text{개로}}{1-\text{폐로}} = \frac{G_2}{1+G_1G_2} \qquad \therefore\ C_2 = G_{02}D = \frac{G_2}{1+G_1G_2}D$$

③ 두 입력에 의한 계통 전체의 출력 C : $C = C_1 + C_2$

$$C = \frac{G_1G_2}{1+G_1G_2}R + \frac{G_2}{1+G_1G_2}D = \frac{G_1G_2R + G_2D}{1+G_1G_2}$$

별해 (1) 가합점의 입력은 정상 입력과 외란에 의한 출력의 합 G_1R+D이고, 전달 요소 G_2에 의해 출력 C는 다음과 같이 간단히 구해진다.

$$\therefore\ C=(G_1R+D)G_2=G_1G_2R+G_2D$$

4.5 미분 방정식의 신호 흐름 선도

선형 제어계에서 입력 신호 $r(t)$와 출력 신호 $c(t)$의 관계가 다음과 같이 주어지는 3계 미분 방정식에 대해 신호 흐름 선도를 작성하는 것에 대하여 설명한다.

$$\frac{d^3c(t)}{dt^3}+a_2\frac{d^2c(t)}{dt^2}+a_1\frac{dc(t)}{dt}+a_0c(t)=r(t) \tag{4.54}$$

식 (4.54)의 미분 방정식의 형태는 신호 흐름 선도의 작성에 직접 적용하는 것은 불편하다. 따라서 다음과 같은 식으로 이항하여 변형한다.

$$\frac{d^3c(t)}{dt^3}=-a_2\frac{d^2c(t)}{dt^2}-a_1\frac{dc(t)}{dt}-a_0c(t)+r(t) \tag{4.55}$$

수식을 간단히 하기 위하여 $c(t)$의 도함수를 다음과 같이 변수 $c^{(1)}(t)$, $c^{(2)}(t)$, $c^{(3)}(t)$로 정의한다.

$$\begin{aligned}
c^{(1)}(t)&=\frac{dc(t)}{dt} && (1)\\
c^{(2)}(t)&=\frac{d^2c(t)}{dt^2}\left(=\frac{dc^{(1)}(t)}{dt}\right) && (2)\\
c^{(3)}(t)&=\frac{d^3c(t)}{dt^3}\left(=\frac{dc^{(2)}(t)}{dt}\right) && (3)
\end{aligned} \tag{4.56}$$

식 (4.56)(2)와 (3)을 이용하여 적분의 관계식으로 변형하여 라플라스 변환하면 각각

$$C^{(1)}(s)=s^{-1}C^{(2)}(s)+s^{-1}c^{(1)}(t_0)$$
$$C^{(2)}(s)=s^{-1}C^{(3)}(s)+s^{-1}c^{(2)}(t_0) \quad (4.57)$$

이다. 단, $c(t_0)$, $c^{(1)}(t_0)$, $c^{(2)}(t_0)$는 각 변수들에 대한 초기값으로 정의한다.

변수 $c(t)$, $c^{(1)}(t)$, $c^{(2)}(t)$, $c^{(3)}(t)$를 이용하여 식 (4.55)를 변형하면 식 (4.58)이 되고, 이 식 (4.58)에서 초기값을 0으로 놓고 라플라스 변환하면 식 (4.59)가 된다.

$$c^{(3)}(t)=-a_2c^{(2)}(t)-a_1c^{(1)}(t)-a_0c(t)+r(t) \quad (4.58)$$

$$s^3C(s)=-a_2s^2C(s)-a_1sC(s)-a_0C(s)+R(s) \quad (4.59)$$

식 (4.59)의 우변을 덧셈의 식으로 변형하면 다음과 같다.

$$s^3C(s)=\{-a_2s^2C(s)\}+\{-a_1sC(s)\}+\{-a_0C(s)\}+R(s) \quad (4.60)$$

미분 방정식에 대한 **신호 흐름 선도**는 식 (4.56), 식 (4.57)과 식 (4.60)을 이용하여 다음의 단계를 거치면 **그림 4.39**와 같이 기계적인 방법**(기계적 작도법)**으로 그릴 수 있다.

(1) 변수 $r(t)$, $c(t)$, $c^{(1)}(t)$, $c^{(2)}(t)$, $c^{(3)}(t)$를 각각 라플라스 변환하면 $R(s)$, $C(s)$, $sC(s)$, $s^2C(s)$, $s^3C(s)$이고, 이 변수들을 표시할 수 있는 마디(node)를 설정하여 **그림 4.39**(a)와 같이 배열한다.

(2) 식 (4.60)의 방정식에서 우변은 덧셈의 형태로써 **그림 4.24**의 가산법과 같이 4개의 신호가 모두 마디 $s^3C(s)$로 들어오는 것을 의미한다. 따라서 각 마디 $R(s)$, $C(s)$, $sC(s)$, $s^2C(s)$에서 이득 1, $-a_0$, $-a_1$, $-a_2$의 순서를 갖는 가지(branch)를 마디 $s^3C(s)$의 화살 방향으로 **그림 4.39**(b)와 같이 연결한다.

(3) 입력과 출력의 두 변수가 적분 관계의 신호 흐름 선도를 나타낸 **참고**의 **그림 4.40**과 같은 방법으로 마디[$C(s)$, $sC(s)$, $s^2C(s)$, $s^3C(s)$] 사이마다 이득 s^{-1}을 갖는 가지와 초기값을 각각 결합한다.[**그림 4.39**(c)의 흑색 선]

(4) 단계 (1)에서 단계 (3)까지 작성한 선도를 결합하여 **그림 4.39**(c)와 같이 신호 흐름 선도를 완성한다.

이와 같은 미분 방정식에 의한 신호 흐름 선도를 **상태 선도**(state diagram)라고 한다.

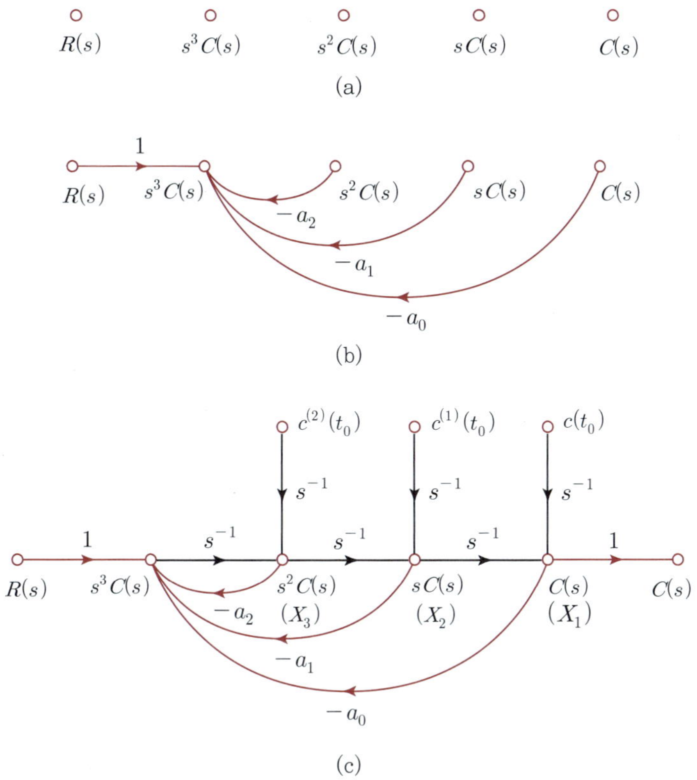

그림 4.39 ▶ 미분 방정식에 의한 신호 흐름 선도의 작성(기계적 작도법)

시스템의 입력과 출력의 관계를 나타낸 식 (3.4)의 우변의 입력에 도함수를 포함한 미분 방정식은 이 기계적인 작도법을 적용하여 직접 상태 선도를 그릴 수 없다.

그러나 식 (4.54)의 우변의 입력 $r(t)$와 같이 방정식의 우변에 도함수를 포함하지 않은 미분 방정식은 위의 기계적인 작도법을 적용하면 매우 유용하게 신호 흐름 선도를 나타낼 수 있다.

참고 **적분의 신호 흐름 선도 표현**

[적분의 신호 흐름 선도]

(1) 적분 : 출력 $x_1(t)$, 입력 $x_2(t)$, 초기값 $x_1(t_0)$

$$x_1(t) = \int_{t_0}^{t} a x_2(\tau) d\tau + x_1(t_0) \qquad (4.58)$$

(2) 라플라스 변환 :

$$X_1(s) = a\mathcal{L}\left[\int_{t_0}^{t} x_2(\tau)d\tau\right] + \frac{x_1(t_0)}{s} \tag{4.59}$$

$$\therefore\ X_1(s) = \frac{aX_2(s)}{s} + \frac{x_1(t_0)}{s}$$
$$\left(X_1(s) = as^{-1}X_2(s) + s^{-1}x_1(t_0)\right) \tag{4.60}$$

(3) 적분의 신호 흐름 선도 :

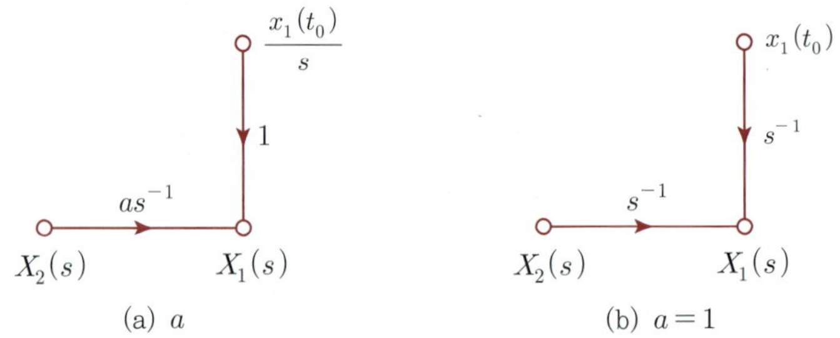

그림 4.40 ▶ 적분의 신호 흐름 선도

① 신호 흐름 선도로부터 출력 신호 $X_1(s)$는 입력 신호 $X_2(s)$와 초기값 $x_1(t_0)$가 있는 마디에서 이득 s^{-1}이 결합된 가지로부터 들어오는 신호가 된다.

② 이득 s^{-1}이 결합된 가지에서 출력 $X_1(s)$는 입력 $X_2(s)$를 적분한 것이므로 이득 s^{-1}의 가지의 입력과 출력은 서로 미분과 적분의 관계가 된다.

정리 미분 방정식에 의한 신호 흐름 선도(상태 선도)의 기계적 작도법

3계 미분 방정식에서 신호 흐름 선도의 기계적 작도법

[미분 방정식(3계 미분 방정식)]

$$\frac{d^3c(t)}{dt^3} + a_2\frac{d^2c(t)}{dt^2} + a_1\frac{dc(t)}{dt} + a_0c(t) = r(t)$$

(1) 미분 방정식을 다음과 같이 변형한다.(최고계 도함수 항만을 좌변, 나머지 항을 우변)

$$\frac{d^3c(t)}{dt^3} = -a_2\frac{d^2c(t)}{dt^2} - a_1\frac{dc(t)}{dt} - a_0c(t) + r(t)$$

(2) 변형한 미분 방정식을 라플라스 변환한다.(초기값 0)

$$s^3C(s) = -a_2 \cdot s^2C(s) - a_1 \cdot sC(s) - a_0 \cdot C(s) + R(s)$$

(3) 미분 방정식의 변수 $R(s)$, $C(s)$, $sC(s)$, $s^2C(s)$, $s^3C(s)$를 표시할 마디(node)를 설정하고 배열한다.

(4) 마디 $R(s)$, $C(s)$, $sC(s)$, $s^2C(s)$에서 각각의 이득 1, $-a_0$, $-a_1$, $-a_2$를 갖는 가지(branch)를 마디 $s^3C(s)$의 화살 방향으로 연결한다. 즉 **그림 4.24**의 가산법과 같이 마디 $s^3C(s)$가 가합점이 되도록 집중하도록 그린다.

(5) 인접한 두 마디 사이를 이득 s^{-1}을 갖는 가지와 초기값을 두 마디 사이마다 각각 결합한다.[**그림 4.39**(c)의 흑색 선]

(6) 단계 (3)과 단계 (4)에서 작성한 두 선도를 결합하여 신호 흐름 선도를 완성한다.

예제 4.8

다음의 주어진 미분 방정식을 신호 흐름 선도로 나타내라.
단, $c(t)=x_1(t)$, $x_2(t_0)$는 $x_2(t)=\dfrac{d}{dt}x_1(t)$의 관계이다.

$$2\frac{dc(t)}{dt}+5c(t)=r(t)$$

풀이 미분 방정식에 의한 신호 흐름 선도 : 기계적 작도법

(1) 미분 방정식을 변형하고, 라플라스 변환한다.

$$\frac{dc(t)}{dt}=-\frac{5}{2}c(t)+\frac{1}{2}r(t) \;\rightarrow\; sC(s)=-\frac{5}{2}C(s)+\frac{1}{2}R(s)$$

(2) 미분 방정식의 변수 $R(s)$, $C(s)$, $sC(s)$를 표시할 마디(node)를 설정하고 배열한다.

(3) 마디 $R(s)$, $C(s)$에서 각각의 이득 $\frac{1}{2}$, $-\frac{5}{2}$를 갖는 가지(branch)를 마디 $sC(s)$의 화살 방향으로 연결한다. 즉 두 가지가 마디 $sC(s)$로 집중하도록

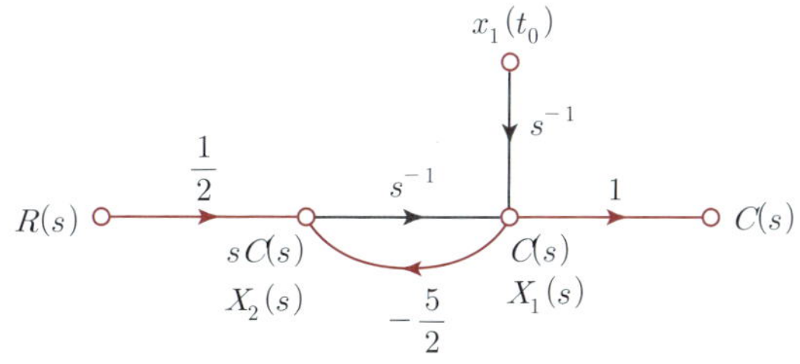

그림 4.41

그린다. 우변의 두 신호의 합은 식 (4.27)의 가산법에 의한 선도를 나타낸다.[**그림 4.41**의 칼라 선]

(4) 두 마디 $C(s)$와 $sC(s)$를 이득 s^{-1}을 갖는 가지와 초기값을 두 마디 사이에 결합한다.[**그림 4.41**의 흑색 선]

(5) 단계 (3)과 단계 (4)를 결합하여 **그림 4.41**과 같은 신호 흐름 선도를 완성한다.

예제 4.9

그림 4.42와 같은 상태 변수의 신호 흐름 선도에서 미분 방정식을 구하라. 단, 초기값 $x_1(t)$와 $x_2(t)$는 $x_2(t) = \frac{d}{dt}x_1(t)$의 관계이다.

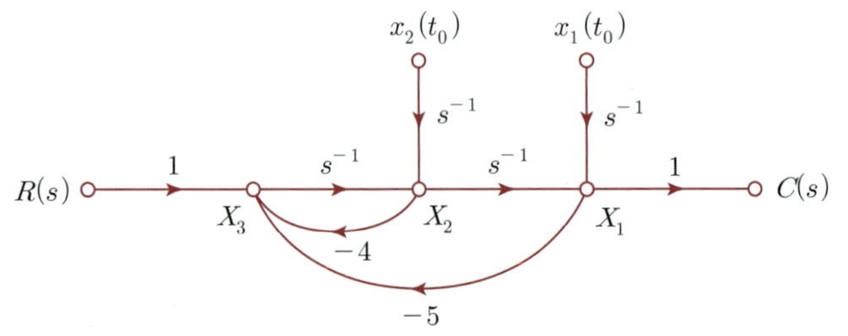

그림 4.42

풀이 미분 방정식에 의한 신호 흐름 선도의 기계적 작도법을 역으로 생각한다.

(1) 신호 흐름 선도의 각 마디 X_1, X_2, X_3 위치에 차례로 $C(s)$, $sC(s)$, $s^2C(s)$를 기입한다.

(2) 3개의 신호 $R(s)$, $-5C(s)$, $-4sC(s)$는 마디 $s^2C(s)$로 모두 들어오는 선도이고, **그림 4.24**의 가산법을 나타내는 선도이다. 따라서 식 (4.27)의 가산법을 적용하여 3개의 신호를 합으로 표현하는 방정식을 세운다.(이때 초기값은 0으로 놓는다.) 즉,

$$s^2C(s) = -4sC(s) - 5C(s) + R(s)$$

$$\therefore \quad s^2C(s) + 4sC(s) + 5C(s) = R(s)$$

(3) 위의 식을 역 라플라스 변환하여 미분 방정식을 구한다.

$$\therefore \quad \frac{d^2}{dt^2}c(t) + 4\frac{d}{dt}c(t) + 5c(t) = r(t)$$

연습문제

01 그림 4.43과 같은 블록 선도에서 $G(s) = C(s)$라면 입력 $R(s)$는?

① $R(s) = 1$　② $R(s) = 10$

③ $R(s) = 0$　④ $R(s) = \infty$

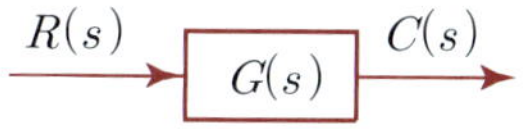

그림 4.43

힌트 $C(s) = G(s)R(s)$에서 $G(s) = C(s)$를 대입

02 그림 4.44와 같은 블록 선도에서 등가 합성 전달함수는?

① $\dfrac{G}{1 - H_1 - H_2}$　② $\dfrac{H_1 - H_2}{1 - G}$

③ $\dfrac{G}{1 - H_1 G - H_2 G}$　④ $\dfrac{H_1}{1 - H_1 H_2 G}$

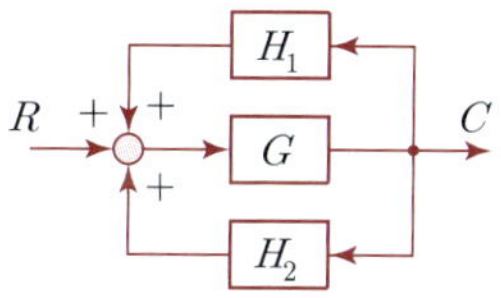

그림 4.44

힌트 $G_0 = \dfrac{\sum \text{개로}}{1 - \sum \text{폐로}} = \dfrac{G}{1 - (GH_1 + GH_2)}$ $(\sum \text{개로} = G,\ \sum \text{폐로} = GH_1 + GH_2)$

03 그림 4.45와 같은 블록 선도에서 합성 전달함수는?

① $\dfrac{G_1 G_2}{1 + G_1 G_2}$　② $\dfrac{G_1 G_2}{1 - G_1 G_2}$

③ $\dfrac{1 + G_1 G_2}{G_1 G_2}$　④ $\dfrac{1 - G_1 G_2}{G_1 G_2}$

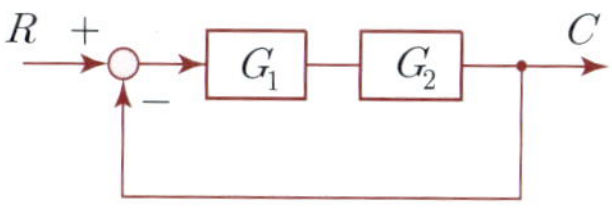

그림 4.45

힌트 $G_0 = \dfrac{\sum \text{개로}}{1 - \sum \text{폐로}} = \dfrac{G_1 G_2}{1 - (-G_1 G_2)}$ $(\sum \text{개로} = G_1 G_2,\ \sum \text{폐로} = -G_1 G_2)$

04 단위 피드백계에서 입력과 출력이 같을 때 전향 전달함수 $|G|$의 값은?

① $|G| = 1$　② $|G| = 0$　③ $|G| = \infty$　④ $|G| = 0.707$

힌트 $G_0 = \dfrac{C}{R} = 1$, 단위 피드백계 전달함수 $G_0 = \dfrac{G}{1+G} = 1$, G_0가 1에 수렴하기 위한 조건 $G = \infty$

05 단일 궤환계에서 전향 전달함수가 $G(s)=\frac{s}{s+2}$ 일 때 폐루프 전달함수는?

① $\frac{s}{2s+2}$ ② $\frac{2s}{2s+2}$ ③ $\frac{3s}{2s+2}$ ④ $\frac{4s}{2s+2}$

힌트 $G_0(s)=\frac{G(s)}{1+G(s)}=\frac{s/(s+2)}{1+s/(s+2)}$

06 **그림 4.46과 같은 블록 선도에서 합성 전달함수는?**

① $\frac{G_1+G_2}{1+G_1G_2+G_3G_4}$ ② $\frac{G_1G_2}{1+G_1G_2G_3G_4}$

③ $\frac{G_3G_4}{1+G_1G_2G_3G_4}$ ④ $\frac{G_1G_2}{1+G_1G_2+G_3G_4}$

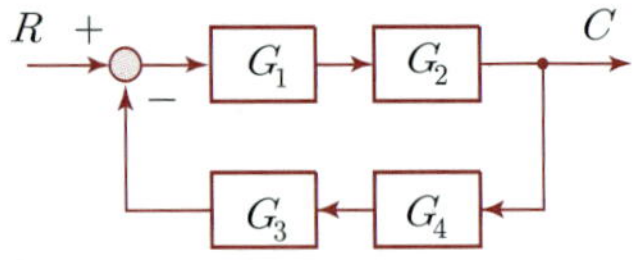

그림 4.46

힌트 $G=\frac{\sum 개로}{1-\sum 폐로}=\frac{G_1G_2}{1-(-G_1G_2G_3G_4)}$ $\left(\sum 개로=G_1G_2,\ \sum 폐로=-G_1G_2G_3G_4\right)$

07 **그림 4.47과 같은 블록 선도에서 합성 전달함수는?**

① $\frac{1}{1\pm GH}$ ② $\frac{G}{1\pm GH}$

③ $\frac{G}{1\pm H}$ ④ $\frac{1}{1\pm H}$

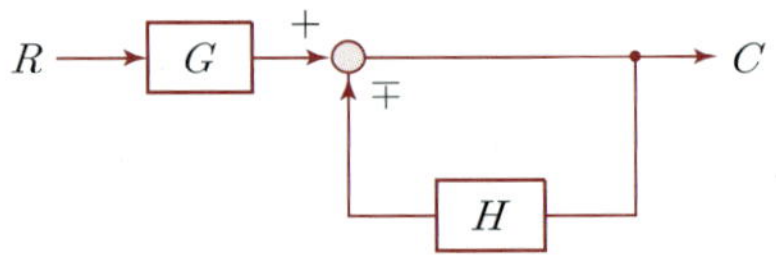

그림 4.47

힌트 $G_0=\frac{개로}{1-폐로}=\frac{G}{1-(\mp H)}$ (개로 $=G$, 폐로 $=\mp H$)

08 **그림 4.48과 같은 블록 선도에서** C/R**는?**

① $\frac{12}{5}$ ② $\frac{16}{5}$

③ $\frac{20}{5}$ ④ $\frac{28}{5}$

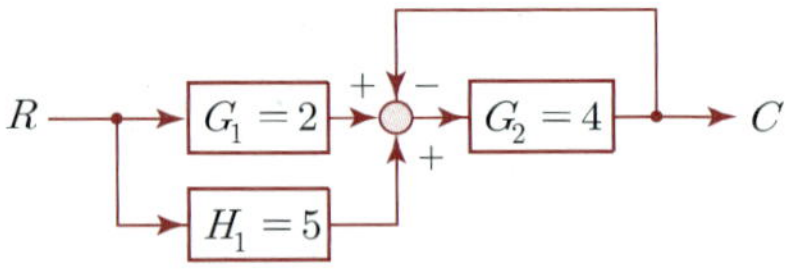

그림 4.48

힌트 $G=\frac{\sum 개로}{1-\sum 폐로}$ $\left(\sum 개로=G_1G_2+H_1G_2=2\times4+5\times4=28,\ \sum 폐로=-G_2=-4\right)$

09 그림 4.49와 같은 블록 선도에서 합성 전달함수는?

① $\dfrac{G_1 G_2}{1+G_1 G_2+G_3 G_4}$

② $\dfrac{G_1+G_2}{1+G_1 G_3 G_4+G_2 G_3 G_4}$

③ $\dfrac{G_1+G_2}{1+G_1 G_2 G_3 G_4}$

④ $\dfrac{G_1 G_2}{1+G_4 G_2+G_3 G_1}$

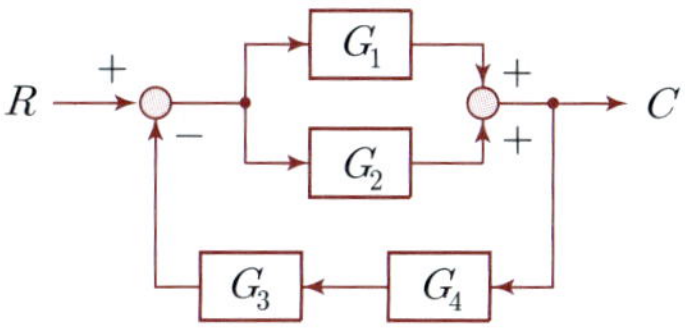

그림 4.49

힌트 $G=\dfrac{\sum 개로}{1-\sum 폐로}$ $\left(\sum 개로=G_1+G_2,\ \sum 폐로=-G_1G_3G_4-G_2G_3G_4\right)$

10 그림 4.50의 두 블록 선도가 등가인 경우 A 요소의 전달함수는?

① $-\dfrac{1}{s+4}$ ② $-\dfrac{2}{s+4}$

③ $-\dfrac{3}{s+4}$ ④ $-\dfrac{4}{s+4}$

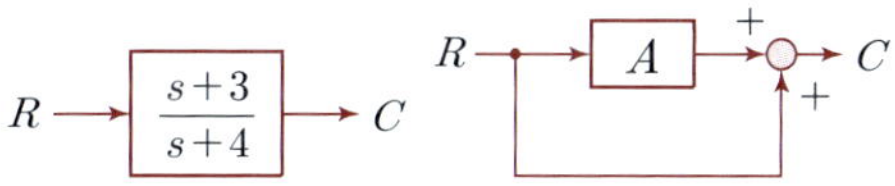

그림 4.50

힌트 $G=\dfrac{\sum 개로}{1-\sum 폐로}=\dfrac{A+1}{1-0}=A+1,\ A+1=\dfrac{s+3}{s+4}\quad \therefore\ A=\dfrac{s+3}{s+4}-1$

11 그림 4.51과 같은 블록 선도에서 C/R는?

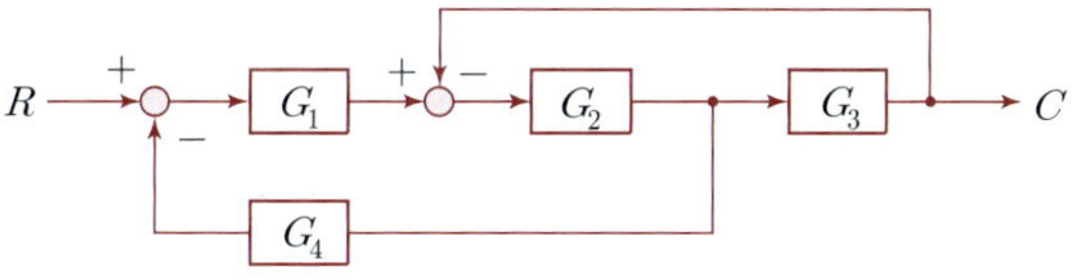

그림 4.51

① $\dfrac{G_3 G_4}{1+G_1 G_2 G_3}$ ② $\dfrac{G_1 G_3}{1+G_1 G_2+G_3 G_4}$

③ $\dfrac{G_1 G_2 G_3}{1+G_2 G_3+G_1 G_2 G_4}$ ④ $\dfrac{G_1 G_2}{1+G_2 G_3+G_1 G_4}$

힌트 $G = \dfrac{\sum 개로}{1-\sum 폐로}$ $\left(\sum 개로 = G_1G_2G_3,\ \sum 폐로 = -G_2G_3 - G_1G_2G_4\right)$

12 **그림 4.52**에서 x를 입력, y를 출력으로 했을 때의 전달함수는? 단, $A \gg 1$이다.

① $1+\dfrac{1}{RCs}$ ② $\dfrac{RCs}{1+RCs}$

③ $1+RCs$ ④ $\dfrac{1}{1+RCs}$

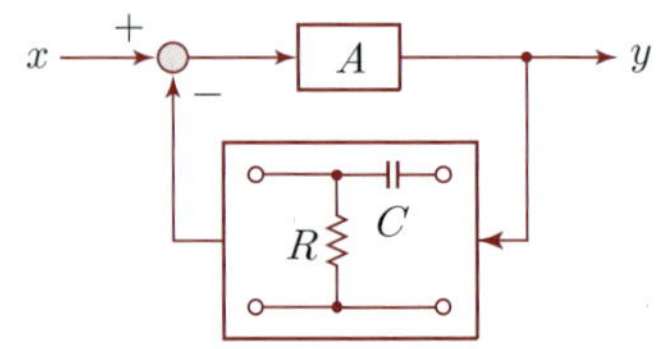

그림 4.52

힌트 궤환 요소 전달함수 $G_1 = \dfrac{R}{R+1/Cs} = \dfrac{RCs}{RCs+1}$

전체 전달함수 $G_0 = \dfrac{A}{1+AG_1}$, $A \gg 1$의 조건에서 (분모) $1+AG_1 \simeq AG_1$이 된다.

$\therefore\ G_0 = \dfrac{1}{G_1} = \dfrac{RCs+1}{RCs} = 1+\dfrac{1}{RCs}$

13 **그림 4.53**의 신호 흐름 선도에서 $C(s)/R(s)$의 값은?

① $\dfrac{X_1}{1-X_1Y_1}$ ② $\dfrac{X_2}{1-X_1Y_1}$

③ $\dfrac{X_1X_2}{1-X_1Y_1}$ ④ $\dfrac{X_1+X_2}{1-X_1Y_1}$

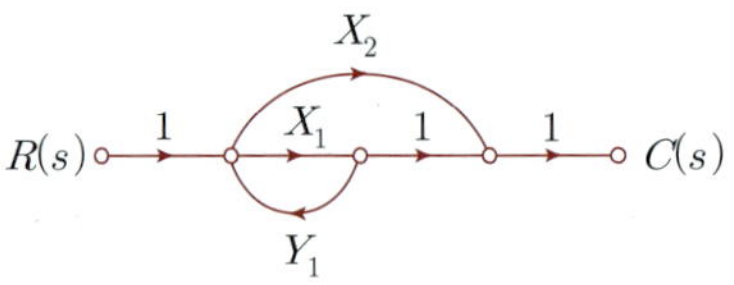

그림 4.53

힌트 $G = \dfrac{\sum 개로}{1-\sum 폐로}$ $\left(\sum 개로 = X_1 + X_2,\ \sum 폐로 = X_1Y_1\right)$

14 **그림 4.54**의 신호 흐름 선도에서 $C(s)/R(s)$의 값은?

① $-\dfrac{8}{9}$ ② $\dfrac{4}{5}$

③ 180 ④ 10

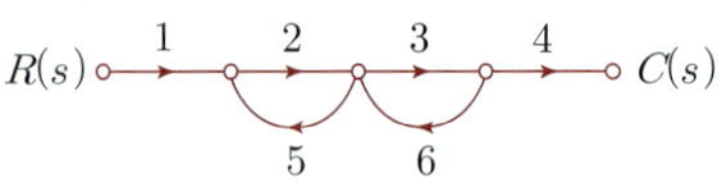

그림 4.54

힌트 $G = \dfrac{\sum 개로}{1-\sum 폐로} = \dfrac{24}{1-28}$ $\left(\sum 개로 = 1 \cdot 2 \cdot 3 \cdot 4 = 24,\ \sum 폐로 = 2 \cdot 5 + 3 \cdot 6 = 28\right)$

15 그림 4.55의 신호 흐름 선도에서 $C(s)/R(s)$의 값은?

① $\dfrac{X_1X_2}{1-X_1H_1}$　② $\dfrac{X_1X_2+X_3}{1-X_1H_1}$

③ $\dfrac{X_1(X_2+X_3)}{1-X_1H_1}$　④ $\dfrac{X_1X_2X_3}{1-X_1H_1}$

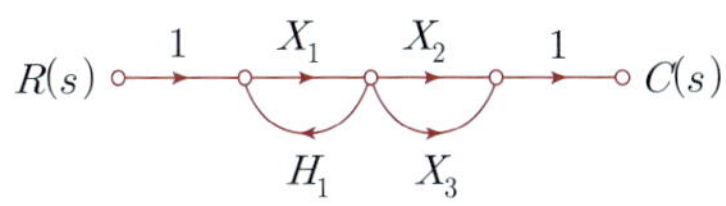

그림 4.55

힌트 $G=\dfrac{\sum 개로}{1-\sum 폐로}$ $\left(\sum 개로=X_1X_2+X_1X_3,\ \sum 폐로=X_1H_1\right)$

16 그림 4.56의 신호 흐름 선도에서 C의 값은?

① $\dfrac{a}{1-b}\cdot R$　② $\dfrac{a}{1+b}\cdot R$

③ $\dfrac{a}{1-ab}\cdot R$　④ $\dfrac{a}{1+ab}\cdot R$

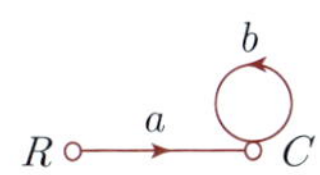

그림 4.56

힌트 $G=\dfrac{개로}{1-폐로}=\dfrac{a}{1-b}$ (개로 $=a$, 폐로 $=b$)　$\therefore\ C=GR$

17 그림 4.57의 신호 흐름 선도에서 전달함수는?

① $\dfrac{ab}{1+b-abc}$　② $\dfrac{ab}{1-b-abc}$

③ $\dfrac{ab}{1-b+abc}$　④ $\dfrac{ab}{1-ab+abc}$

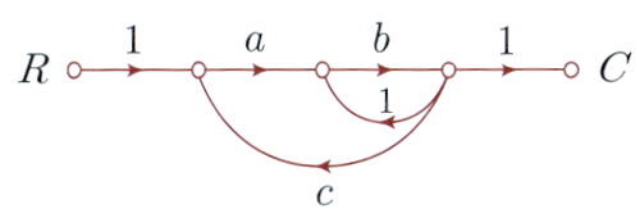

그림 4.57

힌트 $G=\dfrac{\sum 개로}{1-\sum 폐로}$ $\left(\sum 개로=ab,\ \sum 폐로=b+abc\right)$

18 그림 4.58의 신호 흐름 선도에서 C/R는?

① $(s+a)(s^2-s-0.1K)$　② $(s-a)(s^2-s-0.1K)$

③ $\dfrac{K}{(s+a)(s^2-s-0.1K)}$　④ $\dfrac{K}{(s+a)(s^2+s-0.1K)}$

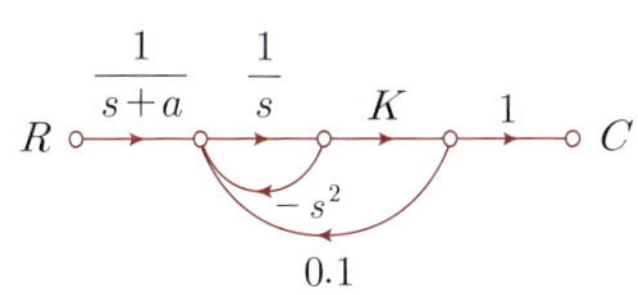

그림 4.58

힌트 $G=\dfrac{\sum 개로}{1-\sum 폐로}$ $\left(\sum 개로=\dfrac{1}{s+a}\cdot\dfrac{1}{s}\cdot K=\dfrac{K}{s(s+a)},\quad \sum 폐로=-s+\dfrac{0.1K}{s}\right)$

$$\therefore\ G=\dfrac{\dfrac{K}{s(s+a)}}{1+s-\dfrac{0.1K}{s}}=\dfrac{K}{(s+a)(s^2+s-0.1K)}$$

19 **그림 4.59**와 같은 신호 흐름 선도에서 전달함수 $Y(s)/X(s)$는?

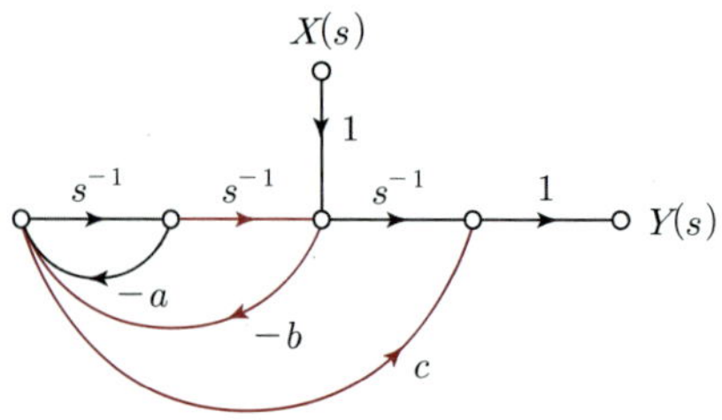

그림 4.59

① $\dfrac{s+a}{s^2+as-b^2}$ ② $\dfrac{-bcs^2+s}{s^2+as+b}$

③ $\dfrac{-bcs^2+s+a}{s^2+as}$ ④ $\dfrac{-bcs^2+s+a}{s^2+as+b}$

힌트 비접촉 개로(s^{-1})와 독립 폐로($-as^{-1}$)가 있는 선도(제 3 유형)

① 개로(2개) : s^{-1}, $-bc$ $\left(\sum \text{개로} = s^{-1} - bc\right)$

② 폐로(2개) : $-as^{-1}$, $-bs^{-2}$ $\left(\sum \text{폐로} = -as^{-1} - bs^{-2}\right)$

③ (비접촉 개로×독립 폐로)$= s^{-1} \cdot -as^{-1} = -as^{-2}$ (흑색 경로[**그림4.59**])

$$G(s) = \frac{\sum \text{개로} - (\text{비접촉 개로} \times \text{독립 폐로})}{1 - \sum \text{폐로}} = \frac{(s^{-1}-bc) - \{s^{-1} \cdot (-as^{-1})\}}{1-(-as^{-1}-bs^{-2})}$$

$$\therefore \ \frac{X(s)}{Y(s)} = \frac{s^{-1}-bc+as^{-2}}{1+as^{-1}+bs^{-2}} = \frac{-bcs^2+s+a}{s^2+as+b}$$

20 **그림 4.60**의 단위 궤환 제어계의 미분 방정식은?

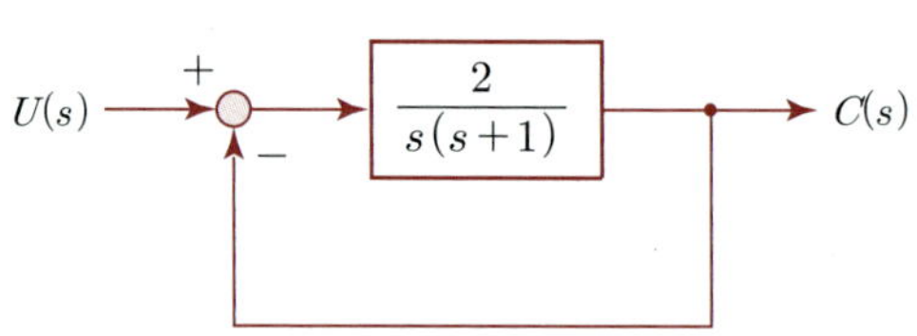

그림 4.60

① $\dfrac{d^2c(t)}{dt^2} + \dfrac{dc(t)}{dt} + c(t) = 2u(t)$ ② $\dfrac{d^2c(t)}{dt^2} + \dfrac{dc(t)}{dt} + 2c(t) = u(t)$

③ $\dfrac{d^2c(t)}{dt^2} + \dfrac{dc(t)}{dt} + 2c(t) = 5u(t)$ ④ $\dfrac{d^2c(t)}{dt^2} + \dfrac{dc(t)}{dt} + 2c(t) = 2u(t)$

힌트 $G(s) = \frac{C(s)}{U(s)} = \frac{\frac{2}{s(s+1)}}{1+\frac{2}{s(s+1)}} = \frac{2}{s^2+s+2}$, $C(s) = G(s)U(s)$에서

$s^2C(s)+sC(s)+2C(s) = 2U(s)$, 역 라플라스 변환 $\therefore \frac{d^2c(t)}{dt^2}+\frac{dc(t)}{dt}+2c(t) = 2u(t)$

21 그림 4.61의 신호 흐름 선도에서 C의 값은?

① $C = \frac{1}{1+GH}R + \frac{1}{1+GH}D$

② $C = \frac{1}{1+GH}R + \frac{G}{1+GH}D$

③ $C = \frac{G}{1+GH}R + \frac{G}{1+GH}D$

④ $C = \frac{G}{1+GH}R + \frac{1}{1+GH}D$

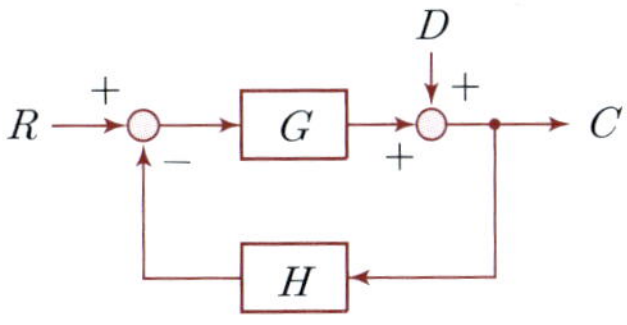

그림 4.61

힌트 입력 R에 의한 출력 C_1 : 전달함수 $G_1 = \frac{G}{1+GH}$ $\therefore C_1 = G_1R = \frac{G}{1+GH}R$

입력 D에 의한 출력 C_2 : 전달함수 $G_2 = \frac{1}{1+GH}$ $\therefore C_2 = G_2D = \frac{1}{1+GH}D$

계통 전체의 출력 C : $C = C_1 + C_2$

22 그림 4.62와 같은 회로망의 신호 흐름 선도는?

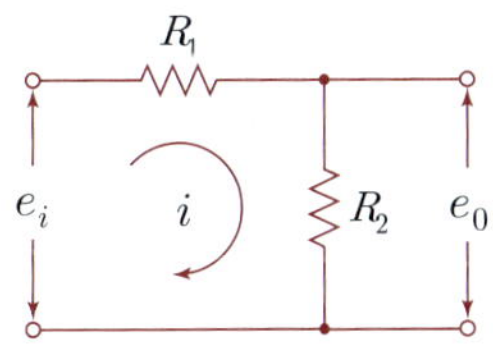

그림 4.62

① 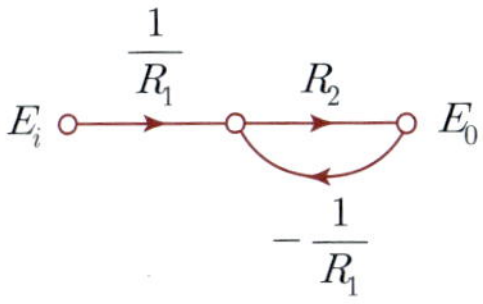

② 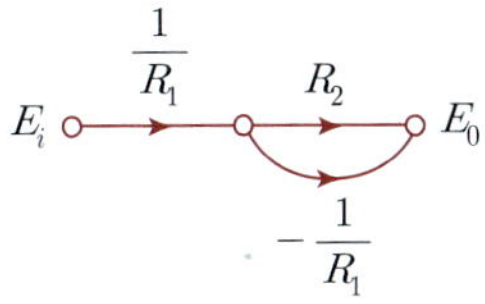

③ 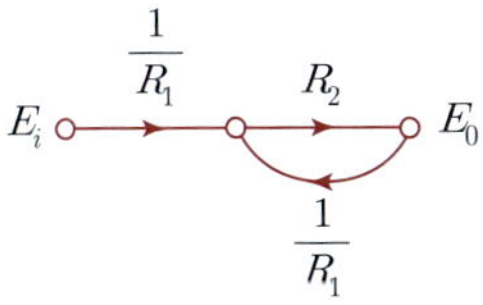

④ 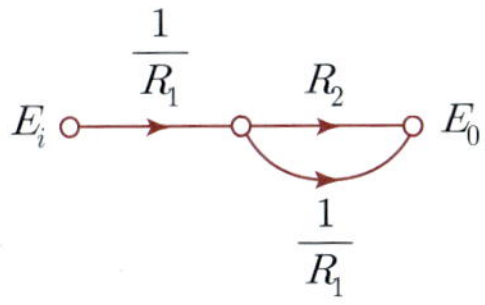

힌트 $i=\frac{1}{R_1}(e_i-e_0) \rightarrow I=\frac{1}{R_1}(E_i-E_0),\quad e_0=R_2 i \rightarrow E_0=R_2 I$

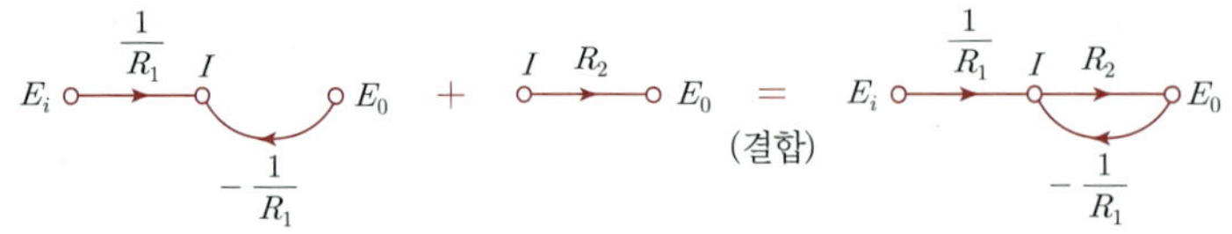

(a) $I=\frac{1}{R_1}(E_i-E_0)$　(b) $E_0=R_2 I$　(c) (a)+(b) 결합

그림 4.63

23 그림 4.64와 같은 회로망의 신호 흐름 선도는?

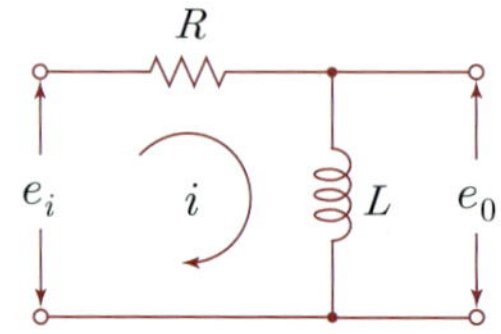

그림 4.64

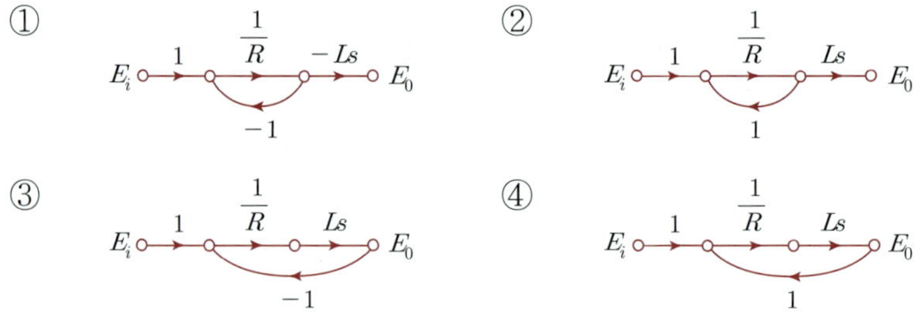

힌트 $i=\frac{1}{R}(e_i-e_0) \rightarrow I=\frac{1}{R}(E_i-E_0),\quad e_0=L\frac{di}{dt} \rightarrow E_0=LsI$

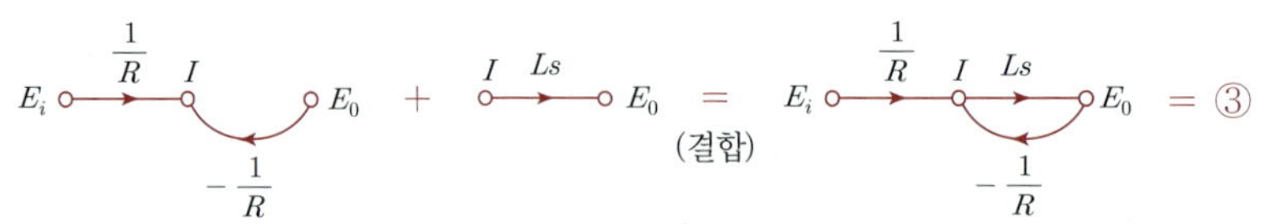

(a) $I=\frac{1}{R}(E_i-E_0)$　(b) $E_0=LsI$　(c) (a)+(b) 결합

그림 4.65

(**그림 4.65**(c)와 등가인 신호 흐름 선도는 ③번)

Chapter 5

과도 응답 특성

5.1 과도 응답 특성의 개요

자동 제어계의 특성 연구는 입력 신호에 대한 출력 신호의 관계로 해석하며, 입력 신호를 가하였을 때 변화되어 나타난 출력 신호를 제어계의 응답(response)이라고 한다.

제어계의 응답 특성은 입력에 따른 출력 신호를 시간 영역에서 시간 함수로 표시하는 **시간 응답**(time response)과 주파수 영역에서 주파수 함수로 표시하는 **주파수 응답**(frequency response)으로 구분한다.

시간 응답은 회로의 과도 현상과 마찬가지로 과도 응답과 정상 응답의 두 부분으로 구성된다. **과도 응답**(transient response)은 순간적으로 인가된 입력 신호를 따를 수 없기 때문에 정상 상태에 도달하기 전까지의 과도적인 현상(응답)을 의미하고, 입력 신호가 없을 때 제어계의 초기 조건과 고유 특성만으로 결정되는 응답이다.

제어계에서 입력 신호에 대한 정상 응답이 일치하지 않으면 정상 오차를 가지게 된다. 따라서 정상 응답은 기준 입력 신호와 비교함으로써 제어계의 정확도를 판단한다.

따라서 기준 입력 신호에 대해 시간 영역에서 과도 응답과 정상 응답을 조사하는 것은 제어계의 응답 특성의 판단 및 평가에 매우 중요하다.

본 장에서는 과도 응답 특성, 다음 장에서 주파수 응답 특성에 관해 학습하기로 한다.

5.2 과도 응답의 시험 기준 입력

일반적으로 자동 제어계는 입력이 시간에 따라 불규칙하게 변하기 때문에 이와 같은 제어계를 수학적으로 표현하는 것은 어렵고 제어계의 설계도 불가능해진다. 따라서 제어계의 해석과 설계를 위하여 몇 개의 간단한 입력 신호를 선정하여 수학적 처리의 체계화와 더 복잡한 입력에 대한 제어계의 성능을 예측할 수 있도록 한다.

선형 시변 제어계의 시간 영역에서 해석하는 **과도 응답의 입력**은 단위 계단함수, 단위 램프함수, 단위 포물선 함수가 사용되고, 선형 시불변 제어계의 주파수 영역에서 해석하는 **주파수 응답의 입력**은 정현 함수를 사용한다.

과도 응답(시간 영역) : 단위 계단 함수, 단위 램프 함수, 포물선 함수
주파수 응답(주파수 영역) : 정현 함수

제어계의 과도 응답 해석에서 사용되는 대표적인 **시험 기준 입력**은 다음과 같다.

(1) 단위 계단 함수

그림 5.1(a)와 같은 단위 계단 함수를 입력 신호로 한 경우의 과도 응답을 **단위 계단 응답** 또는 **인디셜 응답**(indicial response)이라고 한다. 단위 계단 함수의 수학적 표현은 다음과 같다.

$$r(t) = u(t) \quad \rightarrow \quad R(s) = \frac{1}{s} \tag{5.1}$$

단위 계단 함수에서 초기의 순간적인 급격한 입력의 변화(jump)는 속응성의 판단을 할 수 있으며, 이 함수는 신호 발생이 용이하고 평가하기가 쉽기 때문에 과도 응답에서 기준 입력으로 가장 많이 사용된다.

(2) 단위 램프 함수(단위 경사 함수)

그림 5.1(b)와 같은 단위 램프 함수 또는 단위 경사 함수를 입력 신호로 하는 경우의 과도 응답을 **단위 램프 응답** 또는 **단위 경사 응답**(unit ramp response)이라고 한다. 단위 램프 함수의 수학적 표현은 다음과 같다.

$$r(t) = tu(t) \quad \rightarrow \quad R(s) = \frac{1}{s^2} \tag{5.2}$$

단위 램프 함수 입력은 기준 입력 신호의 값 또는 위치가 시간에 따라 일정한 비율로 변하는 신호이므로 시간에 따라 선형적으로 변하는 신호에 대해 제어계의 동적 특성을

조사할 수 있다. 램프 함수의 입력을 **정속도 입력**이라고도 한다.

(3) 포물선 함수

그림 5.1(c)와 같은 포물선 함수를 입력 신호로 하는 경우의 과도 응답을 **포물선 응답**(parabolic response)이라고 하고, 포물선 함수의 수학적 표현은 다음과 같다.

$$r(t) = \frac{1}{2}t^2u(t) \quad \rightarrow \quad R(s) = \frac{1}{s^3} \tag{5.3}$$

포물선 함수 입력은 기준 입력 신호의 값이 시간의 제곱에 비례하는 입력이다. 계수 $1/2$은 라플라스 변환이 $1/s^3$이 되도록 수학적으로 간단히 표현하기 위해 첨가시킨 것이다. 포물선 함수의 입력을 **정가속도 입력**이라고도 한다.

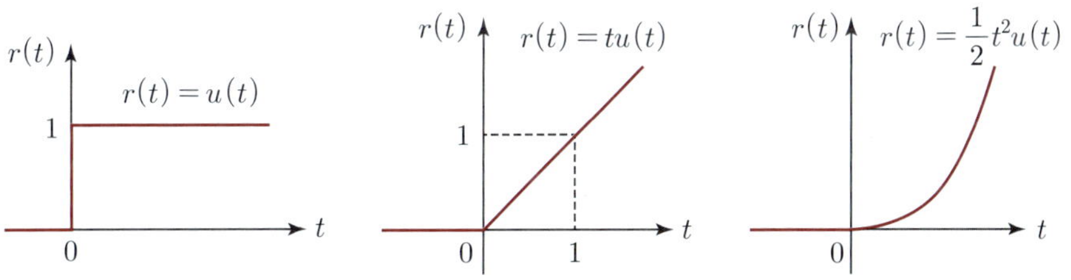

(a) 단위 계단 입력 (b) 단위 램프 입력 (c) 포물선 입력

그림 5.1 ▸ 시험 기준 입력

5.3 과도 응답 특성의 평가 제어량

제어계의 시간 응답 중 과도 응답은 정상 응답과 더불어 제어계를 평가하는데 매우 중요한 요소이다. 불안정한 시스템의 과도 응답은 시간 경과에 따라 감소하지도 않고 조절할 수도 없지만, 안정한 시스템에서 특정한 입력 신호에 대한 과도 응답은 시스템을 평가하는데 중요한 척도가 된다.

과도 응답 특성은 제어계의 속응성과 안정성을 평가할 수 있다. **속응성**은 입력 신호에 대해 목표값(최종값)에 도달하는 속도이고, **안정성**은 목표값에 도달하기까지 진동하는 성분이 감쇠하는 정도, 즉 감쇠성을 의미한다.

제어계의 과도 응답은 일반적으로 기준 입력 신호로 단위 계단 입력(간략화를 위한 목표값 1로 규정화)을 사용하여 해석한다.

그림 5.2는 선형 제어계에서 대표적인 단위 계단 응답을 나타낸 시간 곡선이다. 시간 영역에서 단위 계단 응답에 대한 제어계의 **과도 응답 특성 평가에 관한 제어량**의 정의는 다음과 같다.

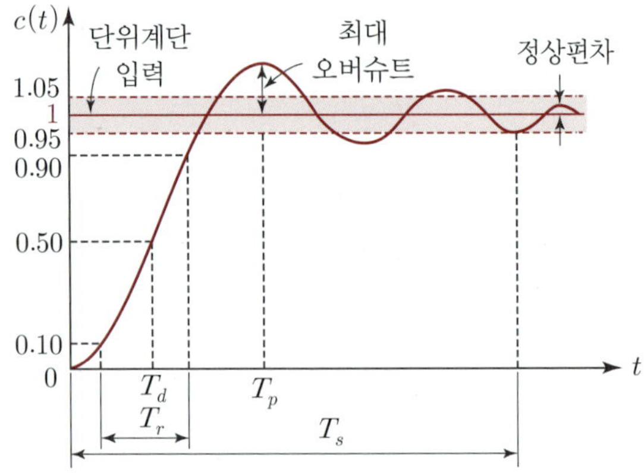

그림 5.2 ▸ 과도 응답 특성 평가를 위한 제어량(단위 계단 응답)

(1) 최대 오버슈트(maximum overshoot)

제어량이 목표값을 초과하여 최초로 나타나는 최대값으로 입력과 출력 사이의 **최대 편차량**이다. 따라서 단위 계단 응답(indicial response)의 최대값과 최종값(정상값)의 차로 정의한다. 그러나 최대 편차량은 입력의 대소에 따라 상이하여 다른 제어계와 비교할 수 없는 단점이 있기 때문에 백분율 최대 오버슈트가 자주 사용되기도 한다.

$$\text{최대 오버슈트} = \text{최대값} - \text{최종값} \tag{5.4}$$

$$\text{백분율 최대 오버슈트} = \frac{\text{최대값} - \text{최종값}}{\text{최종값}} \times 100\,[\%] \tag{5.5}$$

단위 계단 응답에 대해 최대 오버슈트가 발생하는 데 필요한 시간을 **최대 초과 시간** T_p 라고 하고, 최대 오버슈트는 반드시 첫 번째에 오버슈트가 나타나는 것은 아니다.

최대 오버슈트는 제어계에서 **안정성의 척도**이고, 최대 오버슈트가 크면 안정성이 나빠지므로 제어계는 바람직하지 않은 시스템이다.

(2) 지연 시간(delay time)

지연 시간 T_d는 인디셜 응답이 최종값의 50[%]에 도달하는 데 필요한 시간으로 정의하고, **속응성**을 평가할 수 있는 척도이다.

(3) 상승 시간(rise time)

상승 시간 T_r은 인디셜 응답이 최종값의 10[%]에서 90[%]에 도달하는 데 필요한 시간으로 정의하고, **속응성**의 척도이다.

(4) 정정 시간(settling time)

정정 시간 T_s는 최종값의 특정 백분율(±5[%] 혹은 ±2[%]) 이내의 오차에 정착되는 데 필요한 시간으로 정의하며, 응답 시간(response time)이라고도 한다. 정정 시간은 응답이 늦거나 감쇠가 나쁠 때 정정 시간은 길어지기 때문에 **속응성**과 **안정성**을 동시에 평가할 수 있는 척도이다.

(5) 감쇠비(decay ratio)

감쇠비는 과도 응답의 소멸되는 정도를 나타내는 양이며, 최대 오버슈트와 다음 주기에 오는 오버슈트의 비로 정의한다.

$$\text{감쇠비} = \frac{\text{제 2 오버슈트}}{\text{최대 오버슈트}} \tag{5.6}$$

위에서 정의한 용이는 시간 영역에서 단위 계단 응답의 과도 특성을 평가할 수 있는 직접적인 방법이다. 이 외에도 정상 상태 특성으로써 **정상 편차(오차)** 또는 **잔류 편차**는 제어계가 정상 상태에 정착된 후(정정 시간 이후)에 잔류하는 편차(오차)로 정의한다.

5.4 자동 제어계의 과도 응답

(1) 특성 방정식

그림 5.3과 같은 블록 선도는 일반적인 궤환 제어계를 나타낸 것이다. 앞으로 본 교재

에서는 특별한 경우를 제외하고 대표적인 제어계로 사용할 것이다.

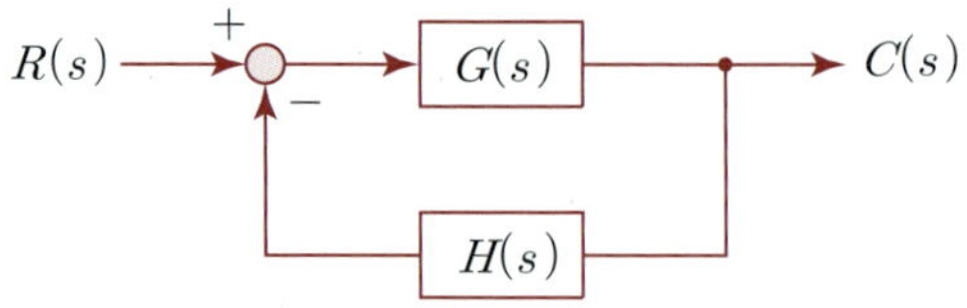

그림 5.3 ▶ 궤환(피드백) 제어계

그림 5.3의 선형 폐루프 제어계에서 폐회로 전달함수는

$$\frac{C(s)}{R(s)} = \frac{G(s)}{1+G(s)H(s)} \tag{5.7}$$

가 된다. 식 (5.7)의 폐루프 전달함수에서 분모를 0으로 놓은 식

$$1+G(s)H(s)=0 \tag{5.8}$$

을 선형 제어계의 **특성 방정식**(characteristic equation)이라 하고, 상수의 계수를 갖는 분수식의 유리함수이다. 제어계에서 특성 방정식은 입력의 강제 응답과는 무관한 제어계 자체의 고유 특성을 나타내고, 이 특성 방정식의 근을 **특성근**이라 한다.

제어계의 해석에서 특성 방정식은 매우 중요한 값이고, 과도 응답은 특성 방정식의 근, 즉 특성근에 의해 결정된다.

제어계의 폐루프 전달함수의 식 (5.7)를 다음과 같이 표시된다고 하자.

$$\frac{C(s)}{R(s)} = \frac{q(s)}{\{(s+p_1)\cdots(s+p_l)\}\{(s+p_1)\cdots(s+p_m)\}} \tag{5.9}$$

식 (5.9)를 그리스 대문자 파이($\prod$)의 기호로 누적의 곱으로 간략히 표현하면

$$\begin{aligned}\frac{C(s)}{R(s)} &= \frac{q(s)}{\prod_{i=1}^{l}(s+p_i)\prod_{k=1}^{2m}(s+p_k)} \\ &= \frac{q(s)}{\prod_{i=1}^{l}(s+\sigma_i)\prod_{k=1}^{m}\{s+(\alpha_k+j\omega_k)\}\{s+(\alpha_k-j\omega_k)\}}\end{aligned} \tag{5.10}$$

이다. 여기서 특성근은 실수 단근 $(s_i = -\sigma_i)$과 공액 복소근 $(s_k = -\alpha_k \pm j\omega_k)$이다.

식 (5.10)에서 제어계의 출력 $C(s)$는 다음과 같이 쓸 수 있다.

$$C(s) = \frac{q(s)R(s)}{\prod_{i=1}^{l}(s+\sigma_i)\prod_{k=1}^{m}\{s+(\alpha_k+j\omega_k)\}\{s+(\alpha_k-j\omega_k)\}} \qquad (5.11)$$

단위 계단 입력 $r(t)=u(t)$에 의해 $R(s)=1/s$이고, 식 (5.11)에 대입하여 부분 분수로 분해하면 제어계의 인디셜 응답은 $c(t)=\mathcal{L}^{-1}[C(s)/s]$로부터

$$c(t) = \mathcal{L}^{-1}\left[\frac{A_0}{s} + \sum_{i=1}^{l}\frac{A_i}{s+\sigma_i} + \sum_{k=1}^{m}\frac{B_k}{s^2+2\alpha_k s+(\alpha_k^2+\omega_k^2)}\right] \qquad (5.12)$$

이 된다. 식 (5.12)의 인디셜 응답은

$$c(t) = A_0 + \sum_{i=1}^{l} A_i e^{-\sigma_i t} + \sum_{k=1}^{m} B_k e^{-\alpha_k t}\sin(\omega_k t+\theta_k) \qquad (5.13)$$

와 같이 표현할 수 있다. 여기서 중근은 없는 경우를 가정한 것이다.

식 (5.13)의 우변에서 제 1 항은 정상항, 제 2, 3 항은 과도항이다. $t\to\infty$일 때의 정상값(최종값)은 A_0이다. 과도항은 $(l+2m)$ 개의 특성근 $-\sigma_i$, $-\alpha_k \pm j\omega_k$에 대응하는 성분 $e^{-\sigma_i t}$, $e^{-\alpha_k t}\sin(\omega_k t+\theta_k)$의 합으로 표시되고 모두 시간과 함께 감소하는 지수함수의 형태를 포함하고 있다.

폐루프 제어계의 전달함수의 식 (5.9)와 인디셜 응답의 식 (5.13)의 결과로부터 **특성 방정식의 근(특성근)의 유형에 따른 과도 응답 형태**를 다음과 같이 일반화시킬 수 있다.

① 공액 복소근 $-\sigma \pm j\omega$에서 실수부$(-\sigma)$는 지수함수 $e^{-\sigma t}$, 허수부$(\pm j\omega)$는 정현함수 $\sin\omega t$로 대응된다. 그러므로 특성근 $-\sigma \pm j\omega$의 대응되는 과도 응답의 형태는 지수적으로 진폭이 감소하면서 진동하는 지수 정현함수 $e^{-\sigma t}\sin\omega t$이다.

② 실수 단근 $-\sigma$에 대응되는 과도 응답의 형태는 비진동의 지수적으로 감소하는 지수함수 $e^{-\sigma t}$이고, σ가 클수록 감쇠 비율이 크다.

③ 허근 $\pm j\omega$에 대응되는 과도 응답의 형태는 진폭이 일정한 상태에서 진동만 하는 정현함수 $\sin\omega t$이다.

④ 실수 단근 σ에 대응되는 과도 응답의 형태는 비진동의 지수적으로 증가(발산)하는 지수함수 $e^{\sigma t}$이고, 공액 복소근 $\sigma \pm j\omega$에 대응되는 과도응답의 형태는 지수적으로 진폭이 증가(발산)하면서 진동하는 지수 정현함수 $e^{\sigma t}\sin\omega t$이다.

복소 평면(s 평면)의 좌반 평면상에 있는 특성근의 실수 단근이나 복소 허근의 실수부 $-\sigma$는 과도 응답의 지수함수($e^{-\sigma t}$)에 대응되므로 감쇠(제동)를 지배하고, 복소 허근의 허수부 ω는 정현함수의 각주파수로 진동수를 지배한다. 그러므로 과도 현상은 시간 경과에 함께 소멸되고 최종값으로 정착되는 안정한 계가 된다.

복소 평면(s 평면)의 우반 평면상에 있는 특성근의 실수 단근이나 복소 허근의 실수부 σ는 과도 응답의 지수함수($e^{\sigma t}$)에 대응되므로 시간과 함께 진폭이 무한대로 증가하여 불안정한 계가 되어 파손된다.

제어계의 특성 방정식은 계의 미분 방정식을 풀지 않고도 특성근의 위치만으로 제어계의 속응성과 안정성을 대한 정보를 제공하기 때문에 자동 제어계의 해석과 설계에 많이 활용한다.

그림 5.4는 특성 방정식의 근(특성근)의 유형에 따른 과도 시간 응답에 대한 함수의 곡선을 나타낸 것이고, **표 5.1**은 과도 응답의 함수 형식과 동적 특성을 정리한 것이다.

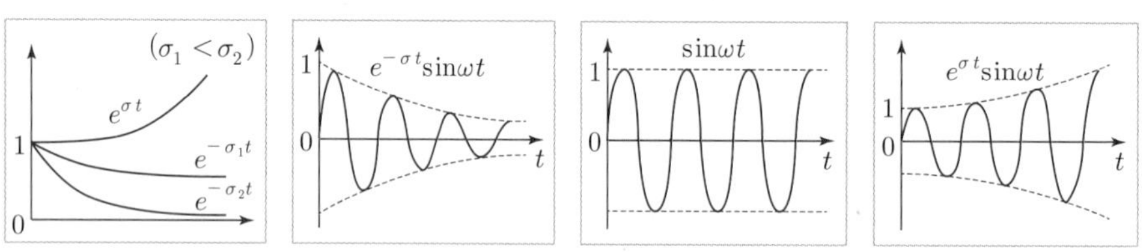

(a) 실수 단극 (b) 공액 복소근(실수부, 음) (c) 공액 허근 (d) 공액 복소근(실수부, 양)

그림 5.4 ▶ 특성근의 유형별 과도 응답 파형의 형태

표 5.1 ▶ 특성근 유형에 대한 과도 응답의 함수 형식과 동적 특성

근의 위치	특성근(s 평면)	과도 응답(시간 영역)	동적 특성	계의 안정성
좌반 평면	$-\sigma$	$e^{-\sigma t}$	감쇠(비진동)	안정
	$-\sigma \pm j\omega$	$e^{-\sigma t}\sin\omega t$	감쇠 진동	안정
허 축	$\pm j\omega$	$\sin\omega t$	완전 진동	임계 안정(불안정)
우반 평면	σ	$e^{\sigma t}$	증가(비진동)	불안정
	$\sigma \pm j\omega$	$e^{\sigma t}\sin\omega t$	증가 진동	불안정

(2) 특성근의 위치와 과도 응답 특성

그림 5.5는 s 평면상에서 특성 방정식의 근의 위치에 따른 임펄스 입력에 의한 과도 응답 특성을 나타낸 것이고, 인디셜 응답이나 램프 응답의 형태도 동일한 특성을 보인다.

① 좌반 실축($-\sigma$) : 특성근은 부의 실근이고, 과도 응답은 시간과 함께 단조 감소하는 영역이다. 특성근의 절대값 $|-\sigma|=\sigma$가 클수록 수렴 속도가 빨라지므로 속응성이 좋아지고, 진동 성분도 없기 때문에 안정성도 좋아진다.

② 좌반 복소 평면($-\sigma \pm j\omega$) : 특성근은 부의 실근을 가진 공액 복소근이고, 과도 응답은 지수함수와 정현함수의 곱이 되므로 진동하면서 진폭이 감쇠하는 영역이다. 허수축에 가까운 근일수록 멀리 있는 근보다 과도 응답은 오버슈트도 크고 늦게 소멸한다. 그러므로 자동 제어계의 과도 응답 특성은 허축에 가장 가까이 있는 특성근이 지배한다. 이와 같은 근을 **대표 특성근**(dominant root)이라고 한다.

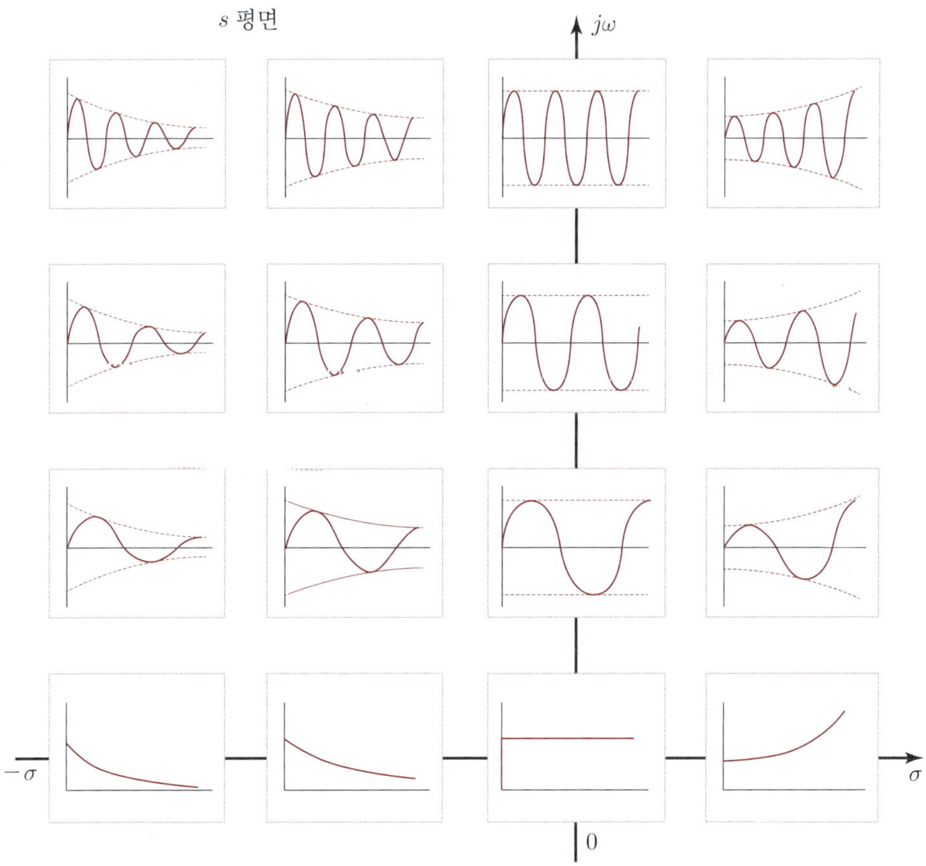

그림 5.5 ▸ 특성근의 위치에 따른 여러 가지 과도 응답 파형

제어계의 과도 응답 특성은 허축에 가장 가까운 대표 특성근의 형태에 따라 결정된다. 특성근은 좌반 평면에 위치할 때 제어계는 안정하고 각주파수 ω가 클수록 속응성이 좋아진다. 그러므로 ω는 속응성의 척도가 된다.

③ 허축($\pm\omega$): 특성근이 허축상에 있는 과도 응답은 시간에 관계없이 항상 일정한 진폭을 갖고 무한히 진동하는 영역이다. 좌반 평면의 감소하는 안정 영역과 우반 평면의 발산하는 불안정 영역간의 경계, 즉 안정의 한계를 나타내는 임계 안정인 계이다.

④ 우반 실축(σ): 특성근은 정의 실근이고, 과도 응답은 시간과 함께 무한대로 발산하고 단조 증가하는 영역이다. 따라서 실축의 특성근이 클수록 과도응답은 진동성분은 없지만 계속 증가만 일어나므로 불안정한 계이다.

⑤ 우반 복소 평면($\sigma\pm j\omega$): 특성근은 정의 실근을 가진 공액 복소근이고, 과도 응답은 진동하면서 시간과 함께 진폭이 증가하는 영역이다. 따라서 특성근이 우반 평면에 있으면 불안정한 계가 된다.

이상으로부터 과도 응답의 특성은 제어계의 미분 방정식의 해 또는 역 라플라스 변환에 의한 출력 응답을 구하지 않고도 특성 방정식에 관한 특성근의 s 평면상의 위치에 따라 편리하게 결정되는 것을 알 수 있다.

5.5 1차계의 과도 응답

1차계의 전달함수가 다음과 같이 주어지는 자동 제어계에서 과도 응답 특성에 관한 인디셜 응답(단위 계단 응답)을 구해본다.

$$\frac{C(s)}{R(s)}=\frac{K}{1+Ts} \tag{5.14}$$

식 (5.14)의 1차 지연요소에 대한 인디셜 응답(출력 응답)은

$$c(t)=\mathcal{L}^{-1}\left[\frac{K}{s(1+Ts)}\right]=\mathcal{L}^{-1}\left[K\left(\frac{1}{s}-\frac{1}{s+(1/T)}\right)\right]$$

$$\therefore\ \ c(t)=K\left(1-e^{-\frac{1}{T}t}\right)=K\left(1-e^{-\frac{1}{\tau}t}\right) \tag{5.15}$$

가 된다. 여기서 K는 **이득 상수**(gain constant)이고, τ는 **시정수**(time constant)라 하고, 시간의 정수를 의미하므로 단위는 **초**[s]이다. 즉 시정수 τ는 T가 된다.

그림 5.6은 1차 지연요소의 인디셜 응답 파형이고, 과도 응답 특징은 다음과 같다.

① 초기값($t=0$)은 0이고, 시간의 경과와 함께 지수적으로 증가하여 최종값($t=\infty$)은 이득 K에 근접한다.

② 시간이 시정수($t=T$)일 경우 출력 $c(t)$는 $K(1-e^{-1})=0.632K$이고, 최종값의 63.2[%]가 된다.

③ **그림 5.6**의 곡선에서 $t=0$의 접선 기울기($\tan\theta$)와 함수의 미분 $\left.\dfrac{di}{dt}\right|_{t=0}$로부터 구한 값의 상등 관계로부터 τ를 구할 수 있다.
시정수 τ는 속응성을 정량적으로 결정짓는 파라미터이다.

$$\tan\theta=\frac{K}{\tau},\quad \left.\frac{di}{dt}\right|_{t=0}=\frac{K}{T} \rightarrow \frac{K}{\tau}=\frac{K}{T}$$

$$\therefore \ \tau=T\,[\mathrm{s}] \tag{5.16}$$

④ 시정수 τ는 실수 단근인 특성근으로부터 **특성근 s의 절대값의 역수 관계**로부터도 다음과 같이 간단히 구할 수 있다.

$$s=-\frac{1}{T} \rightarrow \tau=\frac{1}{|s|}=T\,[\mathrm{s}] \tag{5.17}$$

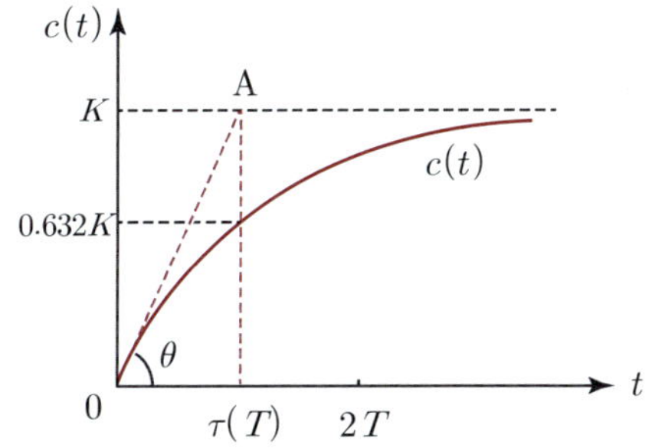

그림 5.6 ▸ 1차 지연요소의 인디셜 응답

예제 5.1

전달함수 $G(s)=\dfrac{1}{s+1}$ 인 제어계의 인디셜 응답을 구하라.

풀이 $C(s)=G(s)R(s)=\dfrac{1}{s+1}\cdot\dfrac{1}{s}=\dfrac{1}{s(s+1)}=\dfrac{1}{s}-\dfrac{1}{s+1}$

$\therefore\ c(t)=\mathcal{L}^{-1}[C(s)]=1-e^{-t}$

예제 5.2

적분 요소의 제어계에서 다음의 주어진 조건에서 과도 응답 $c(t)$을 구하라.

(1) 단위 임펄스 응답 (2) 인디셜 응답 (3) 단위 램프(경사) 응답

풀이 적분 요소의 전달함수 $G(s)=K/s$

(1) $C(s)=G(s)R(s)=\dfrac{K}{s}\cdot\mathcal{L}[\delta(t)]=\dfrac{K}{s}\cdot 1=\dfrac{K}{s}$

$\therefore\ c(t)=\mathcal{L}^{-1}[C(s)]=K$

(2) $C(s)=G(s)R(s)=\dfrac{K}{s}\cdot\mathcal{L}[u(t)]=\dfrac{K}{s}\cdot\dfrac{1}{s}=\dfrac{K}{s^2}$

$\therefore\ c(t)=\mathcal{L}^{-1}[C(s)]=Kt$

(3) $C(s)=G(s)R(s)=\dfrac{K}{s}\cdot\mathcal{L}[t]=\dfrac{K}{s}\cdot\dfrac{1}{s^2}=\dfrac{K}{s^3}$

$\therefore\ c(t)=\mathcal{L}^{-1}[C(s)]=\dfrac{K}{2}t^2$

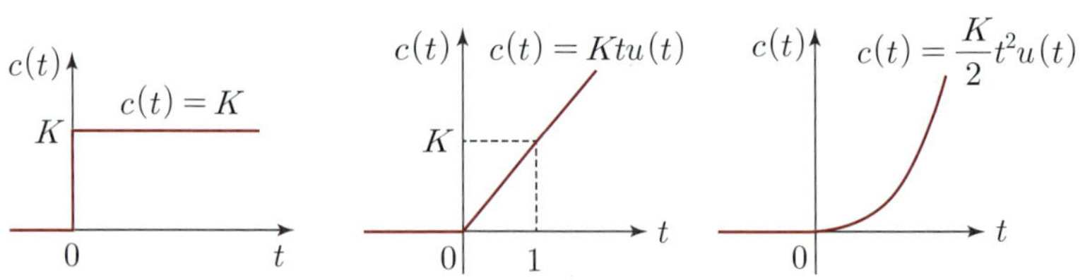

(a) 단위 임펄스 응답 (b) 인디셜 응답 (c) 단위 램프 응답

그림 5.7 ▸ 적분 요소의 과도 응답

5.6 2차계의 과도 응답

5.6.1 과도 응답

2차계의 전달함수가 다음과 같이 가장 일반적으로 주어지는 형태의 폐루프 제어계에 대한 인디셜 응답(단위 계단 응답)을 구해본다.

$$\frac{C(s)}{R(s)} = \frac{\omega_n{}^2}{s^2 + 2\zeta\omega_n s + \omega_n{}^2} \tag{5.18}$$

식 (5.18)의 2차 지연요소에 대한 인디셜 응답(출력 응답)을 구하기 위해 분모를 0으로 놓은 특성 방정식의 근을 구하여 인수로 표시해야 한다. 즉 특성 방정식은

$$s^2 + 2\zeta\omega_n s + \omega_n{}^2 = 0 \tag{5.19}$$

이다. ζ와 1의 대소 관계에 의해 다음과 같이 공액 복소근, 이중 실근, 다른 두 실근으로 구해진다.

① $0 < \zeta < 1$(공액 복소근) : $s_1,\ s_2 = -\zeta\omega_n \pm j\omega_n\sqrt{1-\zeta^2}$

② $\zeta = 1$(이중 실근) : $s_1 = s_2 = -\zeta\omega_n$

③ $\zeta > 1$(다른 두 실근) : $s_1,\ s_2 = -\zeta\omega_n \pm \omega_n\sqrt{\zeta^2 - 1}$

2차 제어계의 특성근에 따른 2차 지연요소의 인디셜 응답은 다음의 식으로 구한다.

$$c(t) = \mathcal{L}^{-1}[C(s)] = \mathcal{L}^{-1}\left[\frac{\omega_n{}^2}{s(s^2 + 2\zeta\omega_n s + \omega_n{}^2)}\right] \tag{5.20}$$

분모의 이차 방정식 대신에 ζ에 대응되는 특성근 s_1, s_2를 포함한 인수 $(s-s_1)(s-s_2)$를 대입하고, 부분 분수로 분해하여 역변환하면 특성근의 유형에 따른 과도 응답(인디셜 응답)은 각각 다음과 같이 구해진다.

① $0 < \zeta < 1$(공액 복소근)인 경우 : $s_1,\ s_2 = -\zeta\omega_n \pm j\omega_n\sqrt{1-\zeta^2}$

$$c(t) = 1 + \frac{e^{-\zeta\omega_n t}}{\sqrt{1-\zeta^2}}\sin\left(\omega_n\sqrt{1-\zeta^2}\,t + \tan^{-1}\frac{\sqrt{1-\zeta^2}}{\zeta}\right) \tag{5.21}$$

② $\zeta = 1$(이중 실근) : $s_1 = s_2 = -\zeta\omega_n$

$$c(t) = 1 - e^{-\omega_n t}(\omega_n t + 1) \tag{5.22}$$

③ $\zeta > 1$(다른 두 실근) : $s_1,\ s_2 = -\zeta\omega_n \pm \omega_n\sqrt{\zeta^2 - 1}$

$$c(t) = 1 - \frac{e^{-\zeta\omega_n t}}{\sqrt{\zeta^2-1}} \sinh\left(\omega_n\sqrt{\zeta^2-1}\,t + \tanh^{-1}\frac{\sqrt{\zeta^2-1}}{\zeta}\right) \tag{5.23}$$

그림 5.8은 제동비 ζ의 변화에 대한 $\omega_n t$의 함수로써 인디셜 응답을 나타낸 곡선이다.

과도 응답의 감쇠 정도를 나타내는 제동비 ζ가 $0 < \zeta < 1$의 범위에서 작아지면 출력 응답은 오버슈트가 더 커지고 진동도 많아지면서 감쇠하게 되어 상대적으로 안정도는 떨어지게 된다. $\zeta \geq 1$일 때 출력 응답은 감쇠는 커지면서 과도 응답 기간에 오버슈트가 일어나지 않고 비진동하면서 목표값에 이르지 못하는 것을 알 수 있다. 인디셜 응답 파형에서 최종값 1을 넘는 현상을 **오버슈트**(overshoot)라고 한다.

2차계의 과도 응답은 임펄스 응답, 인디셜 응답, 램프 응답 모두 동일한 특성을 나타낸다.

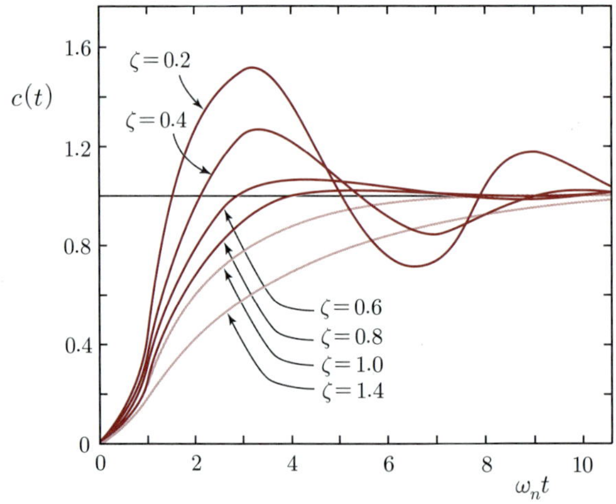

그림 5.8 ▸ 2차 지연요소의 인디셜 응답

2차 지연요소에 대한 인디셜 응답 계산 결과를 도출하였지만, 독자들은 특성 방정식의 근의 위치와 이에 따른 출력 응답 특성에 관심을 두고 학습해야 한다.

(1) 제동 상수와 제동비

식 (5.19)의 특성 방정식에서 감쇠 진동이 일어나는 식 (5.25)의 두 특성근을 고찰한다.

$$s^2+2\zeta\omega_n s+\omega_n{}^2=0 \tag{5.24}$$

$$s_1,\ s_2=-\zeta\omega_n \pm j\omega_n\sqrt{1-\zeta^2}=-\sigma\pm j\omega \tag{5.25}$$

여기서, ζ : 제동비 또는 감쇠비(damping ratio)

ω_n : 고유 주파수 또는 무제동 고유 주파수(undamped natural frequency)

$\sigma=\zeta\omega_n$: 제동 상수 또는 제동 인자(damping constant, damping factor)

$\omega=\omega_n\sqrt{1-\zeta^2}$: 감쇠 진동 주파수 또는 실제 주파수(actual frequency)

식 (5.25)의 σ는 과도 응답의 지수함수 $e^{-\sigma t}$의 형식으로 표현되므로 지수항에서 t와 곱해지는 상수이다. 그러므로 σ는 계통의 제동, 즉 감쇠를 제어하는 요소가 되므로 **제동 상수**(damping constant, damping factor)라고 한다. 제동 상수 σ의 역수가 시정수 τ를 의미한다. 즉 **시정수** τ는 다음의 관계가 된다.

$$\tau=\frac{1}{\sigma}=\frac{1}{\zeta\omega_n}\ [\mathrm{s}] \tag{5.26}$$

특성근이 이중 실근일 때 제이계는 **임계 제동**(critical damped)이라 하고, 식 (5.25)에서 $\zeta=1$일 때 임계 제동이 일어난다. 이때 제동 상수는 $\sigma=\omega_n$이다. 따라서 ζ는 응답의 감쇠 정도를 나타내기 때문에 **제동비**(damping ratio) 또는 **감쇠비**라 하고, $\sigma=\zeta\omega_n$의 관계에서 제동비 ζ는 다음과 같이 정의한다.

$$\sigma=\zeta\omega_n \quad\rightarrow\quad \zeta=\frac{\sigma}{\omega_n} \tag{5.27}$$

(2) 무제동 고유 주파수

특성 방정식의 근이 공액 허근일 때 제어계는 **무제동**(undamped)이라 하고, 식 (5.25)에서 $\zeta=0$일 때 무제동이 일어난다. 이 때 제어계의 응답은 감쇠가 없는 정현 파형의 진동만 발생한다. 그러므로 $\omega=\omega_n\sqrt{1-\zeta^2}$ 의 관계로부터 **고유 주파수** ω_n은 **무제동 고유 주파수**라고 한다. 즉 ω_n은 $\zeta=0$일 때의 주파수이고, 이때 $\omega=\omega_n$과 같게 된다.

(3) 특성근과 σ, ζ, ω_n, ω 의 관계

그림 5.9(a)는 고유 주파수 ω_n이 일정할 때 식 (5.25)에 의해 무수히 많은 근의 궤적을 나타낸 것이다. 이 때 근의 궤적은 중심이 원점이고 반지름 ω_n으로 하는 거리가 된다.

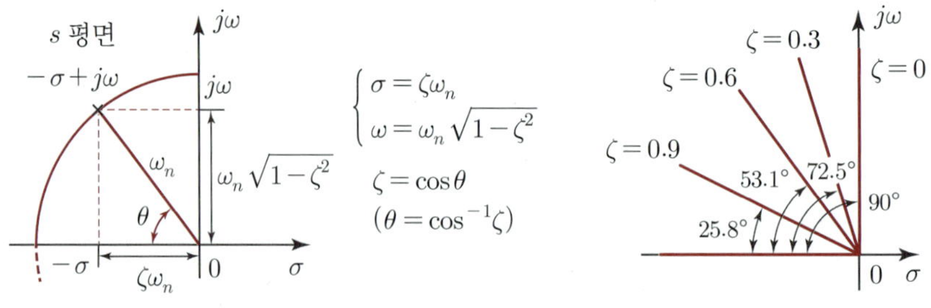

(a) ω_n 일정(ζ, ω_n, ω의 관계)　　(b) ζ 일정

그림 5.9 ▶ ω_n과 ζ가 일정한 경우의 근궤적(특성근 위치)

제동비 $0<\zeta<1$에서 제어계는 **부족 제동**(underdamped)이라고 하고, 이 때 감쇠 진동 주파수 ω는 고유 주파수 ω_n보다 항상 작으며($\omega<\omega_n$), ω를 ζ와 ω_n으로 표현하면 다음과 같다.

$$\omega_n=\sqrt{\sigma^2+\omega^2}\ (\omega_n>\omega)\ \rightarrow\ \omega=\sqrt{{\omega_n}^2-\sigma^2}\ (\sigma=\zeta\omega_n)$$

$$\therefore\ \omega=\omega_n\sqrt{1-\zeta^2} \tag{5.28}$$

그림 5.9(b)는 제동비 ζ가 일정할 때 근의 궤적을 나타낸 것이고, ζ는 음의 실축과 이루는 각 θ로부터 다음과 같다.

$$\zeta=\cos\theta\quad\therefore\ \theta=\cos^{-1}\zeta \tag{5.29}$$

부족 제동($0<\zeta<1$)인 특성 방정식의 근에서 σ, ζ, ω_n, ω의 관계는 다음과 같이 정리할 수 있다.

$$s = -\zeta\omega_n \pm j\omega_n\sqrt{1-\zeta^2} = -\sigma \pm j\omega \begin{cases} \sigma = \zeta\omega_n \\ \omega = \omega_n\sqrt{1-\zeta^2} \end{cases} \quad (5.30)$$

그림 5.10은 고유 주파수 ω_n(ζ 일정)과 제동비 ζ(ω_n 일정)의 변화에 따른 근의 궤적을 나타낸 것이다. 근의 위치에 따른 성질을 종합적으로 안정성과 속응성을 결부지어서 설명한다.

(1) ζ를 일정하게 하면 $\theta = \cos^{-1}\zeta$의 각으로 하는 원점에서부터 직선상에 근의 궤적이 있고, ω_n을 변화시키면 반지름 ω_n의 원주 상에 근의 궤적을 나타내는 것을 배웠다. **그림 5.10**(a)와 같이 ζ를 일정(θ 일정)하게 하고 ω_n을 증가시키면 근의 위치는 ζ의 직선과 ω_n의 원이 만나는 점 a에서 점 b로 향하는 궤적을 그리게 된다.

(2) **그림 5.5**에서 원점 근처 파형부터 각 θ의 직선상의 파형들을 비교해보면 제동비가 일정하여 최대 오버슈트는 변하지 않지만, ω_n이 클수록 상대적으로 최종값에 빨리 도달하여 속응성이 좋아진다. 그러므로 **고유 주파수 ω_n**은 **속응성의 척도**가 된다.

(3) **그림 5.10**(b)는 ω_n을 일정하게 하고, 제동비 ζ를 0에서부터 증가시켰을 때 근의 위치를 나타낸 것이다. 제동비 $\zeta = 0$(무제동)의 허축은 공액 순허근을 갖는 경우로써 일정한 진폭으로 완전 진동을 한다.

(4) ζ를 $0 < \zeta < 1$(부족 제동)의 범위로 변화(ω_n 일정)시키면, 특성근은 허축을 떠나 반지름 ω_n으로 하는 원의 궤적을 그리고, $\zeta = 1$에서 음의 실축과 만나면서 이중 실근($s = -\omega_n$)을 갖게 된다. $\zeta = 1$은 진동과 비진동의 경계점인 임계 제동이다.

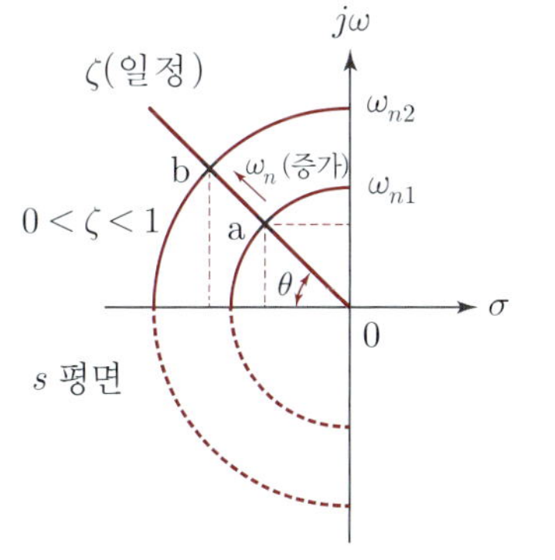

(a) ω_n의 변화에 의한 근 위치(ζ 일정)

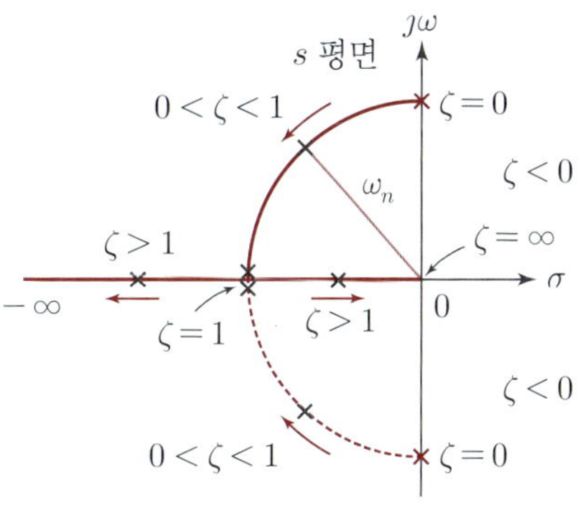

(b) ζ의 변화에 의한 근 위치(ω_n 일정)

그림 5.10 ▸ 고유수파수 ω_n과 제동비 ζ의 변화에 따른 근궤적

(5) **그림 5.5**에서 원점을 중심으로 하는 원을 허축부터 실축의 회전 방향으로 하는 원주 상에 놓여 있는 파형들을 비교해 볼 때, 제동비가 작으면 진동이 심하다가 제동비가 커지면서 비진동적이고 진동의 감쇠가 커지는 것을 알 수 있다. 그러므로 **제동비 ζ는 안정성(감쇠성)의 척도**가 되고, 제동비 ζ를 **감쇠비**라고도 한다.

(6) $\zeta > 1$ 의 범위로 더욱 증가시키면 분리되어 음의 실축을 따라 $-\infty$ 방향과 원점 방향으로 근이 이동한다. 이때 특성근은 실근이므로 비진동이고 감쇠만 일어나므로 안정성이 좋고, 그 절대값은 커질수록 속응성도 좋아진다. $\zeta > 1$의 제어계를 과제동(overdamped)이라고 한다.

(7) 좌반 평면($\zeta > 0$)에 특성근이 존재하면 **안정한 제어계**, 허축($\zeta = 0$)에 특성근이 존재하면 제어계의 안정과 불안정의 경계점, 즉 안정의 한계를 나타내는 **임계 안정**(상태)이다. 우반 평면($\zeta < 0$)에 특성근이 존재하면 **불안정한 제어계**가 된다.

표 5.2는 제동비 ζ 값에 따른 근의 위치, 과도 응답 상태 및 제어계의 안정성을 정리하여 나타낸 것이다.

표 5.2 ▶ 제동비 ζ 값에 따른 근의 위치, 과도 응답, 안정성

제동비 ζ		특성근($s=-\sigma \pm j\omega$)	근의 종류	과도 응답 상태	계의 안정성
$\zeta=0$	무제동	$\pm j\omega_n$	순허근	완전 진동	임계 안정
$0<\zeta<1$	부족제동	$-\zeta\omega_n \pm j\omega_n\sqrt{1-\zeta^2}$	공액 복소근	감쇠 진동	안정
$\zeta=1$	임계 제동	$-\omega_n$	이중 실근	임계 진동	안정
$\zeta>1$	과제동	$-\zeta\omega_n \pm \omega_n\sqrt{\zeta^2-1}$	다른 두 실근	비진동	안정
$\zeta<0$	발 산	$\zeta\omega_n \pm j\omega_n\sqrt{1-\zeta^2}$	공액 복소근	증가 진동	불안정

5.6.2 2차계의 평가 제어량

(1) 최대 초과 시간, T_p

부족 제동인 경우의 인디셜 응답은 식 (5.21)로 표시된다. 이것을 다시 쓰면

$$c(t) = 1 + \frac{e^{-\zeta\omega_n t}}{\sqrt{1-\zeta^2}} \sin\left(\omega_n\sqrt{1-\zeta^2}\,t + \tan^{-1}\frac{\sqrt{1-\zeta^2}}{\zeta}\right) \qquad (5.31)$$

이다. **그림 5.8**에서 최대 오버슈트가 발생하는 시간, 즉 최대 초과 시간 T_p를 구하기 위하여 식 (5.31)을 미분하여 0으로 놓으면 구할 수 있다. 즉,

$$\frac{dc(t)}{dt} = -\frac{\zeta\omega_n e^{-\zeta\omega_n t}}{\sqrt{1-\zeta^2}}\sin(\omega t+\phi) + \frac{e^{-\zeta\omega_n t}}{\sqrt{1-\zeta^2}}\cos(\omega t+\phi) \qquad (5.32)$$

이고, $\phi = \tan^{-1}\frac{\sqrt{1-\zeta^2}}{\zeta}$ 이다. 식 (5.32)를 간략히 하면

$$\frac{dc(t)}{dt} = \frac{\omega_n}{\sqrt{1-\zeta^2}} e^{-\zeta\omega_n t}\sin\omega_n\sqrt{1-\zeta^2}\,t \quad (t \geq 0) \qquad (5.33)$$

이다. 과도 응답 $c(t)$의 도함수의 식 (5.33)을 0으로 놓으면 다음과 같이 구해진다.

$$\omega_n\sqrt{1-\zeta^2}\,t = n\pi \quad (n=1,\ 2,\ 3\cdots)$$

$$\therefore \quad t_p = \frac{n\pi}{\omega_n\sqrt{1-\zeta^2}} \qquad (5.34)$$

최대 오버슈트가 발생하는 시간, 즉 **최대 초과 시간** T_p는 $n=1$일 때 일어나므로 다음과 같이 구할 수 있다. 제동비 ζ가 감소하면 T_p도 짧아지는 것을 알 수 있다.

$$T_p = \frac{\pi}{\omega_n\sqrt{1-\zeta^2}} \quad \text{또는} \quad T_p = \frac{\pi}{\omega} \qquad (5.35)$$

(2) 최대 오버슈트

식 (5.34)에서 n이 홀수일 때 오버슈트가 일어나는 시간이고, n이 짝수일 때 언더슈트가 일어나는 시간이다. 식 (5.34)를 식 (5.31)에 대입하면 오버슈트와 언더슈트가 구해진다. 즉,

$$c(t)|_{\text{max or min}} = 1 + \frac{e^{-\left(n\pi\zeta/\sqrt{1-\zeta^2}\right)}}{\sqrt{1-\zeta^2}}\sin\left(n\pi + \tan^{-1}\frac{\sqrt{1-\zeta^2}}{\zeta}\right) \qquad (5.36)$$

또는

$$c(t)|_{\text{max or min}} = 1 + (-1)^{n-1} e^{-\left(n\pi\zeta/\sqrt{1-\zeta^2}\right)} \tag{5.37}$$

최대 오버슈트와 **백분율 최대 오버슈트**는 식 (5.4)와 식 (5.5)의 정의에 의해 과도 응답의 식 (5.37)에 $n=1$을 대입하여 구한 값에서 최종값을 빼면 얻을 수 있다.

$$\text{최대 오버슈트} = c_{\max} - 1 = e^{-\left(\pi\zeta/\sqrt{1-\zeta^2}\right)} \tag{5.38}$$

$$\text{백분율 최대 오버슈트} = \frac{c_{\max} - 1}{1} \times 100 = 100 e^{-\left(\pi\zeta/\sqrt{1-\zeta^2}\right)} \tag{5.39}$$

2차계에서 오버슈트는 제동비만의 함수와 관계하기 때문에 특성근이 허축에서 멀리 떨어질수록 제동비가 커지므로 오버슈트는 감소한다.

(3) 정정 시간 T_s

정정 시간 T_s는 과도 응답 $c(t)$가 최종값의 ± 5[%](또는 ± 2[%]) 범위 이내에 정착되는 데 필요한 시간으로 정의한다. 따라서 식 (5.31)의 감쇠 정현함수의 크기가 5[%] 또는 2[%]일 때 도달하는 시간이 정정 시간 T_s가 된다. 즉, 정정 시간 T_s는 각각

$$(5[\%]\ \text{경우})\quad \frac{e^{-\zeta\omega_n t}}{\sqrt{1-\zeta^2}} = 0.05 \qquad T_s = \frac{-\ln\left(0.05\sqrt{1-\zeta^2}\right)}{\zeta\omega_n} \tag{5.40}$$

$$(2[\%]\ \text{경우})\quad \frac{e^{-\zeta\omega_n t}}{\sqrt{1-\zeta^2}} = 0.02 \qquad T_s = \frac{-\ln\left(0.02\sqrt{1-\zeta^2}\right)}{\zeta\omega_n} \tag{5.41}$$

이다. ζ가 $0.1 \sim 0.9$로 변화할 때 5[%]인 경우에 식 (5.40)의 분자는 $3.0 \sim 3.83$의 범위이고, 2[%]인 경우에 식 (5.41)의 분자는 $3.91 \sim 4.74$의 범위가 된다. 그러므로 **정정 시간** T_s는 대략적으로 다음의 식으로 근사할 수 있고, 시정수 τ의 약 $3 \sim 4$배 정도가 된다. 또 제동비 ζ가 감소하면 시정수는 증가하고 정정 시간 T_s도 증가하는 것을 알 수 있다.

$$\begin{aligned} &(5[\%]\ \text{경우})\quad T_s \fallingdotseq \frac{3}{\zeta\omega_n} \quad \text{또는} \quad T_s \fallingdotseq \frac{3}{\sigma} = 3\tau \\ &(2[\%]\ \text{경우})\quad T_s \fallingdotseq \frac{4}{\zeta\omega_n} \quad \text{또는} \quad T_s \fallingdotseq \frac{4}{\sigma} = 4\tau \end{aligned} \tag{5.42}$$

예제 5.3

단위 궤환 제어계에서 개루프 전달함수 $G(s)=\dfrac{s+2}{s(s+1)}$ 일 때, 폐루프 전달함수를 구하라.

풀이

$$G_0(s)=\frac{G(s)}{1+G(s)}=\frac{\dfrac{s+2}{s(s+1)}}{1+\dfrac{s+2}{s(s+1)}}=\frac{s+2}{s^2+2s+2}$$

예제 5.4

전달함수가 식 (5.18)과 같이 표시되는 2차계에서 $\zeta=1$, $\omega_n=1$인 경우에 단위 임펄스 응답을 구하라.

풀이 단위 임펄스 입력 $R(s)=\mathcal{L}[\delta(t)]=1$

$$G(s)=\frac{C(s)}{R(s)}=\frac{{\omega_n}^2}{s^2+2\zeta\omega_n s+{\omega_n}^2}=\frac{1}{s^2+2s+1}=\frac{1}{(s+1)^2}$$

$$C(s)=G(s)R(s)=\frac{1}{(s+1)^2} \qquad \therefore\ c(t)=\mathcal{L}^{-1}[C(s)]=te^{-t}$$

5.7 정상 응답 특성

그림 5.2의 단위 계단 입력에 대한 응답 곡선에서 정정 시간까지를 과도 응답, 정정 시간을 넘어서면 정상 응답이라고 할 수 있다. 자동 제어계의 해석과 설계의 중요한 요소는 과도 응답, 정상 응답과 안정도이며, 본 절에서는 정상 응답에 대해 고찰하기로 한다.

5.7.1 정상 편차(잔류 편차)

정상 편차(steady-state error)는 자동 제어계의 정확도(accuracy)를 표시하는 지표이다. 대부분의 물리계는 각 요소에서 관성 및 지항 등을 가지고 있기 때문에 제어계의 기준 입력과 출력의 정상 응답 사이에 편차 또는 오차(error)가 발생한다. 이와 같이 정상 상태에 도달한 후 남아 있는 편차 또는 오차를 **정상 편차**(steady-state error) 또는 **잔류 편차**(residual error)라고도 한다.

제어계의 기준 입력 $r(t)$와 출력 $c(t)$가 동일한 차원이거나 같은 레벨(단위 궤환 제어계)이라면 편차 $e(t)$는 간단히

$$e(t) = r(t) - c(t) \tag{5.43}$$

로 쓸 수 있다. 그러나 입력과 출력을 동일한 차원으로 설정하는 것은 거의 불가능하다. 만약 전압으로 속도를 제어하는 차원이 다른 경우이거나 고전압의 전력을 제어하기 위해 저전압을 사용하는 것과 같은 레벨이 다른 경우에 단위 궤환 제어계($H=1$) 에서 식 (5.43)은 의미가 없게 된다.

그러므로 편차(오차)는 **그림 5.11**과 같이 궤환 요소 $H(\neq 1)$ 등의 전송기를 적용하여 단위가 없는 궤환 제어계에서 편차 $e(t)$를 정의해야 한다.

기준 입력 $r(t)$와 출력 $c(t)$, 편차 $e(t)$라 할 때, 편차 함수 $e(t)$는 다음과 같이 정의해야 한다.

$$e(t) = r(t) - b(t) \tag{5.44}$$

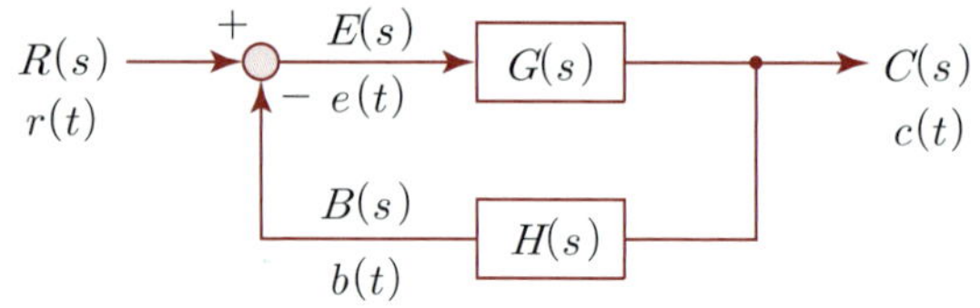

그림 5.11 ▶ 궤환(피드백) 제어계

제어계의 정상 편차 e_{ss}는 $t \to \infty$일 때 기준 입력에 대한 입력과 출력의 차(편차, 오차)로 정의하므로 시간함수 $e(t)$와 식 (2.36)의 최종값의 정리를 적용하여 복소함수 $E(s)$로 나타내면 다음과 같이 표시된다.

$$e_{ss} = \lim_{t \to \infty} e(t) = \lim_{s \to 0} sE(s) \tag{5.45}$$

그림 5.11에서 편차 함수(error function) $E(s)$는 식 (5.44)의 라플라스 변환에 의해

$$E(s) = R(s) - B(s) \quad [B(s) = H(s)C(s)] \tag{5.46}$$

$$= R(s) - H(s)C(s) \quad \left[C(s) = \frac{G(s)}{1+G(s)H(s)}R(s)\right] \tag{5.47}$$

$$= R(s) - \frac{G(s)H(s)}{1+G(s)H(s)}R(s) \tag{5.48}$$

$$\therefore \quad E(s) = \frac{R(s)}{1+G(s)H(s)} \tag{5.49}$$

가 된다. 식 (5.49)의 편차 함수 $E(s)$를 식 (5.45)에 대입하면 정상 편차 e_{ss}는 다음과 같이 구해진다. 편차 $E(s)$는 극이 허축상이거나 s 평면의 우반 평면에 극이 존재하지 않는 안정한 계를 가정한다.

$$e_{ss} = \lim_{t\to\infty} e(t) = \lim_{s\to 0} sE(s) = \lim_{s\to 0} \frac{sR(s)}{1+G(s)H(s)} \tag{5.50}$$

식 (5.50)에서 제어계의 정상 편차는 기준 입력 $R(s)$와 개루프 전달함수(일순 전달함수) $G(s)H(s)$에 관계하고 있으며, 특히 $G(s)H(s)$에 크게 영향을 받는다.

그림 5.11에서 $H(s)=1$인 단위 궤환 제어계의 편차 함수 $E(s)$와 정상 편차 e_{ss}는 식 (5.49)와 식 (5.50)에서 $H(s)=1$을 대입하여 다음과 같이 표현할 수 있다.

$$E(s) = \frac{R(s)}{1+G(s)} \tag{5.51}$$

$$e_{ss} = \lim_{s\to 0} \frac{sR(s)}{1+G(s)} \tag{5.52}$$

일반적으로 궤환 제어계의 개루프 전달함수 $G(s)H(s)$는 다음과 같이 분수식의 유리함수로 나타난다.

$$G(s)H(s) = \frac{K(s+z_1)(s+z_2)\cdots(s+z_m)}{s^j(s+p_1)(s+p_2)\cdots(s+p_n)} \tag{5.53}$$

여기서 K는 이득이고, j는 0, 1, 2, ⋯ 이다. 식 (5.50)과 식 (5.53)의 관계식으로부터 정상 편차는 이득 K를 크게 할수록 작아진다.

제어계는 식 (5.53)에서 개루프 전달함수에 크게 지배되므로 $G(s)H(s)$의 분모에 있는 s^j를 인수로 하는 극점, 즉 원점에 있는 극점의 차수(극점의 수)를 의미하는 j의 값에 의해 제어계의 형식(type)이 결정된다.

극점의 차수 j에 의해 **제어계의 형**(type)은 다음과 같이 분류한다.

(1) 0 형 제어계 : $j=0$ 인 제어계
(2) 1 형 제어계 : $j=1$ 인 제어계
(3) 2 형 제어계 : $j=2$ 인 제어계

예제 5.5

단위 궤환 제어계에서 개루프 전달함수 $G(s)$가 다음과 같이 주어진 계의 단위 계단 입력에 대한 정상 편차를 구하라.

$$G(s)=\frac{10}{(s+1)(s+2)}$$

풀이 단위 계단 입력 $R(s)=\dfrac{1}{s}$와 개루프 전달함수 $G(s)=\dfrac{10}{(s+1)(s+2)}$을 식 (5.52)의 정상 편차 e_{ss}에 대입하여 다음과 같이 구한다.(0형 제어계)

$$e_{ss}=\lim_{s\to 0}\frac{sR(s)}{1+G(s)}=\lim_{s\to 0}\frac{1}{1+\dfrac{10}{(s+1)(s+2)}}=\frac{1}{6}$$

별해 $K_p=\lim_{s\to 0}G(s)=\lim_{s\to 0}\dfrac{10}{(s+1)(s+2)}=5$

$$\therefore\ e_{ss}=\frac{1}{1+K_p}=\frac{1}{1+5}=\frac{1}{6}$$

예제 5.6

그림 5.11과 같은 궤환 제어계에서 $G(s)$와 $H(s)$가 다음과 같이 주어진 계의 형을 구하라.

$$G(s)=\frac{24}{(2s+1)(4s+1)},\qquad H(s)=\frac{4}{4s(3s+1)}$$

풀이 $G(s)H(s) = \frac{24}{(2s+1)(4s+1)} \cdot \frac{4}{4s(3s+1)}$

$$\therefore \; G(s)H(s) = \frac{24}{s(2s+1)(4s+1)(3s+1)}$$

개루프 전달함수 $G(s)H(s)$에서 분모 s의 차수는 1이므로 **1 형 제어계**가 된다.

5.7.2 기준 입력에 의한 정상 편차

제어계의 시험 기준 입력에 대한 정상 편차를 고찰하기 위해 제 5.2 절에서 설명한 세 가지의 입력을 사용한다. **표 5.3**은 시험 기준 입력을 정리하여 나타낸 것이다.

표 5.3 ▶ 정상 편차의 고찰을 위한 시험 기준 입력

기준 입력	물리적 해석	시간 함수($t \geq 0$), $r(t)$	라플라스 변환, $R(s)$
단위 계단 입력	정위치	$u(t)$	$\frac{1}{s}$
단위 램프 입력	정속도	t	$\frac{1}{s^2}$
포물선 입력	정가속도	$\frac{1}{2}t^2$	$\frac{1}{s^3}$

정상 편차의 식 (5.50)을 식 (5.54)에 다시 쓰고, 개루프 전달함수 $G(s)H(s)$의 식 (5.53)에 극한을 취하여 s를 0으로 접근시키면 식 (5.55)와 같이 표현된다.

$$e_{ss} = \lim_{s \to 0} sE(s) = \lim_{s \to 0} \frac{sR(s)}{1+G(s)H(s)} \tag{5.54}$$

$$\lim_{s \to 0} G(s)H(s) = \left(\frac{Kz_1 z_2 \cdots z_m}{p_1 p_2 \cdots p_n} \right) \lim_{s \to 0} \frac{1}{s^j} \tag{5.55}$$

(1) 정상 위치 편차

그림 5.11의 궤환 제어계에 기준 입력으로 단위 계단 함수일 때, 라플라스 변환은 $R(s) = 1/s$ 이므로 식 (5.54)에 의하여 정상 편차는

$$e_{ss}=\lim_{s\to 0}\frac{s(1/s)}{1+G(s)H(s)}=\frac{1}{1+\lim\limits_{s\to 0}G(s)H(s)}=\frac{1}{1+K_p} \tag{5.56}$$

이 된다. 여기서 단위 계단 입력에 대한 정상 편차를 **정상 위치 편차**라고 한다. 또 K_p는

$$K_p=\lim_{s\to 0}G(s)H(s) \tag{5.57}$$

이고, K_p를 **위치 편차 상수**(position error constant)라고 정의한다.

식 (5.55)에서 j의 값에 따라 위치 편차 상수 K_p가 얻어지고, 이 K_p의 값에 따른 단위 계단 입력에 대한 정상 위치 편차 e_{ss}가 구해진다.

0형 제어계($j=0$)	K_p(일정)	$e_{ss}=\dfrac{1}{1+K_p}$ (유한값)
1형 제어계($j=1$)	$K_p=\infty$	$e_{ss}=\dfrac{1}{1+K_p}=0$
2형 제어계($j=2$)	$K_p=\infty$	$e_{ss}=\dfrac{1}{1+K_p}=0$

단위 계단 입력에서 j가 1 이상일 때, 위치 편차 상수 $K_p=\infty$가 되어 정상 편차는 0이 된다. 따라서 개루프 전달함수 $G(s)H(s)$는 원점에 한 개 이상의 극점을 가져야 한다.

(2) 정상 속도 편차

그림 5.11의 궤환 제어계에 기준 입력으로 단위 램프 함수일 때, 라플라스 변환은 $R(s)=1/s^2$ 이므로 식 (5.54)에 의하여 정상 편차는

$$e_{ss}=\lim_{s\to 0}\frac{1}{s+sG(s)H(s)}=\frac{1}{\lim\limits_{s\to 0}sG(s)H(s)}=\frac{1}{K_v} \tag{5.58}$$

이 된다. 여기서 단위 램프 입력에 대한 정상 편차를 **정상 속도 편차**라고 한다. 또 K_v는

$$K_v=\lim_{s\to 0}sG(s)H(s) \tag{5.59}$$

이고, K_v를 **속도 편차 상수**(velocity error constant)라고 정의한다.

식 (5.55)에서 j의 값에 따라 속도 편차 상수 K_v가 얻어지고, 이 K_v의 값에 따른 단위 램프 입력에 대한 정상 속도 편차 e_{ss}가 구해진다.

0형 제어계($j=0$) $K_v=0$ $e_{ss}=\frac{1}{K_v}=\infty$

1형 제어계($j=1$) K_v(일정) $e_{ss}=\frac{1}{K_v}$(유한값)

2형 제어계($j=2$) $K_v=\infty$ $e_{ss}=\frac{1}{K_v}=0$

단위 램프 입력에서 j가 2 이상일 때, 속도 편차 상수 $K_v=\infty$가 되어 정상 편차는 0이 된다. 따라서 개루프 전달함수 $G(s)H(s)$는 원점에 두 개 이상의 극점을 가져야 한다.

(3) 정상 가속도 편차

그림 5.11의 궤환 제어계에 기준 입력으로 포물선 함수일 때, 라플라스 변환은 $R(s)=1/s^3$ 이므로 식 (5.54)에 의하여 정상 편차는

$$e_{ss}=\lim_{s\to 0}\frac{1}{s^2+s^2G(s)H(s)}=\frac{1}{\lim\limits_{s\to 0}s^2G(s)H(s)}=\frac{1}{K_a} \tag{5.60}$$

이 된다. 여기서 포물선 입력에 대한 정상 편차를 **정상 가속도 편차**라고 한다. 또 K_a는

$$K_a=\lim_{s\to 0}s^2G(s)H(s) \tag{5.61}$$

이고, K_a를 **가속도 편차 상수**(velocity error constant)라고 정의한다.

식 (5.55)에서 j의 값에 따라 가속도 편차 상수 K_a가 얻어지고, 이 K_a의 값에 따른 단위 램프 입력에 대한 정상 가속도 편차 e_{ss}가 구해진다.

0형 제어계($j=0$) $K_a=0$ $e_{ss}=\frac{1}{K_a}=\infty$

1형 제어계($j=1$) $K_a=0$ $e_{ss}=\frac{1}{K_a}=\infty$

$$2\text{형 제어계}(j=2) \qquad K_a(\text{일정}) \qquad e_{ss}=\frac{1}{K_a}(\text{유한값})$$

$$3\text{형 제어계}(j=3) \qquad K_a=\infty \qquad e_{ss}=\frac{1}{K_a}=0$$

포물선 입력에서 j가 3 이상일 때, 가속도 편차 상수 $K_a=\infty$가 되어 정상 편차는 0이 된다. 따라서 개루프 전달함수 $G(s)H(s)$는 원점에 세 개 이상의 극점을 가져야 한다.

이상으로부터 각 입력에 대한 제어계의 정상 편차 e_{ss}는 편차 상수 K_p, K_v, K_a에 의해 결정된다는 것을 알았다.

표 5.4는 제어계의 형에 따른 편차 상수와 정상 편차를 정리하여 나타낸 것이다.

표 5.4 ▶ 제어계의 형에 따른 편차 상수와 정상 편차

계의 형	편차 상수 K			정상 편차 e_{ss}			기준 입력 $R(s)$
	K_p	K_v	K_a	위치 편차	속도 편차	가속도 편차	
0	K_p	0	0	$\frac{1}{1+K_p}$	∞	∞	계단 입력 : $\frac{1}{s}$
1	∞	K_v	0	0	$\frac{1}{K_v}$	∞	램프 입력 : $\frac{1}{s^2}$
2	∞	∞	K_a	0	0	$\frac{1}{K_a}$	가속도 입력 : $\frac{1}{s^3}$
3	∞	∞	∞	0	0	0	

일반적으로 **제어계의 형이 증가할수록 정상 편차는 감소하지만, 장치는 복잡해지고 가격이 높으며 안정도가 낮은 관계**로 0형 또는 1형의 제어계가 가장 많이 사용된다.

계단 입력, 램프 입력, 포물선 입력이 동시에 가해지는 경우의 정상 편차는 각각 개별적으로 입력이 가해지는 경우에 발생하는 편차를 중첩하면 된다. 즉, 다음의 입력에 대한 정상 편차 e_{ss}는 다음과 같이 구해진다.

$$r(t)=A+Bt+\frac{C}{2}t^2 \tag{5.62}$$

$$e_{ss}=\frac{A}{1+K_p}+\frac{B}{K_v}+\frac{C}{K_a} \tag{5.63}$$

정리 입력에 따른 편차 상수와 정상 편차

(1) 위치 편차 상수 $K_p = \lim_{s \to 0} G(s)H(s)$, 정상 위치 편차 $e_{ss} = \dfrac{1}{1+K_p}$

(2) 속도 편차 상수 $K_v = \lim_{s \to 0} sG(s)H(s)$, 정상 속도 편차 $e_{ss} = \dfrac{1}{K_v}$

(3) 가속도 편차 상수 $K_a = \lim_{s \to 0} s^2 G(s)H(s)$, 정상 가속도 편차 $e_{ss} = \dfrac{1}{K_a}$

★ 0형 제어계 : 유한값(0 제외)의 정상 위치 편차를 갖는 제어계
1형 제어계 : 유한값(0 제외)의 정상 속도 편차를 갖는 제어계
2형 제어계 : 유한값(0 제외)의 정상 가속도 편차를 갖는 제어계

예제 5.7

개루프 전달함수 $G(s)$가 다음과 같이 주어진 단위 궤환 제어계가있다. 다음과 같이 주어진 조건에 대해 각각 구하라.

$$G(s) = \frac{10}{s(s+1)(s+2)}$$

(1) 단위 계단 입력에 대한 위치 편차 상수와 정상 편차
(2) 단위 속도 입력에 대한 속도 편차 상수와 정상 편차
(3) 단위 가속도 입력에 대한 가속도 편차 상수와 정상 편차

풀이 (1) $K_p = \lim_{s \to 0} G(s) = \lim_{s \to 0} \dfrac{10}{s(s+1)(s+2)} = \infty$

$$\therefore\ e_{ss} = \frac{1}{1+K_p} = \frac{1}{1+\infty} = 0$$

(2) $K_v = \lim_{s \to 0} sG(s) = \lim_{s \to 0} \dfrac{10}{(s+1)(s+2)} = 5$

$$\therefore\ e_{ss} = \frac{1}{K_v} = \frac{1}{5}$$

(3) $K_a = \lim_{s \to 0} s^2 G(s) = \lim_{s \to 0} \dfrac{10s}{(s+1)(s+2)} = 0$

$$\therefore\ e_{ss} = \frac{1}{K_a} = \frac{1}{0} = \infty$$

예제 5.8

단위 궤환 제어계의 개루프 전달함수 $G(s)$에 입력 $R(s)$를 가하였다. $G(s)$와 $R(s)$가 다음과 같이 주어졌을 때 정상 편차를 구하라.

$$G(s) = \frac{s+1}{s^2(s+3)}, \qquad R(s) = \frac{1}{s} + \frac{1}{s^2} + \frac{1}{s^3}$$

풀이 $G(s)$는 2형 제어계이므로 계단 및 정속도 입력에 대한 편차(오차)는 0이고, 정가속도 입력에 대한 편차만 존재한다. 즉,

$$K_a = \lim_{s\to 0} s^2 G(s) = \lim_{s\to 0} \frac{s+1}{s+3} = \frac{1}{3} \qquad \therefore\ e_{ss} = \frac{1}{K_a} = 3$$

5.7.3 외란의 영향을 고려한 정상 편차

제어계에서 피드백의 중요한 역할은 계의 외부에서 불필요한 입력이나 교란이 들어왔을 때 이 외적인 요인들에 의한 영향을 억제시키는 데 있다. 이와 같이 제어계에서 원하지 않는 불필요한 외부의 입력을 **외란**이라고 한다.

본 절에서는 규칙적인 외란이 침입될 때의 편차에 미치는 영향 등에 대하여 고찰해 보기로 한다.

일반적으로 외란을 $d(t)$라고 하면, 제어계의 블록 선도는 **그림 5.12**와 같은 형태로 나타낼 수 있다. 이 블록 선도에서 자동 제어계의 입력 $R(s)$, 출력 $C(s)$, 외란 $D(s)$ 사이의 관계는 다수의 입력인 경우가 되므로 다음과 같은 식이 된다. 여기서 $D(s)$는 외란 $d(t)$의 라플라스 변환이다.

$$C(s) = \frac{G_1(s)G_2(s)}{1+G_1(s)G_2(s)}R(s) + \frac{G_2(s)}{1+G_1(s)G_2(s)}D(s) \tag{5.64}$$

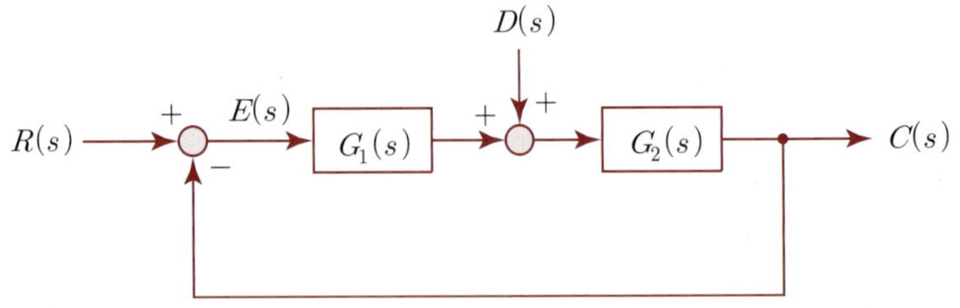

그림 5.12 ▸ 외란이 있는 제어계의 블록 선도

편차 $E(s)$는 입력과 출력의 차이므로

$$E(s) = R(s) - C(s) \tag{5.65}$$

이다. 편차 $E(s)$는 식 (5.64)를 식 (5.65)에 대입하여 다음과 같이 구할 수 있다.

$$E(s) = \frac{1}{1+G_1(s)G_2(s)}R(s) - \frac{G_2(s)}{1+G_1(s)G_2(s)}D(s) \tag{5.66}$$

식 (5.66)을 고찰할 때, 편차 $E(s)$를 적게 하려면 개루프 전달함수 $G(s) = G_1(s) \cdot G_2(s)$를 크게 해야 한다. 그러나 $G(s)$는 $G_1(s)$과 $G_2(s)$로 나뉘어져 있으므로 $G(s)$를 크게 하기 위하여 $G_2(s)$를 크게 하면 외란의 영향이 더욱 커질 것이다. 그러므로 외란의 영향을 적게 받도록 계의 편차를 적게 하려면 $G_2(s)$에 비해 $G_1(s)$를 충분히 크게 취해줘야 한다는 것을 알 수 있다.

외란에 대한 정상 편차 e_{ss}는 라플라스의 최종값 정리에 의해 다음과 같이 구해진다.

$$\begin{aligned} e_{ss} &= \lim_{s\to 0} sE(s) \\ &= \lim_{s\to 0} \frac{s}{1+G_1(s)G_2(s)}R(s) - \lim_{s\to 0} \frac{sG_2(s)}{1+G_1(s)G_2(s)}D(s) \end{aligned} \tag{5.67}$$

여기서 우변의 제 1 항은 식 (5.52)와 같은 기준 입력 $R(s)$에 의한 정상 편차이고, 제 2 항은 외란 $D(s)$에 의한 정상 편차가 된다. 즉 입력 $R(s) = 0$이라고 생각해도 된다. 그러므로 외란 $D(s)$에 의한 정상 편차 e_{ss}는 다음과 같이 구해진다.

$$e_{ss} = -\lim_{s\to 0} \frac{sG_2(s)}{1+G_1(s)G_2(s)}D(s) \tag{5.68}$$

만약 외란이 단위 계단함수 $D(s) = 1/s$라고 할 때, $D(s)$에 의한 정상 편차는 다음과 같이 구할 수 있다.

$$e_{ss} = -\frac{1}{\lim_{s\to 0} \frac{1}{G_2(s)} + \lim_{s\to 0} G_1(s)} \tag{5.69}$$

식 (5.69)는 $G_1(s)$를 크게 하고, $G_2(s)$를 적게 함으로써 단위 계단 외란에 의해 발생한 정상 편차를 줄일 수 있다는 것을 보이고 있다.

정리 편차(오차)와 정상 편차

(1) 입력 $R(s)$에 의한 편차

편차 $E(s)=\dfrac{R(s)}{1+G(s)H(s)}$, 정상 편차 $e_{ss}=\lim\limits_{s\to 0} sE(s)=\lim\limits_{s\to 0}\dfrac{sR(s)}{1+G(s)H(s)}$

(2) 외란 $D(s)$에 의한 편차 $[R(s)=0]$

편차 $E(s)=-\dfrac{G_2(s)D(s)}{1+G_1(s)G_2(s)}$, 정상 편차 $e_{ss}=-\lim\limits_{s\to 0}\dfrac{sG_2(s)D(s)}{1+G_1(s)G_2(s)}$

예제 5.9

그림 5.13과 같은 제어계에서 단위 계단 외란 $D(s)$가 인가되었을 때의 정상 편차를 구하라.

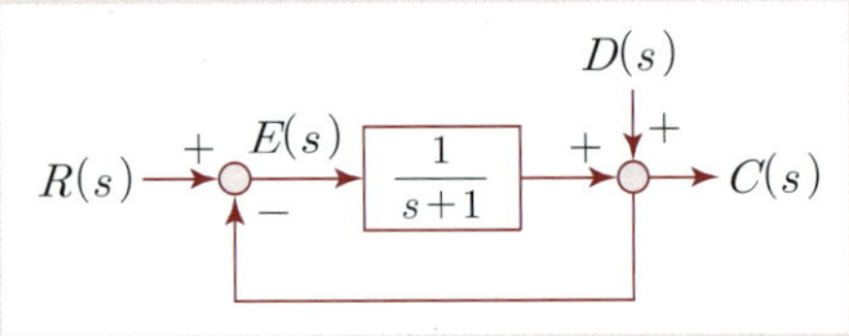

그림 5.13

풀이 식 (5.68)에서 $G_1(s)=\dfrac{10}{s+1}$, $G_2(s)=1$을 각각 대입하면 외란에 의한 정상 편차는 다음과 같이 구해진다.$(R(s)=0,\ D(s)=1/s)$

$$e_{ss}=-\lim_{s\to 0}\frac{s}{1+\dfrac{10}{s+1}}\cdot\frac{1}{s}=-\frac{1}{1+\dfrac{10}{s+1}}=-\frac{1}{11}$$

별해 단위 계단 외란이므로 식 (5.69)에 $G_1(s)$, $G_2(s)$를 각각 대입하여 구한다.

$$e_{ss}=-\frac{1}{\lim\limits_{s\to 0}\dfrac{1}{G_2(s)}+\lim\limits_{s\to 0}G_1(s)}=-\frac{1}{1+\lim\limits_{s\to 0}\dfrac{10}{s+1}}=-\frac{1}{11}$$

5.8 감도(sensitivity)

제어계의 전달함수는 유한개의 파라미터에 의해 고정되고, 이 파라미터에 주어진 상수의 값을 지정값(nominal value)이라고 한다. 제어계의 정확도는 지정 파라미터의 값이 얼마나 실제의 파라미터 값과 일치하는 지 또는 계의 동작 중 이들 파라미터가 얼마나 지정값에서 벗어나는지에 달려 있다. 따라서 제어계의 **감도**(sensitivity)는 그 계의 전달함수의 한 파라미터가 지정값에서 벗어났을 때 계 전체의 전달함수가 지정값에서 벗어난 양의 크기로 정의한다. 즉 계를 구성하는 한 요소의 특성 변화가 계 전체의 특성 변화에 미치는 영향의 정도라고 설명할 수 있다.

주어진 요소 K의 특성에 대한 계의 폐루프 전달함수 T의 미분 감도 S_K^T는

$$S_K^T = \frac{d\ln T}{d\ln K} \qquad \left(T = \frac{C(s)}{R(s)}\right) \tag{5.70}$$

$$S_K^T = \frac{d\ln T}{d\ln K} = \frac{dT/T}{dK/K} = \frac{K}{T} \cdot \frac{dT}{dK} \tag{5.71}$$

$$\therefore \ S_K^T = \frac{K}{T} \cdot \frac{dT}{dK} \tag{5.72}$$

이다. 이상적인 계에서는 어떤 파라미터의 변화에 대해서도 감도는 0이다.

예제 5.10

그림 5.14와 같은 제어계에서 H에 대한 폐루프 전달함수 $T(=C/R)$의 감도 S_H^T를 구하라.

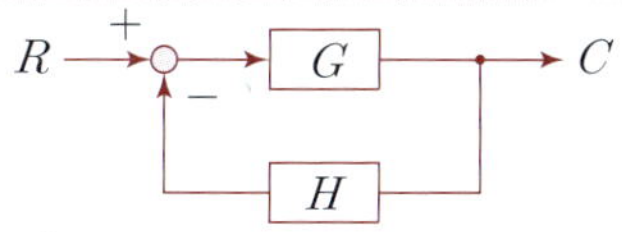

그림 5.14

풀이 $T = \dfrac{C}{R} = \dfrac{G}{1+GH}$, $S_H^T = \dfrac{H}{T} \cdot \dfrac{dT}{dH}$ $\left(\dfrac{dT}{dH} = \dfrac{-G^2}{(1+GH)^2}\right)$

$$\therefore \ S_H^T = \frac{H}{T} \cdot \frac{dT}{dH} = H \cdot \frac{1+GH}{G} \cdot \frac{-G^2}{(1+GH)^2} = \frac{-GH}{1+GH}$$

연습문제

01 모든 물리계는 관성과 저항을 갖기 때문에 정상 상태에 도달하기 전에 입력을 전혀 따르지 않는 기간이 존재하는 데, 이 기간 사이의 응답은?

① 시간 응답　② 과도 응답　③ 정상 응답　④ 선형 응답

02 자동 제어계의 과도 응답의 설명으로 틀린 것은?

① 지연 시간은 최종값의 50[%]에 도달하는 시간이다.
② 정정 시간은 응답의 최종값의 허용범위가 ±5[%] 내에 안정되기까지 요하는 시간이다.
③ 백분율 오버슈트 $= \dfrac{\text{최대 오버슈트}}{\text{최대 목표값}} \times 100$ [%]
④ 상승 기간은 최종값의 10[%]에서 100[%]까지 도달하는 데 요하는 시간이다.

힌트 상승 기간은 최종값의 10[%]에서 90[%]까지 도달하는 데 요하는 시간

03 자동 제어계에서 안정성의 척도가 되는 양은?

① 정상 편차　② overshoot　③ 지연 시간　④ 감쇠

힌트 최대 오버슈트 : 안정성의 척도, 상승 시간(지연 시간) : 속응성의 척도

04 속응도와 관계가 깊은 것은?

① 상승 시간　② 최대 overshoot　③ 정상 편차　④ 초과의 횟수

05 어떤 계의 단위 계단 입력에 대한 출력 응답 $c(t)$가 $1-e^{-t}$일 때 지연 시간은?

① 0.37　② 0.63　③ 0.693　④ 0.9

힌트 출력의 최종값 $\lim_{t\to\infty} c(t) = \lim_{t\to\infty}(1-e^{-t}) = 1$, 지연 시간 T_d는 최종값의 50[%]에 도달하는 시간이므로 $1-e^{-T_d} = 1\times 0.5 = 0.5$에서 $e^{-T_d} = 0.5$, $\therefore\ T_d = -\log_e 0.5 = 0.693$

06 다음과 같은 시스템에 단위 계단 입력 신호가 가해졌을 때, 지연 시간에 가장 가까운 값[s]은?

$$\frac{C(s)}{R(s)} = \frac{1}{s+1}$$

① 0.5　　② 0.7　　③ 0.9　　④ 1.2

힌트 $C(s) = \frac{1}{s+1}R(s) = \frac{1}{(s+1)} \cdot \frac{1}{s} = \frac{1}{s} - \frac{1}{s+1}$, 출력 응답 $c(t) = \mathcal{L}^{-1}[C(s)] = 1 - e^{-t}$

출력의 최종값 $\lim_{t\to\infty} c(t) = \lim_{t\to\infty}(1-e^{-t}) = 1$, 지연 시간 T_d는 최종값의 50[%]에 도달하는 시간이므로 $1 - e^{-T_d} = 1 \times 0.5 = 0.5$에서 $e^{-T_d} = 0.5$ $\therefore$ $T_d = -\log_e 0.5 = 0.693 ≒ 0.7$ [s]

07 시간 영역에서 자동 제어계를 해석할 때 기본 시험 입력에 보통 사용되지 않는 입력은?

① 정속도 입력　　② 정현파 입력　　③ 단위 계단 입력　　④ 정가속도 입력

힌트 주파수 영역의 기본 시험 입력 : 정현파 입력

08 임펄스 응답에 관한 설명 중 옳지 않은 것은?

① 입력과 출력을 알면 임펄스 응답을 알 수 있다.
② 회로 소자의 값을 알면 임펄스 응답을 알 수 있다.
③ 회로의 모든 초기값이 0일 때 입력과 출력을 알면 임펄스 응답을 알 수 있다.
④ 회로의 모든 초기값이 0일 때 단위 임펄스 입력에 대한 출력이 임펄스 응답이다.

09 어떤 제어계의 임펄스 응답이 $\sin\omega t$일 때 계의 전달함수는?

① $\frac{\omega}{s+\omega}$　　② $\frac{s}{s^2+\omega^2}$　　③ $\frac{\omega}{s^2+\omega^2}$　　④ $\frac{\omega^2}{s^2+\omega^2}$

힌트 $C(s) = G(s)R(s)$, $G(s) = C(s) = \mathcal{L}^{-1}[\sin\omega t]$

10 $G(s) = \frac{1}{s^2(s+1)}$인 제어계의 단위 임펄스 응답은?

① $1+t-e^{-t}$　　② $t-1+e^{-t}$　　③ $1+e^{-t}-t$　　④ $1-e^{-t}-t$

힌트 $c(t) = \mathcal{L}^{-1}\left[\frac{1}{s^2(s+1)} \cdot 1\right] = \mathcal{L}^{-1}\left[\frac{1}{s^2} + \frac{-1}{s} + \frac{1}{s+1}\right]$

11 $G(s) = \frac{1}{s+1}$인 제어계의 단위 램프 응답은?

① $1+e^{-t}$ ② e^{-t} ③ $t+e^{-t}$ ④ $t-1+e^{-t}$

힌트 $c(t) = \mathcal{L}^{-1}\left[\frac{1}{s+1} \cdot \frac{1}{s^2}\right] = \mathcal{L}^{-1}\left[\frac{1}{s^2} + \frac{-1}{s} + \frac{1}{s+1}\right]$

12 회전체의 운동을 나타내는 방정식 $W = W_0\left(1-e^{-\frac{t}{T}}\right)$에서 W가 정상값의 약 98[%]에 도달하는 데 소요되는 시간은 약 얼마인가?

① T ② $2T$ ③ $3T$ ④ $4T$

힌트 $W_0\left(1-e^{-\frac{t}{T}}\right) = 0.98\,W_0$, $e^{-\frac{t}{T}} = 1-0.98$, $-\frac{t}{T} = \ln(1-0.98)$ $\therefore\ t = -T\ln(1-0.98)$

13 이득 상수가 10이고, −5의 영점과 0, −5의 극점을 갖는 전달함수로 표시되는 계의 단위 계단 응답은?

① $10t$ ② $5t$ ③ $2t$ ④ $50t$

힌트 $G(s) = \frac{10(s+5)}{s(s+5)}$ $\therefore\ c(t) = \mathcal{L}^{-1}\left[\frac{10(s+5)}{s(s+5)} \cdot \frac{1}{s}\right] = \mathcal{L}^{-1}\left[\frac{10}{s^2}\right]$

14 어떤 자동 제어 계통의 극이 **그림 5.15**와 같이 주어지는 경우 이 시스템의 시간 영역에서의 동작 특성을 나타낸 것은?

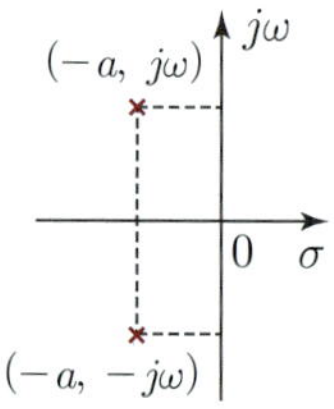

그림 5.15

①
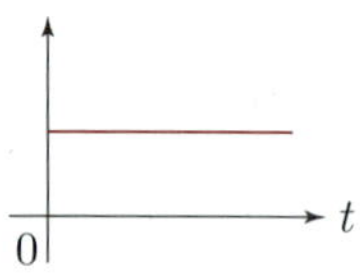

②
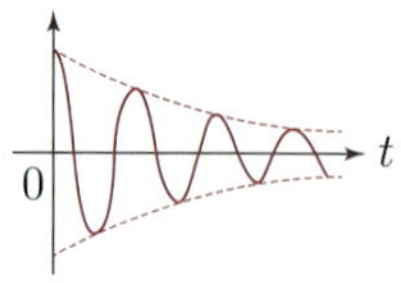

③
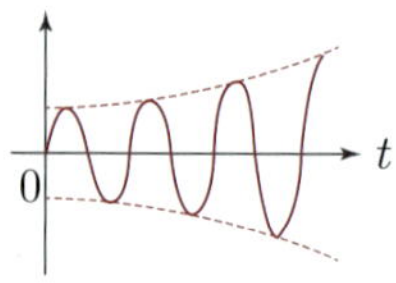

④
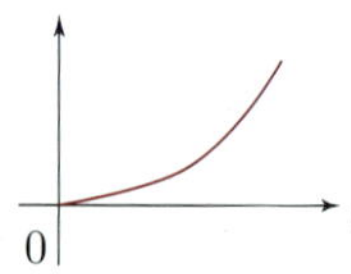

힌트 그림 5.5 참고

15 어떤 자동 제어 계통의 극이 s 평면에 **그림 5.16**과 같이 주어지는 경우 이 시스템의 시간 영역에서의 동작 상태는?

① 진동하지 않는다.

② 감쇠 진동이 커진다.

③ 점점 더 크게 진동한다.

④ 지속 진동한다.

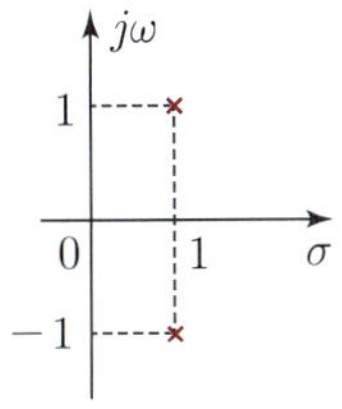

그림 5.16

힌트 **그림 5.5** 참고

16 **그림 5.17**과 같이 s 평면상에 A, B, C, D 4개의 근이 있을 때 이 중에서 가장 빨리 정상 상태에 도달하는 것은?

① A　　② B

③ C　　④ D

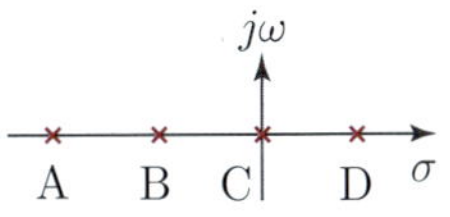

그림 5.17

힌트 **그림 5.5** 참고

17 다음과 같이 나타낼 수 있는 2차 제어계의 극의 설명 중 옳지 않은 것은?

$$\frac{Y(s)}{X(s)} = \frac{{\omega_n}^2}{s^2 + 2\zeta\omega_n s + {\omega_n}^2}$$

① $\zeta < 0$이면 평면 우반부(RHP)에 있다.

② $\zeta = 0$이면 두 극은 허수이고 $s = \pm j\omega_n$이다.

③ $\zeta = 1$일 때 두 극은 같고 부의 실수$(s = -\omega_n)$이다.

④ $\zeta > 1$이면 두 극은 부의 실수와 양의 실수가 된다.

18 전달함수 $G(s) = \dfrac{{\omega_n}^2}{s^2 + 2\zeta\omega_n s + {\omega_n}^2}$으로 표시되는 2차 제어계에서 인디셜 응답은? 단, $\omega_n = 1$, $\zeta = 1$이다.

① $1 - 2te^{-t} - e^{-t}$　　② $1 - te^{-t} - e^{-t}$

③ $1 - te^{-t} - e^{-2t}$　　④ $1 - te^{-t}$

힌트 2차계 전달함수 $G(s)=\dfrac{\omega_n^{\ 2}}{s^2+2\zeta\omega_n s+\omega_n^{\ 2}}=\dfrac{1}{s^2+2s+1}=\dfrac{1}{(s+1)^2}$

$C(s)=G(s)R(s)=\dfrac{1}{(s+1)^2}\cdot\dfrac{1}{s}=\dfrac{1}{s}-\dfrac{1}{(s+1)^2}-\dfrac{1}{s+1}$ $\quad\therefore\ c(t)=\mathcal{L}^{-1}[C(s)]$

19 감쇠비 $\zeta=0.4$, 고유 주파수 $\omega_n=1$[rad/s]인 2차계의 전달함수는?

① $\dfrac{1}{s^2+0.4s+1}$ ② $\dfrac{1}{s^2+0.8s+1}$

③ $\dfrac{1}{s^2+0.4s+0.16}$ ④ $\dfrac{0.16}{s^2+0.8s+0.4}$

힌트 2차계 전달함수 $G(s)=\dfrac{\omega_n^{\ 2}}{s^2+2\zeta\omega_n s+\omega_n^{\ 2}}$에 $\zeta=0.4$, $\omega_n=1$을 대입

20 어떤 제어계의 전달함수의 극점이 **그림 5.18**과 같다. 이 계의 고유 주파수 ω_n와 감쇠율 ζ는?

① $\omega_n=\sqrt{2}$, $\zeta=\sqrt{2}$ ② $\omega_n=2$, $\zeta=\sqrt{2}$

③ $\omega_n=\sqrt{2}$, $\zeta=\dfrac{1}{\sqrt{2}}$ ④ $\omega_n=\dfrac{1}{\sqrt{2}}$, $\zeta=\sqrt{2}$

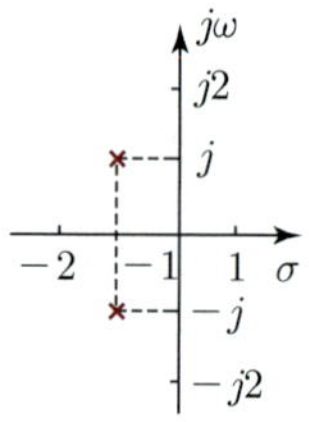

그림 5.18

힌트 특성근 $s=-1\pm j$에 의해 특성 방정식 $(s+1-j)(s+1+j)=(s+1)^2+1=s^2+2s+2=0$, 식 (5.19)의 2차계 특성 방정식 $s^2+2\zeta\omega_n s+\omega_n^{\ 2}=0$, 두 식의 등호 관계로부터 $s^2+2\zeta\omega_n s+\omega_n^{\ 2}=s^2+2s+2$이다. 그러므로 $2\zeta\omega_n=2$, $\omega_n^{\ 2}=2$ $\quad\therefore\ \omega_n=\sqrt{2}$, $\zeta=1/\sqrt{2}$

21 전달함수 $\dfrac{C(s)}{R(s)}=\dfrac{25}{s^2+6s+25}$인 2차계의 과도진동 주파수 ω[rad/s]는?

① 3 ② 4 ③ 5 ④ 6

힌트 2차계 전달함수 $G(s)=\dfrac{\omega_n^{\ 2}}{s^2+2\zeta\omega_n s+\omega_n^{\ 2}}$에서 $\omega_n=5$, $2\zeta\omega_n=6$에서 $\zeta=6/2\omega_n=0.6$

$\therefore\ \omega=\omega_n\sqrt{1-\zeta^2}=5\sqrt{1-0.6^2}=4$[rad/s]

22 다음과 같은 계통의 시정수[s]는?

$$2\frac{d^2y}{dt^2}+4\frac{dy}{dt}+8y=8x$$

① 5　　② 3　　③ 2　　④ 1

힌트 $(2s^2+4s+8)Y=8X,\ \frac{Y}{X}=\frac{2^2}{s^2+2s+2^2},\ \omega_n{}^2=2^2,\ 2\zeta\omega_n=2\quad\therefore\ \omega_n=2,\ \zeta=\frac{1}{\omega_n}=\frac{1}{2}$

$\therefore\ \tau=\frac{1}{\sigma}=\frac{1}{\zeta\omega_n}=1$ [s]

23 다음 미분 방정식으로 표시되는 2차 계통에서 감쇠율(damping ratio) ζ와 제동의 종류는?

$$\frac{d^2y(t)}{dt^2}+6\frac{dy(t)}{dt}+9y(t)=9x(t)$$

① $\zeta=0$: 무제동　　② $\zeta=1$: 임계 제동

③ $\zeta=2$: 과제동　　④ $\zeta=0.5$: 감쇠 진동 또는 부족 제동

힌트 $s^2Y(s)+6sY(s)+9Y(s)=9X(s)$에서 전달함수 $G(s)=\frac{9}{s^2+6s+9}$이다. 따라서 $\omega_n{}^2=9$에서 $\omega_n=3$이므로 $2\zeta\omega_n=6$에서 감쇠율 $\zeta=\frac{6}{2\omega_n}=1$(임계 제동)

24 2차 제어계에서 최대 오버슈트가 발생하는 시간 t_p와 고유 주파수 ω_n, 감쇠 계수 ζ 사이의 관계식은?

① $\frac{2\pi}{\omega_n\sqrt{1-\zeta^2}}$　　② $\frac{2\pi}{\omega_n\sqrt{1+\zeta^2}}$

③ $\frac{\pi}{\omega_n\sqrt{1-\zeta^2}}$　　④ $\frac{\pi}{\omega_n\sqrt{1+\zeta^2}}$

힌트 최대 오버슈트 발생 시간(최대 초과 시간) : 식 (5.35) $t_p=\frac{\pi}{\omega_n\sqrt{1-\zeta^2}}$

25 그림 5.19와 같은 블록 선도로 표시되는 계는 무슨 형인가?

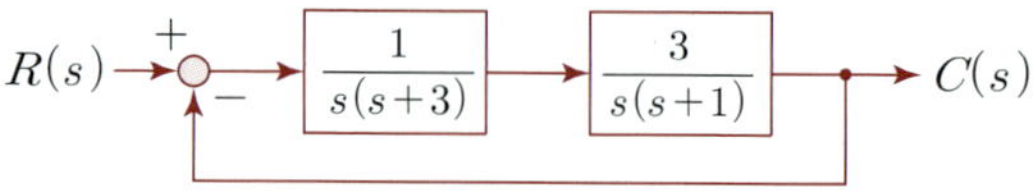

그림 5.19

① 0 ② 1 ③ 2 ④ 3

힌트 제어계의 형은 개루프 전달함수에서 분모의 극점이 0인 s 차수가 제어계의 형

26 단위 피드백 제어계의 폐루프 전달함수의 값이 $G_0(s) = \dfrac{3}{s^2+s+3}$ 일 때, 이 계의 제어계는 무슨 형인가?

① 0 ② 1 ③ 2 ④ 3

힌트 $G_0(s) = \dfrac{G(s)}{1+G(s)} = \dfrac{3}{s^2+s+3}$ 로부터 구한 개루프 전달함수 $G(s)$에서 분모의 극점이 0인 s의 차수가 제어계의 형

27 제어계의 형이 증가할 때에 다음 설명 중 잘못된 것은?

① 장치가 복잡해진다. ② 가격이 비싸다.

③ 안정도가 높다. ④ 정상 편차가 감소한다.

힌트 제 5.7.2 절 참고(제어계의 형 증가 : 정상 편차 감소, 제어장치 복잡, 고가, 안정도 감소)

28 개루프 전달함수 $G(s)$가 다음과 같이 주어지는 단위 피드백에서 단위 계단 입력을 가하였을 때의 잔류 편차(offset)는?

$$G(s) = \frac{1}{s(s^2+5s+6)}$$

① 0 ② 1/6 ③ 6 ④ ∞

힌트 1형 제어계에서 단위 계단 입력의 잔류 편차(정상 편차)는 0이다.

29 $G(s)=\dfrac{4(s+1)}{s^2(s+2)}$ 의 전향 전달함수를 갖는 단위 피드백 제어계에 입력 $R(s)=\dfrac{1}{s}-\dfrac{1}{s^2}+\dfrac{1}{s^3}$ 이 주어졌을 때의 정상 편차는?

① 0 ② 0.5 ③ 1 ④ 2

힌트 2형 제어계이므로 계단 입력$(1/s)$, 램프 입력$(1/s^2)$에 대한 정상 편차는 0이고, 정상 가속도 편차만 일정한 값을 갖게 된다. 즉 정상 가속도 편차 $e_{ss}=\dfrac{1}{\lim\limits_{s\to0}s^2G(s)}=\dfrac{1}{\lim\limits_{s\to0}\dfrac{4(s+1)}{s+2}}=\dfrac{1}{2}$

30 그림 5.20과 같은 블록선도의 제어 계통에서 속도 편차 상수 K_v 는?

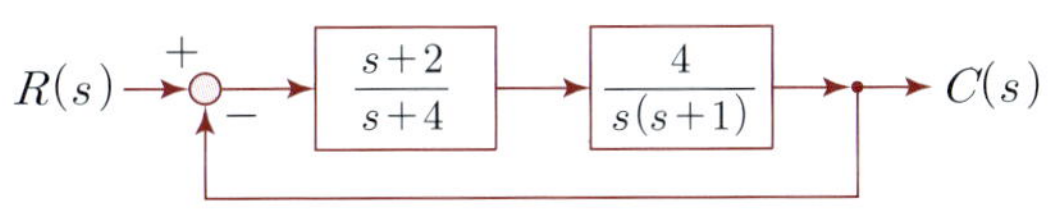

그림 5.20

① 2 ② 0 ③ 0.5 ④ ∞

힌트 개루프 전달함수 $G(s)=\dfrac{4(s+2)}{s(s+1)(s+4)}$, $K_v=\lim\limits_{s\to0}sG(s)$

31 그림 5.21과 같이 블록 선도로 표시되는 제어계에 단위 램프 입력을 가할 경우, 정상 속도 편차가 0.01이 되기 위한 K의 값은?

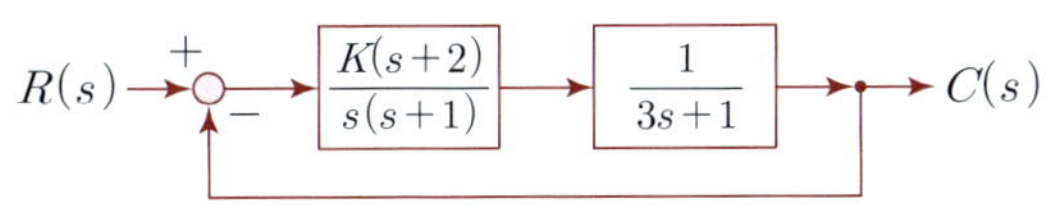

그림 5.21

① 10 ② 30 ③ 40 ④ 50

힌트 개루프 전달함수 $G(s)=\dfrac{K(s+2)}{s(s+1)(3s+1)}$, $e_{ss}=\dfrac{1}{K_v}=\dfrac{1}{\lim\limits_{s\to0}sG(s)}=0.01$

32 **그림 5.22**와 같은 블록 선도의 제어계에서 에 대한 폐루프 전달함수 $T = C/R$의 감도 $S_{K_1}^T$ 은?

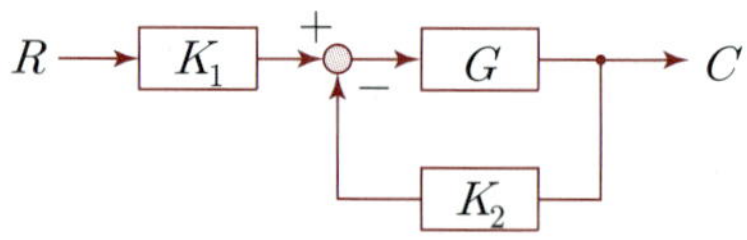

그림 5.22

① −1　　② 0　　③ 0.5　　④ 1

힌트 폐루프 전달함수 $T = \frac{C}{R} = \frac{GK_1}{1+GK_2}$, $\frac{dT}{dK_1} = \frac{d}{dK_1}\left(\frac{GK_1}{1+GK_2}\right) = \frac{G}{1+GK_2}$

$$\therefore\ S_{K_1}^T = \frac{K_1}{T}\cdot\frac{dT}{dK_1} = \frac{1+GK_2}{G}\cdot\frac{G}{1+GK_2} = 1$$

참고 **이득이 높은 자동 제어계의 특징**

(1) 오버슈트가 증가한다.
(2) 과도 상태가 길어진다.
(3) 상승 시간이 짧아진다.
(4) 제동비(감쇠비)가 작아진다.
(5) 오차(편차)가 감소한다.
(6) 주파수 대역이 넓어지고, 속응성은 좋아지며 안정성이 떨어진다.

※ 개루프 시스템을 피드백 제어 시스템으로 만들면 루프 이득은 감소한다.
※ 전향 이득을 증가시키면 제동비가 감소하고 오버슈트는 증가한다.

Chapter 6

주파수 응답 특성

6.1 주파수 응답 특성의 개요

제어계의 해석과 평가를 하기 위하여 시간 영역에서 과도 응답의 입력은 단위 계단 함수, 단위 램프 함수, 단위 포물선 함수 등의 시험 기준 입력을 사용하고, 주파수 영역에서 **주파수 응답의 입력**은 **정현 함수**를 사용한다.

제어계나 요소에 정현파 입력을 가하면 처음에는 과도적인 응답이 나타나지만 어느 정도 시간이 경과한 후 정상 상태에 도달하면 출력은 동일 주파수의 정현파가 나오며, 진폭과 위상은 다르게 나온다.

그림 6.1과 같이 진폭 A_i, 각주파수 ω 인 정현파 입력 신호 $r(t)$인

$$r(t) = A_i \sin\omega t \tag{6.1}$$

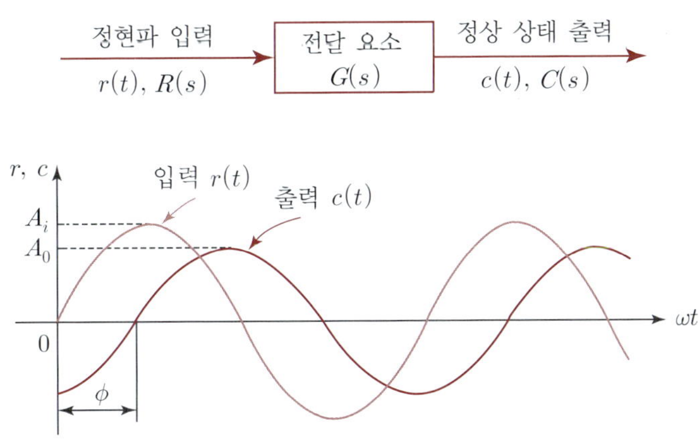

그림 6.1 ▶ 주파수 응답

가 제어계나 전달 요소에 주어지면, 정상 상태의 출력 응답은 식 (6.2)와 같이 입력과 동일한 주파수 ω 이고 진폭 A_0와 위상 ϕ 인 다른 정현파 $c(t)$의 형태가 된다.

$$c(t) = A_0 \sin(\omega t + \phi) \tag{6.2}$$

여기서 입력에 대한 출력의 비는 진폭비 A_0/A_i 이고 위상차는 ϕ 가 된다. 입력의 진폭 A_i 를 일정하게 하고 ω 를 변화하면 출력의 진폭 A_0 와 위상 ϕ 도 변화하기 때문에 진폭비와 위상차는 ω 의 함수가 된다.

제어계에서 입력과 출력 관계의 전달함수를 $G(s)$라 할 때, s 대신에 $j\omega$ 로 치환한 $G(j\omega)$는 ω의 복소함수이므로 극좌표 형식에서 크기 $|G(j\omega)|$는 진폭비 A_0/A_i, 편각 $\underline{/G(j\omega)}$ 는 위상차 ϕ 로 대응하여 표시할 수 있다. 즉 $G(j\omega)$의 극좌표의 형식은

$$G(j\omega) = |G(j\omega)|\,\underline{/G(j\omega)} \quad \begin{cases} |G(j\omega)| = \dfrac{A_0}{A_i} \text{ (진폭비)} \\ \underline{/G(j\omega)} = \phi \text{ (위상차)} \end{cases} \tag{6.3}$$

이다. 이들의 결과를 **그림 6.2**에 나타낸다. 식 (6.3)의 극좌표 형식 $G(j\omega)$를 직각좌표 형식(복소수)과 지수함수 형식(오일러의 공식을 적용)으로 변환한 관계는 각각

$$\begin{aligned} &\text{직각좌표 형식}: \ G(j\omega) = x + jy \ \ (x = R_e[G(j\omega)],\ y = I_m[G(j\omega)]) \\ &\text{지수함수 형식}: \ G(j\omega) = |G(j\omega)|\,\underline{/G(j\omega)} = |G(j\omega)|e^{j\phi} \end{aligned} \tag{6.4}$$

$$\text{단, } |G(j\omega)| = \sqrt{x^2 + y^2}, \quad \underline{/G(j\omega)} = \phi = \tan^{-1}\frac{y}{x} \tag{6.5}$$

이다. 제어계에서 크기 $|G(j\omega)|$는 **이득**(gain), 편각 $\underline{/G(j\omega)}$ 는 **위상**(phase)이라고 한다. $|G(j\omega)|$ 와 $\underline{/G(j\omega)}$ 는 ω 의 함수가 된다.

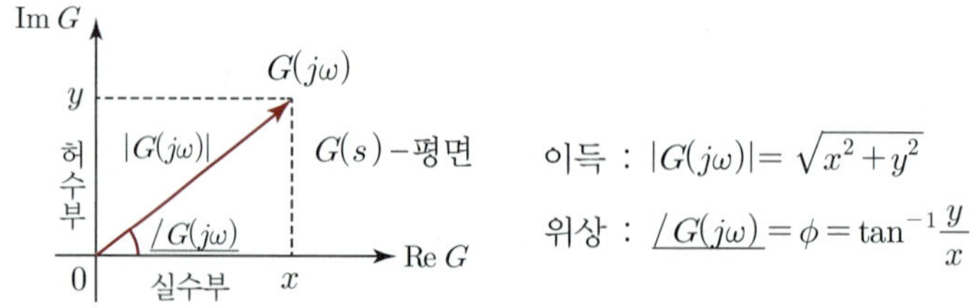

그림 6.2 ▸ $G(s)$, $|G(j\omega)|$, $\underline{/G(j\omega)}$ **의 관계**

제어계의 전달함수 $G(s)$에서 $s \rightarrow j\omega$로 치환한 $G(j\omega)$를 이득 $|G(j\omega)|$와 위상 $\underline{/G(j\omega)}$로 표시하는 것을 **주파수 응답**(frequency response)이라 한다. 또 전달함수 $G(s)$에서 $s = j\omega$로 놓은 $G(j\omega)$를 **주파수 전달함수**(frequency transfer function)라고 한다.

주파수 응답은 주파수 전달함수 $G(j\omega)$에서 ω를 $0 \sim \infty$까지 변화시킬 때, 이득 $|G(j\omega)|$의 변화를 나타낸 **이득 특성** (또는 진폭 특성)과 위상 $\underline{/G(j\omega)}$의 변화를 나타낸 **위상 특성**으로 구분한다. 이 두 가지의 특성을 합하여 **주파수 응답 특성**이라고 한다.

주파수 응답은 전달함수 $G(s)$가 주어지면 $s = j\omega$로 놓고 ω를 $0 \sim \infty$까지 변화시킬 때 식 (6.4)로부터 이득 $|G(j\omega)|$와 위상 $\underline{/G(j\omega)}$를 구함으로써 얻어진다.

참고 **복소수의 표현 방식과 상호 변환 관계**

(1) 복소수의 직각좌표 형식 $\boldsymbol{A} = a + jb$와 동일한 표현 방식

① 직각 좌표 형식 : $\boldsymbol{A} = a \pm jb$

② 삼각함수 형식 : $\boldsymbol{A} = |\boldsymbol{A}|(\cos\theta \pm j\sin\theta)$ 단, $a = |\boldsymbol{A}|\cos\theta$, $b = |\boldsymbol{A}|\sin\theta$

③ 지수함수 형식 : $\boldsymbol{A} = |\boldsymbol{A}|e^{\pm j\theta}$ [단, 크기 $|\boldsymbol{A}| = \sqrt{a^2 + b^2}$, 편각 $\theta = \tan^{-1}(b/a)$]

④ 극좌표 형식 : $\boldsymbol{A} = |\boldsymbol{A}|\underline{/\pm\theta}$ [단, 크기 $|\boldsymbol{A}| = \sqrt{a^2 + b^2}$, 편각 $\theta = \tan^{-1}(b/a)$]

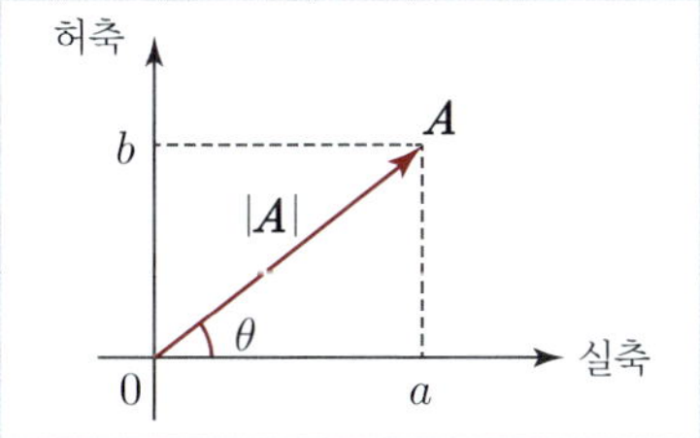

$a = |\boldsymbol{A}|\cos\theta$

$b = |\boldsymbol{A}|\sin\theta$

크기 : $|\boldsymbol{A}| = \sqrt{a^2 + b^2}$

편각 : $\theta = \tan^{-1}\dfrac{b}{a}$

그림 6.3 ▸ 복소수의 표현 방식과 상호 관계

(2) 제어계의 전달함수 $G(j\omega) = 1 + j\omega T$의 상호 변환

크기(이득) : $|G(j\omega)| = \sqrt{1 + (\omega T)^2}$, 편각(위상) : $\theta = \tan^{-1}\omega T$

① 지수함수 형식 : $\boldsymbol{A} = |\boldsymbol{A}|e^{j\theta} = \sqrt{1 + (\omega T)^2}\, e^{j\theta}$

② 극좌표 형식 : $\boldsymbol{A} = |\boldsymbol{A}|\underline{/\theta} = \sqrt{1 + (\omega T)^2}\, \underline{/\theta}$

(3) 지수함수 형식 $G(j\omega) = e^{-j\omega L}$의 극좌표 형식 변환($|\boldsymbol{A}|e^{j\theta} = |\boldsymbol{A}|\underline{/\theta}$) 예

크기(이득) : $|G(j\omega)| = 1$, 편각(위상) : $\theta = -\omega L$

$\therefore\ G(j\omega) = 1 \cdot e^{-j\omega L} \leftrightarrows G(j\omega) = 1\underline{/-\omega L}$

이와 같이 선형 제어계의 전달함수 $G(s)$가 주어지면 입력 신호가 정현파일 때 이득 $|G(j\omega)|$와 위상 $\underline{/G(j\omega)}$로부터 정상 상태의 주파수 응답 특성을 알 수 있으며, 이와 반대로 ω에 대한 이득과 위상의 주파수 응답을 알고 있으면 과도 응답도 예측할 수 있다.

정리 **주파수 응답 특성**

제어계나 요소의 주파수 전달함수 $G(j\omega)$에서 ω를 변수로 한 **이득** $|G(j\omega)|$과 **위상** $\underline{/G(j\omega)}$의 **극좌표 형식**의 관계로 표시하는 것을 **주파수 응답**이라 한다.

6.2 주파수 응답의 표현법

주파수 응답은 주파수, 이득, 위상의 세 변수 사이의 관계로 나타낸다. 주파수 응답의 표현법은 벡터 궤적(vector locus), 보드 선도(Bode diagram) 및 이득-위상 선도(gain-phase plot)가 있다.

6.2.1 벡터 궤적

전달함수 $G(s)$의 벡터 궤적은 $s=\sigma+j\omega$에서 $\sigma=0$인 경우의 주파수 전달함수 $G(j\omega)$에 대한 벡터 궤적이다.

$G(j\omega)$는 이득 $|G(j\omega)|$와 위상 $\underline{/G(j\omega)}$를 가진 복소수이므로 벡터로 표시할 수 있으며, ω를 $(-\infty \sim 0 \sim \infty)$의 범위로 변화시켰을 때 복소 평면상에서 $G(j\omega)$의 크기(이득)와 위상을 극좌표로 그리는 것을 **벡터 궤적**이라 하고, **나이퀴스트 선도**라고도 한다.

그러므로 벡터 궤적은 s 평면상의 허축(ω : $-\infty \sim \infty$)의 G 평면으로의 사상(mapping)이다. 즉, ω가 $-\infty$에서 ∞까지 변화할 때의 $G(j\omega)$의 값을 $G(s)$ 평면상에 궤적으로 나타낸 것이다. 그러나 벡터 궤적은 $\omega=-\infty \sim 0$의 궤적과 $\omega=0 \sim \infty$의 궤적이 실축에 관하여 대칭이기 때문에 $\omega=0 \sim \infty$ 범위만으로 표시하는 것이 일반적이다. 따라서 $G(j\omega)$의 벡터 궤적은 허축의 상반 부분(ω : $0 \sim \infty$)의 사상이 된다.

제어계의 전달함수로 표현되는 기본적인 요소와 기본 요소를 결합한 계의 벡터 궤적에 관하여 설명하기로 한다.

(1) 비례 요소

$$G(s) = K \tag{6.6}$$

주파수 전달함수 $G(j\omega) = K$는 일정한 실수이므로 ω의 변화에 대하여 **그림 6.4**(a)와 같이 실축상의 K의 위치에 단 하나의 점으로 나타난다.

(2) 미분 요소

$$G(s) = s \tag{6.7}$$

전달함수 $G(s)$에 $s = j\omega$를 대입한 주파수 전달함수 $G(j\omega)$로부터 크기(이득)와 편각(위상)을 각각 구하여 극좌표로 표현한다.

$$G(j\omega) = j\omega = \omega\underline{/90^\circ} \quad \begin{cases} \text{이득 : } |G(j\omega)| = \omega \\ \text{위상 : } \underline{/G(j\omega)} = 90^\circ \end{cases} \tag{6.8}$$

위상은 90°이므로 벡터 궤적은 양의 허축 상에서 $\omega = 0$일 때 원점(크기, 0)에서 시작하여 ω가 증가하면서 $\omega = \infty$에서 무한원(크기, ∞)에 도달한다. 벡터 궤적은 **그림 6.4**(b)와 같이 양의 허축상의 반직선의 궤적으로 나타난다.

(3) 적분 요소

$$G(s) = \frac{1}{sT} \tag{6.9}$$

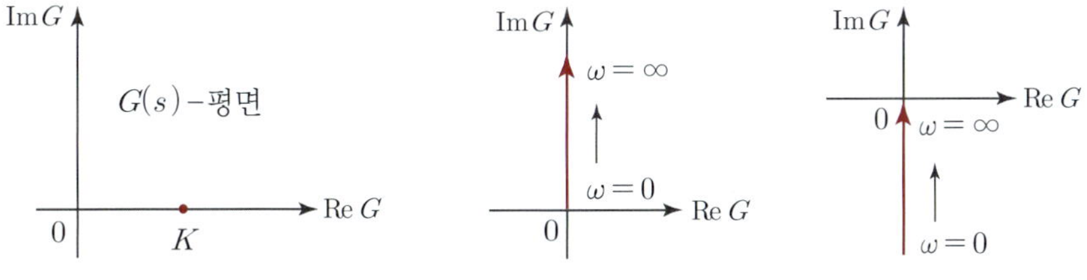

(a) 비례 요소 (b) 미분 요소 (c) 적분 요소

그림 6.4 ▸ 기본 요소의 벡터 궤적

전달함수 $G(s)$에 $s=j\omega$를 대입한 주파수 전달함수 $G(j\omega)$로부터 크기(이득)와 편각(위상)을 각각 구하여 극좌표로 표현한다.

$$G(j\omega)=\frac{1}{j\omega}=\frac{1}{\omega}\underline{/-90^\circ}\quad\begin{cases}\text{이득}: |G(j\omega)|=1/\omega\\ \text{위상}: \underline{/G(j\omega)}=-90^\circ\end{cases}\tag{6.10}$$

$1/j$는 시계 방향으로 $90°$ 회전을 나타내므로 위상은 $-90°$이고, 벡터 궤적은 음의 허축이 된다. $\omega=0$일 때 무한원(크기, ∞)에서 시작하여 ω의 증가와 함께 원점에 가까워지면서 $\omega=\infty$에서 원점(크기, 0)에 도달한다.

그림 6.4(c)와 같이 음(−)의 허축상의 반직선의 궤적을 나타낸다.

참고 **회전 연산자 j**

(1) 임의의 실수에 j^n을 곱하면 그 실수는 반시계 방향(양의 각)으로 $90°$ 씩 n회전 이동하고, $1/j^n$, 즉 j^n으로 나누면 그 실수는 시계 방향(음의 각)으로 $90°$ 씩 n회전 이동하는 기하학적 효과가 있다. 이러한 의미에서 허수 단위 j를 **회전 연산자**라고 한다.

(2) 직각좌표 형식의 복소수를 극좌표 형식의 복소수로 표현하기 위해 회전 연산자를 이용하면 위상을 간편하게 구할 수 있다.

(3) $j\omega$는 양의 실축의 값인 크기 ω를 반시계 방향으로 $90°$ 회전 이동을 나타낸다. 즉 $j\omega$의 크기는 ω, 위상은 $90°$가 된다. 또 $1/j\omega$는 양의 실축의 값인 크기 $1/\omega$을 시계 방향으로 $90°$ 회전 이동을 나타낸다. 즉 $1/j\omega$은 크기 $1/\omega$, 위상 $-90°$가 된다.

(4) 직각좌표 형식, 지수함수 형식, 극좌표 형식의 상호 변환 관계와 회전 연산자에 관한 관련 내용은 다음의 참고문헌을 참고하기 바란다.
[임헌찬 저, ≪회로이론≫, 6장 복소수와 페이저, pp. 171~196, 동일출판사]

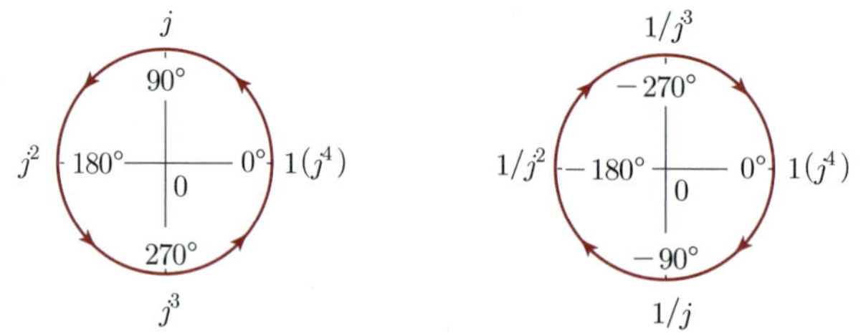

(a) j의 반시계 방향 회전　　(b) $1/j$의 시계 방향 회전

그림 6.5 ▶ 허수단위 j의 회전(단위원)

(4) 1차 지연 요소

$$G(s) = \frac{1}{1 + sT} \tag{6.11}$$

전달함수 $G(s)$에 $s = j\omega$를 대입한 주파수 전달함수 $G(j\omega)$로부터 이득과 위상을 각각 구하여 극좌표로 표현한다.

$$G(j\omega) = \frac{1}{1 + j\omega T} \tag{6.12}$$

$$\begin{cases} \text{이득} : |G(j\omega)| = 1/\sqrt{1 + (\omega T)^2} \\ \text{위상} : \underline{/G(j\omega)} = \underline{/1} - \underline{/(1 + j\omega T)} = -\tan^{-1}\omega T \end{cases} \tag{6.13}$$

$\omega = 0$과 $\omega = \infty$일 때 이득 $|G(j\omega)|$와 위상 $\underline{/G(j\omega)}$는 각각 다음과 같다.

$$\begin{aligned} \omega = 0 \ &: |G(0)| = 1, \quad \underline{/G(0)} = 0° \\ \omega = \infty \ &: |G(\infty)| = 0, \quad \underline{/G(\infty)} = -90° \end{aligned} \tag{6.14}$$

$\omega = 0$에서 실축상의 크기가 1인 단위 점에 표시된다. ω를 점차 증가시키면 이득 $|G(j\omega)|$는 감소되고 위상 $\underline{/G(j\omega)}$는 점차 음(−)의 각으로 증가하므로 음(−)인 허축을 따라서 원점에 가까워지고 $\omega = \infty$에서 원점(크기, 0)에 도달한다. 벡터 궤적은 **그림 6.6**과 같은 반원이 된다.

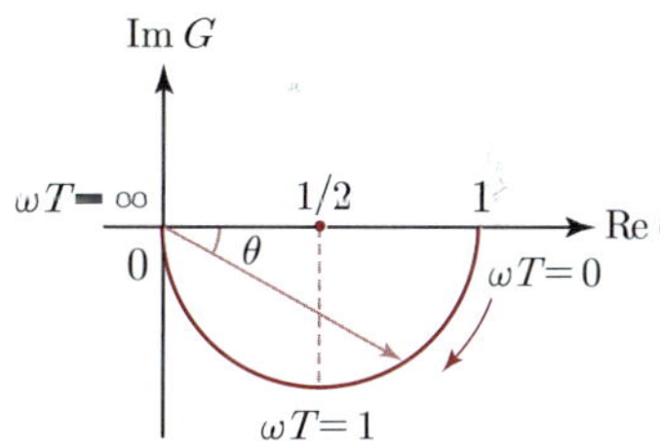

그림 6.6 ▸ 1차 지연 요소의 벡터 궤적

(5) 2차 지연 요소

$$G(s) = \frac{\omega_n^2}{s^2 + 2\zeta\omega_n s + \omega_n^2} \quad (\text{단, } \omega_n > 0,\ \zeta > 0) \tag{6.15}$$

전달함수 $G(s)$에 $s=j\omega$를 대입한 주파수 전달함수 $G(j\omega)$로부터 이득과 위상은

$$G(j\omega)=\frac{{\omega_n}^2}{-\omega^2+j2\zeta\omega_n\omega+{\omega_n}^2} \quad (\text{단, } \omega_n>0,\ \zeta>0) \tag{6.16}$$

$$G(j\omega)=\frac{{\omega_n}^2}{({\omega_n}^2-\omega^2)+j2\zeta\omega_n\omega}=\frac{1}{\left\{1-\left(\frac{\omega}{\omega_n}\right)^2\right\}+j2\zeta\frac{\omega}{\omega_n}} \tag{6.17}$$

$$G(ju)=\frac{1}{(1-u^2)+j2\zeta u} \quad \left(\text{단, } u=\frac{\omega}{\omega_n}\right) \tag{6.18}$$

$$\begin{cases} \text{이득 : } |G(ju)|=1/\sqrt{(1-u^2)^2+(2\zeta u)^2} \\ \text{위상 : } \angle G(ju)=-\tan^{-1}\frac{2\zeta u}{1-u^2} \end{cases} \tag{6.19}$$

이다. $u=0\sim\infty$의 범위에서 이득 $|G(ju)|$와 위상 $\angle G(ju)$는 **표 6.1**이다. 이로부터 벡터 궤적은 **그림 6.7**과 같이 구해진다. $u=1(\omega=\omega_n)$일 때 위상은 $-90°$의 허축상이고, 이득은 $1/2\zeta$이기 때문에 ζ의 값에 따라 여러 가지 값을 갖는다.

한편 $\zeta \geq 1/\sqrt{2} \fallingdotseq 0.707$의 범위에서 모든 u에 대하여 이득 $|G(ju)|$는 1 이하이다.

표 6.1 ▶ $u=0\sim\infty$의 이득과 위상

$u=0\sim\infty$	$u=0$	$u=1$	$u=\infty$
이득 $\lvert G(j\omega)\rvert$	1	$1/2\zeta$	0
위상 $\angle G(j\omega)$	$0°$	$-90°$	$-180°$

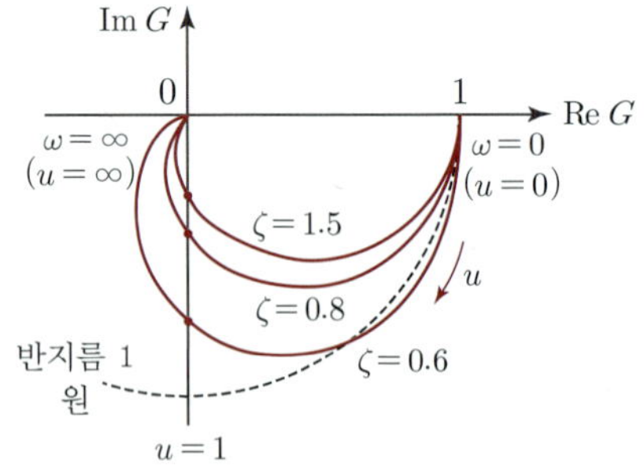

그림 6.7 ▶ 2차 지연 요소의 벡터 궤적

(6) 부동작 시간 요소

$$G(s) = e^{-sL} \tag{6.20}$$

전달함수 $G(s)$에 $s = j\omega$를 대입한 주파수 전달함수 $G(j\omega)$로부터 지수함수와 극좌표 형식의 변환 관계 $e^{\pm j\phi} = 1\underline{/\pm\phi}$를 적용하면 이득과 위상을 간단히 구할 수 있다.

$$G(j\omega) = e^{-j\omega L} = 1\underline{/-\omega L} \begin{cases} \text{이득} : |G(j\omega)| = 1 \\ \text{위상} : \underline{/G(j\omega)} = -\omega L\,[\text{rad}] \end{cases} \tag{6.21}$$

이득은 ω에 관계없이 항상 1이다. 위상은 주파수 ω의 증가와 함께 음(−)의 방향으로 한없이 증가하여 지연되고, 시계 방향으로 단위 원주상을 회전한다.

부동작 시간 요소의 벡터 궤적은 **그림 6.8**과 같은 반지름이 1인 단위원으로 구해진다.

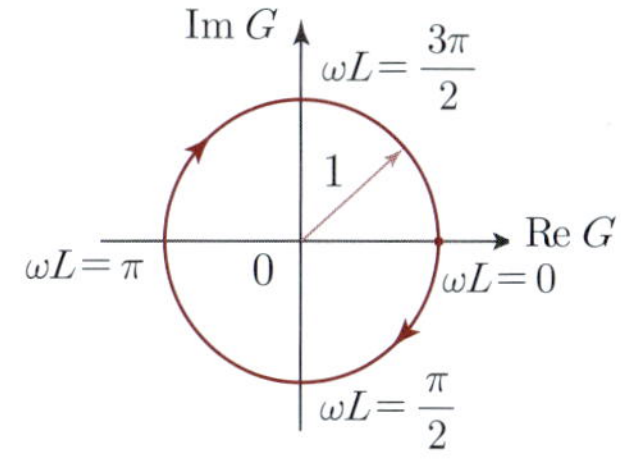

그림 6.8 ▶ 부동작 시간 요소의 벡터 궤적

(7) 기본 요소의 직렬 결합계

(a) 기본 요소와 동일한 방법에 의한 벡터 궤적

$$G(s) = \frac{1}{s(1+sT)} \tag{6.22}$$

전달함수 $G(s)$에 $s = j\omega$를 대입한 주파수 전달함수 $G(j\omega)$로부터 이득과 위상을 각각 구하여 극좌표로 표현한다.

$$G(j\omega)=\frac{1}{j\omega(1+j\omega T)} \tag{6.23}$$

$$\begin{cases} \text{이득 : } |G(j\omega)|=1/\left(\omega\sqrt{1+(\omega T)^2}\right) \\ \text{위상 : } \underline{/G(j\omega)}=\underline{/1}-\underline{/j\omega}-\underline{/j\omega(1+j\omega T)}=-90°-\tan^{-1}\omega T \end{cases}$$

$\omega=0$과 $\omega=\infty$일 때 이득 $|G(j\omega)|$와 위상 $\underline{/G(j\omega)}$는 각각 다음과 같다.

$$\begin{aligned} \omega=0 \ &: |G(0)|=\infty, \quad \underline{/G(0)}=-90° \\ \omega=\infty \ &: |G(\infty)|=0, \quad \underline{/G(\infty)}=-180° \end{aligned} \tag{6.24}$$

$\omega=0$에서 이득은 ∞, 음(−)의 허축이고, ω를 점차 증가시키면 이득은 감소하면서 위상은 점차 $-90°$보다 시계 방향의 음의 각으로 증가한다. 또 ω가 ∞에 가까워지면서 위상이 $-180°$이므로 음(−)의 실축을 따라서 원점(크기, 0)에 도달한다. 벡터 궤적은 **그림 6.9**에서 좌반 평면의 굵은 실선이 된다.

(b) 기본 요소의 직렬 결합계에 의한 벡터 궤적

식 (6.22)는 적분 요소와 1차 지연 요소가 직렬로 결합된 계이다. 두 요소의 결합계에 대한 벡터 궤적은 각 요소의 벡터 궤적을 이용하여 기하학적으로 구할 수 있다.

$$G(s)=\frac{1}{s(1+sT)}=\frac{1}{s}\cdot\frac{1}{1+sT} \tag{6.25}$$

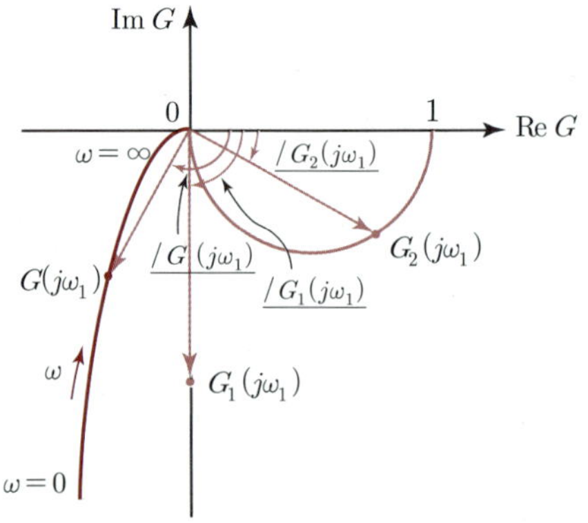

그림 6.9 ▸ 기본 요소 결합계의 벡터 궤적

임의의 주파수 ω_1에서 벡터 $G(j\omega_1)$의 크기는 $|G_1(j\omega_1)|$, $|G_2(j\omega_1)|$의 곱이고, 편각은 $\underline{/G_1(j\omega_1)}$, $\underline{/G_2(j\omega_1)}$의 합이다.(극좌표 형식의 연산에 관한 **참고**를 확인하기 바람)

$$|G(j\omega_1)| = |G_1(j\omega_1)| \cdot |G_2(j\omega_1)| \tag{6.26}$$

$$\underline{/G(j\omega_1)} = \underline{/G_1(j\omega_1)} + \underline{/G_2(j\omega_1)} \tag{6.27}$$

적분 요소와 1차 지연 요소를 벡터 궤적 $G_1(j\omega)$와 $G_2(j\omega)$라 놓고[**그림 6.4**(c), **그림 6.6** 참고], 두 궤적을 **그림 6.9**와 같이 하나의 $G(j\omega)$ 평면상에 그린다. 또 임의의 주파수 ω_1에 대한 두 요소의 벡터 $G_1(j\omega_1)$과 $G_2(j\omega_1)$을 화살표에 의한 벡터로 표시한다.

1차 지연 요소의 위상 $\underline{/G_2(j\omega_1)}$에 적분 요소의 위상 $-90°$를 합한 위상 $\underline{/G(j\omega_1)}$의 사선을 그린 후, 식 (6.26)의 연산으로 $G(j\omega_1)$의 결정된 크기를 위상각 선 위에 나타내면 계의 벡터 $G(j\omega_1)$을 구할 수 있다. 이와 같은 방법으로 ω의 증가에 따라 차례로 벡터를 구하고, 이 벡터들의 화살 선단을 연결하면 **그림 6.9**와 같은 벡터 궤적이 얻어진다.

참 고 두 벡터(극좌표 형식)의 곱셈과 나눗셈의 연산

두 복소수(극좌표 형식)

$\boldsymbol{A} = A\underline{/\alpha}$, $\boldsymbol{B} = B\underline{/\beta}$

(1) 극좌표의 곱셈 : $\boldsymbol{A} \cdot \boldsymbol{B} = (A\underline{/\alpha})(B\underline{/\beta}) = AB\underline{/\alpha+\beta}$

(2) 극좌표의 나눗셈 : $\dfrac{\boldsymbol{A}}{\boldsymbol{B}} = \dfrac{A\underline{/\alpha}}{B\underline{/\beta}} = \dfrac{A}{B}\underline{/\alpha-\beta}$

(8) $\omega \to 0$ 및 $\omega \to \infty$ 에서의 벡터 궤적

지금까지 배운 기본 요소 및 결합계의 모든 전달함수로부터 아래의 **정리**를 적용하여 저주파 영역($\omega \to 0$) 및 고주파 영역($\omega \to \infty$)에서 간편하게 접근할 수 있는 벡터 궤적의 형상(이득[크기]과 위상)에 대하여 고찰하기로 한다.

제어계의 주어진 전달함수로부터 $\omega \to 0$의 출발 및 $\omega \to \infty$의 도착(접근)하는 형상을 다음의 **정리**를 학습한 후, 적용 방법을 **그림 6.11**의 벡터 궤적에서 각자 확인해 본다.

예를 들면 **그림 6.11**(e)의 전달함수 $G(s) = K/s^2(1+Ts)$의 벡터 궤적

(1) ($\omega \to 0$) 궤적 : 원점에 극점 2개(s^2) 가진 $m=2$이기 때문에 음(-)의 실축($-180°$)에 평행한 무한원(크기, ∞)의 방향에서 출발(이득 ∞, 위상 $-180°$)

(2) $(\omega \to \infty)$ 궤적 : 분모와 분자의 차수의 차는 $(\alpha = \beta - l = 3 - 0 = 3)$이므로 양(+)의 허축$(-270°)$을 따라 원점(크기, 0)에 접근하면서 도착(이득 0, 위상 $-270°$)

정리 $\omega \to 0$ **및** $\omega \to \infty$ **에서의 벡터 궤적**

전달함수 $G(s) = \dfrac{K(s^l + b_{n-1}s^{l-1} + b_1 s + b_0)}{s^m(s^n + a_{n-1}s^{n-1} + a_1 s + a_0)}$ (단, $m+n > l$, 계수는 양(+))

(1) 벡터 궤적의 출발점$(\omega \to 0)$의 벡터 궤적

(근사식) $G(j\omega) \fallingdotseq \dfrac{K_0}{(j\omega)^m}$ 단, $K_0 = \dfrac{Kb_0}{a_0} > 0$

① $m=0$인 경우 : 양의 실축상 K_0의 값인 점에서 출발

② $m \geq 1$인 경우 : 양의 실축에 관한 $-m \cdot 90°$ 방향의 무한원(크기, ∞)에서 출발

③ $\omega \to 0$의 벡터 궤적 결정 : 전달함수의 **원점에 존재하는 극점의 수 m** 만큼 양의 실축에 관한 90°씩 시계 방향으로 회전 이동한 위치의 무한원(크기, ∞)에서 출발 (만약 원점에 존재하는 영점이 있으면 그 영점의 수만큼 90°씩 반시계 방향으로 회전 이동한 위치의 원점에서 출발)

(2) 벡터 궤적의 도착점$(\omega \to \infty)$의 벡터 궤적

(근사식) $G(j\omega) \fallingdotseq \dfrac{K}{(j\omega)^{m+n-l}} = \dfrac{K}{(j\omega)^{\alpha}}$ ($\beta = m+n$: 분모의 차수, l : 분자의 차수)

($\alpha = \beta - l$: 분모의 차수 − 분자의 차수)

① $\beta = l$인 경우 : 양의 실축상 K의 값인 점에 도착

② $\beta > l$인 경우 : 양의 실축에 관한 $-90° \cdot \alpha$ 방향에서 원점(0)에 접근하여 도착

③ $\omega \to \infty$의 벡터 궤적 결정 : 전달함수의 **(분모 차수 − 분자 차수)**, $(\alpha = \beta - l)$ 만큼 양의 실축에서 90°씩 시계 방향으로 회전한 위치에서 원점(크기, 0)에 접근 도착

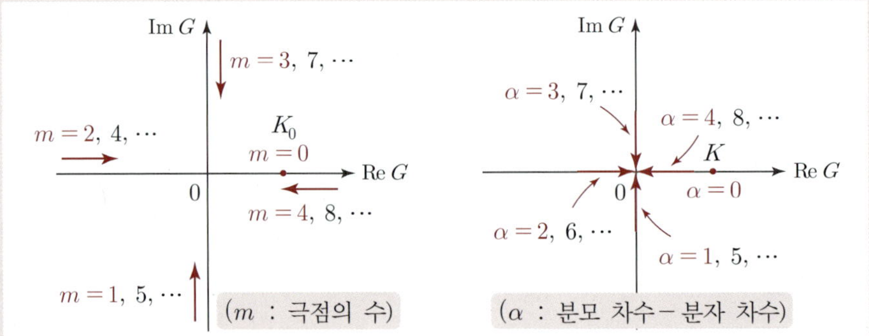

(a) $\omega \to 0$ 부근의 벡터 궤적 (b) $\omega \to \infty$ 부근의 벡터 궤적

그림 6.10 ▶ $\omega \to 0$**과** $\omega \to \infty$**의 벡터 궤적**

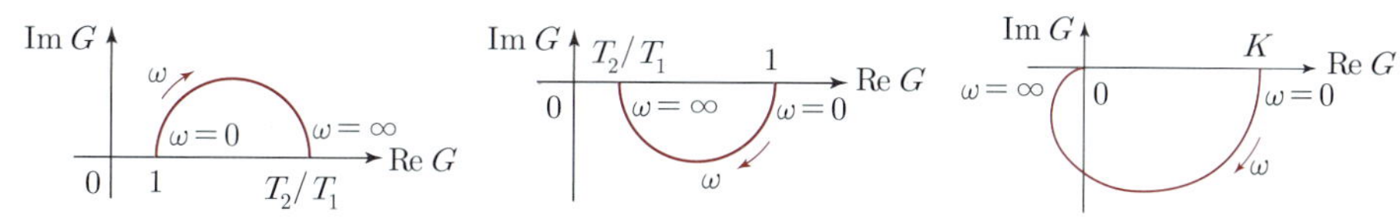

(a) $G(s) = \dfrac{1+T_2 s}{1+T_1 s}\ (T_2 > T_1 > 0)$ (b) $G(s) = \dfrac{1+T_2 s}{1+T_1 s}\ (T_1 > T_2 > 0)$ (c) $G(s) = \dfrac{K}{(1+T_1 s)(1+T_2 s)}$

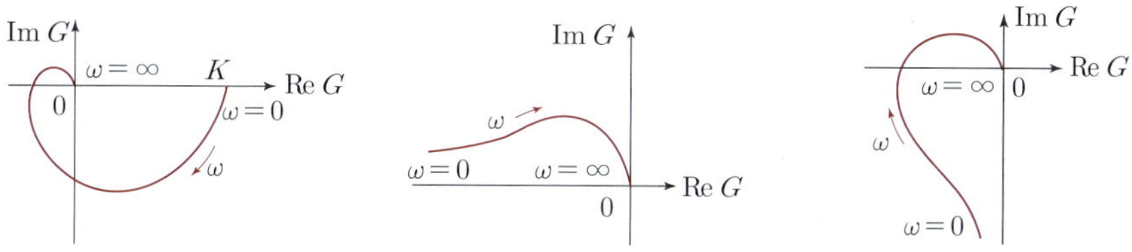

(d) $G(s) = \dfrac{K}{(1+T_1 s)(1+T_2 s)(1+T_3 s)}$ (e) $G(s) = \dfrac{K}{s^2(1+Ts)}$ (f) $G(s) = \dfrac{K}{s(1+T_1 s)(1+T_2 s)}$

그림 6.11 ▶ 제어계의 전달함수로부터 여러 가지의 벡터 궤적

예제 6.1

다음과 같이 표시되는 전달함수에서 $\omega \to 0$, $\omega \to \infty$ 인 경우에 이득 $|G(j\omega)|$ 와 위상 $\underline{/G(j\omega)}$ 를 각각 구하라.

$$G(s) = \frac{K(1+T_1 s)}{s(1+T_2 s)(1+T_3 s)}$$

풀이

$$\lim_{\omega\to 0}|G(j\omega)| = \lim_{\omega\to 0}\left|\frac{K(1+j\omega T_1)}{j\omega(1+j\omega T_2)(1+j\omega T_3)}\right| = \lim_{\omega\to 0}\left|\frac{K}{j\omega}\right| = \infty$$

$$\lim_{\omega\to 0}\underline{/G(j\omega)} = \lim_{\omega\to 0}\angle\frac{K(1+j\omega T_1)}{j\omega(1+j\omega T_2)(1+j\omega T_3)} = \lim_{\omega\to 0}\angle\frac{K}{j\omega} = -90^\circ$$

($1/j$ 는 시계 방향으로 90° 회전 이동 : -90°)

$$\lim_{\omega\to \infty}|G(j\omega)| = \lim_{\omega\to \infty}\left|\frac{K(1+j\omega T_1)}{j\omega(1+j\omega T_2)(1+j\omega T_3)}\right| = \lim_{\omega\to \infty}\left|\frac{KT_1}{(j\omega)^2 T_2 T_3}\right| = 0$$

$$\lim_{\omega\to \infty}\underline{/G(j\omega)} = \lim_{\omega\to \infty}\angle\frac{K(1+j\omega T_1)}{j\omega(1+j\omega T_2)(1+j\omega T_3)} = \lim_{\omega\to \infty}\angle\frac{KT_1}{(j\omega)^2 T_2 T_3}$$

$= -180^\circ$ ($1/j^2$ 는 시계 방향으로 90° 의 2회 회전 이동 : -180°)

별해 **그림 6.10**에 의해 $\omega \to 0$과 $\omega \to \infty$ 의 크기와 위상은 간단히 구할 수 있다.
출발($\omega \to 0$)의 궤적 : 원점이 극점인 수 $m = 1$이므로 -90°(크기 ∞)
도착($\omega \to \infty$)의 궤적 : 분모와 분자의 차수의 차 $\alpha = 2$에서 -180°(크기 0)

6.2.2 보드 선도

세로축에 이득 $|G(j\omega)|$와 위상 ϕ를 각각 나타내고, 가로축에 각주파수 ω [rad/s]를 취한 주파수 응답 선도를 **보드 선도**(Bode diagram)라고 한다.

세로축에서 이득 $|G(j\omega)|$는 데시벨(decibel) 값, 즉 $20\log_{10}|G(j\omega)|$ [dB]의 상용로그를 취하고, 또 위상 ϕ는 도 [°]로 표시한다. 가로축의 각주파수 ω [rad/s]는 대수(로그) 눈금으로 하는 곡선이다.

특히 이득과 주파수의 선도를 **이득 선도**(gain–phase diagram), 위상과 주파수의 선도를 **위상 선도**(phase diagram)라고 한다. 보드 선도는 이득 선도와 위상 선도를 조합하여 주파수 특성을 표현한 것이다.

보드 선도는 벡터 궤적에 비해 다음과 같은 장점이 있기 때문에 많이 사용하고 있다.

(1) 이득과 각주파수가 대수(로그)량으로 표시하기 때문에 광범위한 이득과 주파수까지 동일한 선도에서 나타낼 수 있다. 각주파수 ω의 대수눈금 위에 1 : 10 간격 단위를 1 디케이드(decade, dec로 약칭)라고 한다.

(2) 이득은 대수량으로 표시하기 때문에 이득의 곱은 선도상에서 대수합이 된다.
예를 들면 $G_1(s)$, $G_2(s)$와 이들의 곱 $G(s)$의 전달함수가

$$G(j\omega) = |G|e^{j\phi},\ \ G_1(j\omega) = |G_1|e^{j\phi_1},\ \ G_2(j\omega) = |G_2|e^{j\phi_2} \tag{6.28}$$

이면 $G_1(s)$와 $G_2(s)$의 곱은 $G(s) = G_1(s)G_2(s)$이다. 그러므로

$$|G|e^{j\phi} = |G_1|e^{j\phi_1} \cdot |G_2|e^{j\phi_2} = |G_1||G_2|e^{j(\phi_1+\phi_2)} \tag{6.29}$$

가 된다. 이로부터 이득의 곱 $G(s)$는 각 요소의 보드 선도로부터 이 보드 선도의 합으로 이득과 위상을 다음과 같이 계산할 수 있다.

$$20\log_{10}|G| = 20\log_{10}|G_1||G_2| = 20\log_{10}|G_1| + 20\log_{10}|G_2| \tag{6.30}$$

$$\phi = \phi_1 + \phi_2 \tag{6.31}$$

그러므로 기본 요소(적분 요소, 1차 지연 요소, 2차 지연 요소)의 보드 선도만을 알고 있으면, 일반적인 선형계를 여러 개의 기본 요소로 분해하여 선도상에서 그 대수합으로 쉽게 구할 수 있다.

참고 기본적인 상용로그, 상용로그의 연산 공식

(1) $\log_{10} 1 = 0$ (2) $\log_{10} 10 = 1$ (3) $\log_{10} a^n = n \log_{10} a$

(4) $\log_{10} ab = \log_{10} a + \log_{10} b$ (5) $\log_{10} \frac{a}{b} = \log_{10} a - \log_{10} b$

제어계의 전달함수로 표현되는 기본적인 요소에 관한 이득 특성과 위상 특성을 나타내는 보드 선도에 대하여 설명하기로 한다.

(1) 비례 요소

$$G(s) = K \tag{6.32}$$

$$\begin{cases} \text{주파수 전달함수} \;\; G(j\omega) = K \\ \text{이득} : g = 20 \log K \ [\text{dB}] \\ \text{위상} : \phi = \underline{/K} = 0\ [°] \end{cases} \tag{6.33}$$

이득 g는 $20 \log K$[dB]로 ω에 관계없이 일정하고, 위상 ϕ도 0°로 일정하다. 비례 요소의 보드 선도는 **그림 6.12**와 같다.

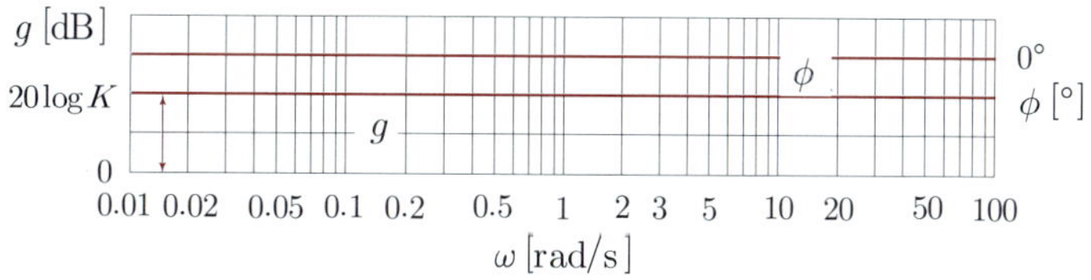

그림 6.12 ▶ 비례 요소의 보드 선도

(2) 미분 요소

$$G(s) = s \tag{6.34}$$

$$\begin{cases} \text{주파수 전달함수} \;\; G(j\omega) = j\omega \\ \text{이득} : g = 20 \log |j\omega| = 20 \log \omega \ [\text{dB}] \\ \text{위상} : \phi = \underline{/j\omega} = 90\ [°] \end{cases} \tag{6.35}$$

식 (6.35)의 이득 g와 위상 ϕ로부터 보드 선도는 **그림 6.13**과 같이 얻어진다. 이득 선도는 $\omega=1$일 때 0 [dB]을 지나는 20 [dB/dec]의 기울기를 갖는 직선이고, 위상 선도는 ω에 관계없이 일정한 90°의 직선이다.

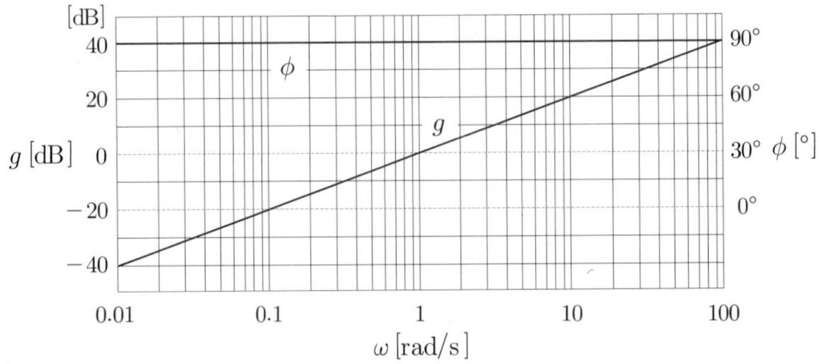

그림 6.13 ▸ 미분 요소의 보드 선도

(3) 적분 요소

$$G(s)=\frac{1}{s} \tag{6.36}$$

$$\begin{cases} \text{주파수 전달함수 } G(j\omega)=1/(j\omega) \\ \text{이득 : } g=20\log\left|\dfrac{1}{j\omega}\right|=-20\log\omega \ \text{[dB]} \\ \text{위상 : } \phi=\underline{/G(j\omega)}=-90\ [°] \end{cases} \tag{6.37}$$

식 (6.37)로부터 이득 선도는 $\omega=1$일 때 0 [dB]을 지나는 −20 [dB/dec]의 기울기를

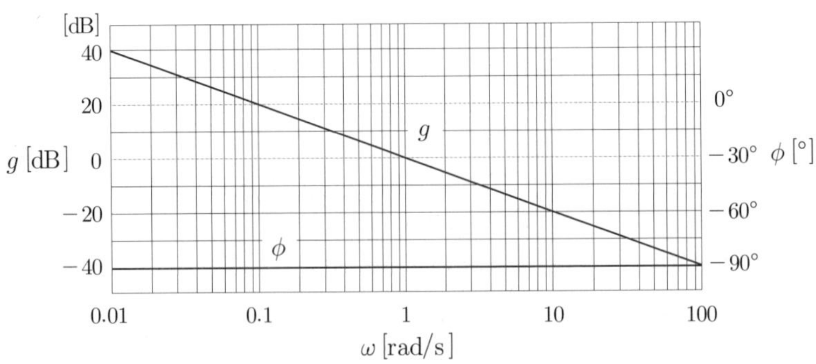

그림 6.14 ▸ 적분 요소의 보드 선도

갖는 직선이고, 위상 선도는 ω에 관계없이 일정한 $-90°$의 직선이다.

따라서 **그림 6.14**와 같이 구해진다. 미분 요소의 보드 선도인 **그림 6.13**과 비교해 보면 이득 곡선은 $g=0$[dB]의 선, 위상 곡선은 $\phi=0°$의 선에 대해 상하의 대칭 관계를 이루고 있다.

(4) 1차 지연 요소

$$G(s)=\frac{1}{1+sT} \tag{6.38}$$

$$\begin{cases} \text{주파수 전달함수 } G(j\omega)=\dfrac{1}{1+j\omega T} \\ \text{이득 : } g=20\log\left|\dfrac{1}{1+j\omega T}\right|=-20\log\sqrt{1+(\omega T)^2}\ \text{[dB]} \\ \text{위상 : } \phi=\underline{/G(j\omega)}=-\tan^{-1}\omega T \end{cases} \tag{6.39}$$

식 (6.39)에 의해 저주파 영역($\omega T \ll 1$)과 고주파 영역($\omega T \gg 1$)의 이득은 각각 다음과 같다.

$$\begin{aligned} &\text{저주파 영역}(\omega T\ll 1) : |G(j\omega)|=1,\ g=0\ \text{[dB]} \\ &\text{고주파 영역}(\omega T\gg 1) : |G(j\omega)|=1/\omega T,\ g=-20\log\omega T\ \text{[dB]} \end{aligned} \tag{6.40}$$

이득 선도는 저주파 영역($\omega T \ll 1$)에서 0[dB]에 점근하고, 고주파 영역($\omega T \gg 1$)에서 -20[dB/dec]의 기울기의 직선 $-20\log(\omega T)$[dB]에 점근한다. 따라서 두 점근선의 교점은 $-20\log(\omega T)=0$의 관계로부터 $\omega T=1$이므로 교점의 주파수는 $\omega=1/T$이다. 이와 같이 두 점근선의 교점의 주파수를 **절점 주파수**(break point or corner frequency)라고 한다.

절점 주파수 $\omega=1/T$에서의 이득은 $-20\log\sqrt{2} \fallingdotseq -3$[dB]이다[**예제 6.5** 참고]. 다른 주파수에서 구한 이득의 선도는 **그림 6.15**의 g와 같이 얻어진다.

위상 선도는 식 (6.39)의 위상으로부터 $\omega \to 0$일 때 $\phi \to 0°$, $\omega=1/T$일 때 $\phi=-45°$ $\omega \to \infty$일 때 $\phi \to -90°$가 된다. 즉 $\omega T \ll 1$에서 $0°$, $\omega T \gg 1$에서 $-90°$에 점차 가까워지고 위상 곡선은 **그림 6.15**의 ϕ와 같이 구해진다.

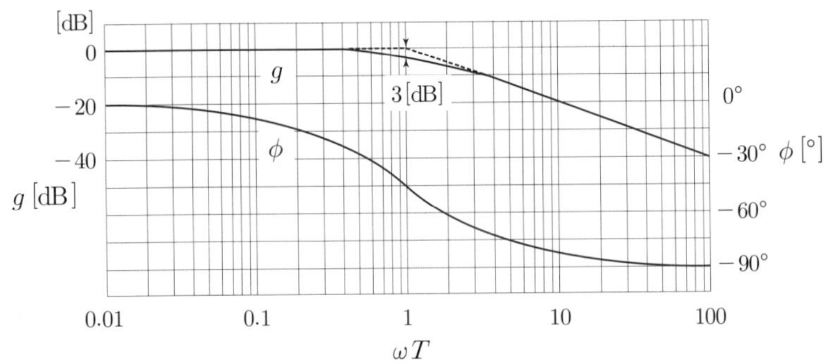

그림 6.15 ▶ 1차 지연 요소[$G(s)=1/(1+sT)$]의 보드 선도

한편 비례 미분 요소 $G(s)=1+sT$의 보드 선도는 1차 지연 요소의 보드 선도인 **그림 6.15**에서 $g=0$[dB]의 선과 위상 곡선은 $\phi=0°$의 선에 대해 상하의 대칭 관계가 되어 **그림 6.16**과 같이 구해진다.

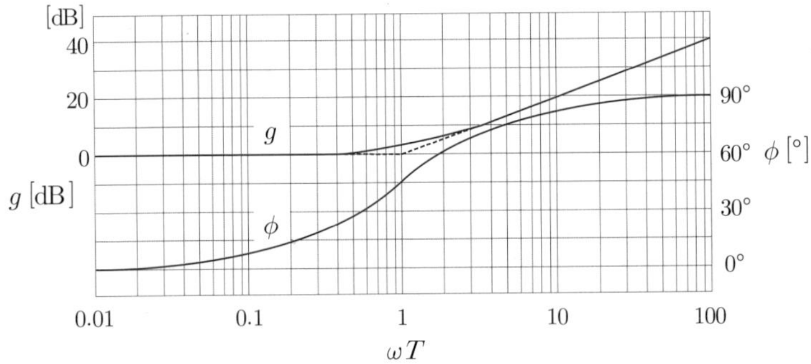

그림 6.16 ▶ 비례 미분 요소[$G(s)=1+sT$]의 보드 선도

지금까지 배운 기본 요소의 전달함수에 이득 상수 K를 포함하고 있는 경우에, 이득은 K배를 한 것과 같다. 따라서 이득 곡선은 기본 요소의 보드 선도에서 $20\log K$[dB]만큼 상하로 평행 이동한 것이 된다. 또 위상 곡선은 이득 상수에 영향을 받지 않는다.

(5) 2차 지연 요소

$$G(s)=\frac{{\omega_n}^2}{s^2+2\zeta\omega_n s+{\omega_n}^2} \quad (\text{단, } \omega_n>0,\ \zeta>0) \tag{6.41}$$

식 (6.41)에서 주파수 전달함수의 이득과 위상은 식 (6.19)에 의해 다음과 같다.

$$\begin{cases} \text{이득} : |G(ju)| = 1/\sqrt{(1-u^2)^2 + (2\zeta u)^2} \ (\text{단, } u = \omega/\omega_n) \\ \text{위상} : \underline{/G(ju)} = -\tan^{-1}\dfrac{2\zeta u}{1-u^2} \end{cases} \tag{6.42}$$

식 (6.42)의 이득을 $g = 20\log|G|$의 대수함수를 적용하여 데시벨로 나타내면

$$g = -20\log\sqrt{(1-u^2)^2 + (2\zeta u)^2} \ \ (\text{단, } u = \omega/\omega_n) \tag{6.43}$$

이다. 식 (6.42)와 식 (6.43)에 의해 저주파 영역($u \ll 1$)과 고주파 영역($u \gg 1$)의 이득은 각각 다음과 같다.

$$\begin{aligned} &\text{저주파 영역}(u \ll 1) : |G(ju)| = 1, \ g = 0\,[\text{dB}] \\ &\text{고주파 영역}(u \gg 1) : |G(ju)| = 1/u^2, \ g = -40\log u\,[\text{dB}] \end{aligned} \tag{6.44}$$

이득 선도는 저주파 영역에서 0[dB]에 접근하고, 고주파 영역에서 −40[dB/dec]의 기울기의 직선 $-40\log u$[dB]에 접근한다. 그러나 $u=1$, 즉 $\omega = \omega_n$인 경우의 이득은 $-20\log(2\zeta)$[dB]이 되기 때문에 ζ의 값에 따라 여러 가지 값을 갖는다.

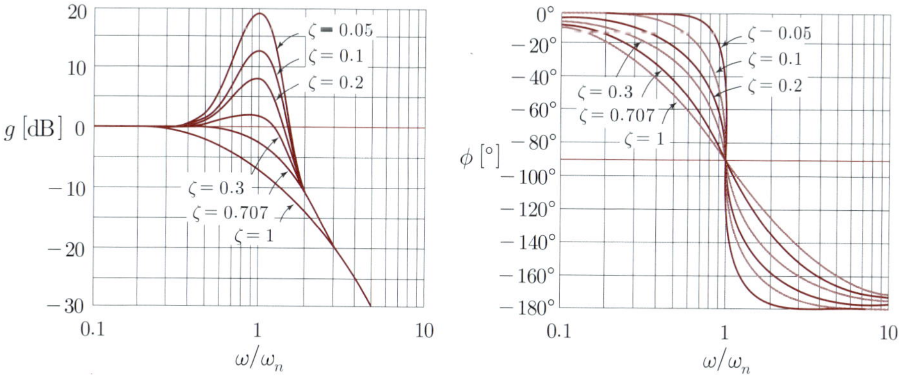

(a) 이득 곡선 (b) 위상 곡선

그림 6.17 ▸ 2차 지연 요소의 보드 선도

그러므로 고유 주파수($\omega = \omega_n$)는 절점 주파수가 되지만, 이득 특성은 두 개의 점근선으로 근사할 수 없을 정도로 현저하게 벗어나며 ζ의 값에 대해 **그림 6.17**(a)와 같이 얻어진다.

2차 지연 요소의 이득 특성은 제동비 $\zeta \le 1/\sqrt{2} \fallingdotseq 0.707$의 범위에서 피크를 발생시키고, $\zeta \ge 1/\sqrt{2} \fallingdotseq 0.707$의 범위에서는 피크를 발생하지 않는다.

위상 선도는 식 (6.42)의 위상 식에 의해 $u \to 0$일 때 $\phi \to 0°$, $u \to \infty$일 때 $\phi \to -180°$가 된다. 즉 $u(\omega)$가 증가함에 따라 $0°$에서 $-180°$까지 변화하며 $\omega = \omega_n$에서 $-90°$이다. 위상 곡선은 **그림 6.17**(b)와 같이 구해진다.

한편 $\zeta \ge 1$일 때의 전달함수는 특성 방정식에서 두 실극을 갖는 조건이므로 두 개의 1차 지연 요소의 전달함수의 곱으로 분해할 수 있다. 따라서 앞으로 배울 (7)의 결합계의 방법에 따른 **그림 6.15**의 개형을 이용한 보드 선도의 합으로도 구할 수 있다.

정리 **절점 주파수(break point or corner frequency)**

(1) 보드 선도에서 점근선의 교점을 **절점**(break point)이라 하고, 그 주파수를 **절점 주파수**라고 한다.

(2) 점근선의 절점 $\omega T = 1$이므로 절점 주파수는 $\omega = 1/T$이다.

(3) 원점 및 순허근을 갖지 않는 복소 극점 및 복소 영점의 합이 절점의 수이고, 이 **복소수의 실수부와 허수부를 같게 놓은 조건**에서 절점 주파수를 구한다.(**예제 6.2** 참고)

(4) 2차 지연 요소에서 점근선의 절점 $u = 1$이므로 절점 주파수는 **고유 주파수**가 된다. $(\omega = \omega_n)$이다. 절점 주파수($\omega = \omega_n$)에서의 위상은 $-90°$이다.

(5) 2차 지연 요소에서 이득 곡선은 점근선과 현저하게 벗어난다. 왜냐하면 절점 주파수 ω_n 이외에 제동비(감쇠비) ζ에도 의존하기 때문이다.

제어계의 전달함수로부터 보드 선도의 **이득 곡선에 대한 개략적인 작성법**은 다음의 순서와 같다. 아래의 예를 통하여 학습하기로 한다.

① 전달함수 $G(s)$에 $s = j\omega$를 대입하여 주파수 전달함수 $G(j\omega)$로 표현한다.

② 이득 $g = 20\log|G(j\omega)|$를 구한다.

③ 두 점근선의 교점(절점)인 절점 주파수를 구한다. 점근선의 절점의 수는 실수부와 허수부를 모두 포함한 극점과 영점의 수의 합이다. 이때 절점 주파수는 복소수의 실수부와 허수부를 같게 놓은 조건에서 구한다.

④ 절점을 경계로 기울기가 다른 것을 의미하므로 절점에 의한 경계 영역을 구분한다.

⑤ 절점에 의한 각각의 경계 영역에 대한 이득 g를 근사식에 의해 각각 계산하고 이득 곡선을 작성한다.

예 1 $$G(s)=\frac{10}{1+10s} \tag{6.45}$$

① 주파수 전달함수 : $G(j\omega)=\dfrac{10}{1+j10\omega}$

② 이득 : $g=20\log\left|\dfrac{10}{1+j10\omega}\right|=20\log 10-20\log\sqrt{1+(10\omega)^2}$

$$\therefore\ g=20-20\log\sqrt{1+(10\omega)^2}$$

③ 절점 및 절점 주파수(1개) : $10\omega=1$, $\omega=0.1$

④ 절점을 경계로 영역 구분 : $\omega\ll 0.1$(저주파 영역), $\omega\gg 0.1$(고주파 영역)

⑤ $\omega\ll 0.1$: $g=20\log 10-20\log 1=20\,[\text{dB}]$ (일정)

$\omega\gg 0.1$: $g=20-20\log 10-20\log\omega=-20\log\omega\,[\text{dB}]$ $(-20\,[\text{dB/dec}])$

⑥ 보드 선도 작성(**그림 6.18**(a))

$\omega\ll 0.1$: 이득은 $20\,[\text{dB}]$로 일정

$\omega\gg 0.1$: 이득의 기울기 $-20\,[\text{dB/dec}]$

⑦ 위상은 **그림 6.10**에 의해 $\omega\to 0$일 때 원점을 가진 극점이 없으므로 $m=0$에서 $\phi\to 0°$이고, $\omega\to\infty$일 때 분모와 분자의 차수(극점과 영점의 수의 차)는 $\alpha=1$이므로 $\phi\to -90°$이다. 따라서 위상의 범위는 $0°\sim -90°$이다.

예 2 $$G(s)=\frac{10}{(s+1)(10s+1)} \tag{6.46}$$

① 주파수 전달함수 : $G(j\omega)=\dfrac{10}{(j\omega+1)(j10\omega+1)}$

② 이득 : $g=20\log\left|\dfrac{10}{(j\omega+1)(j10\omega+1)}\right|=20\log\dfrac{10}{\sqrt{\omega^2+1}\,\sqrt{(10\omega)^2+1}}$

$$\therefore\ g=20\log 10-20\log\sqrt{\omega^2+1}-20\log\sqrt{(10\omega)^2+1}$$

③ 절점 및 절점 주파수(2개) : $\omega=0.1\,(10\omega=1)$, $\omega=1$

④ 절점을 경계로 영역 구분 : $\omega < 0.1$, $0.1 < \omega < 1$, $\omega > 1$

⑤ $\omega < 0.1$: $g = 20 - 20\log 1 - 20\log 1 = 20$ [dB]

$\therefore \ g = 20$ [dB](일정)

$0.1 < \omega < 1$: $g = 20 - 20\log 1 - 20\log 10\omega = 20 - 20\log 10 - 20\log\omega$

$\therefore \ g = -20\log\omega$ [dB] $(-20$[dB/dec]$)$

$\omega > 1$: $g = 20 - 20\log\omega - 20\log 10\omega = 20 - 20\log\omega - 20\log 10 - 20\log\omega$

$\therefore \ g = -40\log\omega$ [dB] $(-40$[dB/dec]$)$

⑥ 보드 선도 작성(**그림 6.18**(b))

⑦ 위상은 **그림 6.10**에 의해 $\omega \to 0$일 때 원점을 가진 극점이 없으므로 $m = 0$에서 $\phi \to 0°$이고, $\omega \to \infty$일 때 분모와 분자의 차수(극점과 영점의 수의 차)는 $\alpha = 2$이므로 $\phi \to -180°$이다. 즉 위상의 범위는 $0° \sim -180°$이다.

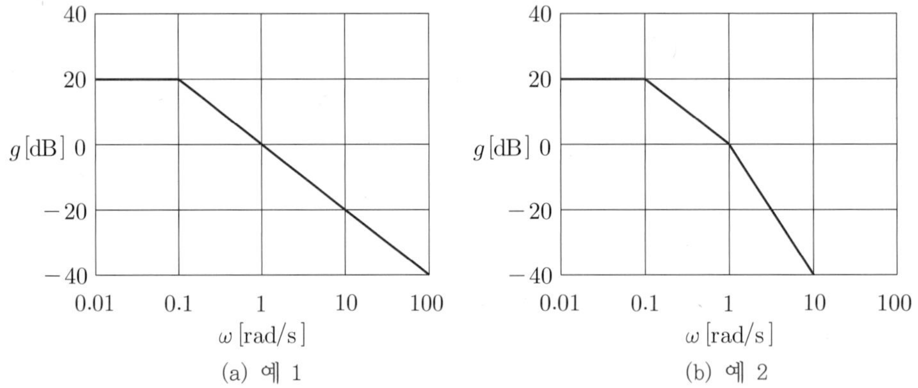

그림 6.18 ▶ 보드 선도(이득 곡선)

(6) 부동작 시간 요소

$$G(s) = e^{-sL} \tag{6.47}$$

주파수 전달함수 $G(j\omega) = e^{-j\omega L}$은 지수함수와 극좌표의 변환 관계 $e^{\pm j\phi} = 1\underline{/\pm\phi}$를 적용하면 $G(j\omega) = 1\underline{/-j\omega L}$이다. 즉 크기 $|G(j\omega)| = 1$, 편각 $\underline{/G(j\omega)} = -\omega L$로부터

$$\begin{cases} \text{이득} : g = 20\log|G(j\omega)| = 20\log 1 = 0 \text{ [dB]} \\ \text{위상} : \phi = -\omega L \text{ [rad]} \end{cases} \tag{6.48}$$

이득 g는 ω에 관계없이 항상 0[dB]이다. 위상 ϕ는 **그림 6.8**의 벡터 궤적에서 ω의 증가와 함께 음(−)의 방향, 즉 시계 방향으로 단위 원주상을 한없이 회전하지만, 로그 눈금으로 표시하는 위상 선도는 **그림 6.19**와 같이 된다.

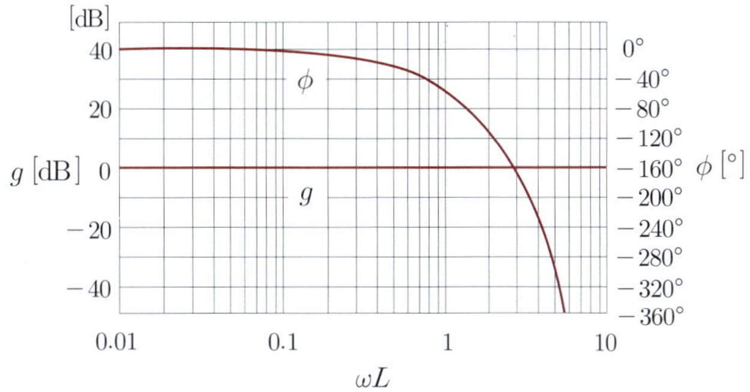

그림 6.19 ▶ 부동작 시간 요소의 보드 선도

(7) 기본 요소의 직렬 결합계

전달함수가 두 요소 이상의 직렬 결합계에 대한 벡터 궤적은 각 기본 요소의 보드 선도를 이용하여 기하학적으로 구할 수 있다.

$$G(s) = \frac{K(1+T_1 s)}{s(1+T_2 s)} \quad (T_1 < T_2) \tag{6.49}$$

식 (6.49)는 다음의 세 전달함수로 구성되어 있는 것으로 생각하여 이들의 곱으로 생각할 수 있다.

$$G_1(s) = \frac{K}{s}, \quad G_2(s) = 1 + T_1 s, \quad G_3(s) = \frac{1}{1+T_2 s} \tag{6.50}$$

$$G(s) = G_1(s) \cdot G_2(s) \cdot G_3(s) \tag{6.51}$$

식 (6.50)의 기본 요소에 대한 각각의 보드 선도를 **그림 6.20**(a)와 (b)의 이득 곡선과 위상 곡선의 각각 한 곳에 나타낸다.

$G_1(s)$, $G_2(s)$, $G_3(s)$의 이득과 위상을 각각 g_1, g_2, g_3, ϕ_1, ϕ_2, ϕ_3라고 하면, $G(s)$의 이득 g와 위상 ϕ는 식 (6.48)의 로그함수의 관계식에 의해

$$g = g_1 + g_2 + g_3$$
$$\phi = \phi_1 + \phi_2 + \phi_3 \tag{6.52}$$

가 된다. 따라서 기본 요소가 결합된 전달함수의 식 (6.52)의 이득 g는 **그림 6.20**(a)에서 g_1, g_2, g_3의 곡선을 합하여 구하고, 위상도 **그림 6.20**(b)에서 ϕ_1, ϕ_2, ϕ_3의 곡선을 합하여 구한다.

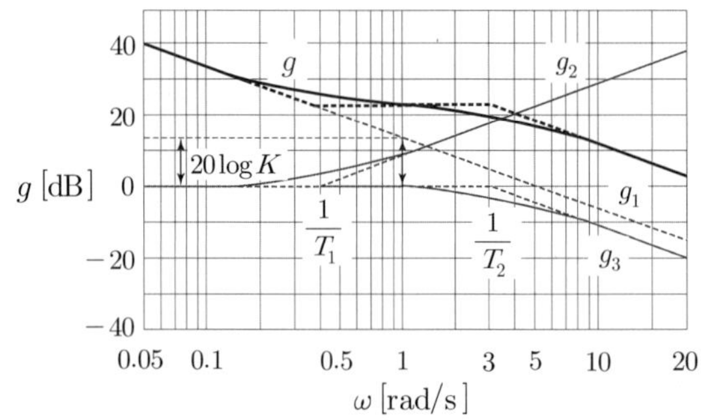

(a) 이득 곡선

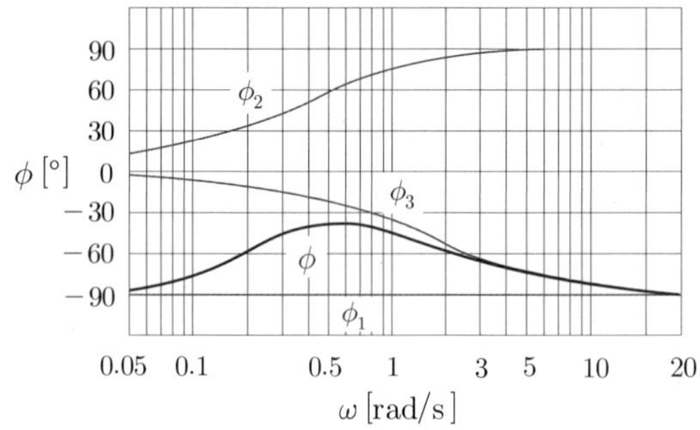

(b) 위상 곡선

그림 6.20 ▶ 기본 요소의 직렬 결합의 합성에 의한 보드 선도

6.2.3 이득-위상 선도

이득-위상 선도(gain-phase diagram)는 보드 선도의 이득 곡선, 위상 곡선을 하나의 곡선으로 나타낸 것이다.

가로축은 등간격의 위상 $\phi[°]$를 취하고, 세로축은 이득의 데시벨(decibel) 값 g[dB]을 취하여 각주파수 ω[rad/s]를 파라미터로 표시한 곡선이다.

니콜스 선도(Nichols chart)는 이득-위상 선도를 응용한 것으로 심화 학습에서 고찰하기로 한다.

예제 6.2

다음과 같이 주어진 계의 전달함수에서 절점 주파수를 구하라.

(1) $G(j\omega)=\dfrac{1}{1+j2\omega}$ **(2)** $G(j\omega)=\alpha+j\omega\beta$

풀이 절점 주파수 ω는 영점 또는 극점의 복소수에서 (실수부=허수부)의 조건으로 구한다.

(1) $2\omega=1 \quad \therefore\ \omega=\dfrac{1}{2}=0.5\,[\mathrm{rad/s}]$

(2) $\omega\beta=\alpha \quad \therefore\ \omega=\dfrac{\alpha}{\beta}$

예제 6.3

다음과 같이 주어진 각주파수 ω 와 전달함수 $G(s)$ 에서 이득 $[\mathrm{dB}]$ 을 구하라.

(1) $\omega=10\,[\mathrm{rad/s}],\quad G(s)=\dfrac{1}{s(s+1)}$

(2) $\omega=100\,[\mathrm{rad/s}],\quad G(s)=\dfrac{1}{s(s+1)(s+0.1)}$

풀이 이득 $g=20\log|G(j\omega)|\,[\mathrm{dB}]$

(1) $g=20\log\left|\dfrac{1}{j\omega(j\omega+1)}\right|=20\log\dfrac{1}{\omega\sqrt{\omega^2+1}}=20\log\dfrac{1}{10\sqrt{10^2+1}}$

$\fallingdotseq 20\log\dfrac{1}{10\sqrt{10^2}}=20\log\dfrac{1}{10\cdot 10}=20\log 10^{-2}=-40\,[\mathrm{dB}]$

(2) $g=20\log\left|\dfrac{1}{j\omega(j\omega+1)(j\omega+0.1)}\right|=20\log\dfrac{1}{\omega\sqrt{\omega^2+1}\sqrt{\omega^2+0.1^2}}$

$=20\log\dfrac{1}{100\sqrt{100^2+1}\sqrt{100^2+0.01}}\fallingdotseq 20\log\dfrac{1}{100\cdot 100\cdot 100}$

$=20\log 10^{-6}=-120\,[\mathrm{dB}]$

예제 6.4

다음과 같이 주어진 계의 전달함수에서 주파수 ω 가 아주 클 때 보드 선도의 기울기 [dB/dec]를 구하라.

(1) $G(s) = 1 + Ts$

(2) $G(s) = \dfrac{1}{s(1+Ts)}$

(3) $G(s) = \dfrac{K}{s(1+T_1 s)(1+T_2 s)}$

풀이 (1) $g = 20\log|1 + j\omega T| = 20\log\sqrt{1+(\omega T)^2} \fallingdotseq 20\log\omega T$

$\therefore\ g = 20\log T + 20\log\omega$ (기울기 : 20 [dB/dec])

(2) $g = 20\log\left|\dfrac{1}{j\omega(1+j\omega T)}\right| = 20\log\dfrac{1}{\omega\sqrt{1+(\omega T)^2}} \fallingdotseq 20\log\dfrac{1}{\omega^2 T}$

$\therefore\ g = -20\log T - 40\log\omega$ (기울기 : -40 [dB/dec])

(3) $g = 20\log|G(j\omega)| \fallingdotseq 20\log\left|\dfrac{K}{(j\omega)^3 T_1 T_2}\right| = 20\log\dfrac{K}{\omega^3 T_1 T_2}$

$\therefore\ g = 20\log K - 60\log\omega$ (기울기 : -60 [dB/dec])

예제 6.5

제어계의 전달함수 $G(s) = \dfrac{1}{1+sT}$ 에서 절점 주파수의 이득[dB]을 구하라.

풀이 절점 $\omega T = 1$에서 절점 주파수 $\omega = 1/T$이므로

$$g = 20\log|G(j\omega)| = 20\log\left|\frac{1}{1+j1}\right| = 20\log\frac{1}{\sqrt{2}}$$

$$= -20\log\sqrt{2} \fallingdotseq -3[\text{dB}]$$

6.3 주파수 응답 특성에 관한 평가 제어량

시간 영역에서 자동 제어계의 성능 평가를 위한 척도에 대하여 제 5.3 절의 과도 응답에 관한 제어량을 정의하였다. 그러나 주파수 영역에서 성능 평가를 위한 제어량으로 과도 응답에서 정의한 제어량으로는 사용할 수 없다.

그러므로 주파수 영역에서 제어계의 성능 평가를 위한 제어량을 정의하기로 한다.

그림 6.21과 같은 단일 궤환 제어계에서 폐루프 전달함수는 다음과 같다.

$$M(s)=\frac{C(s)}{R(s)}=\frac{G(s)}{1+G(s)} \tag{6.53}$$

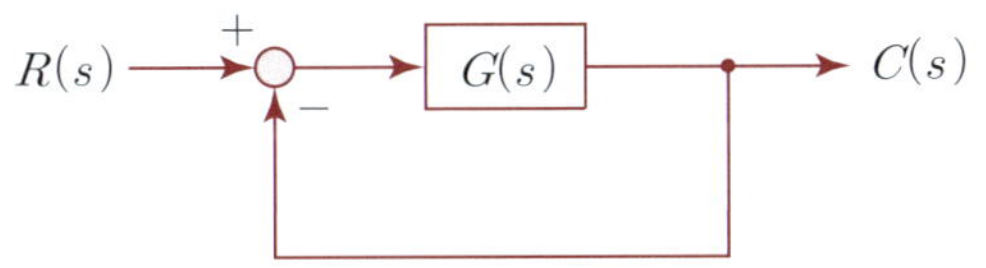

그림 6.21 ▶ 단위 궤환(피드백) 제어계

정현파 입력에서 주파수 전달함수는 다음과 같이 나타낼 수 있다.

$$M(j\omega)=\frac{C(j\omega)}{R(j\omega)}=\frac{G(j\omega)}{1+G(j\omega)} \tag{6.54}$$

주파수 전달함수 $M(j\omega)$를 크기와 위상의 극좌표 형식으로 표현하면 다음과 같다.

$$M(j\omega)=|M(j\omega)|\,\underline{/M(j\omega)} \tag{6.55}$$

2차 제어계에서 $M(j\omega)$의 각주파수 ω에 대한 전형적인 이득 곡선은 **그림 6.22**와 같다. **그림 6.22**(a)는 제어계의 이득 특성의 크기(algebraic value) $|M(j\omega)|$와 **그림 6.22**(b)는 데시벨의 값(logarithm value) g[dB]을 취하여 각각 나타낸 것이다.

2차 제어계에서 $|G(j\omega)|$는 저주파 범위에서는 크고, 고주파 범위에서는 대단히 작게 나타나는 것이 일반적이다. 따라서 식 (6.54)과 식 (6.55)에서 주파수 전달함수의 크기 $|M(j\omega)|$는 지주파 영역에서는 1, 고주파 영역에서는 0에 가까워진다.

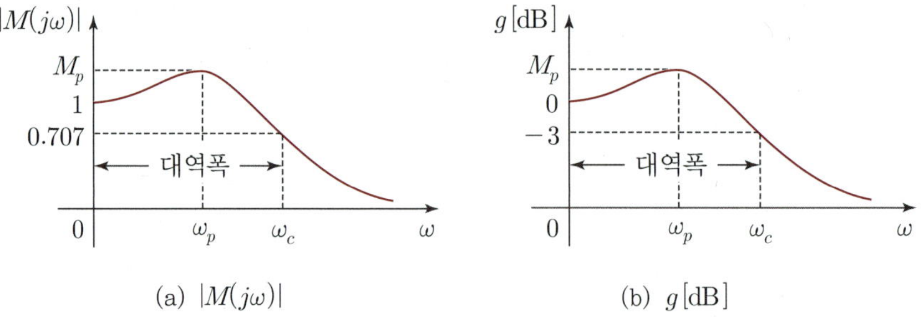

그림 6.22 ▸ 2차 폐루프 제어계의 일반적인 이득 곡선

(1) 첨두 공진값

첨두 공진값 M_p 는 **그림 6.22**에서 최대로 표시되는 최대값(정점)이다. 첨두 공진값 M_p 는 최대 이득이라고도 한다.

M_p 가 커지면 과도 응답 시 오버슈트도 커지게 되므로 제어계에서 **안정도의 척도**가 된다. M_p 는 1.1~1.5(보통 1.3) 사이의 값에서 제어계의 성능이 좋게 나타난다.

(2) 공진 주파수

공진 주파수 ω_p 는 첨두 공진값 M_p 가 일어나는 주파수이며, 일반적으로 ω_p 의 값이 높으면 주기는 작다.

(3) 대역폭

폐루프 주파수 응답의 이득 $|M(j\omega)|$가 $1/\sqrt{2}=0.707$ 또는 -3 [dB]이 되는 주파수를 **차단 주파수** (cutoff frequency) ω_c 라 하고, **대역폭**(bandwidth, BW)은 $0 \sim \omega_c$ 의 주파수 범위로 정의한다. 따라서 대역폭은 ω 가 0 일 때의 이득 M_0 보다 70.7[%]까지 떨어지거나 3[dB] 이하로 떨어지는 주파수이다.

대역폭이 크면 상대적으로 고주파 신호를 잘 통과시키고, 역으로 대역폭이 작으면 저주파의 신호를 잘 통과시킨다. 또 대역폭은 정정 시간, 첨두값 시간, 상승 시간 등의 시간 응답과 반비례 관계가 성립하기 때문에 대역폭이 크면 시간 응답은 빠르게 나타난다. 따라서 대역폭은 **속응성의 척도**가 된다.

일반적인 선형 제어계의 주파수 특성은 **저역 통과 필터**(filter) 특성을 나타내며, 대역폭은 이 필터의 차단 주파수가 된다.

(4) 직류 이득

직류 이득 M_0는 주파수 ω가 0일 때의 이득이다. 최종값 정리에 의하면 단위 계단 입력에 대한 정상 응답은 폐회로 전달함수에서 $s=0$을 대입하여 얻을 수 있으므로 M_0는 정상 응답(정상값)이 된다. 따라서 $1-M_0$는 정상 오차이다.

(5) 분리도

분리도(cutoff rate)는 **신호와 잡음을 분리하는 제어계의 특성**을 나타내는 데 사용하는 정수이다.

일반적으로 잡음 신호는 고주파에서 큰 에너지를 가지기 때문에 분리도가 클수록 잡음을 제거하는 성능은 좋아진다. 그러나 일반적으로 분리도가 크면 큰 첨두 공진값 M_p를 동반하므로 제어계가 불안정하기 쉽다. 또 동일한 대역폭을 가지는 두 제어계라도 분리도는 다를 수 있는 특징이 있다.

예제 6.6

폐루프 전달함수 $\dfrac{C(s)}{R(s)}=\dfrac{1}{2s+1}$인 계에서 대역폭[rad/s]을 구하라.

풀이 대역폭은 폐루프 전달함수의 이득 $|G(j\omega)|=1/\sqrt{2}$ 조건의 차단 주파수 ω_c

$$G(j\omega)=\frac{1}{j2\omega+1},\quad |G(j\omega)|=\left|\frac{1}{j2\omega+1}\right|=\frac{1}{\sqrt{(2\omega)^2+1}}$$

$$\frac{1}{\sqrt{(2\omega_c)^2+1}}=\frac{1}{\sqrt{2}}\qquad \therefore\ \omega_c=0.5\ [\text{rad/s}]\ (\text{대역폭}:0\sim0.5\ [\text{rad/s}])$$

6.4 2차 제어계의 제어량

2차 궤환 자동 제어계에서 첨두 공진값 M_p, 공진 주파수 ω_p 및 대역폭은 모두 감쇠비(제동비) ζ와 비감쇠 고유 주파수 ω_n에 관계한다.

2차 제어계에서 폐루프 전달함수는 일반적으로 다음과 같이 표현할 수 있다.

$$M(s) = \frac{{\omega_n}^2}{s^2 + 2\zeta\omega_n s + {\omega_n}^2} \quad (\text{단, } \omega_n > 0,\ \zeta > 0) \tag{6.56}$$

전달함수 $M(s)$에 $s = j\omega$를 대입한 주파수 전달함수 $M(j\omega)$로부터 이득과 위상은 제 6.2.1 절의 (5) 2차 지연 요소의 단원을 참고하여 다시 나타내면 다음과 같다.

$$M(j\omega) = \frac{{\omega_n}^2}{-\omega^2 + j2\zeta\omega_n\omega + {\omega_n}^2} \quad (\text{단, } \omega_n > 0,\ \zeta > 0) \tag{6.57}$$

$$M(j\omega) = \frac{{\omega_n}^2}{({\omega_n}^2 - \omega^2) + j2\zeta\omega_n\omega} = \frac{1}{\left\{1 - \left(\frac{\omega}{\omega_n}\right)^2\right\} + j2\zeta\frac{\omega}{\omega_n}} \tag{6.58}$$

$$M(ju) = \frac{1}{(1-u^2) + j2\zeta u} \quad \left(\text{단, } u = \frac{\omega}{\omega_n}\right) \tag{6.59}$$

$$\begin{cases} \text{이득 : } |M(ju)| = 1/\sqrt{(1-u^2)^2 + (2\zeta u)^2} \\ \text{위상 : } \underline{/M(ju)} = -\tan^{-1}\dfrac{2\zeta u}{1-u^2} \end{cases} \tag{6.60}$$

(1) 공진 주파수 ω_p

공진 주파수는 최대와 최소에 관한 미분에 의해 식 (6.60)의 이득 $|M(ju)|$를 u에 관하여 미분한 값을 0으로 놓고 그 때의 $\omega = \omega_p$ 값이 된다.

$$\frac{d|M(u)|}{du} = -\frac{1}{2}\{(1-u^2)^2 + (2\zeta u)^2\}^{-3/2} \cdot (4u^3 - 4u + 8\zeta^2 u) = 0 \tag{6.61}$$

식 (6.61)을 만족하는 방정식 $4u^3 - 4u + 8\zeta^2 u = 0$과 이로부터 u의 값은

$$4u^3 - 4u + 8\zeta^2 u = 4u(u^2 - 1 + 2\zeta^2) = 0 \tag{6.62}$$

$$\therefore\ u_p = 0 \quad \text{또는} \quad u_p = \sqrt{1 - 2\zeta^2} \tag{6.63}$$

으로 구해진다. $u_p = \frac{\omega_p}{\omega_n}$에서 $\omega_p = u_p \omega_n$이므로 **공진 주파수** ω_p는

$$\omega_p = \omega_n \sqrt{1-2\zeta^2} \tag{6.64}$$

이 된다. 여기서 주파수는 실수의 값이므로 식 (6.64)의 근호는 $1-2\zeta^2 \geq 0$에서만 유효하다. 따라서 감쇠비(제동비) ζ는 다음의 조건을 만족하는 경우에만 의미가 있다.

$$0 \leq \zeta \leq \frac{1}{\sqrt{2}} \fallingdotseq 0.707 \tag{6.65}$$

식 (6.64)의 공진 주파수 ω_p는 $0 < \zeta < 0.707$ 범위 내의 감쇠비 ζ가 작을수록 증가하면서 고유 주파수 ω_n에 가까워진다. 또 제동비 ζ가 0.707보다 큰 값에서는 첨두 공진(피크)을 일으키지 않기 때문에 공진 주파수 $\omega_p = 0$이고, $M_p = 1$이 된다.

반대로 제동비 ζ가 0.707보다 작은 값에서는 첨두 공진(피크)을 일으켜 공진 주파수 ω_p와 첨두 공진값 M_p가 존재하고 오버슈트가 발생하기 때문에 첨두 공진값 M_p는 **안정도의 척도**가 된다.

(2) 첨두 공진값 M_p

식 (6.60)의 이득 $|M(ju)|$에 식 (6.63)의 u_p 값을 대입하면 **첨두 공진값** M_p는

$$M_p = \frac{1}{2\zeta\sqrt{1-\zeta^2}} \quad (\text{단, } 0 < \zeta < 0.707) \tag{6.66}$$

이고, 감쇠비 ζ가 작을수록 M_p는 커진다. 2차 지연 요소의 보드 선도인 **그림 6.17**(a)의 이득 곡선을 참고하기 바란다. 2차 제어계의 주파수 응답 특성의 첨두 공진값 M_p는 감쇠비 ζ만의 함수이고, 공진 주파수 ω_p는 ζ와 ω_n의 함수이다.

결론적으로 감쇠비 ζ가 $0 < \zeta < 0.707$에서 감소하면, 공진 주파수 ω_p는 식 (6.64)에 의해 증가하고, 첨두 공진값 M_p도 식 (6.66)에 의해 증가하면서 대역폭도 증가하게 된다. 이로부터 **대역폭은 첨두 공진값과 공진 주파수와도 비례 관계**가 됨을 추론할 수 있다.

연습문제

01 주파수 응답에 필요한 입력은?

① 계단 입력 ② 임펄스 입력 ③ 램프 입력 ④ 정현파 입력

02 일반적으로 선형 제어계의 주파수 특성은?

① 저주파 여파기 특성 ② 중간 주파 여파기 특성
③ 대역 주파 여파기 특성 ④ 고주파 여파기 특성

03 $G(j\omega)=1+j\omega T$ 의 크기와 위상각은?

① $G(j\omega)=1+\omega T\underline{/\tan^{-1}\omega T}$ ② $G(j\omega)=1+\omega T\underline{/-\tan^{-1}\omega T}$

③ $G(j\omega)=\sqrt{1^2+\omega^2T^2}\,\underline{/\tan^{-1}\omega T}$

④ $G(j\omega)=\sqrt{1^2+\omega^2T^2}\,\underline{/-\tan^{-1}\omega T}$

힌트 제 6.1 절 참고

04 $G(j\omega)=\dfrac{K}{j\omega(j\omega T+1)}$ 의 크기와 위상각은?

① $G(j\omega)=\dfrac{K}{\omega^2\sqrt{\omega^2T^2+1}}\underline{/\tan^{-1}(1/\omega T)}$

② $G(j\omega)=\dfrac{K}{\omega\sqrt{\omega^2T^2+1}}\underline{/\tan^{-1}(1/\omega T)}$

③ $(j\omega)=\dfrac{K}{\omega^2\sqrt{\omega^2T^2+1}}\underline{/-90°-\tan^{-1}\omega T}$

④ $G(j\omega)=\dfrac{K}{\omega\sqrt{\omega^2T^2+1}}\underline{/-90°-\tan^{-1}\omega T}$

힌트 제 6.1 절 참고

05 $G(j\omega)=\dfrac{1}{j\omega(j\omega+1)}$ 에 있어서 $\omega\to 0$ 에서의 $|G(j\omega)|$와 $\angle G(j\omega)$ 의 값은?

① 0, 90° ② 0, 180° ③ ∞, −90° ④ ∞, −180°

힌트 **그림 6.10**(a)에 의해 $\omega\to 0$의 벡터 궤적은 원점이 극점인 수 $m=1$이므로 −90° 방향의 무한원(크기)에서 출발

06 $G(j\omega)=\dfrac{K}{j\omega(j\omega+1)}$ 에 있어서 $\omega\to\infty$ 에서의 $|G(j\omega)|$와 $\angle G(j\omega)$ 의 값은?

① 0, −90° ② 0, −180° ③ ∞, −180° ④ ∞, −90°

힌트 **그림 6.10**(b)에 의해 $\omega\to\infty$의 벡터 궤적은 분모와 분자의 차수의 차 $\alpha=2$이므로 −180° 방향에서 원점으로 도착(크기 0)

07 $G(s)=\dfrac{K(s+1)}{s(1+0.2s)(1+0.5s)}$ 에서 $\lim\limits_{\omega\to 0}|G(j\omega)|$ 와 $\lim\limits_{\omega\to\infty}\angle G(j\omega)$ 의 값은?

① K, −180° ② 0, 90° ③ ∞, 180° ④ ∞, −180°

힌트 **그림 6.10**(a), (b) 참고

08 $G(j\omega)=\dfrac{1}{1+j2T}$ 이고 $T=2$[s]일 때 크기 $|G(j\omega)|$와 위상 $\angle G(j\omega)$ 는?

① 0.44, −36° ② 0.44, 36° ③ 0.24, −76° ④ 0.24, 76°

힌트 $|G(j\omega)|=\dfrac{1}{\sqrt{1+(2T)^2}}$, $\angle G(j\omega)=-\tan^{-1}2T$

09 $G(s)=\dfrac{5}{s+5}$ 인 선형 제어계에서 $\omega=1$일 때 주파수 전달함수의 이득은?

① $\dfrac{5}{\sqrt{5}}$ ② $\dfrac{5}{\sqrt{26}}$ ③ 1 ④ $\dfrac{5}{\sqrt{6}}$

힌트 $G(j\omega)=\dfrac{5}{j\omega+5}$, 이득 $|G(j\omega)|=\dfrac{5}{\sqrt{\omega^2+5^2}}=\dfrac{5}{\sqrt{1^2+5^2}}$

10 $G(s)=\dfrac{1}{1+5s}$ 일 때 절점에서 절점 주파수[rad/s]는?

① 0.1　② 0.5　③ 0.2　④ 5

힌트 **예제 6.2** 참고

11 $G(j\omega)=j0.1\omega$ 에서 $\omega=0.01$ [rad/s] 일 때, 계의 이득[dB]은?

① -100　② -80　③ -60　④ -40

힌트 **예제 6.3** 참고

12 $G(s)=e^{-Ls}$ 에서 $\omega=100$ [rad/s] 일 때 이득[dB]은?

① 0　② 20　③ 30　④ 40

힌트 $G(j\omega)=e^{-j\omega L}=1\underline{/-\omega L}$ (지수함수의 극좌표 변환) : 크기 $|G(j\omega)|=1$, 위상 $\underline{/G(j\omega)}=-\omega L$

$\therefore\ g=20\log|G(j\omega)|=20\log 1=0$ [dB]

13 $G(s)=\dfrac{1}{1+sT}$ 에서 $\omega T=10$ [rad] 일 때 $|G(j\omega)|$의 값[dB]은?

① 10　② 20　③ -10　④ -20

14 $G(j\omega)=\dfrac{1}{j100\omega}$ 인 계에서 $\omega=0.1$ [rad/s] 일 때 이득[dB] 및 위상 θ [deg]는?

① -20 [dB], $-90°$　② -40 [dB], $-90°$

③ 20 [dB], $-90°$　④ 40 [dB], $-90°$

15 $G(j\omega)=4j\omega^2$ 의 계의 이득이 0 [dB]이 되는 각주파수는?

① 1　② 0.5　③ 4　④ 2

힌트 $g=20\log|G(j\omega)|=0$ [dB], $20\log(2\omega)^2=0$ [dB], $(2\omega)^2=1$

16 $G(j\omega) = K(j\omega)^3 (K > 0)$의 보드 선도는?

① 20[dB/dec]의 경사를 가지며 위상각 90°

② 40[dB/dec]의 경사를 가지며 위상각 −90°

③ 60[dB/dec]의 경사를 가지며 위상각 −90°

④ 60[dB/dec]의 경사를 가지며 위상각 270°

힌트 $g = 20\log|G(j\omega)| = 20\log K\omega^3 = 20\log K + 60\log\omega$[dB]
60[dB/dec]의 경사를 가진 직선이 $20\log K$ 만큼 세로축의 양의 방향으로 평행 이동한 곡선을 의미함

17 **그림 6.23**과 같은 벡터 궤적(극좌표 선도)을 갖는 계통의 전달함수는?

① $G(s) = \dfrac{K_0}{1+sT}$

② $G(s) = \dfrac{K_0}{s(1+sT)}$

③ $G(s) = \dfrac{K_0}{s(1+sT_1)(1+sT_2)}$

④ $G(s) = \dfrac{K_0}{s(1+sT_1)(1+sT_2)(1+sT_3)}$

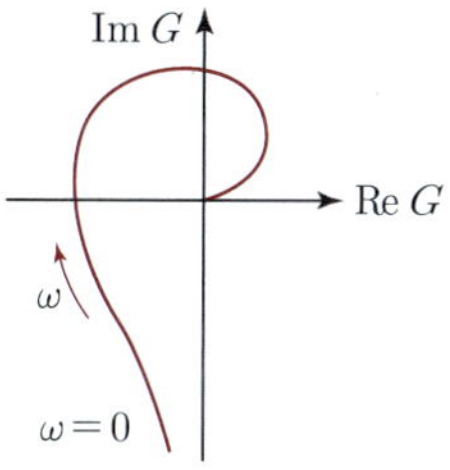

그림 6.23

힌트 **그림 6.10**(a), (b) 참고
$\omega \to 0$(출발점) : −90° 방향의 무한원(크기)이므로 $m = 1$, 원점이 극점인 인수 1개(s)
$\omega \to \infty$(도착점) : −360°(0°) 방향의 크기 0이므로 분모와 분자의 차수의 차 $\alpha = 4$, 즉 주어진 전달함수에서 분자의 영점은 없으므로 분모의 차수는 4차 또는 극점의 수 4개를 의미

18 **그림 6.24**와 같은 RC 저역 여파기 회로의 전달함수 $G(j\omega)$에서 $\omega = \dfrac{1}{RC}$인 경우 $|G(j\omega)|$는?

① $\dfrac{1}{\sqrt{2}}$

② $\sqrt{2}$

③ $\dfrac{1}{2}$

④ 2

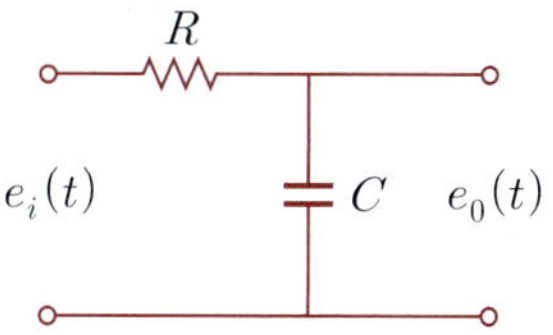

그림 6.24

힌트 전달함수 $G(j\omega) = \dfrac{1/j\omega C}{R + 1/j\omega C} = \dfrac{1}{1 + j\omega CR} = \dfrac{1}{1+j}$ $\quad \therefore |G(j\omega)| = \dfrac{1}{\sqrt{1^2 + 1^2}} = \dfrac{1}{\sqrt{2}}$

19 2차 지연 요소의 보드 선도에서 이득 곡선의 두 점근선이 만나는 점의 주파수는?

① 영 주파수 ② 공진 주파수 ③ 고유 주파수 ④ 차단 주파수

20 분리도가 예리할수록 나타나는 현상은?

① 정상 오차가 감소한다. ② 응답 속도가 빨라진다.
③ 첨두 공진값 M_p의 값이 감소한다. ④ 제어계가 불안정해진다.

21 2차 제어계에서 첨두 공진값 M_p가 너무 크면 제어계의 안정도는 어떻게 되는가?

① 정상 오차가 감소한다. ② 응답 속도가 빨라진다.
③ M_p의 값이 감소한다. ④ 제어계가 불안정해진다.

22 자동 제어계를 주파수 영역에서 관찰할 때 필요 없는 요소는?

① 오차 ② 대역폭 ③ 분리도 ④ 공진 정점

23 2차 제어계에서 첨두 공진값 M_p는? (단, ω_n : 고유 주파수, ζ : 제동비)

① $M_p = \omega_n\sqrt{1-2\zeta^2}$ ② $M_p = \dfrac{1}{2\zeta\sqrt{1-\zeta^2}}$

③ $M_p = \omega_n\sqrt{1-\zeta^2}$ ④ $M_p = \dfrac{1}{\sqrt{1-2\zeta^2}}$

힌트 식 (6.66) 참고

24 2차 제어계에서 공진 주파수 ω_p는? (단, ω_n : 고유 주파수, ζ : 제동비)

① $\omega_p = \omega_n\sqrt{1-2\zeta^2}$ ② $\omega_p = \omega_n\sqrt{1-\zeta^2}$

③ $\omega_p = \omega_n\sqrt{\zeta^2-1}$ ④ $\omega_p = \omega_n\sqrt{2-\zeta^2}$

힌트 식 (6.64) 참고

Chapter 7

제어계의 안정도

7.1 안정도의 개요

자동 제어계의 해석과 설계의 중요한 평가 요소는 과도 응답, 정상 편차와 안정도가 있다. 이 세 가지 요소 중에서 과도 응답 특성이 가장 중요하지만, 제어계는 안정 또는 불안정한지의 안정도를 판별하는 것이 선행적으로 수행할 요소이다.

제어계의 **안정도**(system stability)는 입력 또는 외란에 대한 계의 과도 응답에 의하여 결정된다. 본 장에서 취급할 선형 시불변 제어계에서 안정도의 정의를 구분하면 다음과 같이 요약할 수 있다.

안정한 계(stable system)는 외력이 가해지지 않으면 정지 상태로 있고, 또 외력이 가해져도 모든 외력이 제거되면 다시 원래의 정지 상태로 되돌아가는 계를 말한다. 다시 말하면 유한 입력에 대해 제어계의 과도 응답이 시간의 경과와 함께 **감소 또는 소멸하는 계**는 안정하다고 한다.

불안정한 계(unstable system)는 제어계의 과도 응답이 시간 경과와 함께 **단조 증가** 또는 **발산 진동**하는 계이다.

임계 안정한 계(marginal system)는 제어계의 과도 응답이 시간에 관계없이 항상 일정한 진폭을 갖고 지속적으로 진동하는 **안정의 한계**를 나타내는 계이고, **불안정한 계의 일종**으로 볼 수 있다.

제어계의 안정도는 **절대 안정도**와 **상대 안정도**로 분류할 수 있다.

(1) **절대 안정도**(absolute stability) : 제어계의 안정 또는 불안정만을 판단
(2) **상대 안정도**(relative stability) : 제어계의 안정 또는 불안정 상태가 어느 정도인지를 평가하는 것으로 안정도의 정도(degree of stability)로 결정

제 5 장의 과도 응답 특성에서 폐루프 제어계의 안정성은 폐루프 전달함수의 허축에

가장 가까운 **대표 특성근의 형태와 위치**에 따라 결정된다는 것을 설명하였다. 이와 같은 과도 응답 특성은 **상대 안정도**를 평가하는 데 사용한다.

페루프 제어계에서 특성 방정식의 근의 위치에 따라 s 평면상에서 허축을 제외한 좌반 평면에 있으면 안정하고, 우반 평면에 있으면 불안정하다. 따라서 특성근은 실근 또는 복소근일 때, **음(−)의 실수부**를 갖는 것이 계가 안정하기 위한 필요 충분 조건이 된다.

s 평면상에서 특성근의 위치에 따른 계의 안정성은 **그림 7.1**에 나타낸다.

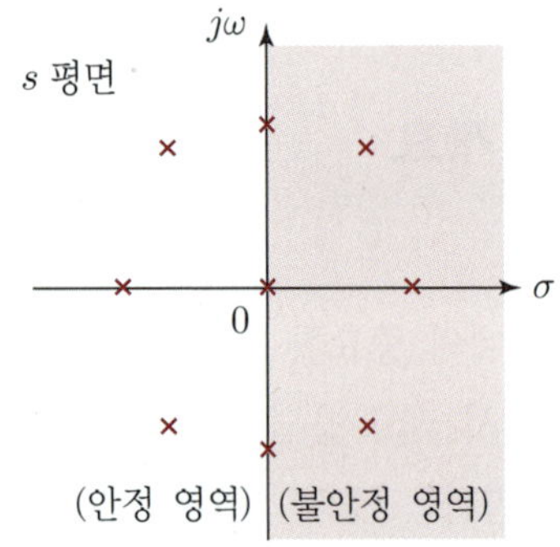

그림 7.1 ▸ 특성근 위치에 따른 안정도 판별

이와 같이 과도 응답 특성은 특성 방정식의 근을 직접 구하여 그 근이 **그림 7.1**과 같은 s 평면상의 위치로부터 안정 또는 불안정을 판별할 수 있었다. 그러나 특성 방정식은 일반적으로 고차 대수 방정식이고 그 근을 구하는 것은 매우 번거로운 일이다.

따라서 본 장에서는 특성 방정식의 근을 직접 구하지 않으면서 절대 안정도를 다루는 라우스-후르비츠의 안정도 판별법, 절대 안정도 및 상대 안정도를 다루는 나이퀴스트(Nyquist)의 안정도 판별법 및 보드 선도에 의한 안정도 판별법 등에 관하여 설명하기로 한다.

7.2 라우스-후르비츠의 안정도 판별법

제어계의 특성 방정식은 일반적으로 고차 대수 방정식이다. 라우스(E. J. Routh, 영국) 및 후르비츠(A. Hurwitz, 독일)의 안정도 판별법은 고차 대수 방정식의 특성근을 직접 구하지 않고 몇 개의 근이 불안정 영역인 s 평면의 우반 평면에 존재하는지의 여부로 절대 안정도를 판별하는 방법이다. 라우스의 판별법과 후르비츠의 판별법은 본질적으로 같으며 계산 방법 및 이에 따른 편리성에만 차이가 있을 뿐이다.

선형 시불변 제어계에서 폐루프 전달함수의 특성 방정식, $1+G(s)H(s)=0$ 이 다음과 같이 주어진 것으로 생각하자.

$$a_0s^n + a_1s^{n-1} + a_2s^{n-2} + \cdots + a_{n-1}s + a_n = 0 \tag{7.1}$$

단, 모든 계수는 실수이다. 특성근이 양의 실수부(s 평면의 우반 평면)를 갖지 않을 필요 조건은 다음과 같다. 이 두 조건을 **라우스 및 후르비츠 안정도 판별법의 필요 조건**이라 한다.

정리 **라우스 및 후르비츠의 안정도 판별법의 필요 조건**

(1) 특성 방정식의 계수가 모두 존재해야 한다. 즉 계수가 빠진 항이 있으면 불안정한 계이다.
(2) 특성 방정식의 모든 계수는 동일 부호(항상 양[+])를 가져야 한다.

두 조건 중에 어느 한 조건이라도 만족하지 않으면 계는 불안정하다. 또 이 두 조건은 필요 조건이지만 충분 조건이 아니기 때문에 두 조건을 만족하더라도 라우스-후르비츠의 안정도 판별법에 의한 충분 조건까지 확인해야 한다. 이들의 두 판별법에 대해 각각 시술하기로 한다.

7.2.1 라우스의 안정도 판별법

특성 방정식의 모든 근이 s 평면의 좌반 평면에 존재할 필요 충분 조건, 즉 제어계가 안정하기 위한 두 조건의 필요 조건을 만족함과 동시에 충분 조건도 만족해야 한다.

제어계에서 6차 다항식으로 이루어진 특성 방정식에 대해 라우스의 안정도 판별법을 고찰해 본다.

$$a_6s^6 + a_5s^5 + a_4s^4 + a_3s^3 + a_2s^2 + a_1s + a_0 = 0 \tag{7.2}$$

계의 안정도를 판별하기 위하여 특성 방정식의 계수를 배열시켜 다음의 두 단계에 의해 **라우스 표**(Routh table) 또는 **라우스 배열**을 작성한다.

(1) 식 (7.2)의 특성 방정식의 계수를 두 행(s^6, s^5)에 걸쳐 높은 차수의 항부터 낮은 차수의 항의 순으로 상하 배열을 한다.

s^6	a_6	a_4	a_2	a_0
s^5	a_5	a_3	a_1	0

(2) s^4 행부터 s^0 행까지 $b \sim f$ 의 각 요소를 다음의 주어진 연산 식으로부터 차례로 구하여 완성한다.(**요소 연산법**은 **참고**의 **그림 7.2**에 표시된 **패턴**의 기억 요령을 참조)

s^6	a_6	a_4	a_2	a_0
s^5	a_5	a_3	a_1	0
s^4	b_1	b_2	b_3	0
s^3	c_1	c_2	0	0
s^2	d_1	d_2	0	0
s_1	e_1	0	0	0
s^0	f_1	0	0	0

$$b_1 = \frac{a_5a_4 - a_6a_3}{a_5},\quad b_2 = \frac{a_5a_2 - a_6a_1}{a_5},\quad b_3 = \frac{a_5a_0 - a_6 \cdot 0}{a_5} = a_0 \tag{7.3}$$

$$c_1 = \frac{b_1a_3 - a_5b_2}{b_1},\quad c_2 = \frac{b_1a_1 - a_5b_3}{b_1} \tag{7.4}$$

$$d_1 = \frac{c_1b_2 - b_1c_2}{c_1},\quad d_2 = \frac{c_1b_3 - b_1 \cdot 0}{c_1} = b_3 \tag{7.5}$$

$$e_1 = \frac{d_1c_2 - c_1d_2}{d_1} \tag{7.6}$$

$$f_1 = \frac{e_1d_2 - d_1 \cdot 0}{e_1} = d_2 \tag{7.7}$$

라우스 표의 제1열의 각 요소에서 부호 변화의 유무를 조사하여 부호 변화(항상 양[+])가 없으면 안정하다. 제1열의 각 요소는 a_6, a_5, b_1, c_1, d_1, e_1, f_1을 의미한다.

그러나 부호 변화가 있으면 그 변화의 횟수와 같은 수만큼 특성근이 s 평면의 우반 평면에 존재하여 불안정한 것을 나타낸다. 이것이 **라우스의 안정도 판별법의 충분 조건**이다.

결론적으로 제어계가 안정하기 위한 **라우스의 필요 충분 조건**은 다음과 같이 정리할 수 있다.

정리 **라우스(Routh)의 안정도 판별법의 필요 충분 조건**

(1) 특성 방정식의 계수가 모두 존재해야 한다. 즉 계수가 빠진 항이 있으면 불안정한 계이다.

(2) 특성 방정식의 모든 계수는 동일 부호(항상 양[+])를 가져야 한다.

(3) 라우스 표의 제 1 열의 모든 요소는 부호 변화(항상 양[+])가 없어야 한다.

※ 제어계에서 안정도 판별법의 필요 조건인 (1), (2)항 중에서 한 조건이라도 만족하지 않으면 불안정하다. 단, 필요 조건을 모두 만족하면 라우스 표에 의한 충분 조건인 (3)항도 확인하여 안정도를 판별해야 한다.

참고 **라우스 표(Routh table)의 요소 연산법(기억 요령)**

(1) 특성 방정식[식 (7.2)]의 계수를 두 행(s^6, s^5)에 걸쳐 높은 차수의 항부터 낮은 차수의 항의 순으로 상하 배열을 한다.

(2) s^4 행부터 s^0 행까지 $b \sim f$ 의 각 요소를 다음의 연산 방법으로 차례로 구한다.

(3) s^4 행 요소의 연산법 : s^5, s^6행의 요소를 이용하여 **그림 7.2**와 같은 패턴으로 s^4행의 요소 b_1, b_2, b_3를 각각 구한다.

$$b_1 = \frac{a_5 a_4 - a_6 a_3}{a_5},\quad b_2 = \frac{a_5 a_2 - a_6 a_1}{a_5},\quad b_3 = \frac{a_5 a_0 - a_6 \cdot 0}{a_5} = a_0$$

(4) s^3 행 요소는 s^4, s^5행의 요소(s^2행 요소는 s^3, s^4행의 요소, s^1행 요소는 s^2, s^3행의 요소, s^0행 요소는 s^1, s^2행의 요소)를 이용하여 **그림 7.2**와 동일한 패턴으로 구한다.

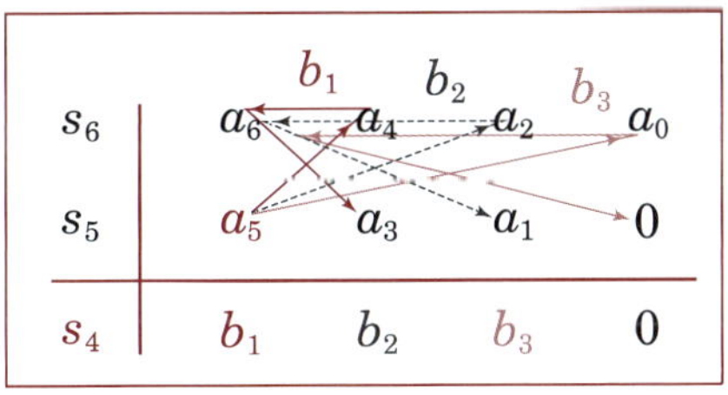

그림 7.2 ▸ 라우스 표의 요소 연산법

계의 안정성 여부를 판별하기 위한 라우스의 안정도 판별법에서 라우스 표의 작성법과 제 1 열의 부호 변화를 파악하는 것은 매우 중요하다.

다음의 예제를 통하여 **라우스 표의 일반적인 작성법**과 **특수한 경우의 작성법**에 관하여 각각 학습한다.

예제 7.1

제어계의 특성 방정식이 $s^4+10s^3+35s^2+50s+24=0$일 때 라우스 표를 작성하여 안정도를 판별하라.

풀이 특성 방정식의 모든 항의 계수가 존재하고 부호도 모두 양(+)이다. 따라서 계의 안정성의 필요 조건을 만족한다. 따라서 라우스 표(Routh table)의 작성에 의한 제1열의 부호 변화 확인을 통하여 충분 조건의 만족 여부를 판단해야 한다.

+	s^4	1	35	24
+	s^3	10	50	0
+	s^2	30	24	0
+	s^1	42	0	
+	s^0	24		

$$\frac{10\cdot 35-1\cdot 50}{10}=30,\quad \frac{10\cdot 24-1\cdot 0}{10}=24$$

$$\frac{30\cdot 50-10\cdot 24}{30}=42$$

$$\frac{42\cdot 24-30\cdot 0}{42}=24$$

제1열 요소의 부호는 모두 양(+)이며 부호 변화가 없으므로 특성근은 좌반 평면에 존재하는 것을 의미한다. 즉 제어계는 안정하다.

증명 : 특성 방정식 4개 근($s=-1,\ -2,\ -3,\ -4$)

$$s^4+10s^3+35s^2+50s+24=(s+1)(s+2)(s+3)(s+4)=0$$

예제 7.2

제어계의 특성 방정식이 $s^3+3s^2+4s+2=0$일 때 라우스 표를 작성하여 안정도를 판별하라.

풀이 특성 방정식의 모든 항의 계수가 존재하고 부호도 모두 양(+)이다.(필요 조건)
라우스 표(Routh table) : 충분 조건 확인

+	s^3	1	4
+	s^2	3	2
+	s^1	$\frac{10}{3}$	0
+	s^0	2	

$$\frac{3\cdot 4-1\cdot 2}{3}=\frac{10}{3}$$

제1열의 부호는 모두 양(+)이며 부호 변화가 없으므로 특성근은 좌반 평면에 존재하는 것을 의미한다. 즉 제어계는 안정하다.

증명 : 특성 방정식의 3개 근($s=-1,\ -1+j,\ -1-j$)

$$s^3+3s^2+4s+2=(s+1)\{s-(-1+j)\}\{s-(-1-j)\}=0$$

예제 7.3

제어계의 특성 방정식이 $s^4+2s^3+12s^2+62s+51=0$일 때 라우스 표를 작성하여 안정도를 판별하라.

풀이 특성 방정식의 모든 항의 계수가 존재하고 부호도 모두 양(+)이다.(필요 조건)
라우스 표(Routh table) : 충분 조건 확인

+	s^4	1	12	51
+	s^3	2	62	0
−	s^2	−19	51	0
+	s^1	67.4	0	
+	s^0	51		

$$\frac{2\cdot 12-1\cdot 62}{2}=-19$$

$$\frac{2\cdot 51-1\cdot 0}{2}=51$$

$$\frac{-19\cdot 62-2\cdot 51}{-19}=\frac{1280}{19}=67.4$$

제1열 요소의 부호는 (+)→(−)→(+)로 두 번 변화하므로 특성근은 우반 평면에 2개 존재하고 제어계는 불안정하다.

증명 : 특성 방정식의 3개 근($s=-1,\ -3,\ 1+j4,\ 1-j4$)

$$s^4+2s^3+12s^2+62s+51$$
$$=(s+1)(s+3)\{s-(1+j4)\}\{s-(1-j4)\}=0$$

예제 7.4

제어계의 특성 방정식이 $s^4+6s^3+11s^2+6s+K=0$이다. 계가 안정하기 위한 K의 범위를 구하라.

풀이 라우스의 안정도 판별법의 필요 충분 조건

① 필요 조건 : $K>0$(특성 방정식에서 각 계수는 동일 부호 조건 때문)

② 충분 조건 : 라우스 표의 제1열의 부호 변화(항상 +)가 없는 조건

s^4	1	11	K
s^3	6	6	0
s^2	10	K	
s^1	$\frac{60-6K}{10}$	0	
s^0	K		

제1열의 요소가 모두 양(+)이 되기 위한 충분 조건은 다음과 같이 구해진다.

$$\frac{60-6K}{10}>0 \quad\rightarrow\quad K<10$$

결론적으로 계가 안정하기 위하여 필요 조건 $K>0$과 충분 조건 $K<10$을 동시에 만족해야 한다. 즉, 필요 충분 조건은 다음과 같이 구해진다.

$$K>0,\quad K<10 \qquad \therefore\ 0<K<10$$

(특수한 경우의 안정도 판별법)

특성 방정식의 계수에 따라 라우스 표를 작성하는 과정에서 진행할 수 없는 두 가지의 특수한 경우가 있다.

(1) 한 행의 제1열 요소가 0이고 나머지 요소는 0이 아닌 경우(**예제 7.5** 참조)
: 매우 작은 양수(+)로 취급하는 ϵ으로 제1열의 0을 치환하여 작성 진행

(2) 한 행의 요소가 모두 0인 경우(**예제 7.6** 참조)
: 요소가 모두 0인 행의 전 단계 행의 계수로 보조 방정식 $f(x)$를 작성하고, 미분 $f'(x)$의 계수로 0을 치환하여 작성 진행

예제 7.5

제어계의 특성 방정식이 $s^4+s^3+s^2+s+1=0$일 때 라우스 표를 작성하여 안정도를 판별하라.

풀이 각 항의 계수는 양(+)이므로 라우스 표(Routh table)로 충분 조건을 확인한다.

s^4	1	1	1
s^3	1	1	0
s^2	0	1	
s^1			
s^0			

※ 제3행의 제1열에서 0이므로 작성 불능인 경우
① 제1열의 0을 매우 작은 양수(+)로 취급하는 ϵ으로 치환하여 라우스 표 작성 진행
② 제1열의 부호 변화를 확인하여 안정도 판별

제 s^2 행의 제1열 요소는 0이므로 표 작성의 진행이 불가능하다. 따라서 이 항의 0을 매우 작은 양수(+)로 취급하는 ϵ으로 놓고 라우스 표를 작성한다. 즉

+	s^4	1	1	1
+	s^3	1	1	0
+	s^2	ϵ	1	
−	s^1	$\dfrac{\epsilon-1}{\epsilon}$		
+	s^0	1		

제 s^1 행의 제1열에서 ϵ은 매우 작은 양수(+)이므로 $\epsilon - 1 < 0$이 되어 이 항의 부호는 음(-)이 된다. 따라서 제1열의 부호는 (+) → (-) → (+)로 두 번 변화하므로 특성근은 우반 평면에 2개 존재한다. 즉 제어계는 불안정하다.

예제 7.6

제어계의 특성 방정식이 $s^4 + s^3 - 3s^2 - s + 2 = 0$일 때, 라우스 표를 이용하여 우반 평면에 존재하는 근의 수를 구하라.

풀이 주어진 특성 방정식의 각 항의 계수는 음(-)이 있으므로 필요 조건을 만족하지 않고 불안정한 계가 된다. 그러나 우반 평면에 존재하는 근의 수를 구하기 위한 부호 변화의 횟수를 확인하기 위해 라우스 표(Routh table)를 이용한다.

s^4	1	−3	2
s^3	1	−1	0
s^2	−2	2	
s^1	0	0	
s^0			

※ 제 s^1 행에서 모두 0이므로 작성 불능인 경우
① 제 s^2 행의 계수로 보조 방정식 $f(x)$ 작성
② 제 s^1 행에 $f'(x)$의 계수로 치환하여 라우스 표 작성 진행

제 s^1 행의 모든 요소가 0이므로 라우스 표 작성의 진행이 불가능하다.
이 경우 제 s^2 행의 계수로 보조 방정식을 $f(x) = -2s^2 + 2 = 0$이라 놓고 s에 관하여 미분하면 다음과 같다.

$$f'(x) = -4s$$

제 s^1 행의 요소 0을 $f'(x)$의 미분 계수로 치환하여 라우스 표를 작성하면 다음과 같이 구해진다.

+	s^4	1	−3	2
+	s^3	1	−1	0
−	s^2	−2	2	
−	s^1	−4	0	
+	s^0	2		

제1열 요소의 부호는 (+) → (-)(-) → (+)로 두 번 변화하므로 특성근은 우반 평면에 2개 존재하고 제어계는 불안정하다.

TIP 보조 방정식 $f(x)$는 특성 방정식의 인수가 되기 때문에 보조 방정식의 근 $s = \pm 1$도 특성 방정식의 근이 된다.

7.2.2 후르비츠의 안정도 판별법

식 (7.1)의 특성 방정식을 가진 제어계가 후르비츠의 안정도 판별법의 충분 조건을 학습하기 위해 6차 다항식으로 이루어진 식 (7.8)의 특성 방정식으로 고찰해 본다. 이 식은 독자들이 기억 및 연산을 쉽게 하도록 식 (7.2)에서 계수의 아래 첨자만 바꾼 것이다.

$$a_1 s^6 + a_2 s^5 + a_3 s^4 + a_4 s^3 + a_5 s^2 + a_6 s + a_7 = 0 \tag{7.8}$$

후르비츠의 안정도 판별을 위한 방법은 우선 특성 방정식의 계수를 이용하여 주 행렬식을 만들고, 이로부터 소행렬식을 작성한다.

(1) 주 행렬식 D_4의 제1, 2행은 식 (7.8)의 계수를 제2행과 제1행의 제1열부터 차례로 배열시킨다.(라우스 표에서 제1, 2행의 상하 배열 관계 바뀜)
또 D_4의 제3, 4행은 제1, 2행에 있는 점선 박스를 제3, 4행의 제2열에 옮겨 놓은 것과 같도록 배열시켜 작성한다.(**표 7.1**의 주 행렬식 D_4 참조)
(2) 소행렬식 D_2, D_3(2차 및 3차 행렬)는 주 행렬식에 표시된 실선의 요소를 취하여 **표 7.1**의 식 (7.9)와 같이 각각 작성한다.

주 행렬식과 소행렬식을 **후르비츠 행렬식**이라고 한다. 제어계가 안정하기 위한 **후르비츠 안정도 판별법의 충분 조건**은 **후르비츠 행렬식이 모두 양(+)**이어야 한다.

표 7.1 ▶ 후르비츠 행렬식(주 행렬식과 소행렬식)

주 행렬식	소행렬식
$D_4 = \begin{vmatrix} a_2 & a_4 & a_6 & 0 \\ a_1 & a_3 & a_5 & a_7 \\ 0 & a_2 & a_4 & a_6 \\ 0 & a_1 & a_3 & a_5 \end{vmatrix}$	$D_2 = \begin{vmatrix} a_2 & a_4 \\ a_1 & a_3 \end{vmatrix}$ $D_3 = \begin{vmatrix} a_2 & a_4 & a_6 \\ a_1 & a_3 & a_5 \\ 0 & a_2 & a_4 \end{vmatrix}$ (7.9)
특성 방정식의 계수에 의한 행렬식($D_4 > 0$)	안정하기 위한 충분 조건 : $D_2 > 0$, $D_3 > 0$, $D_4 > 0$

결론적으로 제어계가 안정하기 위한 **후르비츠의 필요 충분 조건**은 다음과 같이 정리할 수 있다.

정리 후르비츠(Hurwitz)의 안정도 판별법의 필요 충분 조건

(1) 특성 방정식의 계수가 모두 존재해야 한다. 즉 계수가 빠진 항이 있으면 불안정한 계이다.
(2) 특성 방정식의 모든 계수는 동일 부호(항상 양[+])를 가져야 한다.
(3) 후르비츠 행렬식 D_i는 모두 양(+)이어야 한다.

라우스의 안정도 판별법이나 후르비츠의 안정도 판별법은 계산의 편리성 차이만 있고 그 결과는 동일하게 나온다. 일반적으로 라우스의 안정도 판별법이 후르비츠의 안정도 판별법보다 계산이 편리하므로 많이 이용되고 있다.

행렬식(2차 및 3차 행렬)의 연산법은 독자들이 편리하게 활용할 수 있도록 **참고**에 수록하였고, 행렬과 행렬식에 관한 상세한 내용은 다음의 참고문헌을 참고하기 바란다. [임헌찬 저, ≪대학 공업수학≫, pp. 127~154, 동일출판사]

참고 행렬식의 연산법

(1) 행렬식의 전개법

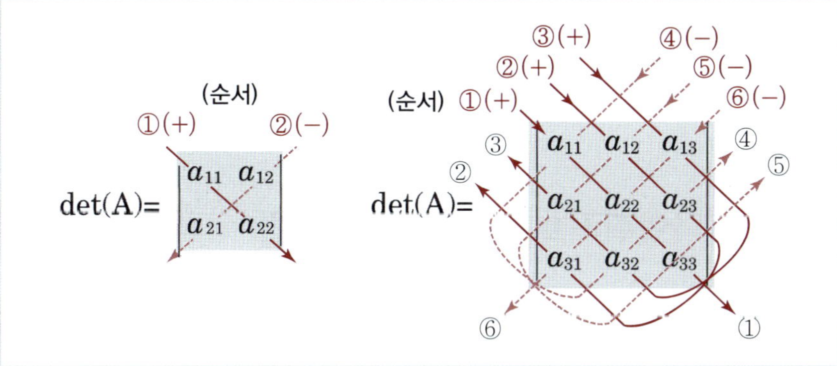

(a) 2차 행렬 (b) 3차 행렬

그림 7.3 ▸ 행렬식의 전개법

(2) 행렬식의 전개 결과

2차 행렬식 : $\det(\mathrm{A}) = \begin{vmatrix} a_{11} & a_{12} \\ a_{21} & a_{22} \end{vmatrix} = a_{11}a_{22} - a_{12}a_{21}$

3차 행렬식 : $\det(\mathrm{A}) = \begin{vmatrix} a_{11} & a_{12} & a_{13} \\ a_{21} & a_{22} & a_{23} \\ a_{31} & a_{32} & a_{33} \end{vmatrix} = a_{11}a_{22}a_{33} + a_{12}a_{23}a_{31} + a_{13}a_{32}a_{21} - a_{11}a_{32}a_{23} - a_{12}a_{21}a_{33} - a_{13}a_{22}a_{31}$

예제 7.7

제어계의 특성 방정식이 $s^4+2s^3+12s^2+62s+51=0$일 때 라우스 표를 작성하여 안정도를 판별하라.

풀이 특성 방정식의 모든 항의 계수가 존재하고 부호도 모두 양(+)이다. 따라서 계의 안정성의 필요 조건은 만족한다. 또 충분 조건인 행렬식이 모두 양(+)인지를 확인하기 위해 후르비츠 안정도 판별법에서 후르비츠 행렬식은 다음과 같이 구해진다.

$$D_3=\begin{vmatrix} 2 & 62 & 0 \\ 1 & 12 & 51 \\ 0 & 2 & 62 \end{vmatrix}=-2560,\quad D_2=\begin{vmatrix} 2 & 62 \\ 1 & 12 \end{vmatrix}=24-62=-38$$

$D_2<0$, $D_3<0$이므로 제어계는 불안정하다. 라우스 안정도 판별법에 의한 **예제 7.3**의 결과와 같음을 확인할 수 있다. 일반적으로 라우스 판별법이 후르비츠 판별법보다 계산에 편리하므로 많이 이용된다.

TIP 주 행렬식 D_3(3차 행렬)의 작성 요령 : **표 7.1**의 4차 행렬 D_4의 점선 박스를 활용하는 방법과 동일한 방법을 적용하면 별도로 기억하지 않아도 된다.

(1) 제1, 2행을 특성 방정식의 계수로 4차 행렬과 동일한 순으로 배열한다.
(2) 제3행의 요소는 제1, 2행을 점선 박스라고 생각하고 이를 제3행의 제2열에 옮겨 놓은 후 3차 행렬을 벗어난 제4행의 요소와 나머지 요소들을 모두 제거하면 3차 행렬의 주 행렬식을 작성할 수 있다.

7.3 나이퀴스트의 안정도 판별법

라우스(Routh) 또는 후르비츠(Hurwitz)의 안정도 판별법은 선형 제어계에서 페루프 전달함수의 특성 방정식으로부터 안정 또는 불안정만의 정보를 제공하는 절대 안정도로 판별할 수 있었다.

나이퀴스트의 안정도 판별법(Nyquist stability criterion)은 제어계의 해석과 설계에서 다음과 같은 특징이 있다.

(1) 나이퀴스트 판별법은 제어계의 절대 안정도와 안정도의 정도를 평가하는 상대 안정도의 정보를 동시에 제공한다.
(2) 나이퀴스트 판별법은 제어계의 첨두 공진값, 공진 주파수, 대역폭 등의 주파수 응답 특성에 관한 정보를 제공한다.

라우스-후르비츠의 안정도 판별법은 폐루프 전달함수의 특성 방정식으로 결정하고, 나이퀴스트 안정도 판별법은 개루프 전달함수 $G(s)H(s)$의 근, 즉 영점과 극점의 위치로 결정한다. 그러나 개루프 전달함수 $G(s)H(s)$에 의해 폐루프 전달함수의 근의 궤적을 예측하는 다음 장에서 배울 근궤적법과는 달리, 나이퀴스트 판별법은 특성 방정식의 근의 정확한 위치를 제공하지 못한다.

7.3.1 나이퀴스트 판별법의 수학적 배경

그림 7.4와 같은 선형 폐루프 제어계에서 **개루프 전달함수(일순 전달함수)** $G(s)H(s)$를 가지는 **폐루프 전달함수** $G_0(s)$는 다음과 같이 나타낸다.

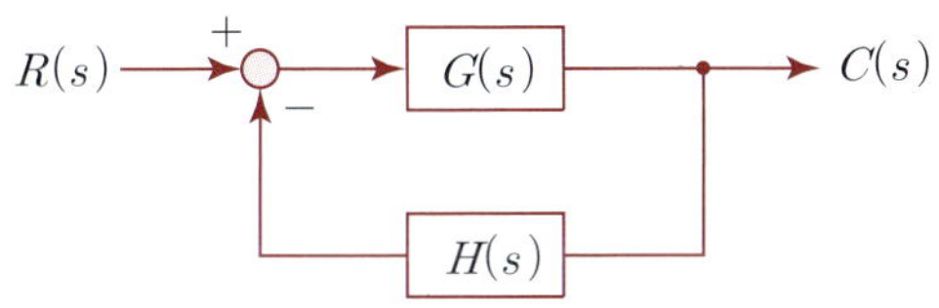

그림 7.4 ▸ 궤환 제어계

$$G_0(s) = \frac{C(s)}{R(s)} = \frac{G(s)}{1+G(s)H(s)} \tag{7.10}$$

식 (7.10)의 폐루프 전달함수의 분모를 0으로 놓으면 **특성 방정식**은

$$1+G(s)H(s)=0 \tag{7.11}$$

으로 표현된다. 제어계의 응답은 s 평면에서 특성 방정식의 근(특성근)에 의해 결정된다.

식 (7.11)의 개루프 전달함수 $G(s)H(s)$가 다음과 같이 표시된다고 하자.

$$G(s)H(s) = \frac{K(s-r_1)(s-r_2)\cdots(s-r_m)}{(s-p_1)(s-p_2)\cdots(s-p_n)} \tag{7.12}$$

단, r_1, $r_2 \cdots$, r_m과 p_1, $p_2 \cdots$, p_n은 개루프 전달함수 $G(s)H(s)$의 영점과 극점이다.

이 때 특성 방정식 $1+G(s)H(s)$는

$$1+G(s)H(s)=1+\frac{K(s-r_1)(s-r_2)\cdots(s-r_m)}{(s-p_1)(s-p_2)\cdots(s-p_n)}=0 \tag{7.13}$$

이다. 특성 방정식의 근을 $z_1,\ z_2\ \cdots,\ z_n$ 이라고 하면, $1+G(s)H(s)$는

$$1+G(s)H(s)=\frac{K(s-z_1)(s-z_2)\cdots(s-z_n)}{(s-p_1)(s-p_2)\cdots(s-p_n)} \tag{7.14}$$

으로 쓸 수 있다. 단, $z_1,\ z_2\ \cdots,\ z_n$은 $1+G(s)H(s)$의 영점이고, 제어계의 전체 특성 방정식의 근과 일치하며 제어계의 폐루프 전달함수 $G_0(s)$의 극점이 된다. 또 $p_1,\ p_2,\ \cdots,\ p_n$은 $1+G(s)H(s)$의 극점이고, 개루프 전달함수 $G(s)H(s)$의 극점과 일치하며 제어계의 폐루프 전달함수 $G_0(s)$의 영점이 된다.

식 (7.14)의 특성 방정식에서 각각의 인수들은 복소수이고, 이들을 지수함수 형식과 극좌표 형식의 상호 변환에 의하여 다음과 같이 표현한다고 하자.

$$\begin{cases} s-z_j=|s-z_j|e^{j\phi_j}=|s-z_j|\ \underline{/\phi_j} & (j=1,\ 2,\ \cdots,\ n) \\ s-p_i=|s-p_i|e^{j\phi_i}=|s-p_i|\ \underline{/\phi_i} & (i=1,\ 2,\ \cdots,\ n) \\ 1+G(s)H(s)=|1+G(s)H(s)|\ \underline{/1+G(s)H(s)} \end{cases} \tag{7.15}$$

극좌표 형식의 두 벡터에 관한 나눗셈 연산은

$$\frac{\boldsymbol{A}}{\boldsymbol{B}}=\frac{A\underline{/\alpha}}{B\underline{/\beta}}=\frac{A}{B}\underline{/\alpha-\beta} \tag{7.16}$$

이고, 특히 위상은 분자의 위상에서 분모의 위상을 뺀 값이 된다. 이 연산을 이용하여 식 (7.14)의 $1+G(s)H(s)$는 크기와 위상을 각각

$$|1+G(s)H(s)|=\frac{K|s-z_1||s-z_2|\cdots|s-z_n|}{|s-p_1||s-p_2|\cdots|s-p_n|} \tag{7.17}$$

$$\underline{/1+G(s)H(s)} = \sum_{j=1}^{n} \phi_j - \sum_{i=1}^{n} \phi_i \tag{7.18}$$

로 표현할 수 있다.

제어계가 안정하려면 특성 방정식의 근이 모두 음(−)의 실수부를 가져야 하고, **그림 7.1**과 같이 s 평면에서 허축을 제외한 좌반 평면 영역에 위치해야 한다는 것을 이미 배웠다. 이것은 근의 위치가 허축을 포함한 우반 평면 영역에 존재하면 불안정한 계를 의미한다.

나이퀴스트 안정도 판별법(Nyquist stability criterion)은 유리식의 분수함수로 된 $1+G(s)H(s)$에서 극점들이 모두 좌반 평면에 존재한다고 가정하고, $1+G(s)H(s)$의 영점에 해당하는 특성 방정식의 근이 s 평면의 우반 평면에 존재하는가의 여부로 계의 안정성을 판별하는 것이다. 이 방법은 식 (7.14)의 영점과 극점을 수식적으로 일일이 구하여 해석하지 않고, 개루프 전달함수 $G(s)H(s)$에 대한 극좌표 형식의 크기와 위상으로 표시되는 $|G(s)H(s)|\underline{/G(s)H(s)}$의 벡터 궤적에 의한 안정도 판별법인 것이다.

7.3.2 개루프 전달함수 $G(s)H(s)$의 사상

특성 방정식 $1+G(s)H(s)=0$의 영점과 극점이 복소 s 평면상에 **그림 7.5**(a)와 같이 배치되어 있다고 하자.

참고로 영점과 극점은 복소 s 함수이고, 직각좌표 형식, 지수함수 형식 및 극좌표 형식으로 상호 변환할 수 있는 복소수는 평면 벡터가 되기 때문에 복소수의 연산은 벡터적으로 해석해야 한다. 즉 점 z_1에서 s로 향하는 벡터 $\overrightarrow{z_1 s}$는 벡터의 기하학적인 연산에 의해 종점 벡터(s)에서 시점 벡터(z_1)를 뺀 $s-z_1$이 된다.

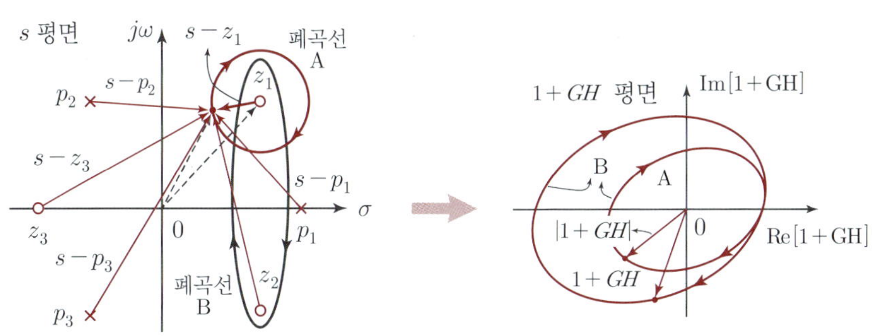

(a) s 평면(극점과 영점의 배치) (b) $1+GH$ 평면

그림 7.5 ▸ s 평면을 $1+GH$ 평면으로 함수의 사상(mapping)

임의의 한 점을 선택한 영점 z_1의 근처에 점 s를 취하고 **그림 7.5**(a)와 같이 시계 방향으로 1회전시키는 폐곡선 A를 생각한다. 이때 벡터 $s-z_1$은 시계 방향으로 1회전하지만, 원 밖에 있는 다른 점에서 점 s로 향하는 나머지 벡터 $s-z_2$, $\cdots$, $s-z_n$, $s-p_1$, $s-p_2$, $\cdots$, $s-p_n$은 회전시키지 못하고 화살표의 선단에서 요동만 일으켜 실질적인 회전각은 0이다. 그러므로 벡터 $s-z_1$이 시계 방향으로 1회전($-360°$)할 때, 벡터 $1+G(s)H(s)$의 위상은 식 (7.18)에 의해 $-360°$가 되므로 부호의 변화가 없다. 즉,

$$\underline{/1+G(s)H(s)} = \sum_{j=1}^{n} \phi_j - \sum_{i=1}^{n} \phi_i = -360° - 0° = -360°$$

$$= -360° - 0° = -360° \text{(시계 방향)} \qquad (7.19)$$

이다. 벡터 $s-z_1$의 회전에 대응하는 $1+G(s)H(s)$ 평면상에서 벡터 $1+G(s)H(s)$는 영점이 특성 방정식 $1+G(s)H(s)=0$을 만족하는 특성근이기 때문에 이 근이 원점에 대응되므로 원점을 시점으로 하는 벡터(위치 벡터라고 한다)가 된다. 즉, $1+G(s)H(s)$ 평면상에서 **그림 7.5**(b)와 같이 특성근인 원점 주위를 시계 방향으로 1회전한다

그림 7.5(a)와 같은 s 평면상에서 한 폐곡선으로 둘러싸인 영역을 줄 때, 이 s값을 $1+G(s)H(s)$에 대입하면 $1+G(s)H(s)$의 값은 **그림 7.5**(b)의 $1+G(s)H(s)$ 평면상에서 s값에 대응하는 원점 주위를 회전하는 폐곡선으로 둘러싸인 영역이 정해진다. 이와 같이 s 평면상에서 s의 궤적 변화에 대응하여 $1+G(s)H(s)$ 평면상에 특성근인 원점 주위를 회전하는 벡터 $1+G(s)H(s)$의 궤적으로 표시하는 것을 **사상**(mapping)이라 한다.

만약 s 평면상의 우반 평면에 영점 1개(특성근)의 주변에 시계 방향으로 1회전하는 폐곡선이 있다면 이에 대응하여 $1+G(s)H(s)$ 평면상에서 특성근인 원점 주위를 시계 방향으로 1회전하는 궤적이 된다. 또 s 평면상의 우반 평면에 영점(특성근) 2개를 포함한 시계 방향으로 1회전하는 폐곡선 B가 있다면 이에 대응하여 $1+G(s)H(s)$ 평면상에서 원점 주위를 시계 방향으로 2회전하는 궤적으로 사상이 된다.[**그림 7.5**(b) 참고]

이번에는 임의의 한 점 s을 극점 p_1의 근처에 취하고, 이 벡터 $s-p_1$이 시계 방향으로 1회전시키는 폐곡선을 생각한다. 이때 벡터 $s-p_1$은 시계 방향으로 1회전할 때, 나머지 벡터는 회전시키지 못하고 화살표의 선단에서 요동만 일으켜 실질적인 회전각은 0이다. 그러므로 벡터 $s-p_1$이 시계 방향으로 1회전($-360°$)할 때, 벡터 $1+G(s)H(s)$의 위상은 식 (7.18)에 의해 $360°$가 되므로 부호가 반대로 된다. 따라서 벡터 $1+G(s)H(s)$는 특성근인 원점을 반시계 방향으로 1회전($360°$)하게 된다.

결론적으로 복소 s 평면상에 어떤 폐곡선을 따라 시계 방향으로 일주시킬 때, $1+G(s)H(s)$ 평면상에서 벡터 $1+G(s)H(s)$는 폐곡선 내에 존재하는 (영점의 수)−(극점의 수)만큼 특성근인 원점 주위를 시계 또는 반시계 방향으로 회전한다는 것을 알 수 있다.

위의 설명으로부터 **그림 7.6**과 같이 s 평면의 우반 평면을 모두 포함하는 s의 경로를 $-j\infty \sim 0 \sim +j\infty$인 허축을 지나서 다시 $+j\infty$에서 반지름이 무한대(∞)인 원을 따라 $-j\infty$에 도달하면, s는 우반 평면의 전체를 경로로 하는 폐곡선을 따라 시계 방향으로 1회전하게 된다. 이때 우반 평면에 $1+G(s)H(s)$의 영점의 수 Z, 극점의 수 P가 있다면, $1+G(s)H(s)$ 평면상에서 벡터 $1+G(s)H(s)$가 원점 주위를 **시계 방향으로 도는 회전수** N은 다음과 같다.

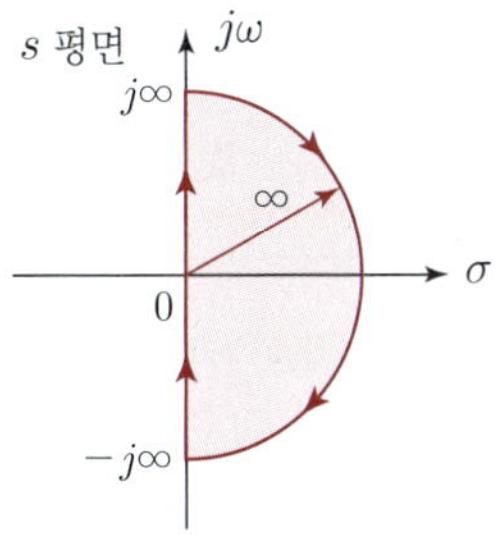

그림 7.6 ▸ 우반 평면 s의 경로

$$N = Z - P \tag{7.20}$$

즉 s 평면상의 한 폐곡선은 **그림 7.7**(a)와 같이 $1+G(s)H(s)$ 평면상의 위치 벡터 $1+G(s)H(s)$가 원점 주위를 회전하는 궤적으로 사상된다. 왜냐하면 s 평면상의 특성근은 $1+G(s)H(s)$ 평면상의 원점으로 사상되기 때문이다.

또 폐루프 제어계의 식 (7.11)의 특성 방정식으로부터 특성근은 s 평면상의 한 점에서 항상 $G(s)H(s) = -1 + j0$의 값을 만족하기 때문에 s 평면상의 특성근은 $G(s)H(s)$ 평면상에서 점 $(-1, j0)$로 사상된다.

즉 **그림 7.7**(a)의 $1+G(s)H(s)$ 평면상에서 원점 주위를 회전하는 $1+G(s)H(s)$의 궤적은 **그림 7.7**(b)와 같이 $G(s)H(s)$ 평면상에서 벡터 $G(s)H(s)$가 특성근인 점 $(-1, j0)$의 주위를 회전하는 궤적으로 사상되는 것과 같다.

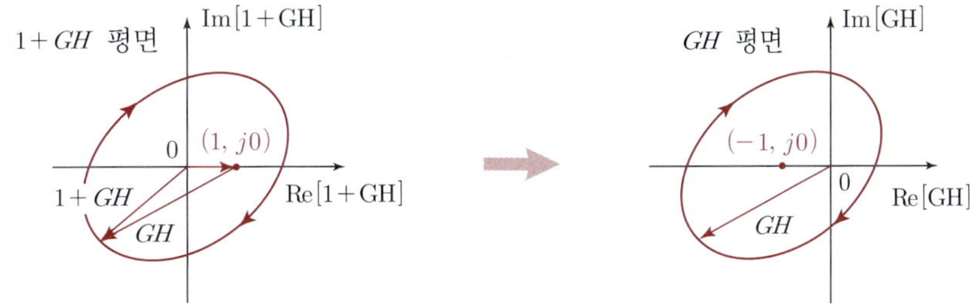

(a) $1+GH$ 평면 (b) GH 평면

그림 7.7 ▸ $1+GH$의 GH로의 사싱(mapping)

7.3.3 나이퀴스트의 안정도 판별법

나이퀴스트의 안정도 판별법(Nyquist stability criterion)은 제어계의 안정도를 판별하기 위하여 우선적으로 **그림 7.6**과 같이 s 평면상의 우반 평면 전체를 반지름이 무한대인 우반원으로 생각하고, 이 우반원을 시계 방향으로 1회전하는 폐곡선으로 한 것에 대한 개루프 주파수 전달함수 $G(j\omega)H(j\omega)$ 평면상으로 사상하여 유한의 폐곡선으로 만드는 것이다. 즉 $G(j\omega)H(j\omega)$의 유한의 폐곡선 내부 영역은 s 평면의 우반 평면에 대응하는 것이 된다.

$G(s)H(s)$로의 사상하는 방법은 제 6.2.1 절의 벡터 궤적과 같은 형식으로써 이 벡터 궤적을 **나이퀴스트 선도**(Nyquist plot)라고 한다. 따라서 개루프 전달함수 $G(s)H(s)$에서 $s \rightarrow j\omega$로 치환하고 주파수 ω를 $-\infty \sim 0 \sim \infty$까지 변화시킬 때, $G(j\omega)H(j\omega)$를 극좌표 형식의 크기와 위상의 변화로 그리는 벡터 궤적을 나이퀴스트 선도로 그대로 적용하면 된다.(벡터 궤적의 작도법은 제 6.2.1(8) 절의 **그림 6.10**의 **정리**를 참고할 것)

참고 벡터 궤적과 나이퀴스트 선도

(1) **벡터 궤적**은 제 6 장에서 학습한 주파수 응답 특성에서 ω 의 변화에 대한 **폐루프 전달함수 $G_0(s)$의 극좌표 형식**으로 크기와 위상의 변화를 그리는 궤적

(2) **나이퀴스트 선도**(Nyquist plot)는 주파수 응답에서 ω 의 변화에 대한 **개루프 전달함수 $G(j\omega)H(j\omega)$의 극좌표 형식**으로 크기와 위상의 변화를 그린 벡터 궤적을 말한다. 특히 개루프 전달함수의 벡터 궤적을 **나이퀴스트 선도**라고 한다.

앞 절에서 설명하였듯이 s 평면상의 특성근은 $G(j\omega)H(j\omega)$ 평면상에서 점 $(-1,\ j0)$으로 사상되고, s 평면상 무한대의 우반 평면은 $G(j\omega)H(j\omega)$ 평면에 유한의 폐곡선으로 사상된다. 따라서 나이퀴스트의 판별법은 $G(j\omega)H(j\omega)$로부터 나이퀴스트 선도를 그려서 이 폐곡선의 영역 내에 제어계의 특성근에 해당하는 점 $(-1,\ j0)$을 포함하는지의 여부로 간단히 안정도를 판별하게 된다.

s 평면의 우반 평면은 **그림 7.6**과 같이 허축과 무한대의 반지름을 가진 우반원으로 취해서 ω를 $-\infty \sim 0 \sim \infty$의 변화에 대해 시계 방향으로 1회전시킬 때 $G(j\omega)H(j\omega)$ 평면상으로의 사상은 $G(j\omega)H(j\omega)$의 벡터 궤적인 나이퀴스트 선도를 그리면 구해진다. 즉 시계 방향의 나이퀴스트 선도에 의한 $G(j\omega)H(j\omega)$의 유한의 폐곡선 내부 영역은 s 평면의 우반 평면에 대응된다.

s 평면상의 우반 평면을 나타내는 시계 방향으로 무한대의 큰 우반원에 대응하는 개루프 전달함수 $G(j\omega)H(j\omega)$의 궤적은 $G(j\omega)H(j\omega)$의 분모의 차수가 분자의 차수보다 일반적으로 같거나 크기 때문에 위상 관계를 나타낸 식 (7.18)을 적용하면 된다.

실제 제어계는 개루프 전달함수 $G(s)H(s)$의 극이 우반 평면에 존재하는 일이 거의 없기 때문에 $P=0$으로 생각해도 된다. 그러므로 계의 안정도는 식 (7.20)에서

$$N=Z-P=Z-0=Z \qquad \therefore \ N=Z \tag{7.21}$$

에 의해 판별할 수 있다. 즉 나이퀴스트 선도가 시계 방향의 회전수 N일 때 $G(s)H(s)$의 영점(특성근)인 점 $(-1,\ j0)$의 주위를 N회 회전하는 것을 의미하므로 s 평면의 우반 평면에 존재하는 영점의 수 Z를 알 수 있으며 그 계는 불안정한 계가 된다.

$N=0$인 경우에는 점 $(-1,\ j0)$의 주위를 회전하지 않기 때문에 $Z=0$이고, 나이퀴스트 선도의 내부 영역에 영점의 수는 존재하지 않으므로 그 계는 안정하다고 할 수 있다.

정리 **제어계의 안정 조건(s 평면의 우반 평면 극점 $[P=0]$)**

(1) s 평면에서 시계 방향으로 무한대의 우반면에 대응하는 $G(s)H(s)$의 궤적인 나이퀴스트 선도 내부 영역에 점 $(-1,\ j0)$을 포함하여 시계 방향으로 N회 회전하면 $G(s)H(s)$의 영점(특성근)의 수 Z는 회전수N과 같다($Z=N$). 이 제어계는 불안정하게 된다.

(2) 이 제어계의 안정 조건은 $N=Z=0$이다. 즉 $G(s)H(s)$의 궤적인 나이퀴스트 선도의 궤적(폐곡선)의 내부 영역에 점 $(-1,\ j0)$을 포함하지 않는 경우가 된다.

만약 $G(s)H(s)$의 극점이 우반 평면에 존재($P\neq 0$)하는 경우, 그 계는 $Z=0$이 되어야만 안정하게 된다. 즉,

$$N=Z-P=0-P=-P \qquad \therefore \ N=-P \tag{7.22}$$

가 된다. 이때 나이퀴스트 선도는 식 (7.18)의 위상 관계로부터 이미 설명한 것과 같이 특성근인 점 $(-1,\ j0)$을 포함하여 반시계 방향으로 P회 회전하는 것이 된다. 이것은 s 평면에서 시계 방향으로 무한대의 우반원에 대응하는 개루프 전달함수 $G(j\omega)H(j\omega)$의 궤적은 폐곡선 외부 영역(**그림 7.12** 참고)에 해당되는 것을 의미하므로 점 $(-1,\ j0)$를 포함하지 않게 되는 것이다. 따라서 그 계는 안정하다고 할 수 있다.

s 평면의 우반면에 $G(s)H(s)$의 극점 P가 존재하는 경우에 나이퀴스트의 안정도 판별법은 다음과 같이 정의할 수 있다.

정리 제어계의 안정 조건(s 평면의 우반 평면 극점 P 존재의 경우)

s 평면의 우반면에 $G(s)H(s)$의 극점의 수 P가 존재하는 경우

(1) 제어계가 안정하기 위한 조건은 $N=Z-P=-P\ (Z=0)$이므로 나이퀴스트 선도는 점 $(-1,\ j0)$ 주위를 반시계 방향으로 P회 회전한다.(안정 조건 : $N=-P$)

(2) 극점 $P=1$일 때 $N=-1(Z=0)$이므로 반시계 방향으로 1회전하면 안정한 계

(3) 극점 $P=2$일 때 $N=-2(Z=0)$이므로 반시계 방향으로 2회전하면 안정한 계

지금까지 상세히 사상에 대한 설명을 하였지만, **최종 결론적**으로 **나이퀴스트의 안정도 판별법**은 $G(j\omega)H(j\omega)$ 평면상에서 ω의 변화에 대한 $G(j\omega)H(j\omega)$의 벡터 궤적, 즉 나이퀴스트 선도가 제어계의 특성근인 점 $(-1,\ j0)$를 포함하여 회전하면 우반 평면에 특성근($G(j\omega)H(j\omega)$의 영점)을 포함한 것이 되므로 불안정하고, 이 점을 포함하지 않고 회전하면 우반 평면에 특성근을 포함하지 않는 것이 되므로 안정한 계가 되는 것을 이용하여 판별하는 것이다. **나이퀴스트의 안정도 판별법**은 다음과 같이 정리할 수 있다.

정리 나이퀴스트의 안정도 판별법

(1) s 평면의 전체 우반 평면을 개루프 전달함수 $G(j\omega)H(j\omega)$ 평면상에 사상한 폐곡선의 영역 내에 제어계의 특성근인 점 $(-1,\ j0)$이 있으면 불안정한 계, 없으면 안정한 계이다.

(2) s 평면에서 시계 방향의 전체 우반 평면은 $G(j\omega)H(j\omega)$의 궤적(폐곡선)이 **시계 방향**으로 사상(mapping)되면 궤적의 **내부 영역**에 대응되고, **반시계 방향**으로 사상되면 궤적의 **외부 영역**에 대응된다.(**그림 7.12** 참고)

7.4 제어계의 형에 따른 나이퀴스트 안정도 판별법

나이퀴스트 선도는 제 6.2.1(8) 절에 기술한 주파수 ω를 $-\infty \sim 0 \sim \infty$의 변화에 대해 벡터 궤적의 편리한 작도법에 관한 **정리**의 **그림 6.10**을 참고하면 간단히 구할 수 있다.

특히 특성근은 실근 또는 공액 복소근이므로 주파수 ω를 $0 \sim \infty$까지의 변화에 대한 벡터 궤적을 그리고 나서 실축을 대칭축으로 하여 그리면 나머지 $-0 \sim -\infty$에 대한 궤적도 얻어진다. 제어계의 형(type)에 따른 개루프 전달함수(일순 전달함수) $G(s)H(s)$로부터 나이퀴스트 안정도 판별법을 알아보기로 한다.

정리 나이퀴스트의 안정도 판별법의 순서

(1) 주파수 ω를 $0 \sim \infty$까지의 변화에 대해 개루프 전달함수 $G(j\omega)H(j\omega)$의 벡터 궤적을 그린다.

(2) 단계 (1)에서 구한 벡터 궤적의 실축에 대한 대칭 도형을 그린다. 이 대칭 도형은 ω가 $0 \sim -\infty$(음)의 범위에 대한 벡터 궤적이 된다.

(3) 단계 (1)과 (2)의 합한 벡터 궤적을 따라 시계 방향으로 회전하는 폐곡선 내부 영역에 점 $(-1,\ j0)$을 포함하는지의 여부로 판별한다.(포함 : 불안정, 미포함 : 안정)
단, 반시계 방향의 폐곡선에서는 반대가 되도록 안정도를 판별한다.(**그림 7.12** 참고)

(1) 0형의 $G(s)H(s)$를 갖는 계

예

$$G(s)H(s) = \frac{K}{(1+T_1 s)(1+T_2 s)} \tag{7.23}$$

$G(s)H(s)$에서 $s = j\omega$를 대입하고 $G(j\omega)H(j\omega)$의 벡터 궤적(나이퀴스트 선도)은 극좌표 형식의 이득(크기)과 위상으로부터

$$G(j\omega)H(j\omega) = \frac{K}{(1+j\omega T_1)(1+j\omega T_2)} \tag{7.24}$$

$$\begin{cases} |G(j\omega)H(j\omega)| = \dfrac{K}{\sqrt{1+\omega^2 {T_1}^2}\ \sqrt{1+\omega^2 {T_2}^2}} \\ \underline{/G(j\omega)H(j\omega)} = -\tan^{-1}\omega T_1 - \tan^{-1}\omega T_2 \end{cases} \tag{7.25}$$

이다. ω가 $0 \to \infty$로 변화할 때 $G(j\omega)H(j\omega)$의 이득과 위상은 각각

$$\begin{cases} |G(j\omega)H(j\omega)| & : \ K \to 0 \\ \underline{/G(j\omega)H(j\omega)} & : \ 0 \to -180° \end{cases} \tag{7.26}$$

이므로 나이퀴스트 선도는 **그림 7.8**(b)의 실선이 되고, ω가 $-\infty \to 0$의 변화는 실축과 대칭으로 하면 **그림 7.8**(b)의 점선이 된다.

여기서는 극좌표의 크기와 위상에 의한 기본적인 방법의 벡터 궤적을 나타내었지만, 제 6.2.1(8) 절의 벡터 궤적의 편리한 작도법에 관한 **정리**의 **그림 6.10**을 참고로 작성하면

벡터 궤적의 형상은 다음과 같이 간단히 구할 수 있다.

출발($\omega \to 0$)의 궤적 : 0형 제어계($m=0$)이므로 $0°$(크기 K)

도착($\omega \to \infty$)의 궤적 : 분모와 분자의 차수의 차 $\alpha=2$에서 $-180°$(크기 0)

그림 7.8(a)와 같이 s 평면상에서 허축과 무한대의 반지름을 가진 우반원으로 취한 폐곡선의 내부는 우반 평면의 전체 영역을 나타낸다. 이 폐곡선을 $G(j\omega)H(j\omega)$평면상에 벡터 궤적을 나타내면 **그림 7.8**(b)와 같은 실선과 점선을 합한 폐곡선의 내부 영역으로 사상이 된다. 따라서 나이퀴스트 선도인 폐곡선의 내부 영역에 특성근인 점 $(-1,\ j0)$이 존재하지 않으므로 이 제어계는 안정하다.

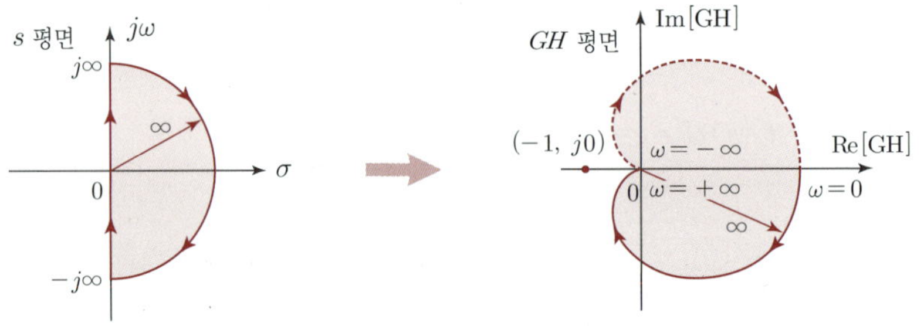

(a) s 평면의 우반 평면　　(b) $G(s)H(s) = \dfrac{K}{(1+T_1 s)(1+T_2 s)}$ (GH평면)

그림 7.8 ▶ 0형 제어계의 나이퀴스트 선도

(2) 1형의 $G(s)H(s)$를 갖는 계

예

$$G(s)H(s) = \frac{K}{s(1+Ts)} \tag{7.27}$$

$G(s)H(s)$에서 $s=j\omega$를 대입하고 $G(j\omega)H(j\omega)$의 벡터 궤적(나이퀴스트 선도)의 형상은 제 6.2.1(8)의 벡터 궤적의 편리한 작도법에 의해

출발($\omega \to 0$)의 궤적 : 1형 제어계($m=1$)이므로 $-90°$(크기 ∞)

도착($\omega \to \infty$)의 궤적 : 분모와 분자의 차수의 차 $\alpha=2$에서 $-180°$(크기 0)

이다. 이것의 벡터 궤적은 ω가 $0 \to +\infty$의 범위에서 **그림 7.9**(b)의 제 3 상한의 실선이 되고, ω가 $-\infty \to 0$의 범위에서 실축과 대칭 도형으로 나타내면 **그림 7.9**(b)의 제 2 상한의 점선이 된다. 따라서 ω가 $-\infty \sim +\infty$의 범위에서 폐곡선이 되지 않는다.

이와 같이 사상해야 할 s의 경로에 극점이 있는 특수한 경우에는 **그림 7.9**(a)와 같이 원점 주위에 미소 반지름 δ를 반원으로 취하여 허축상의 극점을 제외해야 한다.

s 평면에서 ω가 $0 \to +\infty$로 변화하는 실축의 미소 반원의 점 a로부터 출발하여 $a \to b \to c \to d$의 시계 방향을 회전할 때 미소 반원부의 $a \to b$는 **그림 7.9**(b)의 시계 방향으로 무한대의 반지름을 가진 원호 $\widehat{a'b'}$로 대응되고, $b \to c \to d$는 $b' \to c'(d')$에 대응된다. 이 $\omega > 0$인 실선부의 궤적을 실축과 대칭인 도형으로 나타내면 $\omega < 0$의 점선부의 궤적이 된다.

그림 7.9(b)와 같이 실선과 점선을 합하면 나이퀴스트 선도가 폐곡선이 되고, 시계 방향의 회전수 N을 셀 수 있기 때문에 안정도를 판별할 수 있다. 그러나 나이퀴스트 선도인 폐곡선의 내부 영역에 점 $(-1,\ j0)$이 존재하지 않으므로 이 제어계는 안정하다.

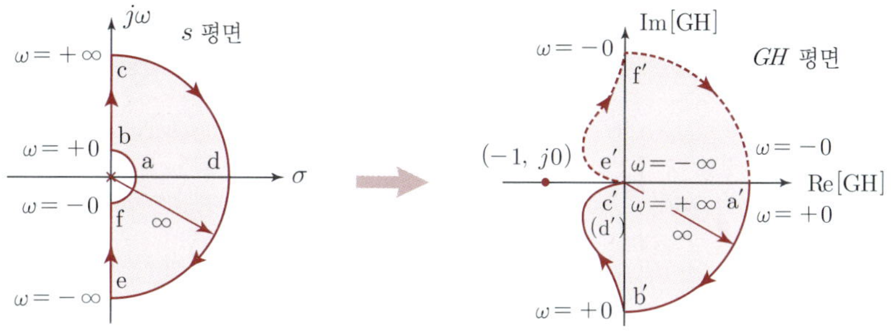

(a) s 평면의 우반 평면

(b) $G(s)H(s) = \dfrac{K}{s(1+Ts)}$ (GH 평면)

그림 7.9 ▸ 1형 제어계의 나이퀴스트 선도

(3) 2형의 $G(s)H(s)$를 갖는 계

예

$$G(s)H(s) = \frac{K(1+T_2 s)}{s^2(1+T_1 s)} \tag{7.28}$$

$G(s)H(s)$에서 $s = j\omega$를 대입하고 $G(j\omega)H(j\omega)$의 벡터 궤적(나이퀴스트 선도)의 형상은 제 6.2.1(8)의 벡터 궤적의 편리한 작도법에 의해

출발($\omega \to 0$)의 궤적 : 2형 제어계($m = 2$)이므로 $-180°$(크기 ∞)

도착($\omega \to \infty$)의 궤적 : 분모와 분자의 차수의 차 $\alpha = 2$에서 $-180°$(크기 0)

위상 : $\tan^{-1}\omega T_2 - \tan^{-1}\omega T_1 - 180°$

이다. 2형 제어계이므로 원점에 미소 반경의 벡터 궤적(mapping)은 무한대의 반지름인 시계 방향으로 회전한다.

그러나 나이퀴스트 선도는 T_1과 T_2의 대소 관계에 의해 큰 차이가 있다. $T_1 < T_2$일 때 $\omega > 0$에서 벡터 궤적은 위상은 $\tan^{-1}\omega T_2 - \tan^{-1}\omega T_1 > 0$의 관계에 의해 제 3 상한에서 실선으로 나타난다. 또 $\omega < 0$에서 벡터 궤적은 실축과 대칭 도형인 점선이므로 전 벡터 궤적은 **그림 7.10**(a)와 같다. **그림 7.10**(a)의 전 궤적을 따라 시계 방향으로 회전시켜도 점 $(-1,\ j0)$을 포위하지 않고 회전도 하지 않아서 안정하다.

또 $T_1 > T_2$일 때 $\omega > 0$에서 벡터 궤적은 위상은 $\tan^{-1}\omega T_2 - \tan^{-1}\omega T_1 < 0$의 관계에 의해 제 2 상한에서 실선으로 나타난다. $\omega < 0$에서 벡터 궤적은 실축과 대칭 도형인 점선이므로 전 벡터 궤적은 **그림 7.10**(b)와 같다.

그림 7.10(b)의 전 궤적을 따라 시계 방향으로 회전시키면 점 $(-1,\ j0)$을 포위하게 된다. 따라서 점 $(-1,\ j0)$의 주위를 회전하는 것이 되므로 불안정하다.

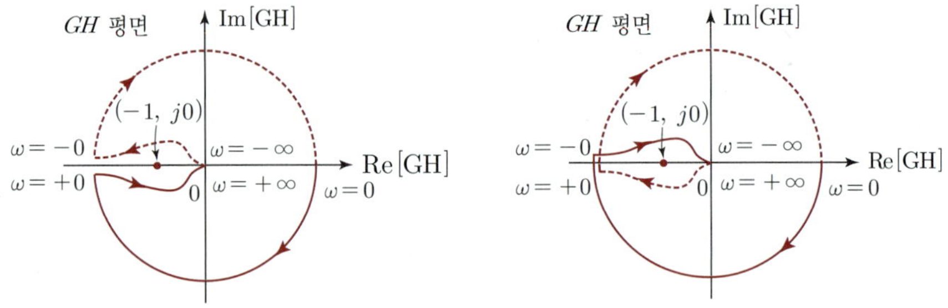

(a) $G(s)H(s) = \dfrac{K(1+T_2 s)}{s^2(1+T_1 s)}$ $(T_1 < T_2)$ (b) $G(s)H(s) = \dfrac{K(1+T_2 s)}{s^2(1+T_1 s)}$ $(T_1 > T_2)$

그림 7.10 ▸ 2형 제어계의 나이퀴스트 선도(GH 평면)

(4) 우반 평면에 $G(s)H(s)$의 극점이 있는 계

예

$$G(s)H(s) = \frac{K}{s(s-a)} \quad (K > 0,\ a > 0) \tag{7.29}$$

s 평면의 우반 평면에 $G(s)H(s)$의 극점을 가진 제어계는 **그림 7.9**(a)와 같이 원점에 극점을 가진 1형 제어계와 같이 나이퀴스트 경로로 이 극점을 제외해야 한다.

개루프 전달함수 $G(s)H(s)$의 식 (7.29)에 $s=j\omega$를 대입한 주파수 전달함수 $G(j\omega)H(j\omega)$는

$$G(j\omega)H(j\omega)=\frac{K}{j\omega(j\omega-a)} \tag{7.30}$$

이다. $G(j\omega)H(j\omega)$의 벡터 궤적(나이퀴스트 선도)을 구하기 위해 $\omega=0$과 $\omega=\infty$일 때 이득(크기)과 위상은 각각 다음과 같이 구해진다.

$$\begin{aligned}\omega=0 \ &: |G(0)H(0)|=\infty,\ \underline{/G(0)H(0)}=90°\\ \omega=\infty \ &: |G(\infty)G(\infty)|=0,\ \underline{/G(\infty)H(\infty)}=180°\end{aligned} \tag{7.31}$$

이로부터 벡터 궤적은 **그림 7.11**과 같이 되고, 시계 방향으로 1회전한다. 이 궤적의 내부 영역에 점 $(-1,\ j0)$을 포위하게 되므로 제어계는 불안정하다.

즉 우반 평면에 극점 $P=1$이 있는 경우에 안정 조건은 $Z=0$일 때 $N=-P=-1$이므로 궤적은 반시계 방향으로 1회전해야 하지만 시계 방향으로 1회전하므로 제어계는 불안정하다.

또 시계 방향의 회전수 $N=Z-P$에서 $P=1$, $N=1$이므로 이를 대입하면 $Z=2$가 되며 s 평면의 우반 평면에 특성근이 2개 존재하고 있음을 알 수 있다.

개루프 전달함수 $G(s)H(s)$의 식 (7.30)은 라우스의 안정도 판별법에 의해서도 확인할 수 있다. 식 (7.30)의 $G(s)H(s)$로부터 특성 방정식은 $1+G(s)H(s)=0$이므로

$$s^2-as+K=0(K>0,\ \ a>0) \tag{7.32}$$

표 7.2 ▶ 라우스 표

+	s^2	1	K
−	s^1	$-a$	0
+	s^0	K	

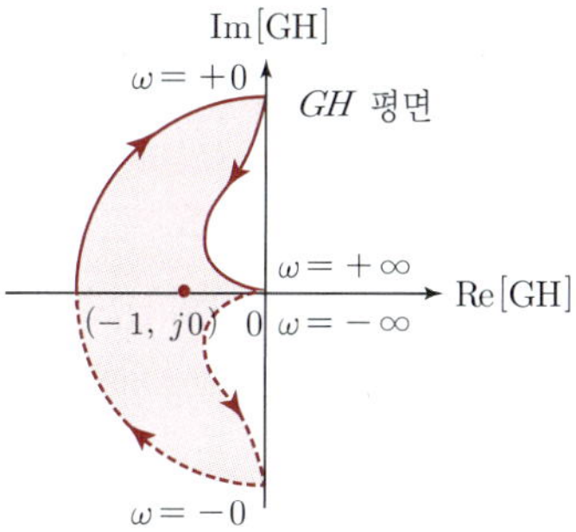

그림 7.11 ▶ $P=1$ 인 나이퀴스트 선도

이 된다. 이 식에서 계수의 부호는 음(−)가 있으므로 제어계는 불안정한 것을 알 수 있다. 또 **표 7.2**의 라우스 표(Routh table)에 의해 제1열의 부호는 (+)→(−)→(+)로 두 번 변화하므로 특성근($G(s)H(s)$의 영점)은 우반 평면에 2개 존재한다. 즉 제어계는 불안정하다.

예제 7.8

제어계의 전달함수가 다음과 같이 주어졌을 때, 나이퀴스트 선도를 그리기 위한 개루프 전달함수를 구하라.

$$G_0(s) = \frac{K(s+6)}{s^4 + 8s^3 + 24s^2 + (32+K)s + 6K + 1}$$

풀이 폐루프 전달함수로부터 나이퀴스트 선도를 그리기 위해 다음과 같이 등식으로 놓고 제어계의 개루프 전달함수 $G(s)H(s)$를 구한다.

$$\frac{G(s)H(s)}{1+G(s)H(s)} = \frac{K(s+6)}{s^4 + 8s^3 + 24s^2 + 32s + 1 + K(s+6)}$$

$$K(s+6)\{1+G(s)H(s)\}$$
$$= \{s^4 + 8s^3 + 24s^2 + 32s + 1 + K(s+6)\}G(s)H(s)$$

$$\therefore\ G(s)H(s) = \frac{K(s+6)}{s^4 + 8s^3 + 24s^2 + 32s + 1}$$

7.5 간략화한 나이퀴스트 안정도 판별법

개루프 전달함수 $G(s)H(s)$의 우반 평면상에 극점이 없는 $P=0$인 경우에 제7.4절의 **정리**에서 나타낸 안정도 판별법의 순서를 따르지 않아도 판별할 수 있다.

즉, $\omega = 0 \sim -\infty$ 범위의 실축에 대한 대칭 도형을 그리거나 궤적이 제어계의 특성근인 점 $(-1,\ j0)$ 주위를 포함하는지의 여부의 조사를 생략할 수 있다.

이를 간략화한 나이퀴스트의 안정도 판별법이라 하며, 이 판별법은 개루프 전달함수 $G(j\omega)H(j\omega)$에서 ω가 $0 \sim \infty$ 범위의 증가하는 변화에 대한 벡터 궤적으로부터 판정할 수 있다. **간략화한 나이퀴스트의 안정도 판별법**은 다음과 같이 정리할 수 있다.

정리 간략화한 나이퀴스트의 안정도 판별법($P=0$)

(1) 개루프 전달함수 $G(j\omega)H(j\omega)$에서 ω가 $0 \sim \infty$의 변화에 대해 증가하는 방향으로 벡터 궤적(나이퀴스트 선도)을 따라갈 때, 제어계의 특성근인 점 $(-1,\ j0)$을 왼쪽에서 보게 되면 안정, 오른쪽에서 보게 되면 불안정한 계이다.

(2) 벡터 궤적이 점 $(-1,\ j0)$을 통과하면 안정 한계(임계 안정)이다.

TIP 안정도 판별법의 유사 방법(극점의 존재 여부에 관계없이 적용 가능) : **최종 종합 결론**

개루프 전달함수 $G(j\omega)H(j\omega)$의 벡터 궤적에서 ω의 **증가 방향**($0 \to \infty$)**으로 따라갈 때**, 점 $(-1,\ j0)$가 **오른쪽의 영역**에 있으면 **불안정**, **왼쪽 영역**에 있으면 **안정**한 계이다. 이것은 궤적 $G(j\omega)H(j\omega)$의 오른쪽의 영역은 s 평면의 우반 평면, 왼쪽 영역은 좌반 평면으로 사상되기 때문이다.

그림 7.12(a)의 시계 방향 궤적을 따라가면 점 $(-1,\ j0)$가 오른쪽에 존재하므로 불안정, **그림 7.12**(b)의 반시계 방향 궤적을 따라가면 점 $(-1,\ j0)$가 왼쪽에 존재하므로 안정한 계가 된다.

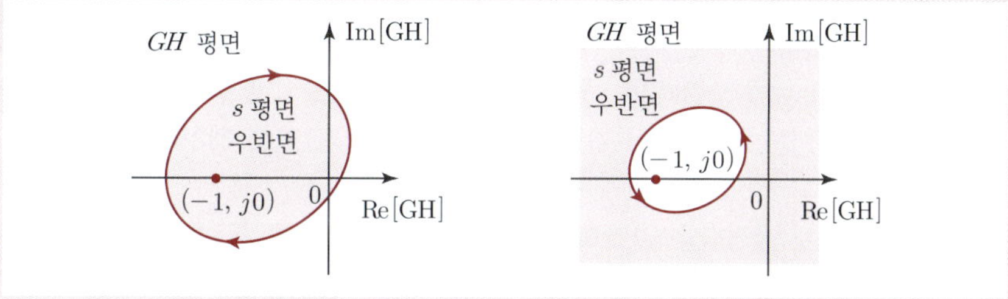

(a) 시계 방향(불안정) (b) 반시계 방향(안정)

그림 7.12 ▸ 간략화한 나이퀴스트의 안정도 판별법

그림 7.12는 여러 가지 나이퀴스트 선도에 대해 안정과 불안정을 나타내고 있다. 이를 통하여 간략화한 나이퀴스트의 안정도 판별법을 적용하여 확인해 본다. 또 제 7.4절에 나타낸 궤적에 대해서도 이 방법에 의해 안정과 불안정을 각자 확인해 보기 바란다.

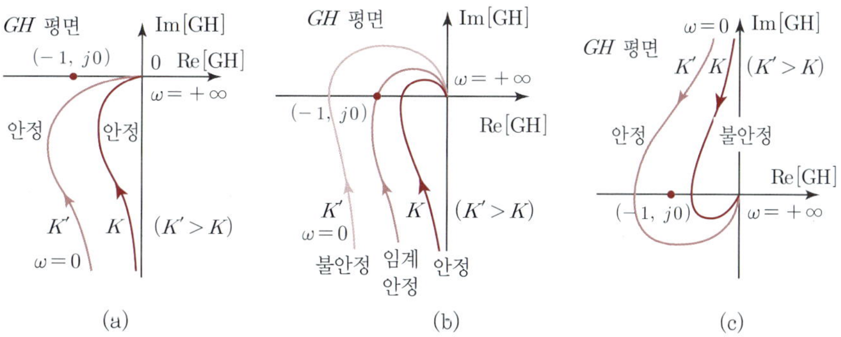

(a) (b) (c)

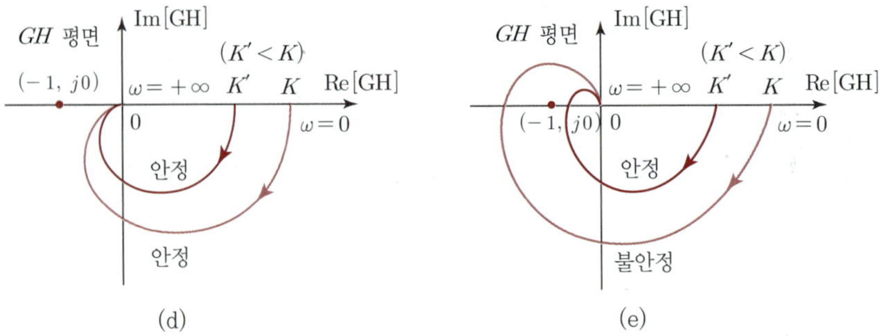

그림 7.13 ▶ 여러 가지의 나이퀴스트 선도에 대한 판별

참고 나이퀴스트 안정도 판별법의 전체적인 맥 찾기

제어계의 안정 여부(절대 안정도)만을 판별할 수 있는 라우스-후르비츠 판별법과 달리, 나이퀴스트 판별법은 제어계의 안정 여부와 안정의 정도(상대 안정도)를 동시에 판별할 수 있는 유용한 방법이다.

나이퀴스트의 안정도 판별법은 다음과 같은 방법으로 안정도를 판단한다.

(1) 안정도를 판별할 제어계의 개루프 전달 함수 GH로부터 특성 방정식 $1+GH=0$의 근(특성근) s를 도출해낸 다음, 특성근이 s 평면상의 우반 평면에 위치하면 실수부가 양수인 것이므로 그 제어계는 불안정하고, 좌반 평면에 위치하면 실수부가 음수(-)인 것이므로 그 제어계는 안정하다.

(2) 그러나 특성 방정식은 일반적으로 고차 방정식으로 특성근을 구하는 것이 매우 번거로울 뿐더러 s 평면상에서 특성근의 위치는 개루프 전달 함수 GH에 따라 변화하고 우반 평면이 무한대로 뻗어있어 우반 평면과 특성근과의 상대적 위치를 통해 안정도를 판단함에 있어 용이하지 않은 측면이 있다. 이러한 난점을 해소하기 위하여 특성근을 구하지 않으면서 우반 평면을 GH 평면으로 사상(mapping)하는 방법을 활용한다. 즉 s 평면의 허축을 GH 평면으로 사상하여 특성근의 위치는 $(-1,\ j0)$으로 고정되고 (나이퀴스트 판별법은 $1+GH=0$으로부터 $GH=-1+j0[-1,\ j0]$이기 때문), 우반 평면은 유한한 영역을 가지는 기하학적 형태로 사상되어 일관된 기준으로 제어계의 안정도를 판별할 수 있게 된다.

(3) s 평면의 허축과 우반 평면을 GH 평면에 사상하기 위해 우반 평면을 반지름이 무한대인 반원으로 가정하는데, 허축과 그 우반원을 **나이퀴스트 경로**(Nyquist path)라고 한다. 주파수 ω의 $-\infty \sim 0 \sim \infty$변화에 대해 나이퀴스트 경로를 GH 평면으로 사상한 폐곡선을 **나이퀴스트 선도**(Nyquist plot)라고 한다.

(4) **나이퀴스트 안정도 판별법**은 개루프 전달함수 GH의 벡터 궤적인 나이퀴스트 선도를 작성하는 것이 기본이고 다음과 같이 판별한다.

(5) GH 평면에서 ω를 0부터 ∞로 증가하면서 나이퀴스트 선도를 따라갈 때, 오른쪽 영역은 s 평면의 우반 평면, 왼쪽 영역은 좌반 평면의 사상이 된다. 따라서 제어계의 특성근인 점 $(-1,\ j0)$이 나이퀴스트 선도의 오른쪽 영역에 위치하면 불안정한 제어계, 왼쪽 영역에 위치하면 안정한 제어계로 판별한다.

7.6 안정도(위상 여유와 이득 여유)

나이퀴스트 판별법은 나이퀴스트 선도와 점 $(-1,\ j0)$의 상대적 관계로 판정하고, 안정 조건은 개루프 전달함수의 나이퀴스트 선도가 특성근에 해당하는 점 $(-1,\ j0)$을 둘러싸지 않는 것이다. 이와 같이 나이퀴스트 선도는 안정의 정도, 즉 상대 안정도를 판별할 수 있을 뿐만 아니라 안정성(감쇠성)을 평가할 수 있다.

본 절에서 주파수 특성으로써 안정성의 척도인 위상 여유(phase margin)와 이득 여유(gain margin)를 개루프 전달함수의 이득 $g = |G(j\omega)H(j\omega)|$와 위상 $\theta = \underline{/G(j\omega)H(j\omega)}$로 구분하여 제어계의 안정 조건을 설명하기로 한다.

개루프 전달함수 $G(s)H(s)$가 s 평면상의 우반 평면에 극점이 없는 것으로 하고, 나이퀴스트 선도가 **그림 7.14**와 같이 주어진 것을 생각한다.

점 $(-1,\ j0)$의 위치 벡터 $-1+j0$을 극좌표 형식으로 나타내면 $1\underline{/-180^\circ}$이다. 그러므로 이득은 $1(=0[\text{dB}])$, 위상은 -180°가 된다.

그림 7.14와 같이 나이퀴스트 선도와 반지름 1인 단위원으로 나타낸 것으로부터 **위상 교점**(phase crossover)과 **이득 교점**(gain crossover)은 다음과 같이 정의한다.

(1) 위상 교점 : 나이퀴스트 선도상의 벡터가 음의 실축(위상 -180°)과 만나는 교점 C, 즉 위상이 -180°가 되는 위치 벡터

(2) 이득 교점 : 선도가 단위원과 교차하는 점 A, 즉 이득이 $1(=0[\text{dB}])$이 되는 벡터

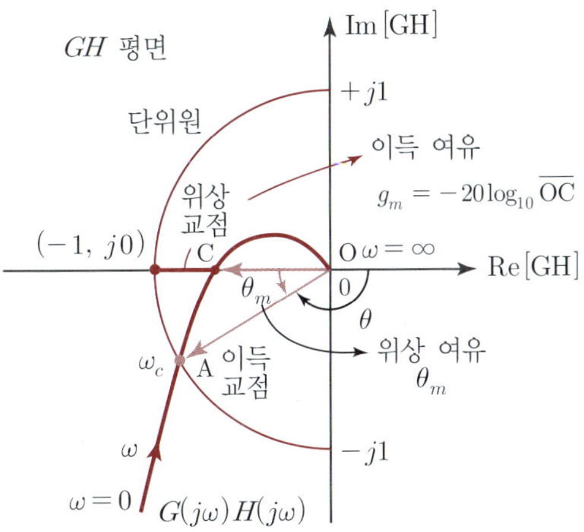

그림 7.14 ▸ 이득 여유와 위상 여유

제어계의 안정 조건은 이득과 위상으로 구분하여 설명하면 다음과 같다.

(1) 위상 교점 C에서 개루프 전달함수의 이득 g가 $1(=0[\mathrm{dB}])$ 이하일 것$(0<g<1)$

(2) 이득 교점 A에서 개루프 전달함수의 위상 θ가 $-180°$보다 앞서 있을 것. 즉 음의 실축보다 이득 교점이 아래에 있을 것$(-180°<\theta<0)$

(1) 위상 여유

$G(j\omega)H(j\omega)$의 이득이 $1(=0[\mathrm{dB}])$인 이득 교점 A의 위상을 $\theta=\underline{/G(j\omega_c)H(j\omega_c)}$ (<0)라고 할 때, **위상 여유**(phase margin) θ_m은

$$-180°+\theta_m=\theta \qquad \therefore\ \theta_m=180°+\theta\ \ (\theta<0) \tag{7.33}$$

로 정의한다. 따라서 위상 여유는 이득 교점에서 안정 한계인 위상 $-180°$까지 얼마만큼 여유가 있는가를 표시하는 값이다. 단, ω_c는 **이득 교차 주파수**이다.

위상 여유는 식 (7.33)에 의해 항상 양(+)$(\theta_m>0)$이 되어야 안정하다.

(2) 이득 여유

$G(j\omega)H(j\omega)$에서 위상이 $-180°$인 벡터의 위상 교점 C의 이득을 $\overline{\mathrm{CO}}$라고 할 때, **이득 여유**(gain margin) g_m은 안정의 한계인 점 $(-1,\ j0)$의 이득 $0[\mathrm{dB}]$과 위상 교점 C, 즉 $\overline{\mathrm{CO}}\ [\mathrm{dB}]$과의 이득의 차로써 정의한다.

$$g_m=0-20\log_{10}\overline{\mathrm{CO}}=-20\log_{10}\overline{\mathrm{CO}} \tag{7.34}$$

$$\therefore\ g_m=-20\log_{10}|G(j\omega_\theta)H(j\omega_\theta)| \tag{7.35}$$

참고 로그함수의 성질

상용 로그함수 $y=\log_{10}x$의 성질은 **그림 7.15**의 그래프로부터 다음과 같다.

① $x>0,\ y$: 실수 전체

② $0<x<1$: $y<0$, 음(−)

③ $x=1$일 때 $y=0$이다.

④ $x=10$일 때 $y=1$이다.

⑤ $x=\infty$일 때 $y=\infty$이다.

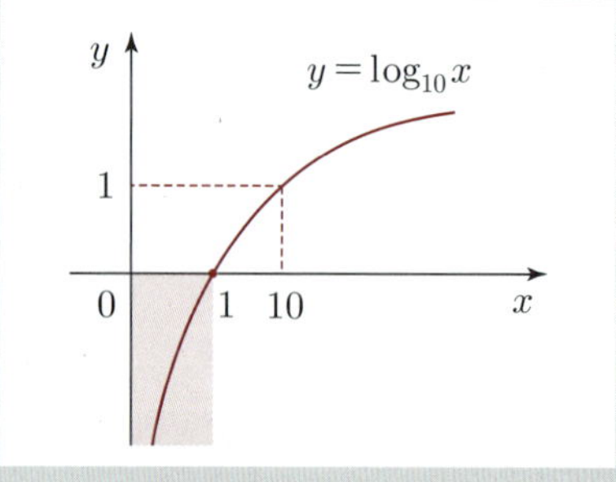

그림 7.15 ▸ $y=\log_{10}x$**의 그래프**

따라서 이득 여유는 위상 교점에서 안정 한계인 이득 $1(=0[\text{dB}])$까지 증가시킬 수 있는 여유를 표시하는 값이다. 단, ω_θ는 **위상 교차 주파수**이다.

그림 7.14의 $\overline{CO}$에서 이득은 $0<\overline{CO}<1$이고 **참고**에서 로그함수의 성질 ②에 의해 $\log_{10}\overline{CO}<0\,(-)$의 관계가 성립한다. 따라서 이득 여유 g_m은 식 (7.34)에 의해 $g_m>0$이 된다. 이로부터 제어계가 안정하기 위한 이득 여유 g_m은 항상 양(+)이어야 한다.

만약 $G(j\omega)H(j\omega)$가 단위원 외부의 음의 실축 $\overline{CO}>1$이라면, $\log_{10}\overline{CO}>0$의 관계로부터 이득 여유 g_m은 식 (7.34)에서 $g_m<0$, 즉 음(−)이 되어 불안정한 계가 된다.

(3) 이득 여유와 위상 여유의 안정성

개루프 전달함수 $G(j\omega)H(j\omega)$에서 $\omega=0\sim\infty$의 변화에 대한 나이퀴스트 선도가 특성근인 점 $(-1,\ j0)$을 관통하면 제어계는 안정 한계이고, 이때 위상 여유와 이득 여유는 각각 $\theta_m=0°$, $g_m=0[\text{dB}]$이다.

위상 여유와 이득 여유의 안정 조건은 모두 양($\theta_m>0$, $g_m>0$)이어야 한다는 것을 확인하였다. 그러나 궤적이 점 $(-1,\ j0)$의 근처를 지나게 되면 위상 여유 θ_m과 이득 여유 g_m은 작고, 궤적이 점 $(-1,\ j0)$에서 멀리 떨어져 지나게 되면 θ_m과 g_m은 커지게 된다.

또 s 평면상의 특성근과 허축은 $G(s)H(s)$ 평면상에서 각각 점 $(-1,\ j0)$과 나이퀴스트 선도로 대응(사상)되기 때문에 나이퀴스트 선도가 점 $(-1,\ j0)$의 부근을 지나게 되면 s 평면상의 허축 가까이에 특성근을 가지게 되는 것을 의미하므로 안정성이 떨어진다. 따라서 위상 여유 θ_m과 이득 여유 g_m이 크면 나이퀴스트 선도는 특성근인 점 $(-1,\ j0)$과 멀리 떨어지는 것을 의미하므로 안정성은 좋아진다.

제 6 장에서 배운 **그림 6.22**의 첨두 공진값 M_p는 폐루프 주파수 응답 특성에 관한 안정성의 척도인 반면에 위상 여유와 이득 여유는 개루프 주파수 응답 특성으로 정의된 안정성의 척도가 된다. 안정계에서 요구되는 위상 여유와 이득 여유는 **표 7.3**과 같은 값이 바람직하며, 일반적으로 제어계의 규준으로 사용하고 있다.

표 7.3 ▶ 위상 여유와 이득 여유

제어계	위상 여유	이득 여유
추종제어	$40° \sim 60°$	$10 \sim 20\,[\text{dB}]$
정치제어	$20°$ 이상	$3 \sim 10\,[\text{dB}]$

예제 7.9

$G(s)H(s)=\dfrac{20}{s(s-1)(s+2)}$ **인 계의 이득 여유[dB]를 구하라.**

풀이 $G(s)H(s)$에 $s=j\omega$를 대입하여 주파수 전달함수를 구하고 복소수를 정리하면

$$G(j\omega)H(j\omega)=\frac{20}{j\omega(j\omega-1)(j\omega+2)}=\frac{20}{-\omega^2+j\omega(-\omega^2-2)}$$

이다. 위상 $-180°$의 위상 교점에서 이득을 구하기 위하여 위 식에서 허수부를 0으로 놓고 ω를 구하면

$$\omega(-\omega^2-2)=0 \qquad \therefore\ \omega^2=-2\ (\omega\neq 0)$$

이다. ω의 값으로부터 전달함수의 크기 $|G(j\omega)H(j\omega)|$는

$$G(j\omega)H(j\omega)=-\frac{20}{\omega^2} \qquad \therefore\ |G(j\omega)H(j\omega)|_{\omega^2=-2}=\left|\frac{20}{\omega^2}\right|_{\omega^2=-2}=10$$

으로 얻어진다. 즉 이득 여유 g_m은 식 (7.35)에 의해 다음과 같이 구해진다.

$$g_m=-20\log_{10}|G(j\omega)H(j\omega)|=-20\log_{10}10=-20\ [\text{dB}]$$

7.7 보드 선도에 의한 안정도 판별법

$G(s)H(s)$ 평면상에 **그림 7.16**과 같이 나이퀴스트 선도와 단위원이 그려진 경우에 나이퀴스트 안정도 판별법에 의해 나이퀴스트 선도는 ① 안정한 계, ② 안정 한계인 계, ③ 불안정한 계로 각각 판정된다.

나이퀴스트 선도와 단위원이 만나는 교점 A, B, C는 **이득 교점**이고, 음(−)의 실축과 만나는 교점 D, B, E는 **위상 교점**이다. $G(j\omega)H(j\omega)$의 이득 교점에서 위상의 절대값 $|\theta|$와 위상 교점에서 이득 g에 관한 **표 7.4**의 조건에 의해 안정성을 판별할 수 있다.

표 7.4 ▶ 위상과 이득에 의한 안정도

제어계	위상 ($\theta=\angle GH$)		이득 ($g=\|GH\|$)	
안정한 계	A	$\|\theta\|<180°$	D	$g<1\ (=0\ [\text{dB}])$
안정 한계인 계	B	$\|\theta\|=180°$	B	$g=1\ (=0\ [\text{dB}])$
불안정한 계	C	$\|\theta\|>180°$	E	$g>1\ (=0\ [\text{dB}])$

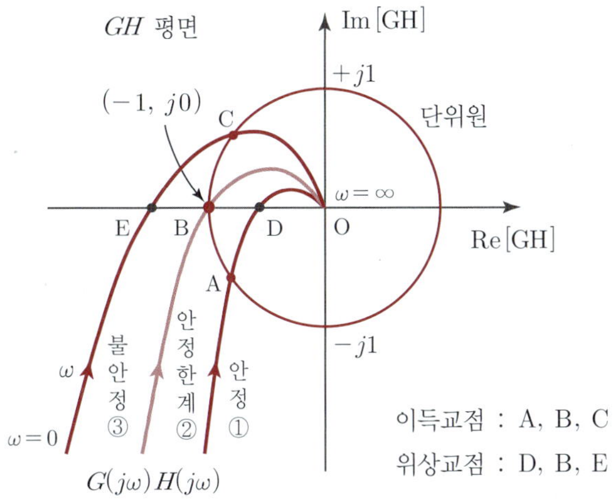

그림 7.16 ▸ 나이퀴스트 선도와 단위원에 의한 안정도 판별

그림 7.17(a), (b)와 같이 $G(j\omega)H(j\omega)$의 보드 선도의 작성에 의해서도 **표 7.4**와 연관지어서 제어계의 안정성을 판별할 수 있다.

그림 7.17(a)와 같이 이득 선도의 0[dB] 선과 교차점 P의 ω에 대한 위상선도에서 위상 θ의 절대값을 구하여 다음과 같은 조건으로 판정할 수 있다.

(1) 위상이 180°보다 작으면 안정한 계 ($|\theta| < 180°$)

(2) 위상이 180°와 같으면 안정 한계인 계 ($|\theta| = 180°$)

(3) 위상이 180°보다 크면 불안정한 계 ($|\theta| > 180°$)

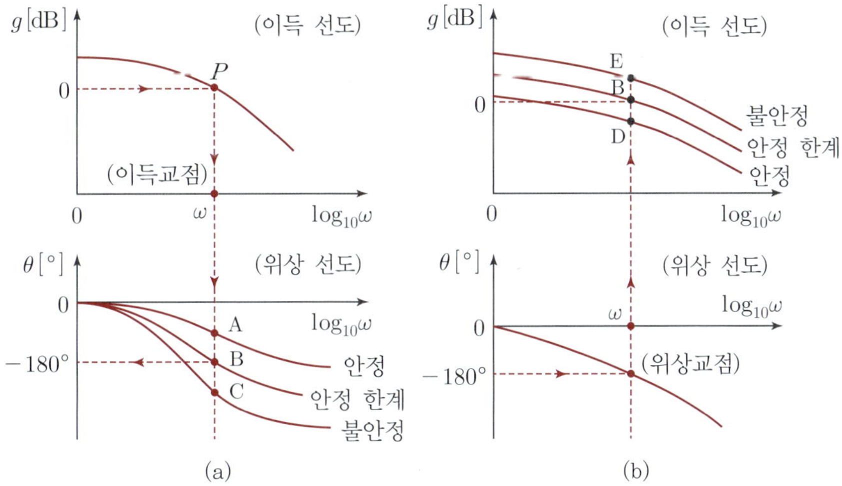

그림 7.17 ▸ 보드 선도에 의한 제이계의 안정 판별

그림 7.17(b)와 같이 위상 선도에서 위상이 $-180°$로 되는 점의 ω에 대한 이득 $g=|GH|$[dB] 값에 따라 다음과 같은 조건으로 판정할 수 있다.

(1) 이득이 음(−)이면 안정한 계 ($g<0$ [dB])
(2) 이득이 0이면 안정 한계인 계 ($g=0$ [dB])
(3) 이득이 양(+)이면 불안정한 계 ($g>0$ [dB])

그림 7.18은 이득 선도의 0[dB]과 위상 선도의 $-180°$ 선을 일치시켜 $G(j\omega)H(j\omega)$의 이득 선도 g와 위상 선도 θ를 동시에 나타낸 보드 선도이다.

이득 선도가 0[dB]의 가로축을 끊는 점 $\omega=\omega_1$, ω_3(이득 교점)일 때의 위상을 $-180°$로부터 측정한 위상 A, C는 위상 여유 θ_m이 된다.

또 위상 선도가 $-180°$ 선을 끊는 점 $\omega=\omega_2$, ω_4(위상 교점)에서의 이득의 절대값, 즉 이득 B, D는 이득 여유 g_m이 된다.

그림 7.18(a)의 안정한 계에서 이득 선도가 $g=0$[dB]인 점 $\omega=\omega_1$의 위상은 A이고, 위상 A는 $-180°<\mathrm{A}<0°$이므로 위상 여유 θ_m은 식 (7.33)에 의해

$$\theta_m = 180° + \mathrm{A} = 180° + \underline{/G(j\omega_1)H(j\omega_1)} > 0 \tag{7.36}$$

의 관계로부터 양(+)이 된다. 또 위상 선도가 $\theta=-180°$인 점 $\omega=\omega_2$의 이득은 B이고, 이득 B는 $\mathrm{B}<0$[dB]이므로 이득 여유 g_m은 식 (7.35)에 의해

$$g_m = 0 - \mathrm{B} = -20\log_{10}|G(j\omega_2)H(j\omega_2)| > 0 \tag{7.37}$$

의 관계로부터 양(+)이 된다.

그림 7.18(b)의 불안정한 계에서 이득 선도가 $g=0$[dB]인 점 $\omega=\omega_3$의 위상은 C이고, 위상 C는 $\mathrm{C}<-180°$이므로 위상 여유 θ_m은 식 (7.33)에 의해

$$\theta_m = 180° + \mathrm{C} = 180° + \underline{/G(j\omega_3)H(j\omega_3)} < 0 \tag{7.38}$$

의 관계로부터 음(−)이 된다. 또 위상 선도가 $\theta=-180°$인 점 $\omega=\omega_4$의 이득은 D이고, 이득 D는 $\mathrm{D}>0$[dB]이므로 이득 여유 g_m은 식 (7.35)에 의해

$$g_m = 0 - \mathrm{D} = -20\log_{10}|G(j\omega_4)H(j\omega_4)| < 0 \tag{7.39}$$

의 관계로부터 음(−)이 된다.

이들의 결과로부터 **그림 7.18**(a)의 제어계는 이득 여유 g_m과 위상 여유 θ_m이 모두 양(+)이므로 안정한 계로 판정하고, **그림 7.18**(b)의 제어계는 이득 여유 g_m과 위상 여유 θ_m이 모두 음(−)이므로 불안정한 계로 판정한다.

이득 여유와 위상 여유는 클수록 제어계의 안정성이 좋은 것을 나타내고 있지만, 안정도를 너무 과대하게 하면 제어계의 속응성이 떨어지므로 **표 7.3**과 같은 제어계의 규범을 지키도록 한다.

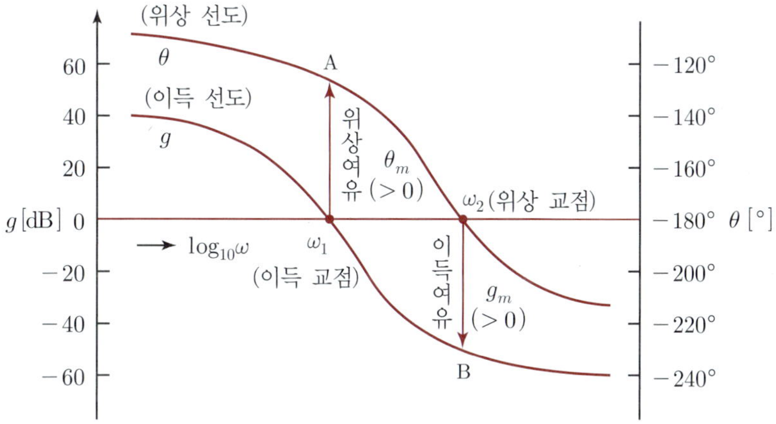

(a) 안정한 계($\theta_m > 0$, $g_m > 0$)

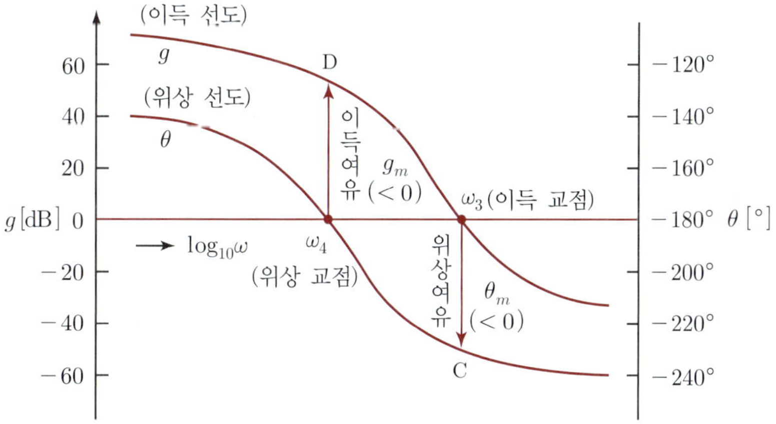

(b) 불안정한 계($\theta_m < 0$, $g_m < 0$)

그림 7.18 ▶ 보드 선도상의 이득 여유와 위상 여유

연습문제

01 특성 방정식의 근이 모두 복소 s 평면의 좌반부에 있으면 이 계의 안정 여부는?

① 조건부 안정 ② 불안정 ③ 임계 안정 ④ 안정

힌트 제 7.1 절 또는 **그림 7.1** 참고

02 특성 방정식이 $s^5+4s^4-3s^3+2s^2+6s+K=0$으로 주어진 제어계의 안정성은?

① $K=-2$ ② 절대 불안정 ③ $K=-3$ ④ $K>0$

힌트 제어계가 안정하기 위한 필요 조건(각 계수의 부호는 항상 양)을 만족하지 않음

03 특성 방정식이 $s^4+2s^3+s^2+4s+2=0$일 때 이 계의 안정도를 판별하면?

① 불안정 ② 안정 ③ 임계 안정 ④ 조건부 안정

힌트 제 7.2 절 참고

04 특성 방정식 $2s^4+s^3+3s^2+5s+10=0$일 때 s 평면의 오른쪽 평면에 몇 개의 근을 갖게 되는가?

① 1 ② 2 ③ 3 ④ 0

힌트 제 7.2 절 참고

05 특성 방정식 $s^2+Ks+2K-1=0$인 계가 안정될 K의 범위는?

① $K>0$ ② $K>\frac{1}{2}$ ③ $K<\frac{1}{2}$ ④ $0<K<\frac{1}{2}$

힌트 라우스 표에 의해 제 1 열의 부호 변화가 없어야 안정

06 특성 방정식 $s^3+34.5s^2+7500s+7500K=0$인 계가 안정될 K의 범위는?

① $0<K<34.5$ ② $K<0$ ③ $K>34.5$ ④ $0<K<69$

07 특성 방정식이 $s^3+3Ks^2+(K+2)s+4=0$으로 주어질 때 안정하기 위한 K의 범위를 라우스(Routh)의 판정 조건은?

① $K<-2.528$　　② $K>0.528$

③ $-2.528<K<0.528$　　④ $K=1$

힌트 제 7.2 절 및 **예제** 참고

08 특성 방정식이 $s^3+2s^2+Ks+5=0$로 주어지는 제어계가 안정하기 위한 K의 값은?

① $K>0$　　② $K>\frac{5}{2}$　　③ $K<0$　　④ $K<\frac{5}{2}$

힌트 제 7.2 절 및 **예제** 참고

09 **그림 7.19**와 같은 제어계가 안정하기 위한 K의 범위는?

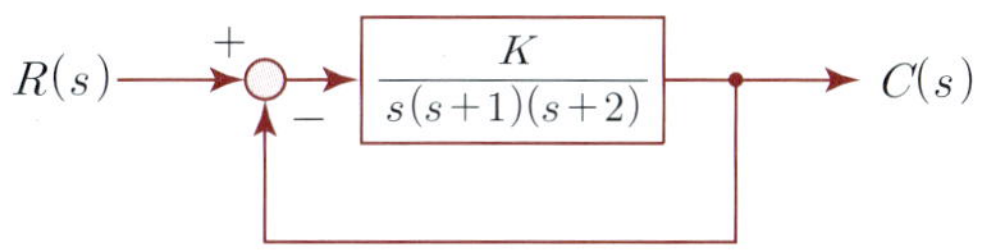

그림 7.19

① $0<K<6$　　② $1<K<5$

③ $-1<K<6$　　④ $-1<K<5$

10 제어계의 종합 전달함수의 값 $G(s)=\dfrac{s+1}{(s-3)(s^2+4)}$에서 안정성을 판정하면?

① 안정　　② 불안정　　③ 임계 상태　　④ 알 수 없다.

힌트 종합 전달함수의 특성 방정식 $(s-3)(s^2+4)=s^3-3s^2+4s-12=0$

11 나이퀴스트 경로에 포위되는 영역에 특성 방정식의 근이 존재하지 않으면 제어계는 어떻게 되는가?

① 안정　　② 불안정　　③ 진동　　④ 발산

12 나이퀴스트 판정법의 설명으로 틀린 것은?

① 나이퀴스트 선도는 제어계의 오차 응답에 관한 정보를 준다.
② 계의 안정을 개선하는 방법에 대한 정보를 제시해 준다.
③ 안정성을 판정하는 동시에 안정도를 제시해 준다.
④ Routh-Hurwitz 판정법과 같이 계의 안정 여부를 직접 판정해 준다.

힌트 제 7.3 절의 나이퀴스트 안정도 판별법의 특징을 참고

13 s 평면의 우반면에 3개의 극점이 있고, 2개의 영점이 있다. 이때 다음과 같은 설명 중 어느 나이퀴스트 선도일 때 시스템이 안정한가?

① 점 $(-1, j0)$을 반시계 방향으로 1번 감쌌다.
② 점 $(-1, j0)$을 시계 방향으로 1번 감쌌다.
③ 점 $(-1, j0)$을 반시계 방향으로 5번 감쌌다.
④ 점 $(-1, j0)$을 시계 방향으로 5번 감쌌다.

14 다음 중 옳지 않은 것은?

① 나이퀴스트 선도에 극이 부가되면 안정성은 감소한다.
② 일반적으로 계에 영점이 부가되면 계는 안정화된다.
③ $G(s)$에 $e^{-j\omega T}$를 곱함으로써 나이퀴스트 선도는 반시계 방향으로 ωT[rad] 만큼 회전시킨다.
④ 부의 실수를 갖는 n 계의 유한극이 부가되면 나이퀴스트 선도는 시계 방향으로 $(n+1)\pi/2$ 만큼 회전한다.

힌트 $G(s)\cdot e^{-j\omega T} = G(s)\cdot 1\angle{-\omega T}$ (극좌표 변환) : 음(−)의 각이므로 시계 방향으로 ωT만큼 회전
①, ② : 제 8.5 절의 극점과 영점의 추가에 따른 근궤적의 변화 참고

15 그림 7.20과 같은 피드백 제어계의 전 주파수 응답 $G(j\omega)H(j\omega)$의 나이퀴스트 벡터도에서 시스템이 안정한 궤적은?

① a ② b
③ c ④ d

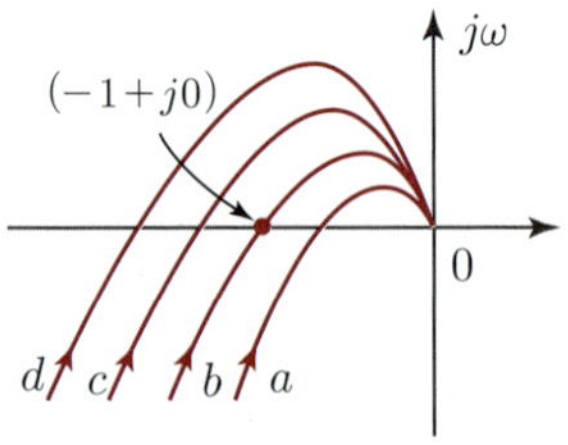

그림 7.20

16 단위 피드백 제어계의 개루프 전달함수의 벡터 궤적이다. 이중 안정한 궤적은?

①
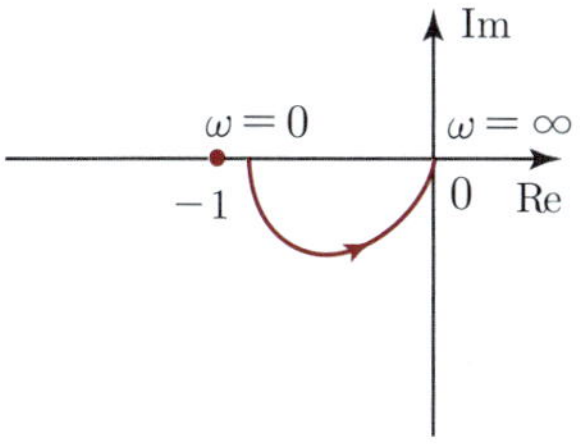

②
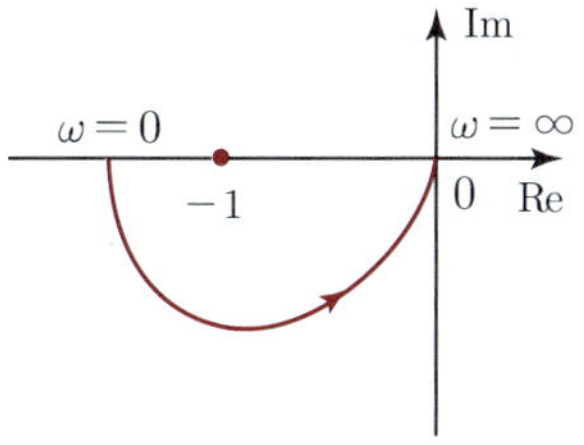

③
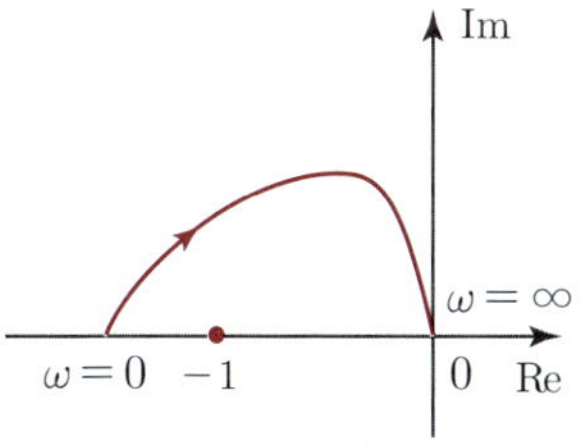

④
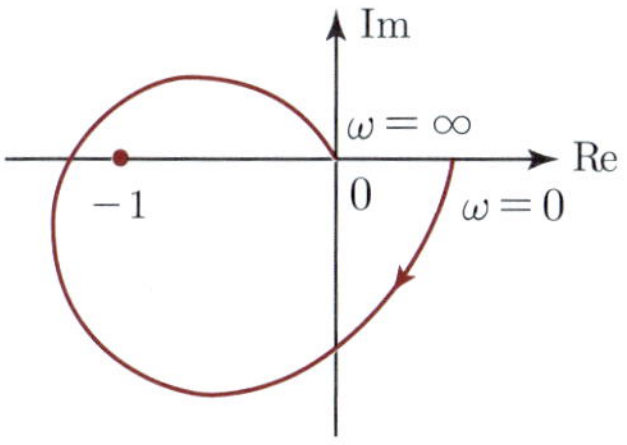

힌트 벡터 궤적을 따라 갈 때, 점 $(-1,\ j0)$가 왼쪽 영역에 있는 궤적이 안정(제 7.5 절 참고)

17 $G(s)H(s) = \dfrac{2}{(s+1)(s+2)}$의 이득 여유는?

① 3 [dB] ② 7 [dB] ③ 0 [dB] ④ 1 [dB]

힌트 **예제 7.9** 참고

18 $G(j\omega)H(j\omega) = \dfrac{10}{(j\omega+1)(j\omega+T)}$에서 이득 여유를 20 [dB]보다 크게 하기 위한 T의 범위는?

① $T > 1$ ② $T > 10$ ③ $T < 0$ ④ $T > 100$

19 $G(s)H(s) = \dfrac{K}{s^2+3s+2}$인 계의 이득 여유가 40 [dB]이면 이때 K의 값은?

① -50 ② $\dfrac{1}{50}$ ③ -20 ④ $\dfrac{1}{40}$

20 주파수 응답에 의한 위치 제어계의 설계에서 계통의 안정도 척도와 관계가 적은 것은?

① 공진치 ② 고유 주파수 ③ 위상 여유 ④ 이득 여유

21 보드 선도에서 이득 여유는 어떻게 구하는가?

① 이득 선도에서 0 ~ 20[dB] 사이에 있는 이득 선도의 길이이다.
② 위상 선도가 0° 축과 교차되는 점에 대응되는 [dB]값의 크기이다.
③ 위상 선도가 −180° 축과 교차되는 점에 대응되는 이득의 크기[dB]값이다.
④ 이득 선도에서 −20 ~ 20[dB] 사이에 있는 크기[dB]값이다.

22 다음 안정도 판별법 중 $G(s)H(s)$의 극점과 영점이 우반 평면에 있을 경우 판정 불가능한 방법은?

① Routh-Hurwitz 판별법　② Bode 선도
③ Nyquist 판별법　④ 근궤적법

23 보드 선도의 안정 판정의 설명 중 옳은 것은?

① 위상 곡선이 −180° 점에서 이득값이 양이다.
② 이득(0[dB]) 축과 위상(−180°) 축을 일치시킬 때 위상 곡선이 위에 있다.
③ 이득 곡선의 0[dB] 점에서 위상차가 180°보다 크다.
④ 이득 여유는 음의 값, 위상 여유는 양의 값이다.

24 지연 요소(dead time element)는 제어계의 안정도에 어떤 영향을 미치는가?

① 안정도에 관계없다.　② 안정도를 개선한다.
③ 안정도를 저하시킨다.　④ 상대적 안정도의 척도 역할을 한다.

힌트 지연 요소는 출력 응답의 시간의 지연을 초래할 뿐이다.

25 그림 7.20과 같은 이득-위상 선도 중 여유(margin)가 제일 큰 것은?

① A　② B
③ C　④ D

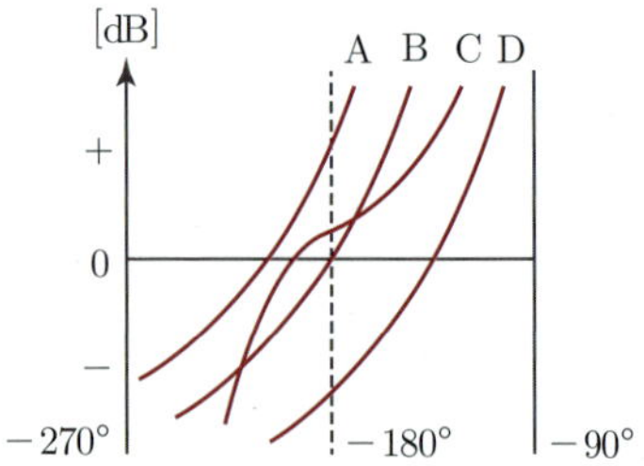

그림 7.21

Chapter 8

근궤적법

8.1 근궤적의 개요

선형 자동제어계의 해석은 주파수 영역에서 취급하는 나이퀴스트 선도, 보드 선도, 니콜스 선도 등의 주파수 응답법으로 절대 안정도와 속응성을 유용하게 예측할 수 있지만, 시간 영역에서 과도 응답의 오버슈트, 정정 시간, 제동비 등이 주어지는 제어계의 상대 안정도와 속응성은 판단하기 어렵다. 또 시간 영역에서 과도 응답과 상대 안정도는 s 평면 상의 극점과 영점의 배치에 따라 결정되기 때문에 제어계의 폐루프 전달함수의 특성 방정식을 풀어서 특성근을 구하는 것이 제어계의 해석에 매우 중요하다. 그러나 과도 응답에서 폐루프 전달함수의 특성 방정식은 고차 대수 방정식이 일반적이고 그 근을 구하는 것은 쉽지 않기 때문에 1차계나 2차계에만 적용하여 해석하는 단점이 있다.

1948년 에반스(W. R. Evans)는 폐루프 전달함수의 고차 특성 방정식에서 근을 직접 구하지 않고 개루프 전달함수로부터 도식적으로 해석하는 방법과 이를 이용한 제어계의 설계 방법을 발표하였다. 이 방법을 **근궤적법**(root locus method)이라고 하며, **시간 영역**에서 해석 및 설계를 할 수 있는 기법이다. 즉 근궤적법은 개루프 전달함수의 극점과 영점의 배치로부터 폐루프 전달함수의 특성 방정식의 근을 도식적으로 구하는 것이고, 이 개략적인 궤적에 의해 제어계의 안정성과 속응성에 관한 예측 정보를 얻을 수 있다.

근궤적법은 제어계에서만 국한하여 사용하는 것이 아니라 식 (8.1)과 같이 하나의 변수를 가지는 고차 대수 방정식의 근의 연구와 해석에도 적용할 수 있다.

$$\begin{aligned} F(s) = s^n + a_1 s^{n-1} + \cdots + a_{n-1}s + a_n \\ + K(s^m + b_1 s^{m-1} + \cdots + b_{m-1}s + b_m) = 0 \end{aligned} \tag{8.1}$$

단, 변수 K는 0에서 ∞까지 변화하고, 차수 n과 m은 양의 정수($n \geq m$), 계수

a_1, $a_2 \cdots a_n$, b_1, $b_2 \cdots b_m$은 실수이고 일정한 것으로 가정한다.

8.2 근궤적의 기본 조건

그림 8.1과 같이 선형 폐루프 제어계의 개루프 전달함수 $G(s)H(s)$를 가지는 식 (8.2)의 **폐루프 전달함수**와 폐루프 전달함수의 분모를 0으로 놓은 식 (8.3)의 **특성 방정식**은 각각

$$\frac{C(s)}{R(s)} = \frac{G(s)}{1+G(s)H(s)} \tag{8.2}$$

$$1+G(s)H(s)=0 \tag{8.3}$$

으로 표현되고, 제어계의 응답은 특성 방정식의 근(특성근)에 의해 결정된다.

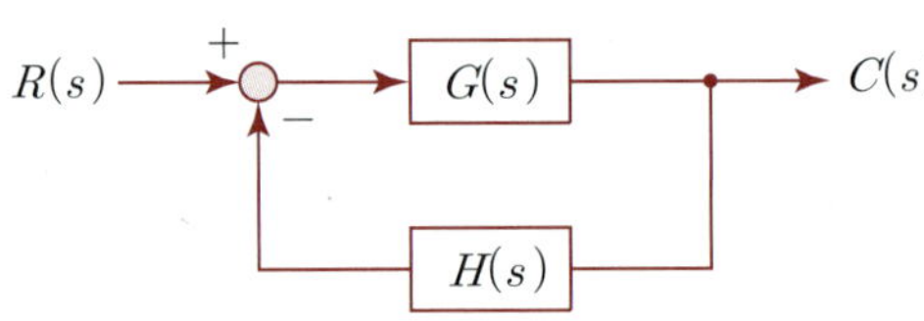

그림 8.1 ▸ 궤환 제어계

식 (8.1)의 고차 방정식은 일반적으로 $n \geq m$의 관계로부터 n차 방정식이고, 이 식에서 변수 K를 포함하지 않은 좌변의 제 1 항의 n차 다항식으로 양변을 나누어 변형하면

$$1+\frac{K(s^m+b_1 s^{m-1}+ \cdots +b_{m-1}s+b_m)}{s^n+a_1 s^{n-1}+ \cdots +a_{n-1}s+a_n}=0 \tag{8.4}$$

이 된다. 식 (8.4)를 식 (8.3)과 비교하면 **그림 8.1**에 나타난 제어계의 **개루프 전달함수** $G(s)H(s)$는 다음의 형태가 되고, 제어계에서 변수 K를 **이득 상수**라고 한다.

$$G(s)H(s)=\frac{K(s^m+b_1 s^{m-1}+ \cdots +b_{m-1}s+b_m)}{s^n+a_1 s^{n-1}+ \cdots +a_{n-1}s+a_n} \tag{8.5}$$

식 (8.1)과 같은 고차 방정식의 형태의 함수는 제어계에서 폐루프 전달함수의 특성 방정식 $1+G(s)H(s)=0$과 동일한 형태라는 것을 확인할 수 있다. 따라서 제어계의 특성 방정식이 식 (8.1)과 같은 고차 다항식의 형태로 주어지면 이 고차 방정식으로부터 식 (8.4)의 관계식으로 변형한 후, 식 (8.5)와 같은 개루프 전달함수 $G(s)H(s)$로 표현할 수 있어야 근궤적을 작성할 준비가 되는 것이다.

식 (8.3)의 폐루프 제어계의 특성 방정식으로부터 근궤적상의 한 점은 그 점에서

$$G(s)H(s)=-1+j0=1\underline{/\pm 180^\circ} \tag{8.6}$$

를 만족한다. 식 (8.6)을 극형식의 크기와 위상(일반각)으로 각각 나타내면

$$|G(s)H(s)|=1 \tag{8.7}$$

$$\underline{/G(s)H(s)}=(2k+1)\pi \quad (k=0,\ \pm 1,\ \pm 2,\ \cdots) \tag{8.8}$$

이다. 여기서 위상은 $\pm\pi(\pm 180^\circ)$, $\pm 3\pi(\pm 540^\circ)$, $\cdots$가 된다. 식 (8.7)을 **크기 조건**, 식 (8.8)을 **위상 조건**이라고 한다. 근궤적상의 모든 점은 위의 두 조건을 만족하지 않으면 안 된다. 이 두 조건을 **근궤적의 기본 조건**이라 한다.

식 (8.5)의 개루프 전달함수 $G(s)H(s)$는 다음의 유리식으로 나타낼 수 있다.

$$G(s)H(s)=\frac{K(s+z_1)(s+z_2)\cdots(s+z_m)}{(s+p_1)(s+p_2)\cdots(s+p_n)} \tag{8.9}$$

단, $p_1,\ p_2,\ \cdots,\ p_n$은 $G(s)H(s)$의 극점이고, $z_1,\ z_2,\ \cdots,\ z_m$은 $G(s)H(s)$의 영점이다. $G(s)H(s)$의 극점과 영점은 실수 또는 공액 형식의 복소수이다.

식 (8.9)의 개루프 전달함수에 대해 식 (8.7)과 식 (8.8)의 **크기 조건과 위상 조건**으로 표현하면 다음과 같다.

(크기 조건) : $$|G(s)H(s)|=K\frac{|s+z_1||s+z_2|\cdots|s+z_m|}{|s+p_1||s+p_2|\cdots|s+p_n|}=1 \tag{8.10}$$

(위상 조건) : $$\begin{aligned}\underline{/G(s)H(s)}&=\sum_{i=1}^{m}\underline{/s+z_i}-\sum_{j=1}^{n}\underline{/s+p_j}\\&=(2k+1)\pi\ \ (0\le K<\infty)\end{aligned} \tag{8.11}$$

식 (8.11)의 위상 조건은 K가 양(+)일 때 $G(s)H(s)$의 극점과 영점에서 s 평면상의 한 점 s_1까지 향하는 벡터를 그리고, 이 벡터들이 양의 실축과 이루는 위상의 차(영점의 위상의 합 − 극점의 위상의 합)가 $\pm 180°$의 홀수배를 만족하면 점 s_1은 근궤적상에 있는 점을 의미한다. 따라서 위상 조건은 s 평면상에서 근궤적을 그리는데 이용되는 조건이 된다.

위상 조건에 의해 근궤적이 그려지면 근궤적상의 임의의 한 점에서 이득 상수 K의 값은 식 (8.10)의 크기 조건을 이용하여 결정한다.

개루프 전달함수 $G(s)H(s)$가 식 (8.12)와 같이 극점과 영점이 주어지고 이득 상수가 $K(0 \le K < \infty)$인 경우에 위상 조건을 이용하여 근궤적을 그리는 방법과 K를 구하는 방법에 대해 알아보기로 한다.

$$G(s)H(s) = \frac{K(s+z_1)}{s(s+p_2)(s+p_3)} \tag{8.12}$$

(1) 근궤적의 기본 조건(크기 조건, 위상 조건)을 나타낸다.(근궤적상의 한 점 s_1 선정)

(크기 조건) : $$|G(s_1)H(s_1)| = \frac{K|s_1+z_1|}{|s_1||s_1+p_2||s_1+p_3|} = 1 \tag{8.13}$$

(위상 조건) : $$\underline{/s_1+z_1} - \left(\underline{/s_1} + \underline{/s_1+p_2} + \underline{/s_1+p_3}\right) = (2k+1)\pi \tag{8.14}$$

(2) $G(s)H(s)$의 극점과 영점의 배치를 **그림 8.2**와 같이 그린다.(극점 ×, 영점 ○)

(3) $G(s)H(s)$의 극점과 영점으로부터 근궤적상의 한 점 s_1으로 향하는 벡터를 그린다.

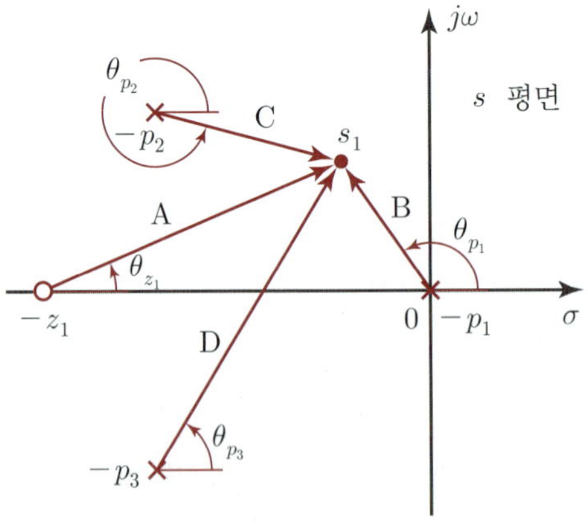

그림 8.2 ▸ 극점과 영점의 배치

(4) **그림 8.2**와 같이 극점과 영점에서 벡터의 각도는 양의 실축을 기준으로 한 각이고, 점 s_1은 식 (8.14)의 위상 조건을 만족해야 한다.

위상 조건 : 영점 위상의 합 − 극점 위상의 합 $=(\pm 180°)\times$**(홀수배)**

$$\underline{/s_1+z_1}-\left(\underline{/s_1}+\underline{/s_1+p_2}+\underline{/s_1+p_3}\right)$$

$$=\theta_{z_1}-\left(\theta_{p1}+\theta_{p_2}+\theta_{p_3}\right)=(2k+1)\pi=(\pm 180°)\times(\text{홀수배}) \tag{8.15}$$

(5) **그림 8.2**와 같이 극점 또는 영점에서 s_1으로 향한 벡터의 길이를 A, B, C, D라고 하면 이득 상수 $K(\geq 0)$는 식 (8.13)의 크기 조건에 의해 다음과 같이 구해진다.

$$\frac{K|s_1+z_1|}{|s_1||s_1+p_2||s_1+p_3|}=1 \tag{8.16}$$

$$\therefore\ K=\frac{|s_1||s_1+p_2||s_1+p_3|}{|s_1+z_1|}=\frac{BCD}{A} \tag{8.17}$$

예제 8.1

제어계의 특성 방정식이 다음과 같이 주어졌을 때 개루프 전달함수 $G(s)H(s)$와 $G(s)H(s)$의 극점 및 영점을 구하라.

(1) $s(s+1)(s+2)+K=0$

(2) $s(s+2)(s+3)+K(s+1)=0$

풀이 제어계의 특성 방정식은 $1+G(s)H(s)=0$이므로 K를 포함하지 않은 항으로 양변을 나누어 개루프 전달함수 $G(s)H(s)$를 구한다.

(1) $1+\dfrac{K}{s(s+1)(s+2)}=0 \quad \therefore\ G(s)H(s)=\dfrac{K}{s(s+1)(s+2)}$

극점 : 0, −1, −2 영점 : ∞, ∞, ∞ (유한 영점 : 0 개)

(2) $1+\dfrac{K(s+1)}{s(s+2)(s+3)}=0 \quad \therefore\ G(s)H(s)=\dfrac{K(s+1)}{s(s+2)(s+3)}$

극점 : 0, −2, −3 영점 : −1, ∞, ∞ (유한 영점 : 1 개)

8.3 근궤적의 작성

근궤적은 선형 제어계에서 폐루프 전달함수의 특성 방정식으로부터 직접 근을 구하지 않고 개루프 전달함수 $G(s)H(s)$로부터 이득 상수 K를 0에서 ∞까지 변화시킬 때 근궤적의 여러 가지 성질을 이용하여 폐루프 제어계의 특성 방정식의 근이 s 평면상에서 이동하는 궤적을 개략적으로 그리는 기법이다.

근궤적은 앞 절에서 배운 크기 조건과 위상 조건을 만족하는 것만으로는 근궤적의 작성에 어려움이 따른다. 따라서 근궤적이 가지는 여러 가지 성질을 이용하면 비교적 편리하게 작성할 수 있으므로 근궤적의 성질에 대해 학습하기로 한다.

(1) 근궤적의 대칭성

폐루프 제어계의 특성 방정식은 실계수의 대수 방정식이기 때문에 특성근이 실근 또는 공액 복소근을 가진다. 따라서 개루프 전달함수 $G(s)H(s)$의 근궤적은 s 평면에서 **실축에 대해 대칭**이다.

(2) 근궤적의 출발점($K=0$)

근궤적의 출발점은 개루프 전달함수 $G(s)H(s)$의 **극점**이고, 근궤적상에서 $K=0$인 점이다.

식 (8.10)의 $|G(s)H(s)|$를 다음과 같이 간략히 표현하면

$$|G(s)H(s)| = K\frac{\prod_{i=1}^{m}|s+z_i|}{\prod_{j=1}^{n}|s+p_j|} = 1 \tag{8.18}$$

$$\prod_{j=1}^{n}|s+p_j| + K\prod_{i=1}^{m}|s+z_i| = 0 \tag{8.19}$$

이다. 식 (8.19)에서 근궤적의 출발점인 $K=0$의 경우에 특성근은 다음의 결과에 의하여 개루프 전달함수의 극점과 일치($s=-p_j$)한다.

$$\lim_{K\to\infty}\left(\prod_{j=1}^{n}|s+p_j| + K\prod_{i=1}^{m}|s+z_i|\right)=0 \quad \therefore \prod_{i=1}^{m}|s+p_j|=0 \tag{8.20}$$

(3) 근궤적의 도착점($K=\infty$)

근궤적의 도착점은 개루프 전달함수 $G(s)H(s)$의 **영점 및 무한원점**이고, 근궤적 상에서 $K=\infty$인 점이 된다.

식 (8.19)에서 근궤적의 도착점인 $K=\infty$의 경우에 특성근은 다음의 결과에 의하여 개루프 전달함수의 영점과 일치($s=-z_i$)한다.

$$\lim_{K\to\infty}\left(\prod_{j=1}^{n}|s+p_j|+K\prod_{i=1}^{m}|s+z_i|\right)=0 \quad \therefore \quad \prod_{i=1}^{m}|s+z_i|=0 \qquad (8.21)$$

(4) 근궤적의 가지수

근궤적은 개루프 전달함수의 극점에서 출발하여 영점(또는 무한원점)으로 도착하기 때문에 **근궤적의 가지수**는 **극점의 수와 영점의 수 중에서 큰 수와 일치**하고 특성 방정식의 차수와 같은 것으로 정의한다. 그러나 제어계는 일반적으로 극점이 영점보다 많으므로 근궤적의 개수는 **극점의 수와 일치**하는 경우가 대부분이다.

식 (8.1)의 제어계의 특성 방정식과 식 (8.5)의 $G(s)H(s)$는 일반적으로 차수 관계가 $n \geq m$이다. 따라서 식 (8.1)의 좌변의 첫 n차 다항식과 식 (8.5)의 분모의 n차 다항식이 n개의 극점을 포함하고 있으므로 **근궤적의 가지수는 차수 n개와 같다.**

(5) 실축상의 근궤적 존재 구간

① 실축상의 임의의 한 점 s_1에 대해 각 극점과 영점에서 그린 벡터 각의 관계가 식 (8.11)의 위상 조건을 만족하는지 조사한다. 공액 복소극점 및 공액 복소영점에서 그은 벡터 각은 **그림 8.3**과 같이 서로 상쇄되기 때문에 위상 조건은 실축상에 있는 극점 및 영점만의 벡터 각을 조사하면 된다. **그림 8.3**에서 한 점 s_1이 근궤적의 존재 구간에 있다고 가정하면 이 점보다 왼쪽에 있는 극점 및 영점으로부터 그은 벡터 각은 0이고, 오른쪽에 있는 극점 및 영점으로부터 그은 벡터 각은 π가 된다. 따라서 식 (8.11)의 근궤적의 위상 조건에 의해 다음의 ②항과 같이 실축상에서의 근궤적 존재 구간을 정리할 수 있다.

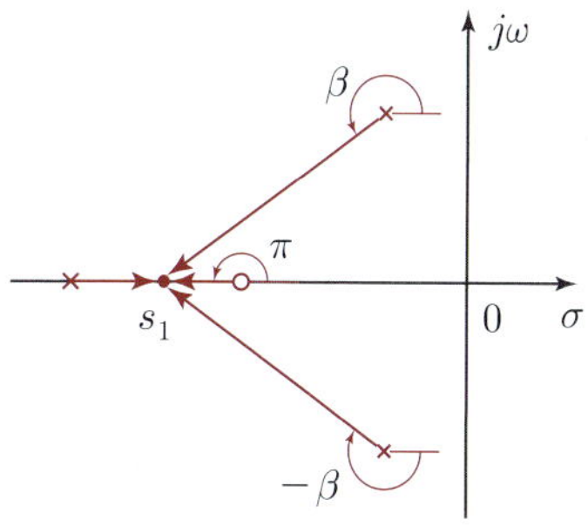

그림 8.3 ▶ 실축상 한 점의 위상 조건

② 실축상에 있는 개루프 전달함수의 극점과 영점에 의해 분할된 구간 중 극점 및 영점을 오른쪽에서 왼쪽으로 세어 나갈 때, **홀수 번째가 되는 왼쪽 구간에 근궤적이 존재**한다.[**그림 8.4** 참고]

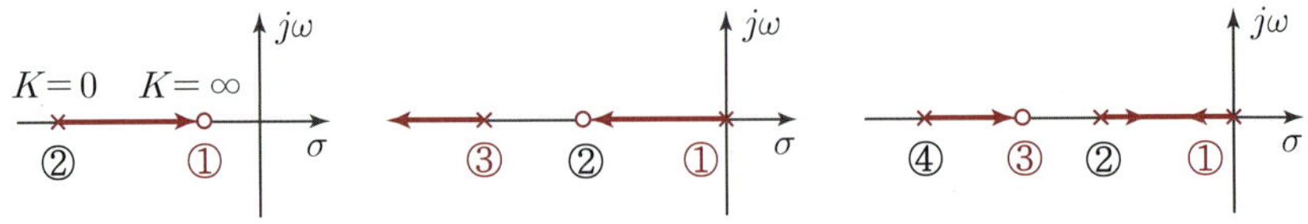

그림 8.4 ▶ 실축상의 근궤적 존재 구간

(6) 점근선의 각도

① 근궤적의 가지수는 극점의 수와 일치하며, 근궤적은 극점에서 출발($K=0$)하여 영점에 도착($K=\infty$)한다. 따라서 극점 수(n)와 영점 수(m)가 일치하면 자체적으로 해결되지만, 극점 수가 영점 수보다 많은 경우($n>m$)에는 영점이 부족한 수만큼의 $(n-m)$개가 무한원점, 즉 $|s|\to\infty$로 접근하게 된다. 이를 궤적의 **점근선**이라 한다. 따라서 **점근선의 개수**는 $(n-m)$개, 즉 극점과 영점의 차가 된다.

② 무한원점의 $|s|\to\infty$에서 식 (8.9)는 다음과 같으며

$$G(s)H(s)\to K/s^{n-m}(=-1) \qquad \therefore\ s^{n-m}=-K \tag{8.22}$$

가 얻어진다. $s=|s|\angle\beta$라고 할 때, $K\geq 0$이므로 무한원점에서 특성근이 양의 실축과 이루는 각, 즉 **점근선의 각도** β는

$$\beta=\frac{(2k+1)\pi}{n-m} \quad (k=0,\ \pm1,\ \pm2,\ \cdots) \tag{8.23}$$

가 된다. **표 8.1**은 점근선의 수에 따른 점근선이 양의 실축과 이루는 각이다.

표 8.1 ▶ 점근선의 수에 따른 점근선의 각도

점근선 수$(n-m)$	1	2	3	4
점근선의 각도(β)	π	$\pm\frac{\pi}{2}$	$\pm\frac{\pi}{3}$, π	$\pm\frac{\pi}{4}$, $\pm\frac{3\pi}{4}$
	180°	±90°	±60°, 180°	±45°, ±135°

(7) 점근선의 실축과의 교점(intersection)

점근선의 교점은 s 평면의 **실축상에서만 교차**하고, 실축상에서의 **점근선의 교점(교차점)** α_g는 다음과 같이 주어진다.

$$\alpha_g = \frac{1}{n-m}\left(\sum_{i=1}^{n} p_i - \sum_{h=1}^{m} z_h\right) = \frac{\text{극점의 총합} - \text{영점의 총합}}{\text{극점의 수} - \text{영점의 수}} \tag{8.24}$$

무한원점으로 향하는 $(n-m)$개의 특성근은 **그림 8.5**와 같이 실축상에 존재하는 점근선의 교점 α_g를 중심으로 방사상으로 **표 8.1**의 점근선의 각도 방향으로 향하는 것을 확인할 수 있다.(점근선 개수에 의해 360° 공간을 균등 분배 : $360°/n$)

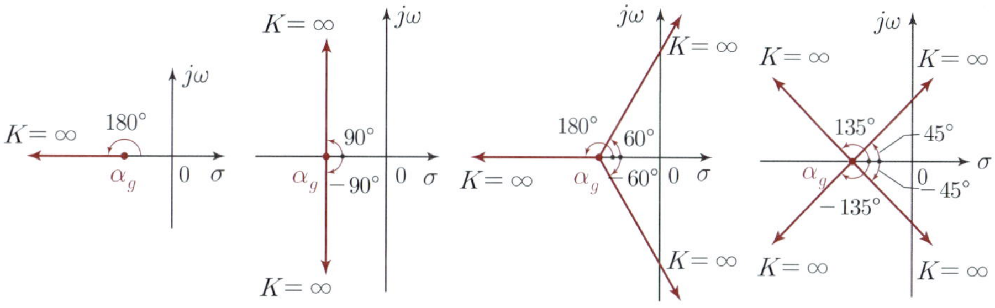

그림 8.5 ▶ 근궤적의 점근선 수에 따른 점근선 각도

(8) 근궤적의 출발각과 도착각

① 복소극점의 출발점 각도와 복소영점의 도착점 각도는 식 (8.11)의 위상 조건에 의해 간단히 구할 수 있다. 예를 들어 **그림 8.6**과 같이 극점과 영점의 배치가 주어졌을 때, 복소극점 p_1에서 출발하는 각도 θ_p를 구해본다.

점 p_1에 매우 근접한 근궤적상의 한 점 s_1을 가정하고, z, p_2에서 s_1(p_1과 근사)으로 그린 벡터와 양의 실축과 이루는 각은 p_1에서 z와 p_2를 각각 뺀 벡터와 양의 실축과 이루는 각이 같다고 놓을 수 있다.

따라서 식 (8.11)의 근궤적의 위상 조건,

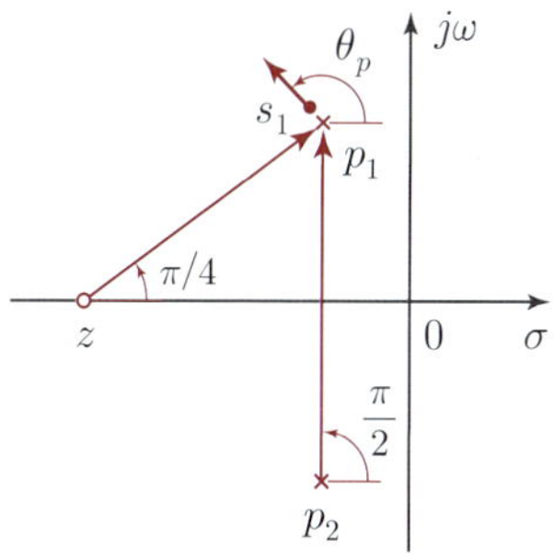

그림 8.6 ▶ 근궤적의 출발각

즉, 다음을 적용하면 **복소극점의 출발각** θ_p는 다음과 같이 구해진다.

> **영점 위상의 합 − 극점 위상의 합** $= (\pm 180°) \times$(**홀수배**) : $(\pm 180°)$

$$45° - (\theta_p + 90°) = 180°$$

$$\therefore \ \theta_p = 45° - 90° - 180° = -225° (= 135°) \tag{8.25}$$

(9) 근궤적의 분리점(breakaway point)

① 특성 방정식의 다중근이 존재하는 s 평면상의 점을 **근궤적의 분리점(이탈점)**이라 한다. **그림 8.7**(a)는 실축상의 두 극점에서 출발한 두 개의 근궤적이 실축상의 분리점에서 만난 후 실축으로부터 서로 반대 방향으로 영점(또는 무한원점)으로 분리되는 경우이다. **그림 8.7**(b)는 두 개의 공액 복소 극점에서 출발한 두 개의 근궤적이 실축으로 접근하여 분리점에서 만난 후 실축을 따라 서로 반대 방향의 영점으로 분리되는 경우이다. 분리점에서의 이득 상수 K의 값에서 제어 시스템의 특성근은 **이중근**을 나타내므로 이 K의 값에서 **임계 제동**($\zeta = 1$)의 동작을 한다.

② 실축상의 분리점은 계산하기 전에 분리점의 존재 여부를 먼저 확인해야 편리하다. 분리점은 실축을 벗어난 영역에서 존재하는 경우도 있지만, 실축상에 존재하는 것이 일반적이다. 실축상의 **두 개의 극점 사이 구간, 두 개의 영점 사이 구간**(영점과 $-\infty$ 구간 포함)에서 근궤적의 성질 (5)항에 따라 근궤적이 존재하는 구간이라면 **실축상에 분리점이 존재**한다. 즉 실축상에서 근궤적이 존재하는 구간이라도 극점과 영점 사이의 구간은 분리점이 존재하지 않는다.

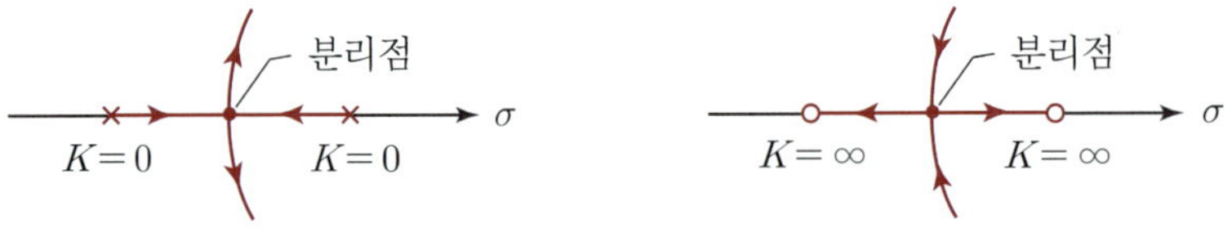

(a) 극점 사이의 분리점 (b) 영점 사이의 분리점

그림 8.7 ▶ 실축상에서의 분리점(이탈점)

③ 개루프 전달함수 $G(s)H(s) = KG_1(s)H_1(s)$로 놓으면 제어계의 특성 방정식은 $1 + G(s)H(s) = 0$ 로부터

$$1 + KG_1(s)H_1(s) = 0 \tag{8.26}$$

이 된다. $G_1(s)H_1(s)$은 $G(s)H(s)$의 이득 상수 K를 포함하지 않는 함수이다. 또 K는 식 (8.26)에 의해 다음과 같이 나타낼 수 있다.

$$K = \frac{-1}{G_1(s)H_1(s)} \tag{8.27}$$

식 (8.26)과 식 (8.27)을 각각 s에 대해 미분하면 다음과 같이 0이 된다. 근궤적의 분리점(이탈점)은 다음의 식을 만족해야 한다.

$$\frac{dG_1(s)H_1(s)}{ds} = 0 \tag{8.28}$$

$$\frac{dK}{ds} = \frac{dG_1(s)H_1(s)/ds}{[G_1(s)H_1(s)]^2} = 0 \tag{8.29}$$

④ **근궤적의 분리점(이탈점)의 조건**은 식 (8.28)과 식 (8.29)에 의해 다음과 같다.

$$\frac{dG_1(s)H_1(s)}{ds} = 0 \quad \text{또는} \quad \frac{dK}{ds} = 0 \tag{8.30}$$

⑤ 식 (8.30)은 근궤적의 분리점(이탈점)에 관한 **필요 조건**은 되지만 충분 조건은 되지 못한다. 따라서 분리점을 구한 후 근궤적상에 존재하는지를 확인해야 하며, 기본적으로 앞에서 배운 실축상에서 존재하는 구간인지를 확인한다.

(10) 근궤적의 허축과의 교점

근궤적의 허축과의 교점은 라우스-후르비츠의 안정도 판정법에 의해 제 1 열에서 0(임계 상태 의미)을 이용하여 이득 상수 K와 허축($j\omega$)의 ω의 값을 구한다.

(11) 근궤적상의 K 값의 계산

근궤적상의 임의의 한 점 s_1에서 K의 값은 식 (8.10)과 식 (8.13)의 근궤적의 **크기 조건**에 의하여 구할 수 있다. 즉 식 (8.31)에서 K의 값을 다음과 같이 구한다.

$$K = \frac{1}{|G_1(s_1)H_1(s_1)|} \tag{8.31}$$

표 8.2 ▶ 근궤적의 여러 가지 성질

번호	근궤적의 성질	내 용
1	근궤적의 대칭성	근궤적은 실축에 대해 대칭
2	근궤적의 출발점과 도착점	근궤적은 개루프 전달함수 $G(s)H(s)$의 극점에서 출발하여 영점 또는 무한원점에 도착 [출발점($K=0$) : 극점, 도착점($K=\infty$) : 영점]
3	근궤적의 수(가지수)	근궤적의 수(가지수)는 $G(s)H(s)$의 극점의 수와 일치 (제어계의 특성 방정식에서 K를 포함하지 않은 다항식의 차수(n)와 일치)
4	실축상의 근궤적 존재 구간	개루프 전달함수의 실축상에 있는 극점과 영점으로 분할되는 구간 중 극점 및 영점을 오른쪽에서 왼쪽으로 세어 나갈 때, 홀수 번째가 되는 왼쪽 구간에 근궤적 존재(공액 복소근은 고려하지 않음)
5	점근선의 각도	① 무한원점으로 향하는 근궤적의 점근선이 양의 실축과 이루는 각 β $\beta=\dfrac{(2k+1)\pi}{n-m}\quad(k=0,\ \pm1,\ \pm2,\cdots)$ ($n,\ m$: 개루프 전달함수의 각각의 극점과 영점[유한 영점]의 수) ② 점근선의 수 : $(n-m)$개 (극점의 수와 영점의 수의 차) ③ 2개 : $\pm90°$, 3개 : $\pm60°$, $+180°$, 4개 : $\pm45°$, $\pm135°$
6	점근선의 실축과의 교점(교차점)	① 점근선은 항상 실축에서 교차 ② 점근선의 실축에서의 교점(intersection) $\alpha_g=\dfrac{1}{n-m}\left(\sum_{i=1}^{n}p_i-\sum_{h=1}^{m}z_h\right)=\dfrac{\text{극점의 총합}-\text{영점의 총합}}{\text{극점의 수}-\text{영점의 수}}$
7	근궤적의 출발각과 도착각	복소극점(s_1)의 출발각 또는 복소영점(s_1)의 도착각은 근궤적상의 한 점 s_1을 복소극점 또는 복소 영점에 매우 근접한 것으로 가정한 후, $G(s)H(s)$의 극점과 영점에서 s_1으로 향한 벡터와 양의 실축이 이루는 각으로부터 근궤적의 위상 조건을 적용하여 구함 위상 조건 : 영점 위상의 합 − 극점 위상의 합 $=(\pm180°)\times$(홀수배)
8	근궤적의 분리점(이탈점)	① 특성 방정식의 중근이 존재하는 s 평면상의 점을 근궤적의 분리점(breakaway point) ② 개루프 전달함수 $G(s)H(s)$에서 K를 포함하지 않는 $G_1(s)H_1(s)$의 함수를 s에 관한 미분은 0의 성질 이용 $[G(s)H(s)=KG_1(s)H_1(s)]$ ③ 근궤적의 분리점(이탈점) 조건 : 필요 조건 $\dfrac{dG_1(s)H_1(s)}{ds}=0$ 또는 $\dfrac{dK}{ds}=0$
9	근궤적의 허축과의 교점	근궤적의 허축과의 교점에서 이득 상수 K와 허축($j\omega$)의 ω 값은 라우스-후르비츠 표에서 제1열의 0(임계 상태)을 이용하여 먼저 K를 구하고, 보조 방정식을 이용하여 허축의 교점 ω를 구한다.

예제 8.2

제어계의 특성 방정식 $s(s+2)(s+3)+K(s+1)=0$에서 K의 값을 이용하여 극점과 영점을 구하라. 또 근궤적의 가지수를 나타내라.

풀이 (1) 극점 : 특성 방정식에서 $K=0$일 때 그 근이 극점이 된다. 즉,

$$s(s+2)(s+3)=0 \qquad \therefore\ s=0,\ s=-2,\ s=-3$$

(2) 영점 : 특성 방정식에서 $K\to\infty$일 때 그 근이 영점이 된다. 즉,

$$K(s+1)=0 \qquad \therefore\ s=-1$$

특성 방정식의 좌변의 K를 포함하지 않은 다항식을 0으로 놓은 근이 극점이고, 좌변의 K를 포함한 다항식을 0으로 놓은 근이 영점이 된다. (개루프 전달함수 $G(s)H(s)$로 형태를 변환하지 않아도 극점과 영점을 구할 수 있다.)

(3) 근궤적의 가지수는 3차의 특성 방정식이므로 3개이다.

예제 8.3

제어계의 특성 방정식에서 실축상의 근궤적이 존재하는 구간을 구하라.

(1) $s(s+1)(s+3)+K=0$

(2) $s(s+2)(s+3)+K(s+1)=0$

풀이 **그림 8.8**과 같이 s 평면에 극점과 영점을 각각 그리고, 근궤적의 성질에서 극점 및 영점을 오른쪽에서 왼쪽으로 세어 나갈 때, 홀수 번째의 왼쪽 구간이 실축상에서 근궤적이 존재하는 구간이 된다.

(1) 극점$(K=0)$: $s=0,\ s=-1,\ s=-3$, 영점(유한 영점)$(K=\infty)$: 없음

실축상의 근궤적 존재 구간 : $-1\le s\le 0,\ s\le -3$

(2) 극점$(K=0)$: $s=0,\ s=-2,\ s=-3$, 영점$(K=\infty)$: $s=-1$

실축상의 근궤적 존재 구간 : $-1\le s\le 0,\ -3\le s\le -2$

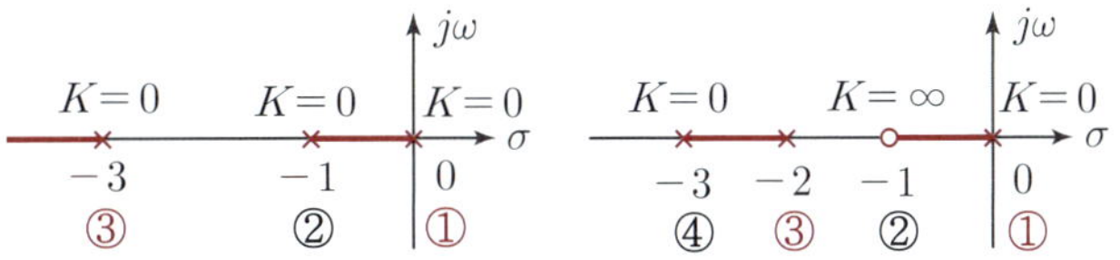

그림 8.8

예제 8.4

제어계의 특성 방정식에서 점근선의 개수, 점근선의 각도와 점근선의 실축과의 교점을 각각 구하라.

$$s(s+2)(s+3)+K(s+1)=0$$

풀이 특성 방정식에서 극점($n=3$)과 영점($m=1$)의 수는 각각 3개와 1개가 있다.

(1) 점근선의 개수($n-m$) : $n-m=3-1=2$, 즉 2개

(2) 점근선의 각도 : $\dfrac{\pm 180°}{n-m}=\dfrac{\pm 180°}{3-1}=\pm 90°$

(3) 점근선의 실축과의 교점 :

$$\alpha_g=\frac{1}{n-m}\left(\sum_{i=1}^{n}p_i-\sum_{h=1}^{m}z_h\right)=\frac{\text{극점의 총합}-\text{영점의 총합}}{\text{극점의 수}-\text{영점의 수}}$$

$$\therefore\ \alpha_g=\frac{(0-2-3)-(-1)}{3-1}=\frac{-4}{2}=-2$$

예제 8.5

개루프 전달함수 $G(s)H(s)$에서 점근선의 개수, 점근선의 각도와 점근선의 실축과의 교점을 각각 구하라.

$$G(s)H(s)=\frac{K(s-2)(s-3)}{s^2(s+1)(s+2)(s+4)}$$

풀이 특성 방정식에서 극점($n=5$)과 영점($m=2$)의 수는 각각 5개와 2개가 있다.

(1) 점근선의 개수($n-m$) : $n-m=5-2=3$, 즉 3개

(2) 점근선의 각도 : $\dfrac{\pm 180°}{n-m}=\dfrac{\pm 180°}{5-2}=\pm 60°$, $\dfrac{540°}{n-m}=\dfrac{540°}{5-2}=180°$

$$\therefore\ 60°,\ 180°,\ 300°(-60°)$$

(3) 점근선의 실축과의 교점 : $\alpha_g=\dfrac{\text{극점의 총합}-\text{영점의 총합}}{\text{극점의 수}-\text{영점의 수}}$

$$\alpha_g=\frac{(0+0-1-2-4)-(2+3)}{5-2}=\frac{-12}{3}=-4$$

예제 8.6

개루프 전달함수 $G(s)H(s)=\dfrac{K}{(s+2)(s^2+2s+2)}$ 의 근궤적에서 공액 복소근 $(s=-1+j)$의 출발각을 구하라.

풀이 근궤적의 공액 복소극점에서 출발각은 근궤적의 위상 조건에 의해 구한다.

영점 위상의 합 − 극점 위상의 합 $= \pm 180°$

근궤적상의 한 점 s_1이 복소극점 $-1+j$에 매우 근접하도록 가정하고, 각 극점으로부터 s_1까지 벡터를 **그림 8.9**와 같이 그린다. 각각 벡터와 양의 실축과 이루는 각은 다음과 같다.

$$Arg\{(-1+j)-(-2)\}=45°$$

$$Arg\{(-1+j)-(-1-j)\}=90°$$

로부터 근궤적의 위상 조건을 적용하고 출발각 θ_p를 구한다.

$$0-(45°+90°+\theta_p)=-180°(180°)$$

$$\theta_p = 180°-45°-90°=45° \qquad \therefore\ \theta_p=45°(-315°)$$

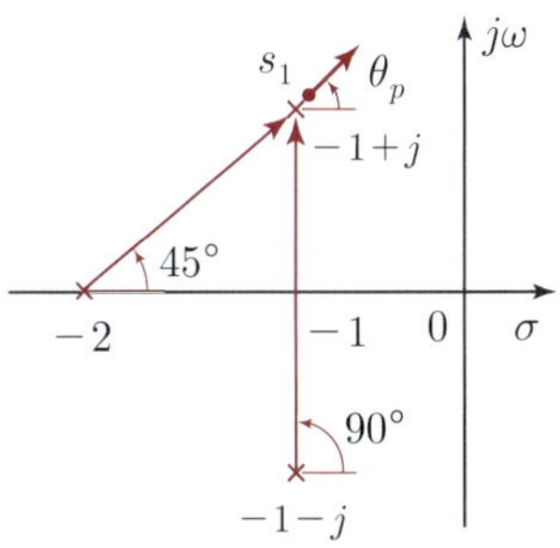

그림 8.9 ▸ 복소극점의 출발각

예제 8.7

개루프 전달함수 $G(s)H(s)=\dfrac{K(s+4)}{s(s+2)}$ 일 때 근궤적의 분리점(이탈점)을 구하라.

풀이 실축상에서 근궤적의 존재 구간은 두 극점 사이 구간 $-2 \le s \le 0$, 두 영점 사이 구간 $-\infty < s \le -4$이므로 두 구간의 모두에서 분리점 두 개가 존재한다.

(1) 제어계의 특성 방정식은 $1+G(s)H(s)=0$에 의해 다음과 같다.

$$1+\frac{K(s+4)}{s(s+2)}=0, \qquad \therefore\ s(s+2)+K(s+4)=0$$

(2) K에 관해 정리하고 분리점의 조건$\left(\dfrac{dK}{ds}=0\right)$을 적용하면 다음과 같다.

$$K=-\frac{s(s+2)}{s+4}, \qquad \frac{dK}{ds}=\frac{d}{ds}\left\{-\frac{s(s+2)}{s+4}\right\}=-\frac{s^2+8s+8}{(s+4)^2}=0$$

$s^2+8s+8=0$에서 두 근 $s_1=-1.17$, $s_2=-6.83$

(3) 실축상의 분리점은 -1.17, -6.83이 된다.(실축상 근궤적 존재 구간 만족)

8.4 근궤적의 작성 예

제 8.3 절의 근궤적의 작성에서 배운 근궤적의 여러 가지 성질을 이용하여 다음과 같이 개루프 전달함수가 주어진 예를 통하여 개략적인 근궤적을 구해본다.

예 1

$$G(s)H(s) = \frac{K}{s(s+2)(s+4)} \tag{8.32}$$

(1) 개루프 전달함수 $G(s)H(s)$의 극점($K=0$)은 0, -2, -4이고, 영점($K=\infty$)은 존재하지 않으며, **그림 8.10**과 같이 s 평면상에 극점을 그린다.

(2) 근궤적의 가지수는 극점과 영점 중에서 수가 많은 극점(n)과 일치하므로 3 개이다.

(3) 실축상의 $s \le -4$, $-2 \le s \le 0$의 구간에서 이 점의 오른쪽에 각각 3 개, 1 개의 극이 있으므로 근궤적이 존재한다.

(4) $G(s)H(s)$의 영점은 없으므로 근궤적의 가지수 3개는 모두 무한원점으로 발산하고, 따라서 점근선의 개수도 3 개이다.

(5) 세 개의 점근선이 실축과 이루는 각은 식 (8.23)에 의해

$$\beta = \frac{(2k+1)\pi}{n-m} = \frac{\pm 180°}{3-0} \text{ 와 } \frac{540°}{3-0} \tag{8.33}$$

가 된다. 따라서 실축과 이루는 점근선의 각도는 60°, $-60°$, 180°이다.

(6) 점근선의 실축과의 교점은 식 (8.24)에 의해 다음과 같이 구해진다.

$$\alpha_g = \frac{\text{극점의 총합} - \text{영점의 총합}}{\text{극점의 수} - \text{영점의 수}} = \frac{0-2-4}{3} = -2 \tag{8.34}$$

(7) $-2 \le s \le 0$의 범위에서 근궤적이 존재하고 두 개의 극점 사이 구간이므로 실축상에서 근궤적의 분리점은 존재한다. 식 (8.32)에서 $1+G(s)H(s)=0$에 의해

$$s(s+2)(s+4)+K=0, \qquad K=-s(s+2)(s+4) \tag{8.35}$$

$$\frac{dK}{ds} = \frac{d}{ds}\{-s(s+2)(s+4)\} = -(3s^2+12s+8) = 0 \tag{8.36}$$

이고, 식 (8.36)의 근은 $s_1 = -0.85$, $s_2 = -3.15$가 된다. 두 근에서 근궤적의 분리점은 단계 (3)의 근궤적의 존재 구간에 의해 $s_1 = -0.85$만 만족한다.

(8) 분리점에서의 이득 상수 K는 $s_1 = -0.85$를 식 (8.35)에 대입하여 구한다. 이때 제어계의 특성 방정식의 근(특성근)은 이중근이고 임계 제동의 동작을 한다.

$$K = -s(s+2)(s+4)|_{s=-0.85} = 3.08 \tag{8.37}$$

(9) 근궤적의 허축과의 교점을 구하기 위해 식 (8.35)의 폐루프 제어계의 특성 방정식 $[1+G(s)H(s)=0]$을 먼저 구하고, 이로부터 라우스 표(Routh table)를 작성한다.

$s^3+6s^2+8s+K=0$ (폐루프 전달함수의 특성 방정식)

s^3	1	8
s^2	6	K
s^1	$\dfrac{48-K}{6}$	0
s^0	K	

제 1열 요소의 부호가 변하지 않는 조건(안정 조건)과 안정하기 위한 K의 범위는 $0 < K < 48$이 된다.

$$\frac{48-K}{6} > 0, \quad K > 0 \quad \rightarrow \quad 0 < K < 48 \tag{8.38}$$

근궤적이 허축과 교차할 때의 K의 값은 $(48-K)/6=0$에서 $K=48$이 얻어진다. 이 값에서 제어계는 임계 안정(안정, 불안정의 경계)이고, 그 이상에서 불안정이다.

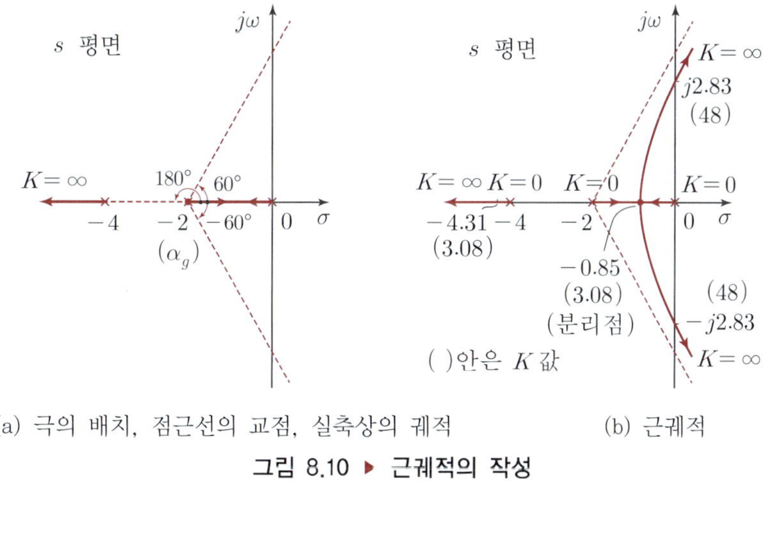

(a) 극의 배치, 점근선의 교점, 실축상의 궤적 (b) 근궤적

그림 8.10 ▸ 근궤적의 작성

근궤적이 허축과 교차하는 점은 라우스 표의 제 2 행에서 보조방정식 $6s^2+48=0$ 의 두 근 $s=\pm j2\sqrt{2}=\pm j2.83$ 이 된다. 따라서 허축($j\omega$)은 $\pm j2.83$ 에서 교차되고, 이때의 근궤적에서 각주파수 ω는 2.83 [rad/s] 이다.

(10) 이 결과들로부터 **그림 8.10**(b)와 같이 근궤적을 작성한다.
근궤적은 제어계의 특성 방정식의 근을 직접 구하지 않고 개루프 전달함수의 극점과 영점으로부터 특성근을 복소 평면($s=\sigma+j\omega$)상에 도식적으로 나타낸 궤적이다. 즉 근궤적은 K를 0 (극점)에서부터 ∞ (영점)까지 증가시키며 특성근의 위치와 과도 응답 관계에 의해 제어계의 속응성과 안정도의 정보를 알 수 있다.

$0\le K<3.08$: 실축상의 세 근(좌반 평면) → 과제동
$K=3.08$: 실축상의 한 근과 분리점의 중근(좌반 평면) → 임계 제동
$3.08<K<48$: 실축상의 한 근과 공액 복소근(좌반 평면) → 부족 제동
$K=48$: 실축상의 한 근과 공액 순허근(좌반 평면과 허축) → 무제동
$K>48$: 우반 평면에 존재하는 근 → 발산(불안정 제어계)

예 2

$$G(s)H(s)=\frac{K(s+1)}{(s+2)(s^2+2s+2)} \tag{8.39}$$

(1) 개루프 전달함수 $G(s)H(s)$의 극점($K=0$)은 -2, $-1+j$, $-1-j$, 영점($K=\infty$)은 -1이다. 극점과 영점을 **그림 8.11**과 같이 s 평면상에 그린다.
(2) 근궤적의 가지수는 극점($n=3$), 영점($m=1$) 중에서 극점의 수가 많으므로 극점 수와 같은 3 개다.
(3) 실축상의 $-2\le s\le -1$의 구간에서 점의 오른쪽에 1 개의 영점이 있으므로 근궤적이 존재하고, 실축상의 근궤적은 극점 -2에서 영점 -1로 향한다.[**그림 8.11**(c)]
(4) $G(s)H(s)$의 극점($n=3$), 영점($m=1$)이고, 점근선의 개수는 $(n-m)$에서 2 개
(5) 두 개의 점근선이 실축과 이루는 각은 식 (8.23)에 의해 다음과 같이 구해진다.

$$\beta=\frac{(2k+1)\pi}{n-m}=\frac{\pm 180°}{3-1}=\pm 90° \tag{8.40}$$

(6) 점근선의 실축과의 교점은 식 (8.24)에 의해 다음과 같이 구해진다.

$$\alpha_g=\frac{\text{극점의 총합}-\text{영점의 총합}}{\text{극점의 수}-\text{영점의 수}}$$

$$= \frac{\{(-2)+(-1+j)+(-1-j)\}-(-1)}{3-1} = -1.5 \qquad (8.41)$$

단계 (5)와 (6)에서 구한 점근선의 각도와 점근선의 교점을 **그림 8.11**(c)에 그린다.

(7) 실축상의 근궤적이 존재하는 구간 $-2 \le s \le -1$은 극점과 영점의 사이 구간이므로 실축상에서 근궤적의 분리점(이탈점)은 없다.[**그림 8.7** 참고]

(8) 근궤적이 복소극점$(-1+j)$에서 출발하는 각도 θ_p는 **그림 8.11**(a)에서 식 (8.11)의 위상 조건에 의해 다음과 같이 계산한다.

영점(-1) : $Arg\{-1+j-(-1)\} = Arg(j) = 90°$
극점$(-1-j)$: $Arg\{-1+j-(-1-j)\} = Arg(j2) = 90°$
극점(-2) : $Arg\{-1+j-(-2)\} = Arg(1+j) = 45°$

$$90° - (\theta_p + 90° + 45°) = 180°$$

$$\therefore\ \theta_p = 90° - 180° - 90° - 45° = -225°(=135°) \qquad (8.42)$$

(9) 근궤적상의 한 점 $s = -1.5$에서 K의 값은 식 (8.13)의 근궤적의 **크기 조건**에 의하여 구할 수 있다. **그림 8.11**(b)로부터

$$\frac{KD}{ABC} = 1\left(A = B = \frac{\sqrt{5}}{2},\ C = D = \frac{1}{2}\right)\ \therefore\ K = \frac{ABC}{D} = 1.25 \qquad (8.43)$$

가 구해진다. 또 $K = 1.25$ 일 때 나머지 다른 두 근을 구하기 위하여 식 (8.39)에서

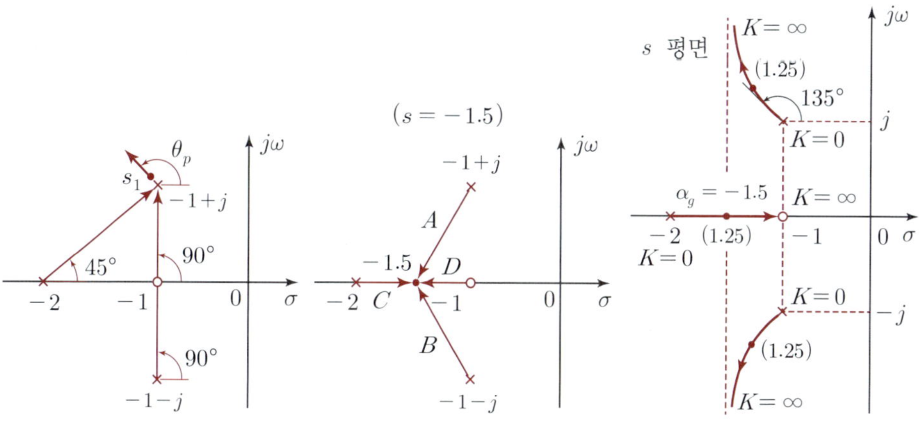

(a) 복소극점의 출발각 (b) K의 값을 구하는 방법 (c) 근궤적

그림 8.11 ▶ 근궤적의 작성

$1+G(s)H(s)=0$의 관계로부터 다음과 같이 식 (8.44)의 특성 방정식을 구한다. 이 식은 특성근이 $s=-1.5$이므로 $(s+1.5)$의 인수를 포함하고 있다. 따라서 특성 방정식을 조립제법에 의해 정리하면

$$s^3+4s^2+7.25s+5.25=0, \quad (s+1.5)(s^2+2.5s+3.5)=0 \tag{8.44}$$

이 된다. 식 (8.44)의 특성 방정식에서 인수인 이차 방정식 $s^2+2.5s+3.5=0$으로부터 다른 두 근도 간단히 $s \fallingdotseq -1.25 \pm j1.39$가 구해진다.

8.5 극점과 영점의 추가에 따른 근궤적의 변화

복잡한 제어계에 대해 근궤적의 여러 가지 성질을 이용하여 신속히 근궤적을 작성하는 것은 계통의 특성에 관한 중요한 정보를 얻을 수 있다. 개루프 전달함수 $G(s)H(s)$의 극점과 영점이 추가될 때 근궤적에 미치는 영향도 중요하므로 극점 및 영점의 추가에 따른 근궤적의 변화를 알아보기로 한다.

극점이 $s=0$, $s=-a$를 가진 개루프 전달함수 $G(s)H(s)$가 다음과 같이 주어진 경우를 생각한다.

$$G(s)H(s)=\frac{K}{s(s+a)} \quad (a>0) \tag{8.45}$$

$G(s)H(s)$의 근궤적은 점근선 2개(점근선 각도 $\pm 90°$)이므로 두 개의 극점($K=0$)에서 실축과 수직 방향의 무한원점($K=\infty$)으로 향하는 **그림 8.12**(a) 또는 **그림 8.13**(a)와 같이 그려진다.

(1) 극점의 추가

식 (8.45)의 $G(s)H(s)$에 한 개의 극점 $s=-b\,(b>a)$를 추가하면 $G(s)H(s)$는 다음의 식 (8.46)과 같이 된다.

$$G(s)H(s)=\frac{K}{s(s+a)(s+b)} \quad (b>a) \tag{8.46}$$

① 점근선은 2개에서 3개로 증가하므로 점근선의 실축과의 교점은 왼쪽으로 이동하고 점근선 각도는 $\pm 90°$에서 $\pm 60°(180°)$로 감소한다. 근궤적이 존재하는 실축상의 구간$(-a \le s \le 0)$의 양 끝에 두 개의 극점이 있으므로 분리점이 존재하며, 실축상에서 오른쪽으로 약간 이동한다.[**그림 8.12**(b)]

② 근궤적은 두 극점에서 각각 출발하여 실축의 분리점에서 이탈하여 두 점근선을 따라 무한원점으로 수렴한다. 즉, s 평면의 우반 평면으로 구부러져 들어가는 것을 보여주고 있기 때문에 이득 상수 K가 임계값보다 크면 불안정하게 됨을 알 수 있다.

식 (8.45)의 $G(s)H(s)$에 두 개의 극점 $s=-b(b>a)$, $s=-c\,(c>b>a)$를 추가하면 $G(s)H(s)$는 다음의 식 (8.47)과 같이 된다.

$$G(s)H(s)=\frac{K}{s(s+a)(s+b)(s+c)} \quad (c>b>a) \tag{8.47}$$

① 점근선은 2개, 3개에서 4개로 증가하므로 점근선의 실축과의 교점은 약간 더 왼쪽으로 이동하고 점근선 각도는 $\pm 90°$, $\pm 60°$에서 $\pm 45°$로 감소한다. 근궤적이 존재하는 실축상의 구간$(-a \le s \le 0)$, $(-c \le s \le -b)$의 양 끝에 두 개의 극점이 있으므로 분리점이 모두 존재한다.

② 근궤적은 두 극점에서 각각 출발하여 실축의 분리점에서 이탈하여 4개의 점근선을 따라 무한원점으로 수렴한다. 즉, s 평면의 우반 평면으로 더욱 구부러져 들어가는 것을 보여주고 있기 때문에 제어계의 안정도는 더욱 민감해진다.[**그림 8.12**(c)]

개루프 전달함수 $G(s)H(s)$에 **극점을 추가**하면 근궤적은 s 평면의 우반 평면 쪽으로 구부러지고, 제어계의 **상대 안정도가 민감해지는 효과**가 있다는 알 수 있다.

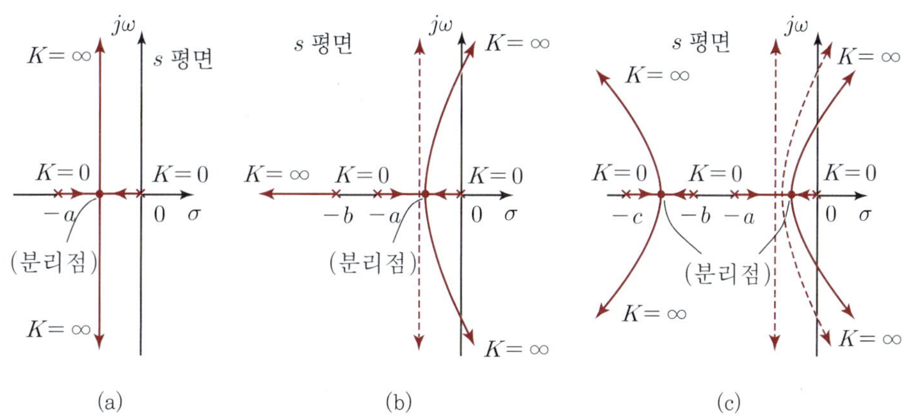

그림 8.12 ▶ $G(s)H(s)$의 극점 추가에 따른 영향

(2) 영점의 추가

식 (8.45)의 $G(s)H(s)$에 한 개의 영점 $s=-b\,(b>a)$를 추가하면 $G(s)H(s)$는 다음의 식 (8.48)과 같이 된다.

$$G(s)H(s)=\frac{K(s+b)}{s(s+a)}\quad(b>a) \tag{8.48}$$

① 근궤적이 존재하는 실축상의 구간$(-a\le s\le 0)$와 $(-\infty<s\le -b)$의 양 끝에 두 개의 극점$(0,\ -a)$과 두 개의 영점$(-b,\ -\infty)$이 각각 있으므로 분리점이 모두 존재한다.

② 근궤적은 두 극점에서 각각 출발하여 실축의 분리점에서 이탈하여 복소 영역으로 향한다. 또 복소 영역의 근궤적은 다시 실축상의 다른 분리점에서 합류하다가 실축상의 두 영점으로 이탈하여 향하게 된다. 즉 근궤적은 극점 사이의 분리점에서 이탈되어 나와서 영점 사이의 분리점으로 향하게 되어 원을 형성한다.[**그림 8.13**(b)]

③ 실수 영점 대신에 공액 복소영점을 추가하면 근궤적이 실축상에 존재하면서 구간 양단에 두 개의 극점이 있는 구간은 $-a\le s\le 0$이므로 실축상의 분리점은 1개 존재한다. 즉 s 평면의 공액 복소영점에서 출발하여 분리점에서 이탈하여 실축의 두 극점으로 향하게 된다. 근궤적의 형태는 실축에 영점을 추가한 것과 유사한 궤적을 나타낸다.[**그림 8.13**(c)]

개루프 전달함수 $G(s)H(s)$에 **영점을 추가**하면 근궤적은 s 평면의 좌반 평면 쪽으로 구부러지고, 제어계의 **상대 안정도가 향상되는 효과**가 있다는 것을 알 수 있다.

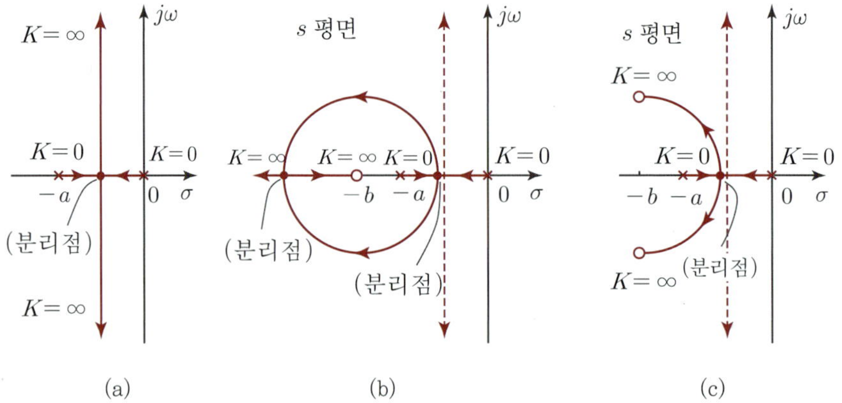

그림 8.13 ▸ $G(s)H(s)$의 영점 추가에 따른 영향

참고 $G(s)H(s)$의 여러 가지 형식에 대한 근궤적

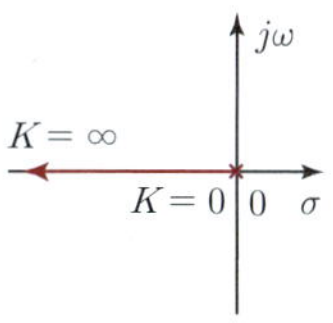

$G(s)H(s)=\dfrac{K}{s}$	
점근선	1개(180°)

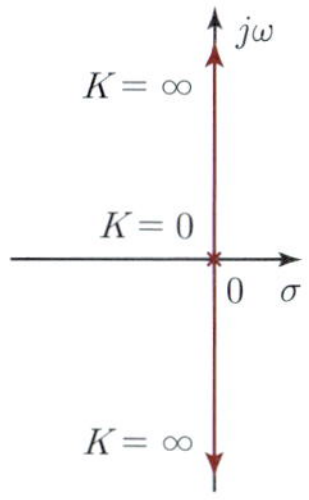

$G(s)H(s)=\dfrac{K}{s^2}$	
점근선	2개(±90°)
점근선 교점	$\alpha_g = 0$

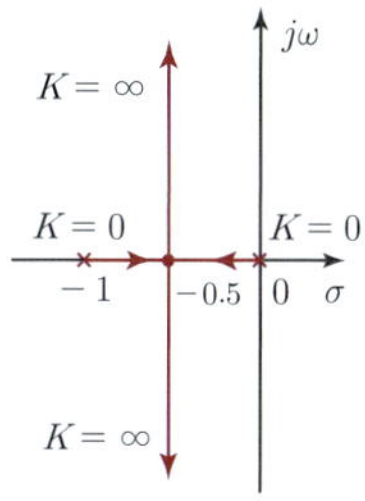

$G(s)H(s)=\dfrac{K}{s(s+1)}$	
점근선	2개(±90°)
점근선 교점	$\alpha_g = -0.5$

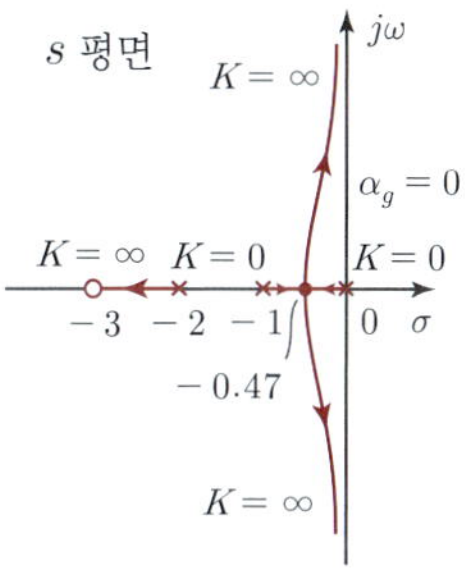

$G(s)H(s)=\dfrac{K(s+3)}{s(s+1)(s+2)}$	
점근선	2개(±90°)
	교점 $\alpha_g = 0$
분리점	$s=-0.47$ (-1.65, -3.88 제외)

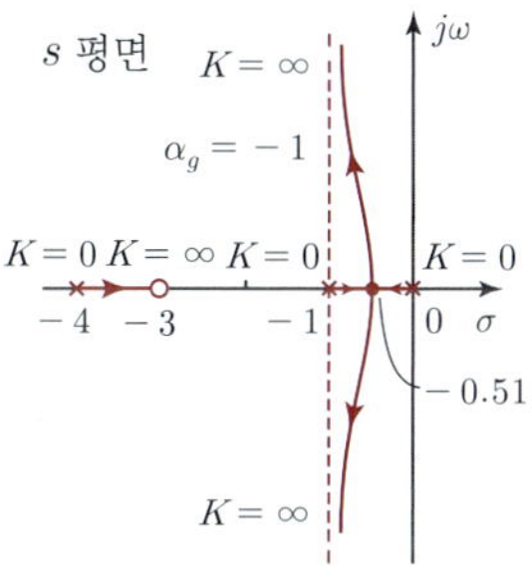

$G(s)H(s)=\dfrac{K(s+3)}{s(s+1)(s+4)}$	
점근선	2개(±90°)
	교점 $\alpha_g = -1$
분리점	$s=-0.51$ ($13.24 \pm j1.07$ 제외)

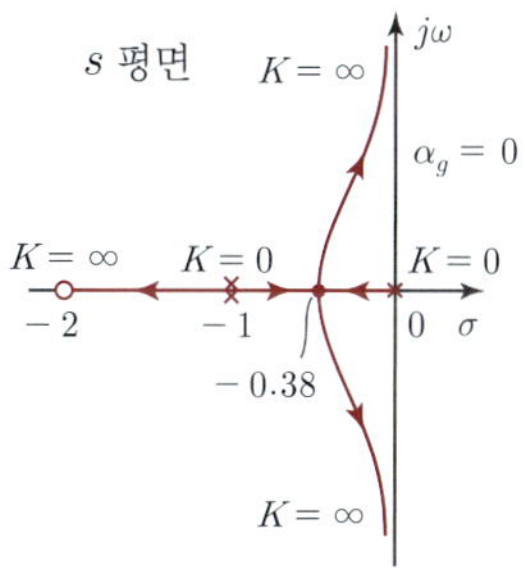

$G(s)H(s)=\dfrac{K(s+2)}{s(s+1)^2}$	
점근선	2개(±90°)
	교점 $\alpha_g = 0$
분리점	$s=-0.38$, -1 (-2.62 제외)

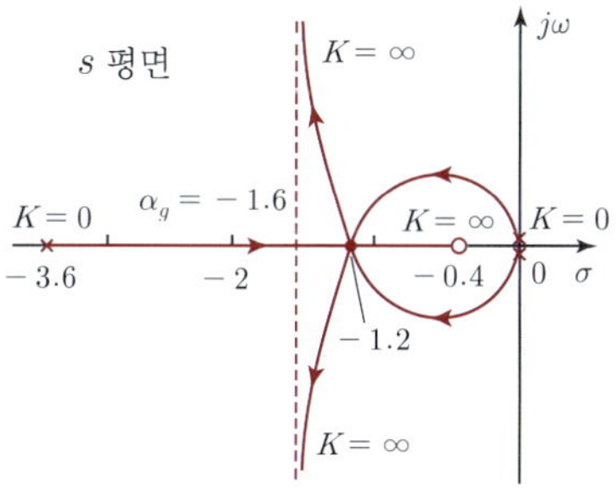

$G(s)H(s)=\dfrac{K(s+0.4)}{s^2(s+3.6)}$	
점근선	2개(±90°)
	교점 $\alpha_g = -1.6$
분리점	$s=0$, -1.2

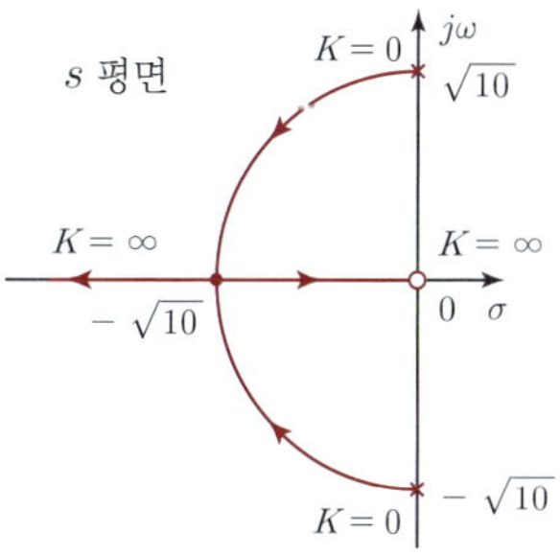

$G(s)H(s)=\dfrac{Ks}{s^2+10}$	
점근선	1개(180°)
분리점	$s=-\sqrt{10}$ ($s=\sqrt{10}$ 제외)

연습문제

01 시간 영역에서 제어계를 해석, 설계하는 데 유용한 방법은?

① 나이퀴스트 판정법　　② 니콜스 선도법
③ 보드 선도법　　④ 근궤적법

힌트 제 8.1 절 참고

02 근궤적에 대한 설명 중 옳은 것은?

① 점근선은 허수축에서만 교차한다.
② 근궤적이 허수축을 끊는 K의 값은 일정하다.
③ 근궤적은 절대 안정도 및 상대 안정도와 관계가 없다.
④ 근궤적의 개수는 극점의 수와 영점의 수 중에서 큰 것과 일치한다.

힌트 점근선은 실수축에서 교차한다.

03 이득이 K인 시스템의 근궤적을 그리고자 한다. 다음 중 잘못 된 것은?

① 근궤적의 가지수는 극의 수와 같다.
② 근궤적은 $K=0$일 때 극에서 출발하고 $K=\infty$일 때 영점에 도착한다.
③ 실수축에서 이득 K가 최대가 되게 하는 점이 이탈점이 될 수 있다.
④ 근궤적은 실수축에 대칭이다.

힌트 근궤적의 가지수는 극점의 수와 영점의 수 중에서 큰 수와 일치하고 특성 방정식의 차수와 같은 것으로 정의한다. 그러나 제어계는 극점이 영점보다 많으므로 근궤적의 개수는 일반적으로 극점의 수와 같다.

04 개루프 전달함수 $G(s)=\dfrac{(s+2)}{(s+1)(s+3)}$인 단위 부궤환 제어계의 특성 방정식은?

① $s^2+3s+2=0$　　② $s^2+4s+3=0$
③ $s^2+4s+6=0$　　④ $s^2+5s+5=0$

05 근궤적이란 s 평면에서 개루프 전달함수의 절대값이 어떤 점들의 집합인가?

① 0 ② -1 ③ ∞ ④ 1

힌트 특성 방정식 $1+G(s)H(s)=0$, 개루프 전달함수 $G(s)H(s)=-1$ $\therefore |G(s)H(s)|=1$

06 $G(s)H(s)=\dfrac{K(s+1)}{s^2(s+2)(s+3)}$에서 근궤적의 수는?

① 1 ② 2 ③ 3 ④ 4

힌트 근궤적의 수는 극점(4개)과 영점(1개)중 큰 것과 일치하는 것으로 정의하므로 극점의 수와 일치한다.

07 개루프 전달함수 $G(s)H(s)$가 다음과 같은 계의 실축상의 근궤적은 어느 범위인가?

$$G(s)H(s)=\frac{K}{s(s+4)(s+5)}$$

① 0과 -4 사이의 실축상 ② -4와 -5 사이의 실축상
③ -5와 -8 사이의 실축상 ④ 0과 -4, -5와 $-\infty$ 사이의 실축상

힌트 **그림 8.4** 참고

08 특성 방정식 $s(s+4)(s^2+3s+3)+K(s+2)=0$의 근궤적의 점근선이 실축과 이루는 각은 각각 몇 도인가?

① 0°, 120°, 240° ② 45°, 135°, 225°
③ 60°, 180°, 300° ④ 90°, 180°, 270°

힌트 극점의 수($n=4$), 영점의 수($m=1$), 점근선의 수($n-m=3$)

$$\beta=\frac{\pm 180°}{n-m},\ \frac{+540°}{n-m} \qquad \beta=\frac{\pm 180°}{3}=\pm 60°\,(-60°=300°),\ \frac{540°}{3}=180°$$

09 개루프 전달함수 $G(s)H(s)=\dfrac{K(s-4)}{s(s-1)^2(s+2)^2}$에서 점근선의 실축과의 교차점은?

① $-\dfrac{3}{2}$ ② $-\dfrac{5}{3}$ ③ $-\dfrac{7}{4}$ ④ $-\dfrac{1}{5}$

힌트 $\alpha_g=\dfrac{\text{극점의 총합}-\text{영점의 총합}}{\text{극점의 수}-\text{영점의 수}}=\dfrac{(0+1+1-2-2)-(4)}{5-1}=-\dfrac{6}{4}$

10 개루프 전달함수가 다음과 같은 계의 이탈점(분리점)은?

$$G(s)H(s) = \frac{K(s+4)}{s(s+2)} \ (K \geq 0)$$

① $s = -1.172$　　② $s = -6.828$

③ $s = -1.172,\ -6.828$　　④ $s = 0,\ -2$

힌트 근궤적의 실축상에서 분리점(이탈점)의 조건 : $\frac{dK}{ds} = 0$(필요 조건)

11 $G(s)H(s) = \frac{K}{s(s+2)}$에서 $K=1$이면?

① 무제동인 경우이다.　　② 부족 제동인 경우이다.

③ 임계 제동인 경우이다.　　④ 과제동인 경우이다.

힌트 특성 방정식 $s(s+2)+K=0$에서 $s(s+2)+1=s^2+2s+1=(s+1)^2=0$, 특성근은 $s=-1$의 중근이므로 제어계는 임계 제동으로 동작

12 근궤적이 s 평면의 허축과 교차할 때 폐루프의 제어계는?

① 안정하다.　　② 불안정하다.

③ 임계 상태이다.　　④ 알 수 없다.

13 개루프 전달함수 $G(s)H(s) = \frac{K}{s(s+4)(s+5)}$의 근궤적이 허축($j\omega$)과의 교점은?

① $\omega = 4.48$ [rad/s]　　② $\omega = -4.48$ [rad/s]

③ $\omega = 4.48,\ -4.48$ [rad/s]　　④ $\omega = 2.28$ [rad/s]

힌트 (1) 개루프 전달함수 $G(s)H(s)$로부터 특성 방정식$[1+G(s)H(s)=0]$을 구한다.

$s^3+9s^2+20s+K=0$

(2) 라우스-후르비츠의 안정도 판정법에 의해 라우스 표에서 제1 열 요소에서 K를 포함한 요소를 0으로 놓고 K를 구한다.(허축과의 교점은 안정과 불안정의 경계인 안정의 한계를 의미하는 임계 안정임)

(3) 보조 방정식에 K를 대입하여 구한 근이 허축과의 교점 $\pm j\omega$의 두 점이 된다.

Chapter 9

상태 방정식과 디지털 제어계

9.1 상태 방정식

선형 제어 계통에 관한 궤환(feedback) 제어 이론은 블록 선도 또는 신호 흐름 선도 등을 이용한 전달함수에 의해 계통의 전달 과정은 생략한 채 단순히 입력과 출력의 관계로부터 계통의 동작 특성을 파악하였고 매우 유용하였다. 그러나 이 방법들은 초기 조건이나 중간의 매개 변수들은 무시하였기 때문에 변수가 시간에 따라 변하는 시변 시스템이나 비선형 시스템에서는 적용할 수 없는 단점이 있다.

현대의 복잡한 제어 시스템은 변수가 시간에 따라 변하고, 여러 개의 입력과 출력으로 구성되어 있는 등 다양하다. 이러한 시스템을 해석하기 위해 벡터를 기초로 하는 상태 방정식을 이용하면 수학적으로 표현이 간결하고 내부 상태도 알 수 있을 뿐만 아니라 제어계의 안정도 및 안정 조건 등의 특성도 파악할 수 있다.

본 장에서는 상태 변수와 상태 방정식, 그리고 상태 방정식의 해를 구하는 기본적인 방법을 설명하기로 한다.

9.1.1 상태 변수와 상태 방정식

어떤 시점 t_1에서 출력 $y(t_1)$이 동일한 시점의 입력 $u(t_1)$만으로 결정되는 시스템을 **정적 시스템**(static system)이라 한다.

이에 대하여 출력 $y(t_1)$이 동일한 시점의 입력 $u(t_1)$뿐만 아니라 시스템의 상태(과거의 입・출력 등) $u(t\ ;\ t \le t_1)$에 의해서도 영향을 받는 시스템을 **동적 시스템**(dynamic system)이라 한다. 따라서 동적 시스템은 입력과 출력이 함수 관계로 표현되는 정적 시스템과 과거의 상태를 기억하는 요소로 구성된다. 기억 요소의 수학 모델은 일반적으로 연속계에서 적분기를 생각할 수 있다. 이의 관계로부터 동적 시스템은 **그림 9.1**과 같이 적분기와 정적 요소의 조합이라고 생각할 수 있다.

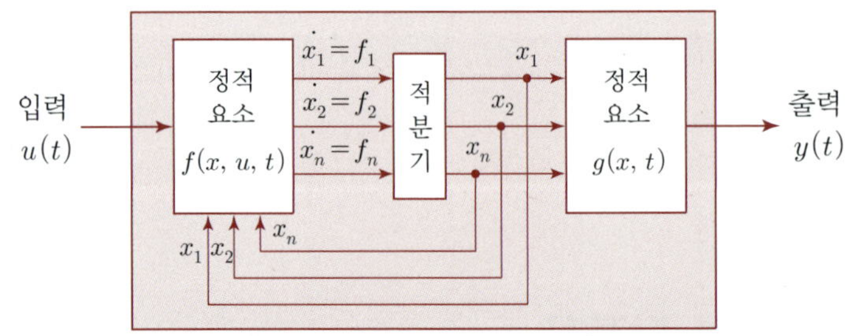

그림 9.1 ▸ 동적 시스템의 내부 구성

동적 시스템의 기억 상태는 각 적분기의 출력 신호를 관측하여 결정할 수 있기 때문에 적분기의 출력 신호는 시스템의 내부 상태를 규정할 변수라고 생각할 수 있다. 이것을 동적 시스템의 **상태 변수**(state variable)라고 한다.

상태 변수는 입력 변수와 출력 변수를 매개하는 내부 변수이고, 어느 순간에서나 시스템 내부의 동적 상태를 결정하는 변수이다. 또 상태 변수는 적분기의 개수와 같은 수의 변수를 가진다.

n차 미분 방정식에서 **상태 변수**는 **n개의 변수 x_1, x_2, $\cdots$, x_n의 집합**을 가진다. 또 고차의 **n차 미분 방정식**은 n개의 **1차 미분 방정식**으로 분해하여 표현할 수 있다. 이와 같은 **n개의 연립 1차 미분 방정식**을 **상태 방정식**(state equation)이라고 한다. 상태 방정식은 상태 변수를 변수로 하는 함수이다.

고차 미분 방정식을 연립 1차 미분 방정식의 상태 방정식으로 표현하면 수식이 간결하고 계산이 간단하므로 제어 시스템의 해석에 널리 사용되는 방법이다.

일반적인 선형 시불변 시스템에서 표시되는 다음의 n차 미분 방정식에서 상태 변수와 상태 방정식을 결정하는 방법에 대해 알아보기로 한다.

$$\frac{d^n y(t)}{dt^n} + a_{n-1}\frac{d^{n-1}y(t)}{dt^{n-1}} + \cdots + a_2\frac{d^2y(t)}{dt^2} + a_1\frac{dy(t)}{dt} + a_0y(t) = u(t) \quad (9.1)$$

여기서 입력은 $u(t)$, 출력은 $y(t)$이고, 계수 a_0, a_1, a_2, $\cdots$, a_{n-1}은 상수인 선형 상미분 방정식이다.

상태 변수는 식 (9.1)에서 출력 $y(t)$와 $(n-1)$개 도함수, 즉 n개의 집합을 선정한다. 따라서 상태 변수 $x_i(t)(i=1,\ 2,\cdots,\ n)$는 각각

$$
\begin{aligned}
x_1(t) &= y(t) \\
x_2(t) &= \frac{d}{dt}y(t) \\
x_3(t) &= \frac{d^2}{dt^2}y(t) \\
&\cdots\cdots\cdots\cdots \\
x_n(t) &= \frac{d^{n-1}}{dt^{n-1}}y(t)
\end{aligned}
\tag{9.2}
$$

이다. 식 (9.2)에서 양변을 미분하면

$$
\begin{aligned}
\frac{d}{dt}x_1(t) &= \frac{d}{dt}y(t) \\
\frac{d}{dt}x_2(t) &= \frac{d^2}{dt^2}y(t) \\
\frac{d}{dt}x_3(t) &= \frac{d^3}{dt^3}y(t) \\
&\cdots\cdots\cdots\cdots \\
\frac{d}{dt}x_n(t) &= \frac{d^n}{dt^n}y(t)
\end{aligned}
\tag{9.3}
$$

이다. 1계 도함수로 정의되는 $\dot{x}_i(t)=dx_i(t)/dt$와 식 (9.2)의 상태 변수 $x_i(t)$를 식 (9.3)에 대입하면 다음과 같이 n개의 연립 1차 미분 방정식으로 분해하여 표현할 수 있다.

$$
\begin{aligned}
\dot{x}_1(t)&\left(=\frac{d}{dt}x_1(t)\right)=x_2(t) \\
\dot{x}_2(t)&\left(=\frac{d}{dt}x_2(t)\right)=x_3(t) \\
&\cdots\cdots\cdots\cdots \\
\dot{x}_{n-1}(t)&\left(=\frac{d}{dt}x_{n-1}(t)\right)=x_n(t)
\end{aligned}
\tag{9.4}
$$

$$\dot{x}_n(t)\left(=\frac{d^n}{dt^n}y(t)\right)=-a_0x_1(t)-a_1x_2(t)-\cdots-a_{n-1}x_n(t)+u(t)$$

식 (9.4)에서 $\dot{x}_n(t)$는 식 (9.1)에서 최고계 도함수 $\frac{d^n}{dt^n}y(t)$만을 남기고 나머지 항을 우변으로 이항하여 식 (9.2)의 상태 변수를 대입하여 얻은 것이다.

식 (9.4)와 같이 n개의 연립 1차 미분 방정식을 **상태 방정식**이라 하고, 1계 도함수 $\dot{x}_i(t)$에 대해 상태 변수 $x_i(t)$의 함수로 표현한 것이다. 이와 같이 상태 방정식은 식 (9.1)의 고차 미분 방정식을 식 (9.4)와 같이 연립 1차 미분 방정식으로 표시할 수 있다.

상태 변수의 초기값, 즉 미분 방정식의 초기값은 $t \geq t_0$에서

$$x_1(t_0),\ x_2(t_0),\ \cdots,\ x_n(t_0) \tag{9.5}$$

으로 정의하고, 또 초기값과 출력은 $t \geq t_0$에서의 입력에 의해 결정된다.

상태 변수는 시각 t_0에서의 초기값을 알고 그 이후에 가해지는 입력에 대한 정보가 임의의 시각 $t \geq t_0$에서의 시스템의 상태를 결정하기에 충분한 변수 $x_1(t)$, $x_2(t)$, $\cdots$, $x_n(t)$의 최소 집합으로 정의된다.

9.1.2 상태 방정식의 벡터 행렬

식 (9.1)과 같은 고차 미분 방정식을 식 (9.4)의 상태 방정식, 즉 n개 연립 1차 스칼라 미분 방정식으로 표현하는 방법에 대해 학습하였다. 이제 상태 방정식을 벡터 행렬로 표현하는 방법에 대해 설명한다.

시스템을 벡터 행렬로 표현하면 수학적으로 간결할 뿐만 아니라 상태 변수나 입력과 출력의 수가 증가하더라도 방정식은 증가하지 않는 장점이 있다.

그림 9.1과 같은 n차 동적 시스템에서 상태 변수 $x_i\,(i=1,\ 2,\cdots,\ n)$를 이용하여 n개의 연립 1차 미분 방정식으로 나타낸 식 (9.6)의 상태 방정식과 식 (9.7)의 출력 방정식은 각각 다음과 같이 수학적으로 간단히 표현된다.

$$\dot{x}_i=\frac{dx_i}{dt}=f_i(x_1,\ x_2,\cdots,\ x_n,\ u,\ t) \tag{9.6}$$

$$y=g(x_1,\ x_2,\cdots,\ x_n,\ t) \tag{9.7}$$

여기서 $i=1,\ 2,\cdots,\ n$이고, u는 1개의 입력 변수, y는 1개의 출력 변수이다. 또 f_i와 g는 상태 변수 $x_1,\ x_2,\ \cdots,\ x_n$과 입력 변수 u의 함수이므로 정적 요소이다.

또 $x_i,\ f_i,\ \dot{x}$를 벡터 행렬의 형태로 표현하면 열행렬, 즉 $(n\times1)$ 행렬

$$\boldsymbol{x}=\begin{bmatrix}x_1\\x_2\\\cdots\\x_n\end{bmatrix},\qquad \boldsymbol{f}=\begin{bmatrix}f_1\\f_2\\\cdots\\f_n\end{bmatrix},\qquad \dot{\boldsymbol{x}}=\begin{bmatrix}\dot{x}_1\\\dot{x}_2\\\cdots\\\dot{x}_n\end{bmatrix} \tag{9.8}$$

으로 각각 나타낼 수 있다. 식 (9.8)을 이용하여 식 (9.6)과 식 (9.7)의 상태 방정식과 출력 방정식을 벡터 행렬 형태로 표현하면 다음과 같다.

$$\dot{\boldsymbol{x}}=\boldsymbol{f}(\boldsymbol{x},\ u,\ t) \tag{9.9}$$

$$y=g(\boldsymbol{x},\ t) \tag{9.10}$$

선형 시불변 시스템에서 상태 변수와 입력 변수는 1차 결합으로 표현할 수 있고 계수는 상수인 선형 상계수 미분 방정식이기 때문에 식 (9.9)와 식 (9.10)의 **상태 방정식**과 **출력 방정식**은 다음과 같이 정의한다. 이 두 방정식을 **동적 방정식**이라고 한다.

상태 방정식 : $\dot{\boldsymbol{x}}=\dfrac{d\boldsymbol{x}}{dt}=\boldsymbol{A}\boldsymbol{x}+\boldsymbol{B}u$ (9.11)

출력 방정식 : $y=\boldsymbol{C}\boldsymbol{x}$ (9.12)

단, 상태 변수 $\boldsymbol{x}$, 입력 변수 u, 출력 변수 y를 각각 n차, 1차, 1차라고 하면, 계수 행렬 $\boldsymbol{A}$는 $(n\times n)$ 시스템 행렬, $\boldsymbol{B}$는 $(n\times1)$ 제어 행렬, $\boldsymbol{C}$는 $(1\times n)$ 출력 행렬이다.

상태 방정식과 상태 변수의 관계는 $\dot{x}_i=x_{i+1}$이고, 식 (9.4)에 의해 스칼라 상태 방정식을 다시 쓰면

$$\begin{aligned}
\dot{x}_1(t)&=x_2(t)\\
\dot{x}_2(t)&=x_3(t)\\
&\cdots\cdots\cdots\cdots\\
\dot{x}_{n-1}(t)&=x_n(t)\\
\dot{x}_n(t)&=-a_0x_1(t)-a_1x_2(t)-\cdots-a_{n-1}x_n(t)+u(t)
\end{aligned} \tag{9.13}$$

이다. 식 (9.13)의 연립 1차 미분 방정식 형태의 **상태 방정식**을 또 다른 형태의 벡터 행렬로 나타내면 식 (9.14)와 같다. 또 출력 y와 상태 변수 x_1의 관계를 나타낸 식 (9.2)의 $y(t)=x_1(t)$로부터 **출력 방정식**은 벡터 행렬의 형태로 나타내면 식 (9.14)와 같다.

$$\dot{\boldsymbol{x}}=\begin{bmatrix}\dot{x}_1\\\dot{x}_2\\\dot{x}_3\\\cdots\\\dot{x}_{n-1}\\\dot{x}_n\end{bmatrix}=\begin{bmatrix}0&1&0&0&\cdots&0\\0&0&1&0&\cdots&0\\0&0&0&1&\cdots&0\\\cdots&\cdots&\cdots&\cdots&\cdots&\cdots\\0&1&0&0&\cdots&1\\-a_0&-a_1&-a_3&-a_4&\cdots&-a_{n-1}\end{bmatrix}\begin{bmatrix}x_1\\x_2\\x_3\\\cdots\\x_{n-1}\\x_n\end{bmatrix}+\begin{bmatrix}0\\0\\0\\\cdots\\0\\1\end{bmatrix}u(t)$$

$$y=[\,1\;\;0\;\;0\;\;\cdots\;\;0\;\;0\,]\begin{bmatrix}x_1\\x_2\\x_3\\\cdots\\x_{n-1}\\x_n\end{bmatrix}\tag{9.14}$$

식 (9.14)의 두 동적 방정식으로부터 시스템 행렬 $\boldsymbol{A}$, 제어 행렬 $\boldsymbol{B}$, 출력 행렬 $\boldsymbol{C}$가 다음과 같이 구해진다.

$$\boldsymbol{A}=\begin{bmatrix}0&1&0&0&\cdots&0\\0&0&1&0&\cdots&0\\0&0&0&1&\cdots&0\\\cdots&\cdots&\cdots&\cdots&\cdots&\cdots\\0&1&0&0&\cdots&1\\-a_0&-a_1&-a_3&-a_4&\cdots&-a_{n-1}\end{bmatrix}\qquad\boldsymbol{B}=\begin{bmatrix}0\\0\\0\\\cdots\\0\\1\end{bmatrix}$$

$$\boldsymbol{C}=[\,1\;\;0\;\;0\;\;\cdots\;\;0\;\;0\,]\tag{9.15}$$

이와 같이 동적 시스템에서 **상태 방정식**은 식 (9.13)의 **연립 1차 미분 방정식의 형태**와 식 (9.14)의 **벡터 행렬 형태**의 두 가지로 표현할 수 있다.

연립 방정식의 행렬과 행렬식의 변환은 부록을 참고하고, 상세한 내용은 다음의 참고문헌을 참고하기 바란다.

[임헌찬 저, ≪대학 공업수학≫, pp. 143~146, 동일출판사]

예제 9.1

제어 시스템의 미분 방정식이 다음과 같을 때 동적 방정식을 구하라.

$$\frac{d^3y(t)}{dt^3}+2\frac{d^2y(t)}{dt^2}+4\frac{dy(t)}{dt}+6y(t)=5u(t)$$

풀이 (1) 3차 미분 방정식이므로 3개의 상태 변수 $x_1(t)$, $x_2(t)$, $x_3(t)$를 선정한다.

$$x_1(t)=y(t),\quad x_2(t)=\frac{dy(t)}{dt},\quad x_3(t)=\frac{d^2y(t)}{dt^2}$$

(2) 단계 (1)의 상태 변수를 양변 미분하고 $\dot{x}_i=\dfrac{dx_i}{dt}$를 적용한다.

$$\frac{dx_1(t)}{dt}=\frac{dy(t)}{dt}=\dot{x}_1,\quad \frac{dx_2(t)}{dt}=\frac{d^2y(t)}{dt^2}=\dot{x}_2,\quad \frac{dx_3(t)}{dt}=\frac{d^3y(t)}{dt^3}=\dot{x}_3$$

(3) 미분 방정식에서 최고차 항에 대해 나머지 항을 우변으로 이항하여 정리한 후 상태 변수 $x_1(t)$, $x_2(t)$, $x_3(t)$를 대입한다.

$$\frac{d^3y(t)}{dt^3}=-2\frac{d^2y(t)}{dt^2}-4\frac{dy(t)}{dt}-6y(t)+5u(t)$$

$$\therefore\ \dot{x}_3(t)=-6x_1(t)-4x_2(t)-2x_3(t)+5u(t)$$

(4) 상태 방정식과 출력 방정식(두 방정식은 상태 변수 x_i의 함수로 표현)

$$\begin{cases}\dot{x}_1(t)=x_2(t)\\ \dot{x}_2(t)=x_3(t)\\ \dot{x}_3(t)=-6x_1(t)-4x_2(t)-2x_3(t)+5u(t)\end{cases}$$

$$y(t)=x_1(t)$$

(5) 상태 방정식과 출력 방정식(벡터 행렬 표현식) : 단계 (4)의 연립 1차 미분 방정식 $\dot{x}_i(t)$의 함수와 1차 방정식 $y(t)$의 함수로부터 벡터 행렬식으로 변환하여 구한다.

$$\dot{\boldsymbol{x}}(t)=\begin{bmatrix}\dot{x}_1(t)\\ \dot{x}_2(t)\\ \dot{x}_3(t)\end{bmatrix}=\begin{bmatrix}0&1&0\\0&0&1\\-6&-4&-2\end{bmatrix}\begin{bmatrix}x_1(t)\\x_2(t)\\x_3(t)\end{bmatrix}+\begin{bmatrix}0\\0\\5\end{bmatrix}u(t)$$

$$y(t)=\begin{bmatrix}1&0&0\end{bmatrix}\begin{bmatrix}x_1(t)\\x_2(t)\\x_3(t)\end{bmatrix}$$

예제 9.2

제어 시스템의 전달함수가 다음과 같을 때 동적 방정식을 구하라.

$$\frac{C(s)}{R(s)} = \frac{2}{s^2+s+3}$$

풀이 (1) 전달함수로부터 시스템의 미분 방정식을 구한다.

$$(s^2+s+3)C(s) = 2R(s)$$

초기 조건 0으로 놓고, 역 라플라스 변환에 의한 미분 방정식을 구한다.

$$\frac{d^2c(t)}{dt^2} + \frac{dc(t)}{dt} + 3c(t) = 2r(t)$$

(2) 2차 미분 방정식이므로 2개의 상태 변수 $x_1(t)$, $x_2(t)$를 선정한다.

$$x_1(t) = c(t),\quad x_2(t) = \frac{dc(t)}{dt}$$

(3) 단계 (2)의 상태 변수를 양변 미분하고 $\dot{x}_i = \frac{dx_i}{dt}$를 적용한다.

$$\frac{dx_1(t)}{dt} = \frac{dc(t)}{dt} = \dot{x}_1,\quad \frac{dx_2(t)}{dt} = \frac{d^2c(t)}{dt^2} = \dot{x}_2$$

(4) 미분 방정식에서 최고차 항에 대해 나머지 항을 우변으로 이항하여 정리한 후 상태 변수 $x_1(t)$, $x_2(t)$를 대입한다.

$$\frac{d^2c(t)}{dt^2} = -\frac{dc(t)}{dt} - 3c(t) + 2r(t) \quad \therefore\ \dot{x}_2 = -3x_1(t) - x_2(t) + 2r(t)$$

(5) 상태 방정식과 출력 방정식(연립 1차 미분 방정식 : 2개의 상태 방정식)

$$\begin{cases} \dot{x}_1(t) = x_2(t) \\ \dot{x}_2(t) = -3x_1(t) - x_2(t) + 2r(t) \end{cases}$$

$$c(t) = x_1(t)$$

(6) 상태 방정식과 출력 방정식(벡터 행렬 표현식)

$$\dot{\boldsymbol{x}}(t) = \begin{bmatrix} \dot{x}_1(t) \\ \dot{x}_2(t) \end{bmatrix} = \begin{bmatrix} 0 & 1 \\ -3 & -1 \end{bmatrix} \begin{bmatrix} x_1(t) \\ x_2(t) \end{bmatrix} + \begin{bmatrix} 0 \\ 2 \end{bmatrix} r(t)$$

$$c(t) = [1\ \ 0] \begin{bmatrix} x_1(t) \\ x_2(t) \end{bmatrix}$$

예제 9.3

그림 9.2의 RLC 직렬 회로에서 상태 방정식을 구하라.

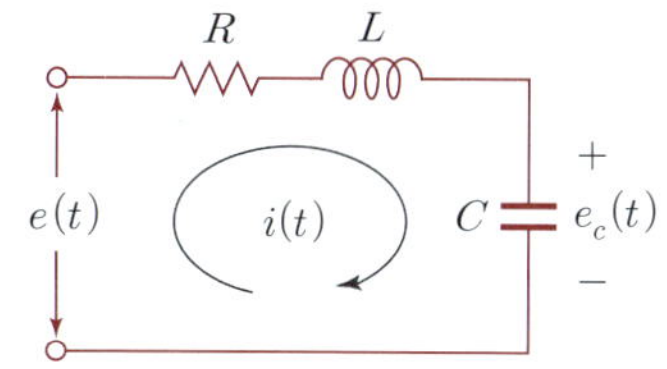

그림 9.2 ▶ RLC 직렬 회로

풀이 일반적으로 **전기회로에서 상태 변수**는 **인덕터에 흐르는 전류**와 **커패시터의 양단에 걸리는 전압**으로 선정한다. 두 소자는 에너지의 저장 요소이기 때문이다.

(1) **그림 9.2**에서 다음의 관계식이 성립한다.

$$L\frac{di(t)}{dt} = -Ri(t) - e_c(t) + e(t), \quad C\frac{de_c(t)}{dt} = i(t)$$

(2) 입력 $e(t)$이고, 상태 변수 $x_1(t)$, $x_2(t)$를 $i(t)$, $e_c(t)$로 선정한다.

$$x_1(t) = i(t), \quad x_2(t) = e_c(t)$$

(3) 단계 (2)의 상태 변수를 각각 양변을 미분하고 $\dot{x}_i = \dfrac{dx_i}{dt}$ 를 적용한다.

$$\frac{dx_1(t)}{dt} = \frac{di(t)}{dt} = \dot{x}_1, \quad \frac{dx_2(t)}{dt} = \frac{de_c(t)}{dt} = \dot{x}_2$$

(4) 단계 (1)의 관계식에서 L과 C로 양변을 나누어 정리한다.

$$\frac{di(t)}{dt} = -\frac{R}{L}i(t) - \frac{1}{L}e_c(t) + \frac{1}{L}e(t), \quad \frac{de_c(t)}{dt} = \frac{1}{C}i(t)$$

(5) 단계 (4)의 관계식에 단계 (2)의 상태 변수 $x_1(t)$, $x_2(t)$를 대입하고, 단계 (3)을 적용하면 다음과 같이 상태 방정식(연립 1차 미분 방정식)이 구해진다.

$$\begin{cases} \dot{x}_1(t) = -\dfrac{R}{L}x_1(t) - \dfrac{1}{L}x_2(t) + \dfrac{1}{L}e(t) \\ \dot{x}_2(t) = \dfrac{1}{C}x_1(t) \end{cases}$$

(6) 상태 방정식(벡터 행렬 표현식)

$$\dot{\boldsymbol{x}}(t) = \begin{bmatrix} \dot{x}_1(t) \\ \dot{x}_2(t) \end{bmatrix} = \begin{bmatrix} -R/L & -1/L \\ 1/C & 0 \end{bmatrix}\begin{bmatrix} x_1(t) \\ x_2(t) \end{bmatrix} + \begin{bmatrix} 1/L \\ 0 \end{bmatrix}e(t)$$

예제 9.4

그림 9.3과 같은 회로에서 상태 변수를 각각 $x_1(t)=e_c(t)$, $x_2(t)=i_1(t)$, $x_3(t)=i_2(t)$로 할 때 벡터 행렬로 나타낸 상태 방정식을 구하라.

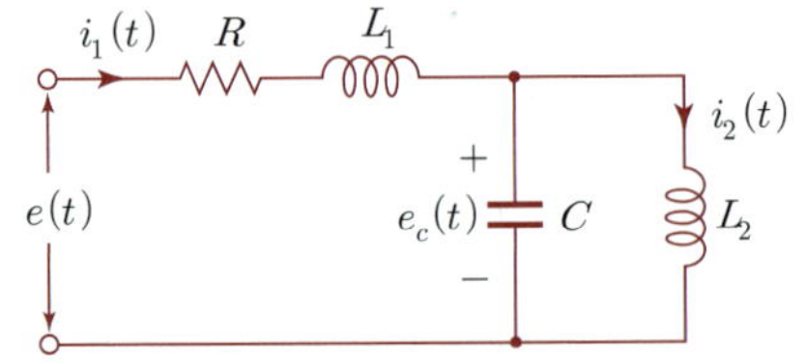

그림 9.3

풀이 (1) **그림 9.3**에서 다음의 관계식이 성립한다.

$$C\frac{de_c(t)}{dt}=i_1(t)-i_2(t),\quad L_1\frac{di_1(t)}{dt}=-Ri_1(t)-e_c(t)+e(t)$$

$$L_2\frac{di_2(t)}{dt}=e_c(t)$$

(2) 주어진 상태 변수를 적용한다.

$$x_1(t)=e_c(t),\ x_2(t)=i_1(t),\ x_3(t)=i_2(t)$$

(3) 단계 (2)의 상태 변수를 각각 양변을 미분하고 $\dot{x}_i=\dfrac{dx_i}{dt}$를 적용한다.

$$\frac{dx_1(t)}{dt}=\frac{de_c(t)}{dt}=\dot{x}_1,\quad \frac{dx_2(t)}{dt}=\frac{di_1(t)}{dt}=\dot{x}_2$$

$$\frac{dx_3(t)}{dt}=\frac{di_2(t)}{dt}=\dot{x}_3$$

(4) 단계 (1)의 관계식에서 L_1, L_2와 C로 양변을 나누어 정리한다.

$$\frac{de_c(t)}{dt}=\frac{1}{C}i_1(t)-\frac{1}{C}i_2(t)$$

$$\frac{di_1(t)}{dt}=-\frac{R}{L_1}i_1(t)-\frac{1}{L_1}e_c(t)+\frac{1}{L_1}e(t)$$

$$\frac{di_2(t)}{dt}=\frac{1}{L_2}e_c(t)$$

(5) 단계 (4)의 관계식에 단계 (2)의 상태 변수 $x_1(t)$, $x_2(t)$, $x_3(t)$를 대입하고, 단계 (3)을 적용하면 다음과 같이 상태 방정식(연립 1차 미분 방정식)이 구해진다.

$$\begin{cases} \dot{x}_1(t) = \dfrac{1}{C}x_2(t) - \dfrac{1}{C}x_3(t) \\ \dot{x}_2(t) = -\dfrac{1}{L_1}x_1(t) - \dfrac{R}{L_1}x_2(t) + \dfrac{1}{L_1}e(t) \\ \dot{x}_3(t) = \dfrac{1}{L_2}x_1(t) \end{cases}$$

(6) 상태 방정식(벡터 행렬 표현식)

$$\dot{\boldsymbol{x}}(t) = \begin{bmatrix} \dot{x}_1(t) \\ \dot{x}_2(t) \\ \dot{x}_3(t) \end{bmatrix} = \begin{bmatrix} 0 & 1/C & -1/C \\ -1/L_1 & -R/L_1 & 0 \\ 1/L_2 & 0 & 0 \end{bmatrix} \begin{bmatrix} x_1(t) \\ x_2(t) \\ x_2(t) \end{bmatrix} + \begin{bmatrix} 0 \\ 1/L_1 \\ 0 \end{bmatrix} e(t)$$

9.1.3 상태 천이 행렬

선형 시불변 시스템의 상태 방정식은 식 (9.11)과 같이 벡터 행렬로 표현되고, 이것을 다시 쓰면

$$\textbf{상태 방정식 :}\ \dot{\boldsymbol{x}}(t) = \frac{d\boldsymbol{x}(t)}{dt} = \boldsymbol{A}\boldsymbol{x}(t) + \boldsymbol{B}u(t) \tag{9.16}$$

이다. 식 (9.16)에서 $\boldsymbol{A}\boldsymbol{x}(t)$는 동차이고, $\boldsymbol{B}u(t)$는 강제함수이다.

식 (9.16)의 상태 방정식에서 입력 $u(t)=0$으로 놓으면 다음과 같은 선형 동차 미분 방정식이 된다. 여기서 동차 미분 방정식의 해를 구해보기로 한다.

$$\textbf{선형 동차 미분 방정식 :}\ \frac{d\boldsymbol{x}(t)}{dt} = \boldsymbol{A}\boldsymbol{x}(t) \tag{9.17}$$

식 (9.17)에서 상태 벡터의 초기 조건 $\boldsymbol{x}(0)$로 놓고 라플라스 변환하면

$$s\boldsymbol{X}(s) - \boldsymbol{x}(0) = \boldsymbol{A}\boldsymbol{X}(s) \ \ \rightarrow \ \ s\boldsymbol{X}(s) - \boldsymbol{A}\boldsymbol{X}(s) = \boldsymbol{x}(0) \tag{9.18}$$

이다. $\boldsymbol{X}(s)$를 공통으로 묶기 위하여 $s\boldsymbol{X}(s)$를 $s\boldsymbol{I}\boldsymbol{X}(s)$로 대치한다. 여기서 $\boldsymbol{I}$는 단위 행렬이다. 단위 행렬은 주 대각원소가 1이고, 나머지 원소가 모두 0인 정사각 행렬이다.

$$(s\boldsymbol{I}-\boldsymbol{A})\boldsymbol{X}(s)=\boldsymbol{x}(0)$$

$$\therefore \quad \boldsymbol{X}(s)=(s\boldsymbol{I}-\boldsymbol{A})^{-1}\boldsymbol{x}(0) \tag{9.19}$$

n차 시스템이면 단위 행렬 $\boldsymbol{I}$와 행렬 $s\boldsymbol{I}-\boldsymbol{A}$는 $n\times n$의 정사각 행렬이고, $(s\boldsymbol{I}-\boldsymbol{A})^{-1}$은 $(s\boldsymbol{I}-\boldsymbol{A})$의 역행렬이다. 행렬식 $\det(s\boldsymbol{I}-\boldsymbol{A})$는 다음의 조건을 만족한다.

$$\det(s\boldsymbol{I}-\boldsymbol{A})=|s\boldsymbol{I}-\boldsymbol{A}|\neq 0 \tag{9.20}$$

식 (9.19)를 역 라플라스 변환하면 식 (9.17)의 **상태 방정식에 대한 해**를 구할 수 있다.

$$\boldsymbol{x}(t)=\mathcal{L}^{-1}[(s\boldsymbol{I}-\boldsymbol{A})^{-1}]\boldsymbol{x}(0) \tag{9.21}$$

$$\text{단, } \boldsymbol{\Phi}(t)=\mathcal{L}^{-1}[(s\boldsymbol{I}-\boldsymbol{A})^{-1}] \tag{9.22}$$

식 (9.21)을 상태 천이 방정식이라 한다. **상태 천이 방정식**은 식 (9.17)의 선형 **동차 상태 방정식에서 구한 해**로써 정의한다. 또 식 (9.22)를 **상태 천이 행렬**(state transition matrix) $\boldsymbol{\Phi}(t)$라 하고, $n\times n$ 행렬의 정사각 행렬의 형식이다.

식 (9.21)과 식 (9.22)에 의해 상태 천이 방정식은 다음과 같이 간단히 나타낼 수 있다.

$$\boldsymbol{x}(t)=\boldsymbol{\Phi}(t)\boldsymbol{x}(0) \tag{9.23}$$

여기서 $\boldsymbol{x}(0)$를 **영입력 응답**이라고 하고, **과도 응답**(자연 응답)을 나타낸다.

상태 천이 행렬 $\boldsymbol{\Phi}(t)$에서 $[s\boldsymbol{I}-\boldsymbol{A}]^{-1}$은

$$[s\boldsymbol{I}-\boldsymbol{A}]^{-1}=\frac{\boldsymbol{I}}{s}+\frac{\boldsymbol{A}}{s^2}+\frac{\boldsymbol{A}^2}{s^3}+\cdots\cdots \tag{9.24}$$

로 놓을 수 있으며, 양변에 $[s\boldsymbol{I}-\boldsymbol{A}]$를 곱하면 $\boldsymbol{I}$이기 때문이다. 식 (9.24)를 역 라플라스 변환하면

$$\mathcal{L}^{-1}[(s\boldsymbol{I}-\boldsymbol{A})^{-1}]=\boldsymbol{I}+\boldsymbol{A}t+\frac{\boldsymbol{A}^2t^2}{2!}+\frac{\boldsymbol{A}^3t^3}{3!}+\cdots\cdots=e^{\boldsymbol{A}t} \tag{9.25}$$

의 관계가 된다. 따라서 식 (9.22)의 상태 천이 행렬과 식 (9.23)의 상태 천이 방정식은 다음과 같이 정리하여 나타낼 수 있다.

$$\text{상태 천이 행렬 : } \boldsymbol{\Phi}(t) = \mathcal{L}^{-1}[(s\boldsymbol{I}-\boldsymbol{A})^{-1}] = e^{\boldsymbol{A}t} \tag{9.26}$$

$$\text{상태 천이 방정식 : } \boldsymbol{x}(t) = \boldsymbol{\Phi}(t)\boldsymbol{x}(0) = e^{\boldsymbol{A}t}\boldsymbol{x}(0) \tag{9.27}$$

9.1.4 상태 천이 행렬의 성질

상태 천이 행렬 $\boldsymbol{\Phi}(t)$는 제어계에서 **영입력 응답**이고, **과도 상태 응답**이고, 상태 방정식의 해가 초기 시간 $t=0$에서부터 t까지 성립하는 정사각 행렬로 정의한다.

상태 천이 행렬 $\boldsymbol{\Phi}(t)$의 성질은 $\boldsymbol{\Phi}(t)=e^{\boldsymbol{A}t}$의 관계로부터 다음과 같다.

(1) $\boldsymbol{\Phi}(0)=\boldsymbol{I}$ (단위 행렬) (9.28)

(2) $\boldsymbol{\Phi}^{-1}(t)=\boldsymbol{\Phi}(-t)$ $\left[\boldsymbol{\Phi}^{-1}(t)=e^{-\boldsymbol{A}t}\right]$ (9.29)

(3) $[\boldsymbol{\Phi}(t)]^k=\boldsymbol{\Phi}(kt)$ (k는 정수) (9.30)

(4) $\boldsymbol{\Phi}(t_2-t_1)\boldsymbol{\Phi}(t_1-t_0)=\boldsymbol{\Phi}(t_2-t_0)$ (9.31)

참고 상태 천이 행렬 구하는 방법

(1) 상태 천이 행렬 순서 : $\boldsymbol{\Phi}(t)=\mathcal{L}^{-1}[(s\boldsymbol{I}-\boldsymbol{A})^{-1}]$

① 상태 천이 행렬의 라플라스 변환식 $\boldsymbol{\Phi}(s)=[s\boldsymbol{I}-\boldsymbol{A}]^{-1}$을 구한다.

② $\boldsymbol{\Phi}(s)$의 역 라플라스 변환 $\boldsymbol{\Phi}(t)=\mathcal{L}^{-1}[\boldsymbol{\Phi}(s)]$에 의해 구한다.

(2) 상태 천이 행렬을 구하는 과정에서 수학적 배경

(a) 행렬 $\boldsymbol{\Phi}(s)=[s\boldsymbol{I}-\boldsymbol{A}]^{-1}$에서 $[s\boldsymbol{I}-\boldsymbol{A}]^{-1}$은 $[s\boldsymbol{I}-\boldsymbol{A}]$의 역행렬(inverse matrix)을 나타내며, 다음의 **역행렬 공식**을 적용하여 구한다.[부록 참고]

$$\boldsymbol{\Phi}(s)=(s\boldsymbol{I}-\boldsymbol{A})^{-1}=\frac{\operatorname{adj}(s\boldsymbol{I}-\boldsymbol{A})}{\det(s\boldsymbol{I}-\boldsymbol{A})}=\frac{\operatorname{adj}(s\boldsymbol{I}-\boldsymbol{A})}{|s\boldsymbol{I}-\boldsymbol{A}|}$$

단위 행렬 $\boldsymbol{I}$는 주 대각원소가 1이고, 나머지 원소가 모두 0인 정사각 행렬이다.

$$\boldsymbol{I}=\begin{bmatrix}1&0\\0&1\end{bmatrix}(2\times2) \text{ 또는 } \boldsymbol{I}=\begin{bmatrix}1&0&0\\0&1&0\\0&0&1\end{bmatrix}(3\times3)$$

(b) 상태 천이 행렬은 시스템 행렬 $\boldsymbol{A}$에 관계하고, 행렬 $\boldsymbol{A}$가 2×2행렬, 3×3행렬이면 상태 천이 행렬 $\boldsymbol{\Phi}(s)$, $\boldsymbol{\Phi}(t)$과 $[s\boldsymbol{I}-\boldsymbol{A}]$도 동일한 2×2행렬, 3×3행렬이다.

(c) 행렬 $\boldsymbol{A}$가 2×2행렬이 다음과 같이 주어진 경우, 상태 천이 행렬을 구하는 순서는 다음과 같다.

$$\boldsymbol{A}=\begin{bmatrix} a & b \\ c & d \end{bmatrix}$$

① 행렬 $[s\boldsymbol{I}-\boldsymbol{A}]$를 구한다.

$$[s\boldsymbol{I}-\boldsymbol{A}]=s\begin{bmatrix} 1 & 0 \\ 0 & 1 \end{bmatrix}-\begin{bmatrix} a & b \\ c & d \end{bmatrix}=\begin{bmatrix} s & 0 \\ 0 & s \end{bmatrix}-\begin{bmatrix} a & b \\ c & d \end{bmatrix}=\begin{bmatrix} s-a & -b \\ -c & s-d \end{bmatrix}$$

② $\boldsymbol{\Phi}(s)$의 분수에 포함된 성분의 행렬식과 행렬을 각각 구한다.

$$[s\boldsymbol{I}-\boldsymbol{A}]=s\begin{bmatrix} 1 & 0 \\ 0 & 1 \end{bmatrix}-\begin{bmatrix} a & b \\ c & d \end{bmatrix}=\begin{bmatrix} s & 0 \\ 0 & s \end{bmatrix}-\begin{bmatrix} a & b \\ c & d \end{bmatrix}=\begin{bmatrix} s-a & -b \\ -c & s-d \end{bmatrix}$$

$$\det(s\boldsymbol{I}-\boldsymbol{A})=\begin{vmatrix} s-a & -b \\ -c & s-d \end{vmatrix}=(s-a)(s-d)-bc$$

$$\therefore\ \det(s\boldsymbol{I}-\boldsymbol{A})=s^2-(a+d)s+ad-bc$$

$$\mathrm{adj}\,(s\boldsymbol{I}-\boldsymbol{A})=\begin{bmatrix} s-d & b \\ c & s-a \end{bmatrix}$$

③ 상태 천이 행렬 $\boldsymbol{\Phi}(s)$는 단계 ②에서 구한 두 성분을 대입하여 구한다.

$$\boldsymbol{\Phi}(s)=(s\boldsymbol{I}-\boldsymbol{A})^{-1}=\frac{\mathrm{adj}\,(s\boldsymbol{I}-\boldsymbol{A})}{\det(s\boldsymbol{I}-\boldsymbol{A})}$$

④ 상태 천이 행렬 $\boldsymbol{\Phi}(t)$는 행렬 $\boldsymbol{\Phi}(s)$의 모든 요소에 대해 역 라플라스 변환하여 구한다.

역행렬의 계산 방법은 **부록**을 참고하고, 행렬에 관한 상세한 내용은 다음의 참고문헌을 참고하기 바란다.[임헌찬 저, ≪대학 공업수학≫, pp. 127~158, 동일출판사]

예제 9.5

다음의 상태 방정식으로 주어지는 제어계의 상태 천이 행렬 $\boldsymbol{\Phi}(t)$를 구하라.

$$\begin{bmatrix} \dot{x}_1 \\ \dot{x}_2 \end{bmatrix}=\begin{bmatrix} 0 & 1 \\ -2 & -3 \end{bmatrix}\begin{bmatrix} x_1 \\ x_2 \end{bmatrix}$$

풀이 제어계의 상태 방정식은 $\dot{x}(t)=\dfrac{d\boldsymbol{x}(t)}{dt}=\boldsymbol{A}\boldsymbol{x}(t)+\boldsymbol{B}u(t)$이므로 시스템 행렬 $\boldsymbol{A}=\begin{bmatrix} 0 & 1 \\ -2 & -3 \end{bmatrix}$이다. 상태 천이 행렬 $\boldsymbol{\Phi}(s)$와 $\boldsymbol{\Phi}(t)$는

$$\boldsymbol{\Phi}(s)=(s\boldsymbol{I}-\boldsymbol{A})^{-1}=\frac{\mathrm{adj}\,(s\boldsymbol{I}-\boldsymbol{A})}{\det(s\boldsymbol{I}-\boldsymbol{A})},\quad \boldsymbol{\Phi}(t)=\mathcal{L}^{-1}[(s\boldsymbol{I}-\boldsymbol{A})^{-1}]$$

이고, $\boldsymbol{\Phi}(s)$의 각 성분을 구한 후, $\boldsymbol{\Phi}(t)$는 $\boldsymbol{\Phi}(s)$를 역 라플라스 변환하여 구한다.

$$[s\boldsymbol{I}-\boldsymbol{A}]=s\begin{bmatrix}1&0\\0&1\end{bmatrix}-\begin{bmatrix}0&1\\-2&-3\end{bmatrix}=\begin{bmatrix}s&0\\0&s\end{bmatrix}-\begin{bmatrix}0&1\\-2&-3\end{bmatrix}=\begin{bmatrix}s&-1\\2&s+3\end{bmatrix}$$

$$\det(s\boldsymbol{I}-\boldsymbol{A})=\begin{vmatrix}s&-1\\2&s+3\end{vmatrix}=s(s+3)+2=s^2+3s+2=(s+1)(s+2)$$

$$\operatorname{adj}(s\boldsymbol{I}-\boldsymbol{A})=\begin{bmatrix}s+3&1\\-2&s\end{bmatrix}$$

$$\boldsymbol{\Phi}(s)=(s\boldsymbol{I}-\boldsymbol{A})^{-1}=\frac{\operatorname{adj}(s\boldsymbol{I}-\boldsymbol{A})}{\det(s\boldsymbol{I}-\boldsymbol{A})}=\frac{1}{(s+1)(s+2)}\begin{bmatrix}s+3&1\\-2&s\end{bmatrix}$$

$$\therefore\ \boldsymbol{\Phi}(s)=\begin{bmatrix}\dfrac{s+3}{(s+1)(s+2)}&\dfrac{1}{(s+1)(s+2)}\\\dfrac{-2}{(s+1)(s+2)}&\dfrac{s}{(s+1)(s+2)}\end{bmatrix}$$

$$\therefore\ \boldsymbol{\Phi}(t)=\mathcal{L}^{-1}[(s\boldsymbol{I}-\boldsymbol{A})^{-1}]=\begin{bmatrix}2e^{-t}-e^{-2t}&e^{-t}-e^{-2t}\\-2e^{-t}+2e^{-2t}&-e^{-t}+2e^{-2t}\end{bmatrix}$$

9.1.5 특성 방정식과 고유값

제어계의 과도 응답 특성에서 전달함수의 극, 즉 분모를 0으로 놓은 특성 방정식의 특성근은 제어계에 관한 많은 정보를 제공하였다.

선형 시불변 제어 시스템의 식 (9.11)과 식 (9.12)의 상태 방정식과 출력 방정식으로부터 전달함수를 구해본다.

$$\textbf{상태 방정식}:\ \frac{d\boldsymbol{x}(t)}{dt}=\boldsymbol{A}\boldsymbol{x}(t)+\boldsymbol{B}u(t) \tag{9.32}$$

$$\textbf{출력 방정식}:\ y(t)=\boldsymbol{C}\boldsymbol{x}(t) \tag{9.33}$$

식 (9.32)와 식 (9.33)을 각각 라플라스 변환[식 (9.19) 참고]하면

$$\begin{aligned}\boldsymbol{X}(s)&=(s\boldsymbol{I}-\boldsymbol{A})^{-1}[\boldsymbol{x}(0)+\boldsymbol{B}U(s)]\\&=\frac{\operatorname{adj}(s\boldsymbol{I}-\boldsymbol{A})}{\det(s\boldsymbol{I}-\boldsymbol{A})}[\boldsymbol{x}(0)+\boldsymbol{B}U(s)]\end{aligned} \tag{9.34}$$

$$Y(s)=\boldsymbol{C}\boldsymbol{X}(s) \tag{9.35}$$

이다. 전달함수를 정의하기 위해 초기 상태 벡터 $\boldsymbol{x}(0)$을 $\mathbf{0}$(영벡터)로 놓고 식 (9.34)를 식 (9.35)에 대입하면 전달함수 $G(s)=Y(s)/U(s)$는

$$Y(s)=\boldsymbol{C}\boldsymbol{X}(s)=\boldsymbol{C}\frac{\text{adj}(s\boldsymbol{I}-\boldsymbol{A})}{\det(s\boldsymbol{I}-\boldsymbol{A})}\boldsymbol{B}U(s) \tag{9.36}$$

$$\therefore \quad G(s)=\frac{Y(s)}{U(s)}=\boldsymbol{C}\frac{\text{adj}(s\boldsymbol{I}-\boldsymbol{A})}{\det(s\boldsymbol{I}-\boldsymbol{A})}\boldsymbol{B} \tag{9.37}$$

식 (3.37)의 전달함수에서 분모를 0으로 놓으면 **특성 방정식**은

$$\det(s\boldsymbol{I}-\boldsymbol{A})=|s\boldsymbol{I}-\boldsymbol{A}|=0 \tag{9.38}$$

으로 정의된다. 특성 방정식의 근(특성근)을 **고유값**(eigenvalues)이라 하고, 고유값은 시스템의 극점과 같게 된다.

결론적으로 상태 천이 행렬, 특성 방정식과 고유값은 시스템 행렬 $\boldsymbol{A}$에만 관계한다.

예제 9.6

제어계의 상태 방정식 $\dot{x}(t)=\dfrac{dx(t)}{dt}=\boldsymbol{A}x(t)+\boldsymbol{B}u(t)$에서 특성 방정식과 고유값을 구하라.

단, $\boldsymbol{A}=\begin{bmatrix} 0 & 1 \\ -2 & -3 \end{bmatrix}$, $\boldsymbol{B}=\begin{bmatrix} 4 \\ 5 \end{bmatrix}$

풀이 특성 방정식과 고유값은 시스템 행렬 $\boldsymbol{A}$에만 관계한다. 특성 방정식은 식 (9.38)의 정의로부터 구하고, 고유값은 특성 방정식의 근이다.

(1) 특성 방정식 : $\det(s\boldsymbol{I}-\boldsymbol{A})=|s\boldsymbol{I}-\boldsymbol{A}|=0$

$$[s\boldsymbol{I}-\boldsymbol{A}]=\begin{bmatrix} s & 0 \\ 0 & s \end{bmatrix}-\begin{bmatrix} 0 & 1 \\ -2 & -3 \end{bmatrix}=\begin{bmatrix} s & -1 \\ 2 & s+3 \end{bmatrix}$$

$$\det(s\boldsymbol{I}-\boldsymbol{A})=s(s+3)+2=s^2+3s+2$$

$$\therefore \quad s^2+3s+2=0$$

(2) 고유값(특성근)

$$s^2+3s+2=(s+1)(s+2)=0 \qquad \therefore \quad s=-1,\ s=-2$$

9.1.6 가제어성과 가관측성

동적 시스템에서 상미분 방정식으로 표현되는 식 (9.11)과 식 (9.12)의 상태 방정식과 출력 방정식을 다시 나타내고 고찰해본다.

$$\text{상태 방정식 : } \dot{x} = \frac{dx}{dt} = \boldsymbol{A}x + \boldsymbol{B}u \qquad (9.39)$$
$$\text{출력 방정식 : } y = \boldsymbol{C}x$$

상태 변수 $\boldsymbol{x}(t)$는 시스템 내부의 동적 상태를 결정해 주는 변수로 정의되었다.

입력 $u(t)$에 의해 내부 상태 $\boldsymbol{x}(t)$를 완전히 지배할 수 있을 때 시스템은 **가제어**(controllable)라고 한다. 또 출력 $y(t)$를 관측하여 내부 상태 $\boldsymbol{x}(t)$를 완전히 알 수 있을 때 시스템은 **가관측**(observable)이라고 한다.

(1) 가제어성

입력 $u(t)$를 적당히 조작하여 임의의 초기 상태에 있는 상태 변수를 유한한 시간으로 원하는 상태로 이동시킬 수 있을 때 식 (9.39)의 선형 시스템은 **가제어**라고 한다.

식 (9.39)의 동적 방정식에서 $n \times n$ 행렬 $\boldsymbol{U}_c$가

$$\boldsymbol{U}_c = [\, \boldsymbol{B} \;\; \boldsymbol{AB} \;\; \boldsymbol{A}^2\boldsymbol{B} \;\; \cdots\cdots \;\; \boldsymbol{A}^{n-1}\boldsymbol{B} \,] \qquad (9.40)$$

라고 할 때, $\boldsymbol{U}_c$를 **가제어성 행렬**(controllability matrix)이라고 한다.

선형 시불변 시스템이 가제어성이기 위한 **필요 충분 조건**은 가제어성 행렬식 $\det(\boldsymbol{U}_c)$가 0이 아니어야 한다. 즉,

$$\det(\boldsymbol{U}_c) = |\boldsymbol{U}_c| = |\, \boldsymbol{B} \;\; \boldsymbol{AB} \;\; \boldsymbol{A}^2\boldsymbol{B} \;\; \cdots\cdots \;\; \boldsymbol{A}^{n-1}\boldsymbol{B} \,| \neq 0 \qquad (9.41)$$

의 조건을 만족해야 한다.

(2) 가관측성

출력 $y(t)$를 초기 시간 $t=0$부터 유한한 시간 t까지 관측하여 초기의 상태 변수 $\boldsymbol{x}(0)$을 구할 수 있을 때, 식 (9.39)의 선형 시스템은 **가관측**이라고 한다.

식 (9.39)의 동적 방정식에서 $n \times n$ 행렬 $\boldsymbol{U}_o$ 가

$$\boldsymbol{U}_o = [\ \boldsymbol{C}\ \ \boldsymbol{CA}\ \ \boldsymbol{CA}^2\ \ \cdots\cdots\ \ \boldsymbol{CA}^{n-1}\ ] \tag{9.42}$$

라고 할 때, $\boldsymbol{U}_o$ 를 **가관측성 행렬**(observability matrix)이라고 한다.

선형 시불변 시스템이 가관측성이기 위한 **필요 충분 조건**은 가관측성 행렬식 $\det(\boldsymbol{U}_o)$ 가 0이 아니어야 한다. 즉,

$$\det(\boldsymbol{U}_o) = |\boldsymbol{U}_o| = |\ \boldsymbol{C}\ \ \boldsymbol{CA}\ \ \boldsymbol{CA}^2\ \ \cdots\cdots\ \ \boldsymbol{CA}^{n-1}\ | \neq 0 \tag{9.43}$$

의 조건을 만족해야 한다.

시스템에 대해 가제어성과 가관측성의 필요 충분 조건에 의한 판별법과 이에 관한 행렬식 계산은 다음의 예제를 통하여 익히기 바란다.

예제 9.7

다음의 상태 방정식과 출력 방정식의 동적 방정식으로부터 가제어성과 가관측성을 판별하라.

$$\dot{x} = \begin{bmatrix} -1 & 1 & 0 \\ 0 & -1 & 0 \\ 0 & 0 & -2 \end{bmatrix} \boldsymbol{x} + \begin{bmatrix} 0 \\ 1 \\ 1 \end{bmatrix} u, \quad y = [1\ \ 0\ \ 0]\boldsymbol{x}$$

풀이 (가제어성과 가관측성의 필요 충분 조건)

가제어성 행렬식 : $\det(\boldsymbol{U}_c) = |\ \boldsymbol{B}\ \ \boldsymbol{AB}\ \ \boldsymbol{A}^2\boldsymbol{B}\ | \neq 0$

가관측성 행렬식 : $\det(\boldsymbol{U}_o) = |\ \boldsymbol{C}\ \ \boldsymbol{CA}\ \ \boldsymbol{CA}^2\ | \neq 0$

(1) 동적 방정식에서 시스템의 행렬 $\boldsymbol{A}$, $\boldsymbol{B}$, $\boldsymbol{C}$ 로부터 모든 행렬 요소를 구한다.

$$\boldsymbol{A} = \begin{bmatrix} -1 & 1 & 0 \\ 0 & -1 & 0 \\ 0 & 0 & -2 \end{bmatrix}, \quad \boldsymbol{B} = \begin{bmatrix} 0 \\ 1 \\ 1 \end{bmatrix}, \quad \boldsymbol{C} = [1\ \ 0\ \ 0]$$

$$\boldsymbol{A}^2 = \begin{bmatrix} -1 & 1 & 0 \\ 0 & -1 & 0 \\ 0 & 0 & -2 \end{bmatrix} \begin{bmatrix} -1 & 1 & 0 \\ 0 & -1 & 0 \\ 0 & 0 & -2 \end{bmatrix} = \begin{bmatrix} 1 & -2 & 0 \\ 0 & 1 & 0 \\ 0 & 0 & 4 \end{bmatrix}$$

$$\boldsymbol{AB} = \begin{bmatrix} -1 & 1 & 0 \\ 0 & -1 & 0 \\ 0 & 0 & -2 \end{bmatrix} \begin{bmatrix} 0 \\ 1 \\ 1 \end{bmatrix} = \begin{bmatrix} 1 \\ -1 \\ -2 \end{bmatrix}$$

$$\boldsymbol{A}^2\boldsymbol{B} = \begin{bmatrix} 1 & -2 & 0 \\ 0 & 1 & 0 \\ 0 & 0 & 4 \end{bmatrix} \begin{bmatrix} 0 \\ 1 \\ 1 \end{bmatrix} = \begin{bmatrix} -2 \\ 1 \\ 4 \end{bmatrix}$$

$$\boldsymbol{CA} = [1\ \ 0\ \ 0] \begin{bmatrix} -1 & 1 & 0 \\ 0 & -1 & 0 \\ 0 & 0 & -2 \end{bmatrix} = [-1\ \ 1\ \ 0]$$

$$\boldsymbol{CA}^2 = [1\ \ 0\ \ 0] \begin{bmatrix} 1 & -2 & 0 \\ 0 & 1 & 0 \\ 0 & 0 & 4 \end{bmatrix} = [1\ \ -2\ \ 0]$$

(2) 가제어성 판별

$$\boldsymbol{U}_c = [\ \boldsymbol{B}\ \ \boldsymbol{AB}\ \ \boldsymbol{A}^2\boldsymbol{B}\ ] = \begin{bmatrix} 0 & 1 & -2 \\ 1 & -1 & 1 \\ 1 & -2 & 4 \end{bmatrix}$$

$$\det(\boldsymbol{U}_c) = |\ \boldsymbol{B}\ \ \boldsymbol{AB}\ \ \boldsymbol{A}^2\boldsymbol{B}\ | = \begin{vmatrix} 0 & 1 & -2 \\ 1 & -1 & 1 \\ 1 & -2 & 4 \end{vmatrix}$$

$$= 1 + 4 - 4 - 2 = -1 \neq 0$$

$\det(\boldsymbol{U}_c) = -1 \neq 0$에서 필요 충분 조건을 만족하므로 시스템은 가제어성이다.

(3) 가관측성 판별

$$\boldsymbol{U}_o = [\ \boldsymbol{C}\ \ \boldsymbol{CA}\ \ \boldsymbol{CA}^2\ ] = \begin{bmatrix} 1 & 0 & 0 \\ -1 & 1 & 0 \\ 1 & -2 & 0 \end{bmatrix}$$

$$\det(\boldsymbol{U}_o) = |\ \boldsymbol{C}\ \ \boldsymbol{CA}\ \ \boldsymbol{CA}^2\ | = \begin{vmatrix} 1 & 0 & 0 \\ -1 & 1 & 0 \\ 1 & -2 & 0 \end{vmatrix} = 0$$

$\det(\boldsymbol{U}_o) = 0$에서 필요 충분 조건을 만족하지 않으므로 시스템은 가관측성이 아니다. 결론적으로 주어진 시스템은 가제어성이지만 가관측성은 아니다.

9.2 디지털 제어계(샘플값 제어계)

이제까지 제어계는 시간적으로 연속 신호(continuous signal)에 의해 제어되고 동작하였다. 본 절에서는 연속적인 동작 신호를 일정 주기로 샘플링한 이산 신호(discrete signal)로 동작하는 디지털 제어계(샘플값 제어계)에 대해 설명하고자 한다.

샘플값 제어계(sampled-data control system)는 추적용 레이더를 사용한 추종 장치가 있지만, 제어 장치로 디지털 컴퓨터를 사용하거나 프로세스 제어에서 PID 조절기 대신에 디지털 컴퓨터를 사용한 직접 디지털 제어(direct digital control : DDC)가 활발히 채택되고 있다. 또 서보 모터의 교류 전동기를 이용한 교류 서보 기구(진폭 변조 방식)와 사이리스터를 이용한 정지 레오나드 방식 제어계(펄스폭 변조 방식) 등도 샘플값 제어계의 일종이다.

본 절에서는 디지털 제어계(샘플값 제어계)의 기본 원리와 이 계에서 수학적 해석에 필수적인 z 변환, 전달함수 및 안정도에 대하여 설명하기로 한다.

9.2.1 샘플링 동작

연속 신호를 일정한 시간 간격(주기)으로 샘플링(sampling)하여 **그림 9.4**와 같이 펄스상의 샘플값 신호를 얻는 동작을 **샘플링 동작**이라고 한다. 샘플링 동작을 하는 장치를 **샘플러**(sampler)라고 하고, **그림 9.5**에 기호를 나타낸다.

실제 샘플러는 일정 주기 T마다 τ시간만큼 스위치를 닫는 동작을 하기 때문에 **그림 9.6**(a)와 같이 스위칭 함수 $s_\tau(t)$가 된다. 그러나 **이상적인 샘플러**(ideal sampler)의 샘플링 신호(sampling signal) $s(t)$는 $\tau \to 0$의 극한값을 취한

$$s(t) = \lim_{\tau \to 0} \frac{1}{\tau} s_\tau(t) \tag{9.44}$$

로 정의되고, **그림 9.6**(b)와 같이 **단위 임펄스 함수**가 된다. **그림 9.4**(a)의 연속 신호 $f(t)$에 샘플링 신호 $s(t)$를 가하면, 샘플러의 출력(샘플값 신호, sampled-data signal) $f^*(t)$는 $f(t)$와 $s(t)$의 곱으로 표현할 수 있다.[**그림 9.6**(c) 참고] 즉,

$$f^*(t) = f(t)s(t) \tag{9.45}$$

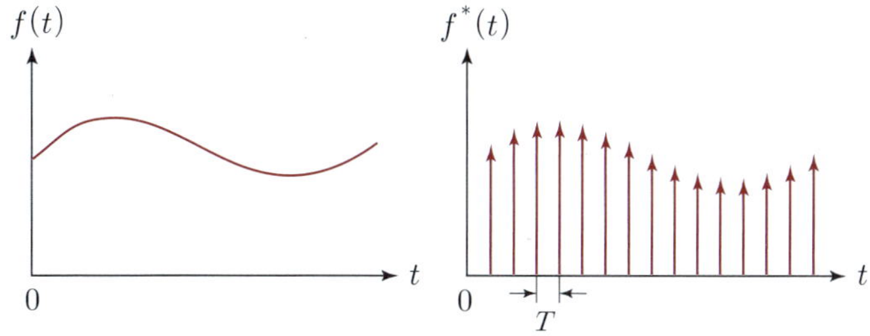

(a) 연속 신호 $f(t)$ (b) 샘플값 신호 $f^*(t)$

그림 9.4 ▶ 샘플링 동작

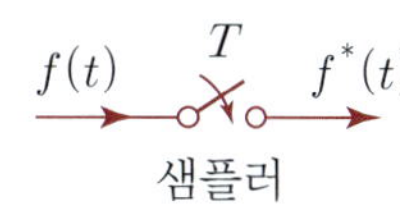

그림 9.5 ▶ 샘플러

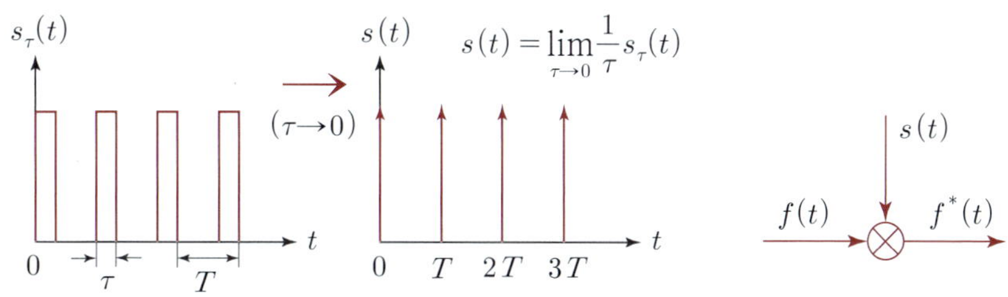

(a) 펄스 신호(τ) (b) 임펄스 신호$(\tau\to 0)$ (c) $f^*(t)=f(t)s(t)$

그림 9.6 ▶ 연속 신호와 임펄스 신호의 곱(샘플값 신호)

가 된다. 이것은 연속 신호의 **그림 9.4**(a)와 샘플링 신호의 **그림 9.6**(b)를 곱하면 샘플러 출력인 샘플값 신호는 **그림 9.4**(b)가 되는 것을 의미한다.

샘플링 신호 $s(t)$는 일정 주기 T를 가진 단위 임펄스 함수이므로

$$s(t)=\sum_{k=0}^{\infty}\delta(t-kT) \tag{9.46}$$

로 표현할 수 있다. 그러므로 식 (9.46)의 $s(t)$와 $f(t)=f(kT)$를 식 (9.45)에 대입하면 샘플러의 출력, 즉 샘플값 신호 $f^*(t)$는

$$f^*(t)=\sum_{k=0}^{\infty}f(kT)\delta(t-kT) \tag{9.47}$$

가 된다. 샘플링 신호 $s(t)$는 식 (9.46)을 라플라스 변환하고, 무한 등비 급수를 적용하면

$$S(s)=\mathcal{L}\left[\sum_{k=0}^{\infty}\delta(t-kT)\right]=\sum_{k=0}^{\infty}e^{-kTs}=\frac{1}{1-e^{-Ts}} \tag{9.48}$$

이다. 여기서 $S(s) = \mathcal{L}[s(t)]$ 이다.

참고 무한 등비 급수

(자주 활용되는 등비 급수)

(1) $\sum_{k=0}^{\infty} x^k = 1 + x + x^2 + x^3 + \cdots\cdots = \frac{1}{1-x}$ (9.49)

(2) $\sum_{k=0}^{\infty} z^{-k} = 1 + z^{-1} + z^{-2} + z^{-3} + \cdots\cdots = \frac{1}{1-z^{-1}} = \frac{z}{z-1}$ (9.50)

(3) $\sum_{k=0}^{\infty} e^{-kTs} = 1 + e^{-Ts} + e^{-2Ts} + e^{-3Ts} + \cdots\cdots = \frac{1}{1-e^{-Ts}}$ (9.51)

9.2.2 z 변환

연속 시간 신호의 아날로그 시스템을 나타내는 상미분 방정식은 **라플라스 변환**을 이용하여 해석하지만, 불연속 시간, 즉 이산 시간 신호의 디지털 시스템을 나타내는 차분 방정식(difference equation)은 **z 변환**을 이용하여 해석한다.

샘플값 신호(sampled-data signal) $f^*(t)$는 식 (9.47)에 의해

$$f^*(t) = f(t) \sum_{k=0}^{\infty} \delta(t-kT) = \sum_{k=0}^{\infty} f(kT)\delta(t-kT) \tag{9.52}$$

이다. 이 식을 라플라스 변환하면 식 (9.48)과 같은 방법으로 $F^*(s)$는

$$F^*(s) = \mathcal{L}[f^*(t)] = \sum_{k=0}^{\infty} f(kT) e^{-kTs} \tag{9.53}$$

이다. 여기서 $z = e^{Ts}$ 로 놓으면, $F^*(s)$를 $F(z)$로 변환되고

$$F(z) = \sum_{k=0}^{\infty} f(kT) z^{-k} \tag{9.54}$$

가 된다. 식 (9.54)의 $F(z)$를 $f(t)$의 **z 변환**(z-transformation)이라고 한다. 그리고 $\mathbb{Z}[f(t)] = \mathbb{Z}[F(s)] = F(z)$와 같이 표기한다.

이제 단위 계단 함수, 단위 램프 함수와 지수함수에 대하여 z 변환을 구해본다.

예 1 단위 계단 함수 $f(t)=u(t)$: $f(kT)=u(kT)$

(1) 샘플값 신호 $f^*(t)$: 식 (9.52)와 $u(kT)\delta(t-kT)=\delta(t-kT)$를 적용

$$f^*(t)=\sum_{k=0}^{\infty}u(kT)\delta(t-kT)=\sum_{k=0}^{\infty}\delta(t-kT) \tag{9.55}$$

(2) 라플라스 변환식 $F^*(s)$: 식 (9.55)의 라플라스 변환과 등비급수 적용

$$F^*(s)=\sum_{k=0}^{\infty}e^{-kTs}=\frac{1}{1-e^{-Ts}} \tag{9.56}$$

(3) z 변환식 $F(z)$: $z=e^{Ts}$이므로 $e^{-Ts}=z^{-1}$을 식 (9.56)에 대입

$$F(z)=\sum_{k=0}^{\infty}z^{-k}=\frac{1}{1-z^{-1}}=\frac{z}{z-1} \tag{9.57}$$

예 2 지수함수 $f(t)=e^{-at}$: $f(kT)=e^{-kaT}$

(1) 샘플값 신호 $f^*(t)$: 식 (9.52)에 대입

$$f^*(t)=\sum_{k=0}^{\infty}f(kT)\delta(t-kT)=\sum_{k=0}^{\infty}e^{-kaT}\delta(t-kT) \tag{9.58}$$

(2) 라플라스 변환식 $F^*(s)$: 식 (9.58)의 라플라스 변환과 등비급수 적용

$$F^*(s)=\sum_{k=0}^{\infty}e^{-kaT}e^{-kTs}=\frac{1}{1-e^{-aT}e^{-Ts}} \tag{9.59}$$

(3) z 변환식 $F(z)$: $z=e^{Ts}$이므로 $e^{-Ts}=z^{-1}$을 식 (9.59)에 대입

$$F(z)=\frac{1}{1-e^{-aT}z^{-1}}=\frac{z}{z-e^{-aT}} \tag{9.60}$$

예 3 단위 램프 함수 $f(t)=t$: $f(kT)=kT$

(1) 샘플값 신호 $f^*(t)$: 식 (9.52)에 대입

$$f^*(t)=\sum_{k=0}^{\infty} f(kT)\delta(t-kT)=T\sum_{k=0}^{\infty} k\delta(t-kT) \tag{9.61}$$

(2) 라플라스 변환식 $F^*(s)$: 식 (9.61)의 라플라스 변환

$$F^*(s)=T\sum_{k=0}^{\infty} ke^{-kTs} \tag{9.62}$$

(3) z 변환식 $F(z)$: $z=e^{Ts}$이므로 $e^{-Ts}=z^{-1}$을 식 (9.62)에 대입

$$F(z)=T\sum_{k=0}^{\infty} kz^{-k}=T(z^{-1}+2z^{-2}+3z^{-3}+\cdots\cdots)$$

$$zF(z)=T(1+2z^{-1}+3z^{-2}+\cdots\cdots)$$

$$zF(z)-F(z)=T(1+z^{-1}+z^{-2}+\cdots\cdots)$$

$$(z-1)F(z)=\frac{T}{1-z^{-1}}=\frac{Tz}{z-1} \qquad \therefore\ F(z)=\frac{Tz}{(z-1)^2} \tag{9.63}$$

표 9.1은 z 변환표를 나타낸다.

표 9.1 ▶ z 변환표

번호	$f(t)$	$F(s)$	$F(z)$	번호	$f(t)$	$F(s)$
1	$\delta(t)$	1	1	7	te^{-at}	$\frac{Tze^{-aT}}{(z-e^{-aT})^2}$
2	$\delta(t-kT)$	e^{-kT}	z^{-k}	8	$\sin\omega t$	$\frac{z\sin\omega T}{z^2-2z\cos\omega T+1}$
3	$u(t)$	$\frac{1}{s}$	$\frac{z}{z-1}$	9	$\cos\omega t$	$\frac{z(z-\cos\omega T)}{z^2-2z\cos\omega T+1}$
4	e^{-at}	$\frac{1}{s+a}$	$\frac{z}{z-e^{-aT}}$	10	$e^{-at}\sin\omega t$	$\frac{ze^{-aT}\sin\omega T}{z^2-2ze^{-aT}\cos\omega T+e^{-2aT}}$
5	t	$\frac{1}{s^2}$	$\frac{Tz}{(z-1)^2}$	11	$e^{-at}\cos\omega t$	$\frac{z^2-ze^{-aT}\cos\omega T}{z^2-2ze^{-aT}\cos\omega T+e^{-2aT}}$
6	t^2	$\frac{2}{s^3}$	$\frac{T^2z(z+1)}{(z-1)^3}$	12	a^t	$\frac{z}{z-a}$

9.2.3 역 z 변환

역 z 변환은 역 라플라스 변환과 마찬가지로 부분 분수로 전개하고, **표 9.1**의 변환표를 적용하여 계산할 수 있다.

$F(z)$가 다음과 같이 n개의 극을 가진 함수로 표시될 때 역 z 변환은

$$F(z) = \frac{zq(z)}{(z-z_1)(z-z_2)(z-z_3)\cdots\cdots(z-z_n)} \tag{9.64}$$

식 (9.64)를 다시 고쳐 쓰면

$$\frac{F(z)}{z} = \sum_{i=1}^{n} \frac{C_i}{z-z_i} \tag{9.65}$$

단, $C_i = \left[\frac{F(z)}{z}(z-z_i)\right]_{z=z_i}$ 와 같이 부분 분수로 전개할 수 있다.

다음의 예로부터 역 z 변환 과정을 확인해 보기로 한다.

예

$$F(z) = \frac{z(1-e^{-T})}{(z-1)(z-e^{-T})} \tag{9.66}$$

(1) 식 (9.66)을 나음과 같이 변형하고 부분 분수 전개한다.

$$\frac{F(z)}{z} = \frac{1-e^{-T}}{(z-1)(z-e^{-T})} = \frac{1}{z-1} - \frac{1}{z-e^{-T}} \tag{9.67}$$

(2) 양변에 z를 곱한다.

$$F(z) = \frac{z}{z-1} - \frac{z}{z-e^{-T}} \tag{9.68}$$

(3) **표 9.1**의 변환표를 적용하여 역 z 변환한다.

$$f(kT) = 1-e^{-kT} \tag{9.69}$$

표 9.2는 $F_1(z) = \mathbb{Z}[f_1(t)]$, $F_2(z) = \mathbb{Z}[f_2(t)]$일 때 z 변환에 관한 정리를 나타낸다.

표 9.2 ▶ z 변환에 관한 정리

번호	정 리	정 리
1	선형 정리	$\mathbb{Z}[af_1(t)+bf_2(t)] = aF_1(z)+bF_2(z)$
2	시간 이동 정리	$\mathbb{Z}[f^*(t+T)] = z[F(z)-f(0)]$ $\mathbb{Z}[f^*(t-mT)] = z^{-m}F(z)$
3	초기값 정리	$\lim_{t\to 0} f^*(t) = \lim_{z\to\infty} F(z)$
4	최종값 정리	$\lim_{t\to\infty} f^*(t) = \lim_{z\to 1}(1-z^{-1})F(z) = \lim_{z\to 1}\frac{z-1}{z}F(z)$

9.2.4 전달함수

(1) 영차 홀드 회로

디지털 컴퓨터에서 입력 신호 재생용으로 사용되는 **영차 홀드 회로**(zero-order hold circuit)는 **그림 9.7**과 같이 입력 연속 신호 $f(t)$를 계단상의 함수 신호 $f_h(t)$를 도출하고, 다음의 샘플링 시점까지 전의 샘플링 시점의 값을 유지하는 회로이다.

선형 시스템에서 전달함수는 임펄스 응답의 라플라스 변환과 같고, 샘플러에 의한 임펄스 응답도 샘플링 시간 간격의 계단 함수가 출력되기 때문에 영차 홀드의 임펄스 응답인 단위 계단 함수가 영차 홀드 회로의 전달함수 $G_h(s)$가 된다.

그러므로 영차 홀드 회로의 임펄스 응답은

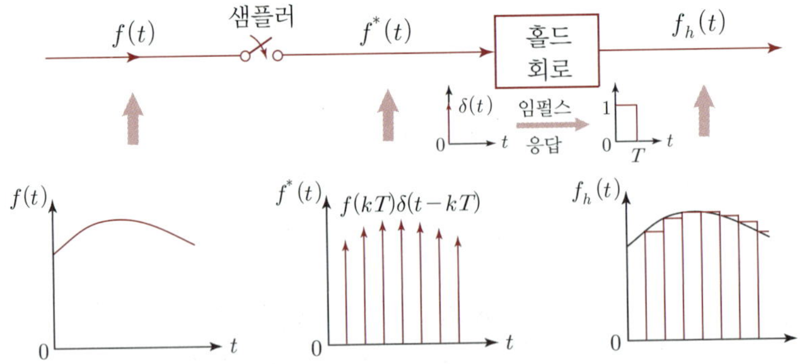

그림 9.7 ▶ 영차 홀드 회로(zero-order hold circuit)

$$u_0(t) - u_0(t-T) \tag{9.70}$$

로 표현된다. 따라서 영차 홀드 회로의 전달함수 $G_h(s)$는 식 (9.70)을 라플라스 변환하면 다음과 같이 구해진다.

$$G_h(s) = \frac{1-e^{-Ts}}{s} \tag{9.71}$$

그림 9.8은 다른 전달 요소와 종속 접속된 영차 홀드 회로의 블록 선도이다.

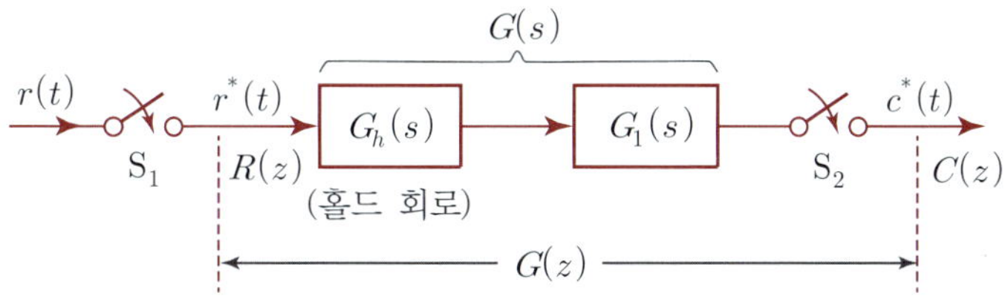

그림 9.8 ▸ 전달 요소와 종속 접속된 영차 홀드 회로

(2) 전달함수

그림 9.9는 디지털 제어계(샘플값 제어계)의 가장 기본적인 블록 선도이다. 기본적인 블록 선도는 두 샘플러 사이에 $G(s)$가 있고 그 전과 후에 샘플값 입력 신호 $r^*(t)$와 샘플값 출력 신호 $c^*(t)$로 구성된 제어계이다.

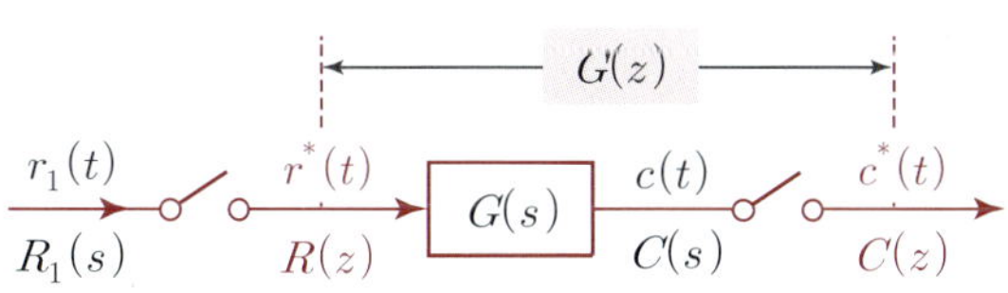

그림 9.9 ▸ 펄스 전달함수(기본적인 블록 선도)

샘플값 제어계의 전달함수를 **펄스 전달함수**(pulse transfer function)라고 한다. 펄스 전달함수 $G(z)$는 **그림 9.9**의 기본적인 블록 선도와 같이 샘플러를 거친 **입력의 샘플값 신호 $r^*(t)$와 출력의 샘플값 신호 $c^*(t)$의 전달 관계**로 z 변환 함수, 즉 $R(z)$와 $C(z)$로써 표현한다. 이때 두 샘플러 S_1, S_2는 주기 T로 동기하여 작동한다. 따라서 펄스 전달함수 $G(z)$는 다음의 관계식으로 정의한다.

$$G(z) = \frac{\mathbb{Z}[c^*(t)]}{\mathbb{Z}[r^*(t)]} = \frac{\mathbb{Z}[C^*(s)]}{\mathbb{Z}[R^*(s)]} \quad \therefore \quad G(z) = \frac{C(z)}{R(z)} \tag{9.72}$$

식 (9.72)의 전달함수 $G(z)$로부터 샘플값 입력 $R(z)$일 때, 샘플값 응답 $C(z)$는 다음과 같다.

$$C(z) = G(z)R(z) \tag{9.73}$$

펄스 전달함수는 입력과 출력의 샘플값 신호로 결정되므로 샘플값 제어계에서 요소가 직렬 접속(종속 접속) 또는 궤환 접속 등의 경우에 **샘플러의 위치**와 **전달함수의 계산**에 주의해야 한다.

그림 9.10(a)는 출력과 $G_1(s)$, $G_2(s)$ 사이에 모두 샘플러가 없고, **9.10**(b)는 출력에 샘플러가 없지만 $G_1(s)$와 $G_2(s)$ 사이에 샘플러가 있는 블록 선도이다. 이들의 펄스 전달함수를 각각 고찰하여 본다.

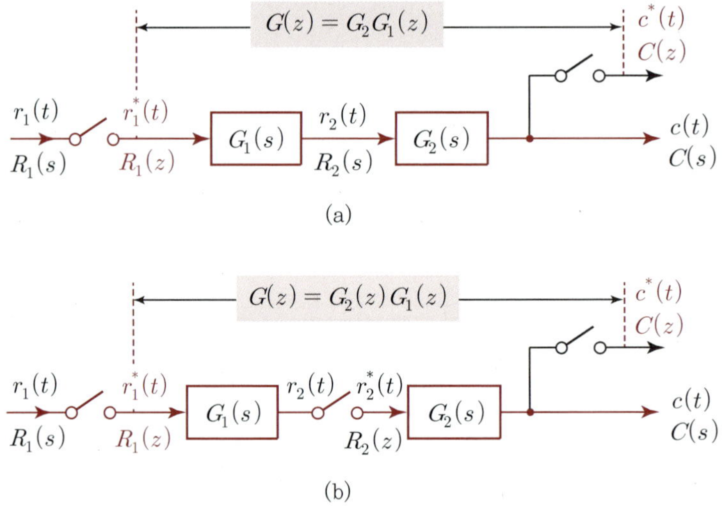

그림 9.10 ▶ 직렬 접속 제어계의 펄스 전달함수

먼저 샘플값 입력 $r^*(t)$를 가지고 출력에 샘플러가 없는 블록 선도는 출력에 흑색으로 표시된 **가상 샘플러**(phantom sampler)로 대체하여 해석한다. 가상 샘플러는 샘플값만 표현하는 기능을 가진 것이라고 생각한다.

그림 9.10(a)는 $G_1(s)$, $G_2(s)$ 사이에 샘플러가 없고, $G_1(s)$의 입력에 실제 샘플러, $G_2(s)$의 출력에 가상 샘플러가 있다. 따라서 **그림 9.9**의 기본적인 블록 선도와 같도록 두 샘플러 사이에 존재하는 두 전달 요소를 하나의 전달 요소로 나타내려면 전달함수는 $G_1(s)$와 $G_2(s)$의 곱, $G_1(s)G_2(s)$가 되고 $G_1G_2(s)$로 표기한다. 즉, $G_1G_2(s)$를 z변환한 펄스 전달함수 $G(z)$와 출력 $C(z)$는 다음과 같이 나타낸다.

$$G(z) = \mathbb{Z}[G_1(s)G_2(s)] = \mathbb{Z}[G_1G_2(s)] = G_1G_2(z) \tag{9.74}$$

$$C(z) = R(z)G_1G_2(z) \tag{9.75}$$

그림 9.10(b)는 $G_1(s)$와 $G_2(s)$ 사이에 샘플러가 있는 블록 선도이다. 이 블록 선도는 $G_1(s)$와 $G_2(s)$의 입력과 출력에 각각 두 개씩 샘플러가 있는 것과 같으므로 **그림 9.9**의 기본적인 블록 선도가 종속 접속(직렬 접속)된 것으로 생각할 수 있다. 그러므로 펄스 전달함수 $G(z)$는 각각의 펄스 전달함수 $\mathbb{Z}[G_1(s)] = G_1(z)$와 $\mathbb{Z}[G_2(s)] = G_2(z)$의 곱으로 나타낼 수 있다. 즉 펄스 전달함수 $G(z)$와 출력 $C(z)$는 다음과 같이 나타낸다.

$$G(z) = \mathbb{Z}[G_1(s)]\mathbb{Z}[G_2(s)] = G_1(z)G_2(z) \tag{9.76}$$

$$C(z) = R(z)G_1(z)G_2(z) \tag{9.77}$$

샘플값 제어계에서 전달 요소의 곱셈의 연산에 실수하지 않도록 설명하고자 한다.

식 (9.74)에서 $\mathbb{Z}[G_1(s)G_2(s)] \neq G_1(z)G_2(z)$이다. $G_1(s)G_2(s)$는 s 영역의 두 함수 $G_1(s)$와 $G_2(s)$를 먼저 곱셈으로 연산한 것이고, $\mathbb{Z}[G_1(s)G_2(s)]$는 연산 결과의 식 $G_1(s)G_2(s)$를 z 변환한 것이다.

식 (9.76)에서 $\mathbb{Z}[G_1(s)]\mathbb{Z}[G_2(s)]$는 두 함수 $G_1(s)$와 $G_2(s)$를 각각 먼저 z 변환한 $G_1(z)$와 $G_2(z)$를 곱한 것을 의미하고, $\mathbb{Z}[G_1(s)]\mathbb{Z}[G_2(s)] = G_1(z)G_2(z)$가 된다.

$$\mathbb{Z}[G_1(s)G_2(s)] = \mathbb{Z}[G_1G_2(s)] = G_1G_2(z) \neq G_1(z)G_2(z) \tag{9.78}$$

그림 9.10(a)와 (b)에서 두 전달함수 $G_1(s)$와 $G_2(s)$가 다음과 같이 주어진 경우에 펄스 전달함수를 구해본다.

$$G_1(s) = \frac{1}{s}, \qquad G_2(s) = \frac{1}{s+1} \tag{9.79}$$

(1) z 변환

$$G_1(z) = \mathbb{Z}[G_1(s)] = \frac{z}{z-1}, \quad G_2(z) = \mathbb{Z}[G_2(s)] = \frac{z}{z-e^{-T}} \tag{9.80}$$

(2) **그림 9.10**(a)의 $G(z)$

$$G(z) = \mathbb{Z}[G_1(s)G_2(s)] = \mathbb{Z}\left[\frac{1}{s(s+1)}\right] = \mathbb{Z}\left[\frac{1}{s} - \frac{1}{s+1}\right]$$

$$= \mathbb{Z}\left[\frac{1}{s}\right] - \mathbb{Z}\left[\frac{1}{s+1}\right] = \frac{z}{z-1} - \frac{z}{z-e^{-T}}$$

$$\therefore \quad G(z) = \frac{z(1-e^{-T})}{(z-1)(z-e^{-T})} \tag{9.81}$$

(3) **그림 9.10**(b)의 $G(z)$

$$G(z) = G_1(z)G_2(z) = \frac{z}{z-1} \cdot \frac{z}{z-e^{-T}}$$

$$\therefore \quad G(z) = \frac{z^2}{(z-1)(z-e^{-T})} \tag{9.82}$$

이제 **그림 9.11**의 궤환 제어계에서 펄스 전달함수 $G_0(z)$를 구해본다.

$$E(z) = R(z) - GH(z)E(z) \tag{9.83}$$

$$C(z) = G(z)E(z) \tag{9.84}$$

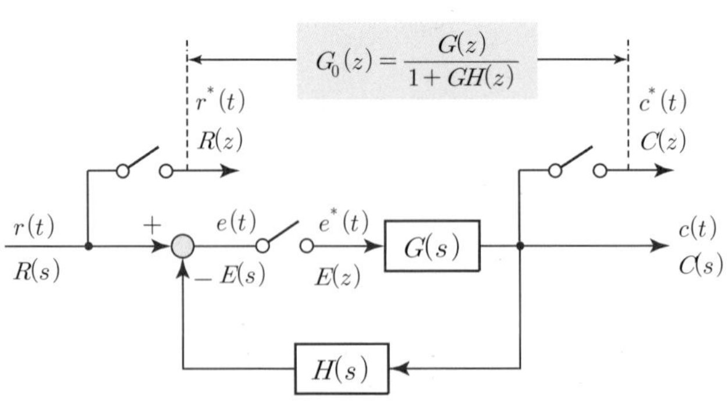

그림 9.11 ▶ 궤환 제어계의 펄스 전달함수

에 의해

$$G_0(z) = \frac{C(z)}{R(z)} = \frac{G(z)}{1+GH(z)} \tag{9.85}$$

가 된다. 단, $GH(z) = \mathbb{Z}[G(s)H(s)]$이다.

예제 9.8

그림 9.8과 같이 영차 홀드의 전달함수 $G_h(s)$와 $G_1(s) = \dfrac{s+2}{s+1}$가 종속 접속된 샘플값 제어계에서 펄스 전달함수 $G(z)$를 구하라.

풀이) 전달 요소 사이에 샘플러가 없는 제어계이다. 식 (9.71)에 의해 영차 홀드 전달함수 $G_h(s)$와 계 전체의 전달함수 $G(s)$는 각각 다음과 같다.

$$G_h(s) = \frac{1-e^{-Ts}}{s}$$

$$G(s) = G_h(s)G_1(s) = \frac{1-e^{-Ts}}{s}\frac{s+2}{s+1}$$

영차 홀드 $G_h(s)$의 s를 $G_1(s)$로 옮겨서 부분 분수로 전개를 하면 전체 전달함수 $G(s)$는

$$G(s) = (1-e^{-Ts})\left(\frac{G_1(s)}{s}\right) = (1-e^{-Ts})\frac{s+2}{s(s+1)}$$

$$\therefore\ G(s) = (1-e^{-Ts})\left(\frac{2}{s} - \frac{1}{s+1}\right)$$

이 된다. **표 9.1**의 변환표에 의해 z 변환하고 정리하면 $G(z)$가 다음과 같이 구해진다.

$$G(z) = (1-z^{-1})\left(\frac{2z}{z-1} - \frac{z}{z-e^{-T}}\right)$$

$$= \frac{z-1}{z}\cdot z\cdot\left(\frac{2}{z-1} - \frac{1}{z-e^{-T}}\right)$$

$$= (z-1)\frac{z+1-2e^{-T}}{(z-1)(z-e^{-T})} \qquad \therefore\ G(z) = \frac{z+1-2e^{-T}}{z-e^{-T}}$$

9.2.5 안정도

디지털 피드백 제어계에서 과도 응답 특성은 샘플링 레이트(sampling rate, 표본 추출 비율)에 의해 크게 영향을 받는다.

샘플링 레이트는 단위 시간당 샘플링 횟수를 비율에 따라 [Hz]로 표시한다. 샘플링 레이트를 변화시키면 디지털 제어계는 과제동에서 부족 제동까지 과도 응답 특성이 변할 뿐만 아니라 안정한 계에서 불안정한 계로도 바뀌게 된다. 이 절에서는 디지털 제어계에서 안정도에 대해 알아본다.

s 평면에서 제어계의 특성근이 좌반 평면에 존재하면 안정한 영역이라는 것을 제 5 장에서 배웠다. 전달함수 $G(s)$를 펄스 전달함수 $G(z)$로 변환된다고 하면, z 평면에서의 안정 영역은 $z=e^{Ts}$의 정의에 의해 판별할 수 있다. 따라서 복소 함수 $s=\sigma+j\omega$로 놓으면 다음과 같이 z가 얻어진다.

$$z=e^{Ts}=e^{T(\sigma+j\omega)}=e^{\sigma T}e^{j\omega T}=e^{\sigma T}(\cos\omega T+j\sin\omega T)$$

$$\therefore \quad z=e^{\sigma T}\underline{/\omega T} \qquad (9.86)$$

식 (9.86)에 의해 **그림 9.12**와 같이 s 평면의 허축이 z 평면에서 원점을 중심으로 하는 반지름이 1인 **단위원**($|z|=1$)으로 사상(mapping)된다.

제어계의 특성 방정식의 근, 즉 특성근의 실수부 σ의 부호에 따라 s 평면은 다음과 같이 z 평면으로 사상된다.

(1) $\sigma<0$(음, −)이면 z의 크기 $e^{\sigma T}<1$이므로 s 평면의 좌반 평면은 z 평면의 단위원의 내부로 사상된다.(영역 A) : 안정계

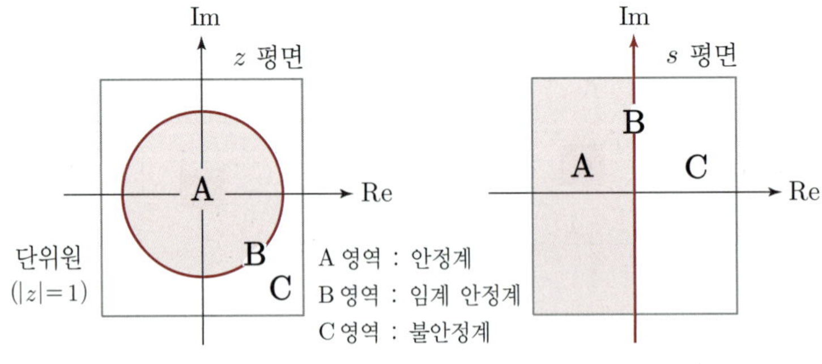

(a) z 평면($z=e^{\sigma T}\underline{/\omega T}$) (b) s 평면($s=\sigma+j\omega$)

그림 9.12 ▶ z 평면 사상(mapping)

(2) $\sigma = 0$이면 z의 크기 $e^{\sigma T} = 1$이므로 s 평면의 허축은 z 평면의 단위원 상의 경계로 사상된다.(영역 B) : 임계 안정계

(3) $\sigma > 0$(양, +)이면 z의 크기 $e^{\sigma T} > 0$이므로 s 평면의 우반 평면은 z 평면의 단위원의 외부로 사상된다.(영역 C) : 불안정계

이와 같이 디지털 제어계에서 폐루프 전달함수 $G(z)$의 극점의 위치에 따라 안정도를 판별할 수 있다.

연습문제

01 미분 방정식이 다음과 같이 표시되는 제어계의 계수 행렬 $\boldsymbol{A}$는?

$$\frac{d^2c(t)}{dt^2}+3\frac{dc(t)}{dt}+2c(t)=r(t)$$

① $\begin{bmatrix}-2 & -3\\ 0 & 1\end{bmatrix}$ ② $\begin{bmatrix}0 & 1\\ -3 & -2\end{bmatrix}$ ③ $\begin{bmatrix}0 & 1\\ -2 & -3\end{bmatrix}$ ④ $\begin{bmatrix}-3 & -2\\ 1 & 0\end{bmatrix}$

힌트 (예제 9.1의 정석 풀이 참고)

[간편 풀이법] : 3차 미분 방정식(가정)

① 상태 변수 선정 : 3차 미분 방정식은 3개의 변수 선정 x_1, x_2, x_3

② 상태 방정식(연립 1차 미분 방정식)

㉠ $1\sim(n-1)$차 까지 $\dot{x}_n=x_{n+1}$에 대입하여 상태 변수로 표현 $(\dot{x}_1=x_2,\ \dot{x}_2=x_3)$

㉡ n차(최고차) $(\dot{x}_n)$: 최고차항만 남기고 나머지항을 좌변으로 이항하여 상태 변수 대입$(\dot{x}_3)$

③ 상태 방정식(벡터 행렬 표현) : 연립 미분 방정식을 행렬로 변환한다.(부록 참고)

[간편 풀이법의 문제 적용] 2차 미분 방정식

① 상태 변수 선정(2차 미분 방정식)[2개] : x_1, x_2

② 상태 방정식(연립 미분 방정식) ㉠ $\dot{x}_1=x_2$ ㉡ 최고차항 : $\dot{x}_2=-2x_1-3x_2+r$

③ 상태 방정식(벡터 행렬 표현) $\begin{bmatrix}\dot{x}_1\\ \dot{x}_2\end{bmatrix}=\begin{bmatrix}0 & 1\\ -2 & -3\end{bmatrix}\begin{bmatrix}x_1\\ x_2\end{bmatrix}+\begin{bmatrix}0\\ 1\end{bmatrix}r$

02 $\dfrac{d^2x}{dt^2}+\dfrac{dx}{dt}+2x=2u$의 상태 변수를 $x_1=x$, $x_2=\dfrac{dx}{dt}$라 할 때 시스템 행렬은?

① $\begin{bmatrix}0 & 1\\ 1 & 1\end{bmatrix}$ ② $\begin{bmatrix}0 & 1\\ 2 & 1\end{bmatrix}$ ③ $\begin{bmatrix}0 & 1\\ -2 & -1\end{bmatrix}$ ④ $\begin{bmatrix}0\\ 2\end{bmatrix}$

힌트 **예제 9.1** 또는 문제 1 힌트 참고

03 n차 선형 시불변 시스템의 상태 방정식을 $\dfrac{d\boldsymbol{x}(t)}{dt}=\boldsymbol{A}\boldsymbol{x}(t)+\boldsymbol{B}u(t)$로 표시할 대 상태 천이 행렬 $\boldsymbol{\Phi}(t)$에 관하여 잘못 기술된 것은

① $\dfrac{d\boldsymbol{\Phi}(t)}{dt}=\boldsymbol{A}\Phi(t)$ ② $\boldsymbol{\Phi}(t)=\mathcal{L}^{-1}[(s\boldsymbol{I}-\boldsymbol{A})^{-1}]$

③ $\boldsymbol{\Phi}(t)=e^{\boldsymbol{A}t}$ ④ $\boldsymbol{\Phi}(t)$는 시스템의 정상 상태 응답을 나타낸다.

힌트 상태 천이 행렬 : 상태 초기 조건 $\boldsymbol{x}(0)=0$(영입력)에서의 과도 응답을 나타낸다.

$\boldsymbol{\Phi}(t)=e^{\boldsymbol{A}t}=\mathcal{L}^{-1}[(s\boldsymbol{I}-\boldsymbol{A})^{-1}]$, $\boldsymbol{\Phi}(t)=e^{\boldsymbol{A}t}$(미분) $\rightarrow d\boldsymbol{\Phi}(t)/dt=\boldsymbol{A}\Phi(t)$

04 상태 천이 행렬 $\boldsymbol{\Phi}(t)=e^{\boldsymbol{A}t}$에서 $t=0$일 때의 값은?

① e ② $\boldsymbol{I}$ ③ e^{-1} ④ 0

힌트 $\boldsymbol{\Phi}(t)=e^{\boldsymbol{A}t}$ ($t=0$ 대입) $\therefore \boldsymbol{\Phi}(0)=\boldsymbol{I}$(단위 행렬)

05 다음 상태 방정식으로 표시되는 제어계의 상태 천이 행렬 $\boldsymbol{\Phi}(t)$는?

$$\dot{\boldsymbol{x}}=\begin{bmatrix}0 & 1\\0 & 0\end{bmatrix}\boldsymbol{x}+\begin{bmatrix}0\\1\end{bmatrix}u$$

① $\begin{bmatrix}0 & t\\1 & 1\end{bmatrix}$ ② $\begin{bmatrix}1 & 1\\0 & t\end{bmatrix}$ ③ $\begin{bmatrix}1 & t\\0 & 1\end{bmatrix}$ ④ $\begin{bmatrix}0 & t\\1 & 0\end{bmatrix}$

힌트 **예제 9.5** 참고

06 시스템의 특성이 $G(s)=\dfrac{C(s)}{U(s)}=\dfrac{1}{s^2}$과 같을 때 상태 천이 행렬 $\boldsymbol{\Phi}(t)$는?

① $\begin{bmatrix}1 & 0\\0 & 1\end{bmatrix}$ ② $\begin{bmatrix}1 & t\\0 & 1\end{bmatrix}$ ③ $\begin{bmatrix}1 & -t\\0 & 1\end{bmatrix}$ ④ $\begin{bmatrix}-1 & 0\\0 & 1\end{bmatrix}$

힌트 $s^2C(s)=U(s)$의 역 라플라스 변환에 의한 미분 방정식 : $\dfrac{d^2c(t)}{dt^2}=u(t)$(2차 미분 방정식)

상태 변수(2개) : $x_1(t)$, $x_2(t)$

상태 방정식(연립 미분 방정식) $\dot{x}_1(t)=x_2(t)$, (최고차항) $\dot{x}_2(t)=u(t)$

$\dot{x}_1(t)=0\cdot x_1(t)+1\cdot x_2(t)$, $\dot{x}_2(t)=0\cdot x_1(t)+0\cdot x_2(t)+1\cdot u(t)$에서 벡터 행렬로 변환

상태 방정식(벡터 행렬) $\dot{\boldsymbol{x}}(t)=\begin{bmatrix}0 & 1\\0 & 0\end{bmatrix}\boldsymbol{x}(t)+\begin{bmatrix}0\\1\end{bmatrix}u(t)$

상태 방정식(벡터 행렬)은 문제 5번과 동일하므로 이후의 풀이 과정은 **예제 9.5**를 참고한다.

07 상태 방정식 $\dot{\boldsymbol{x}}(t)=\boldsymbol{A}\boldsymbol{x}(t)+\boldsymbol{B}r(t)$인 제어계의 특성 방정식은?

① $|s\boldsymbol{I}-\boldsymbol{B}|=\boldsymbol{I}$ ② $|s\boldsymbol{I}-\boldsymbol{A}|=\boldsymbol{I}$

③ $|s\boldsymbol{I}-\boldsymbol{B}|=0$ ④ $|s\boldsymbol{I}-\boldsymbol{A}|=0$

힌트 식 (9.38) 참고

08 상태 방정식 $\dot{\boldsymbol{x}}(t)=\boldsymbol{A}\boldsymbol{x}(t)$으로 표시되는 제어계가 있다. 이 방정식의 값은 어떻게 되는가?(단, $\boldsymbol{x}(0)$는 초기 상태의 벡터이다.)

① $e^{-\boldsymbol{A}t}\boldsymbol{x}(0)$ ② $e^{\boldsymbol{A}t}\boldsymbol{x}(0)$ ③ $\boldsymbol{A}e^{-\boldsymbol{A}t}\boldsymbol{x}(0)$ ④ $\boldsymbol{A}e^{\boldsymbol{A}t}\boldsymbol{x}(0)$

힌트 문제에서 방정식의 값(상태 방정식의 해)은 상태 천이 방정식을 나타내므로 식 (9.27)이 된다.

09 상태 방정식 $\dot{x}(t)=\boldsymbol{A}x(t)+\boldsymbol{B}u(t)$에서 $\boldsymbol{A}=\begin{bmatrix}0 & 1\\ -2 & -3\end{bmatrix}$일 때 특성 방정식의 근은?

① $-2,\ -3$　　② $-1,\ -2$　　③ $-1,\ -3$　　④ $1,\ -3$

힌트 특성 방정식 $|s\boldsymbol{I}-\boldsymbol{A}|=0$, $|s\boldsymbol{I}-\boldsymbol{A}|=\begin{bmatrix}s & 0\\ 0 & s\end{bmatrix}-\begin{bmatrix}0 & 1\\ -2 & -3\end{bmatrix}=\begin{vmatrix}s & -1\\ 2 & s+3\end{vmatrix}=s(s+3)+2$

특성근(고유값) : $s^2+3s+2=(s+1)(s+2)=0 \quad \therefore s=-1,\ s=-2$

10 다음과 같은 상태 방정식의 고유값은?

$$\begin{bmatrix}\dot{x}_1\\ \dot{x}_2\end{bmatrix}=\begin{bmatrix}1 & -2\\ -3 & 2\end{bmatrix}\begin{bmatrix}x_1\\ x_2\end{bmatrix}+\begin{bmatrix}2 & -3\\ -4 & 3\end{bmatrix}\begin{bmatrix}u_1\\ u_2\end{bmatrix}$$

① $4,\ -1$　　② $-4,\ 1$　　③ $8,\ -1$　　④ $-8,\ 1$

힌트 특성 방정식 $|s\boldsymbol{I}-\boldsymbol{A}|=0$, $|s\boldsymbol{I}-\boldsymbol{A}|=\begin{bmatrix}s & 0\\ 0 & s\end{bmatrix}-\begin{bmatrix}1 & -2\\ -3 & 2\end{bmatrix}=\begin{vmatrix}s-1 & 2\\ 3 & s-2\end{vmatrix}=(s-1)(s-2)-6$

특성근(고유값) : $s^2-3s-4=(s+1)(s-4)=0 \quad \therefore s=-1,\ s=4$

11 T를 샘플 주기라고 할 때 z 변환은 라플라스 변환 함수의 s 대신 다음의 어느 것을 대입하여야 하는가?

① $\frac{1}{T}\ln\frac{1}{z}$　　② $\frac{1}{T}\ln z$　　③ $T\ln z$　　④ $T\ln\frac{1}{z}$

힌트 $z=e^{Ts}$의 관계식에서 양변에 자연 로그 ln을 취하고 s 함수로 놓으면

$\ln z=\ln e^{Ts}=Ts\ln e=Ts \quad \therefore s=\frac{1}{T}\ln z$

12 다음은 단위 계단 함수 $u(t)$의 라플라스 또는 z 변환쌍을 나타낸다. 이 중에서 옳은 것은?

① $\mathcal{L}[u(t)]=1$　② $\mathrm{Z}[u(t)]=\frac{1}{z}$　③ $\mathcal{L}[u(t)]=\frac{1}{s^2}$　④ $\mathrm{Z}[u(t)]=\frac{z}{z-1}$

힌트 **표 9.1** 참고

13 단위 계단 함수의 라플라스 변환과 z 변환 함수는 어느 것인가?

① $\frac{1}{s},\ \frac{z}{z-1}$　　② $s,\ \frac{z}{z-1}$　　③ $\frac{1}{s},\ \frac{z-1}{z}$　　④ $s,\ \frac{z-1}{z}$

14 $f(t) = e^{-at}$ 의 z 변환은?

① $\dfrac{1}{z-e^{-aT}}$　　② $\dfrac{1}{z+e^{-aT}}$

③ $\dfrac{z}{z-e^{-aT}}$　　④ $\dfrac{z}{z+e^{-aT}}$

힌트 표 9.1 참고

15 z 변환 함수 $z/(z-e^{-aT})$에 대응되는 라플라스 변환과 시간 함수는?

① $1/(s+a)^2,\ te^{-at}$　　② $1/(1-e^{-ts}),\ \sum_{n=0}^{\infty}\delta(t-nT)$

③ $a/s(s+a),\ 1-e^{-at}$　　④ $1/(s+a),\ e^{-at}$

16 그림 9.13의 펄스 전달함수 $Y(z)/R(z)$는 다음 중 어느 것인가?

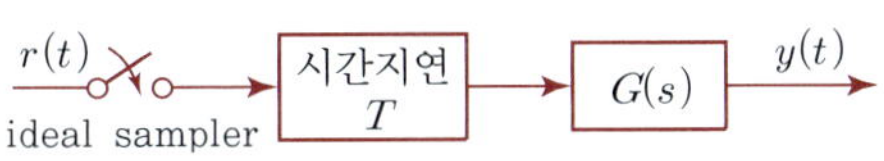

그림 9.13

① $G(z)Tz^{-1}$　② $G(z)Tz$　③ $G(z)z^{-1}$　④ $G(z)z$

힌트 시간지연 함수 : $\delta(t-T)$, $G_1(s) = \mathcal{L}[\delta(t-T)] = e^{-Ts}$, $Z[e^{-Ts}] = z^{-1}$, $G_2(s)] = G(s)$
(두 전달 요소간에 샘플러 미존재) 전달함수 $G_0(z) = Z[G_1(s)G_2(s)] = Z[e^{-Ts} \cdot G_2(s)] = z^{-1}G(z)$

17 그림 9.14와 같은 이산 제어계의 z 변환 전달함수 $C(z)/R(z)$를 구하면?

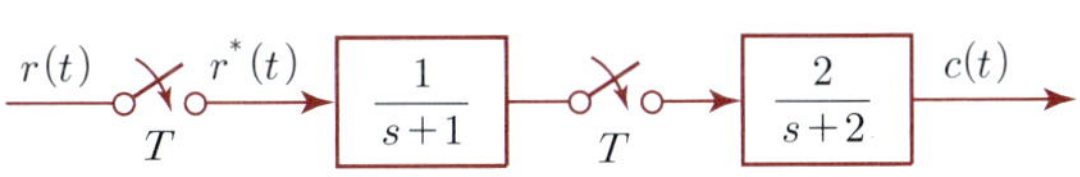

그림 9.14

① $\dfrac{2z}{z-e^{-T}} - \dfrac{2z}{z-e^{-2T}}$　　② $\dfrac{2z}{z-e^{-2T}} - \dfrac{2z}{z-e^{T}}$

③ $\dfrac{2z^2}{(z-e^{-T})(z-e^{-2T})}$　　④ $\dfrac{2z}{(z-e^{-T})(z-e^{-2T})}$

힌트 (두 전달 요소간에 샘플러 존재) 펄스 전달함수 $G(z) = G_1(z) \cdot G_2(z) = \dfrac{z}{z-e^{-T}} \cdot \dfrac{2z}{z-e^{-2T}}$

18 $e(t)$의 초기값은 $e(t)$의 z 변환을 $E(z)$라 했을 때 다음 어느 방법으로 얻어지는가?

① $\lim_{z \to 0} zE(z)$ ② $\lim_{z \to 0} E(z)$ ③ $\lim_{z \to \infty} zE(z)$ ④ $\lim_{z \to \infty} E(z)$

힌트 초기값 정리 : $f(0) = \lim_{t \to 0} f^*(t) = \lim_{z \to \infty} F(z)$

최종값 정리 : $f(\infty) = \lim_{t \to \infty} f^*(t) = \lim_{z \to 1} (1 - z^{-1}) F(z)$

19 계통의 특성 방정식 $1 + G(s)H(s) = 0$의 음의 실근은 z 평면 어느 부분으로 사상(mapping)되는가?

① z 평면의 좌반 평면 ② z 평면의 우반 평면

③ z 평면의 원점을 중심으로 한 단위원 외부

④ z 평면의 원점을 중심으로 한 단위원 내부

힌트 **그림 9.12** 참고

20 z 평면상의 원점에 중심을 둔 단위 원주상에 사상(mapping)되는 것은 s 평면의 어느 영역인가?

① 양의 반평면 ② 음의 반평면 ③ 실수축 ④ 허수축

힌트 **그림 9.12** 참고

21 샘플러의 주기를 T라 할 때 s 평면상의 모든 점은 식 $z = e^{sT}$에 의하여 z 평면상에 사상된다. s 평면의 좌반 평면상의 모든 점은 z 평면상 단위원의 어느 부분으로 mapping되는가?

① 내점 ② 외점 ③ 원주상의 점 ④ z 평면 전체

힌트 **그림 9.12** 참고

22 z 변환법을 사용한 샘플값 제어계가 안정하려면 $1 + G(s)H(s) = 0$의 근의 위치는?

① z 평면의 좌반면에 존재 ② z 평면의 우반면에 존재

③ $|z| = 1$인 단위원 내에 존재 ④ $|z| = 1$인 단위원 밖에 존재

힌트 **그림 9.12** 참고

Chapter 10

시퀀스 제어

10.1 시퀀스 제어의 정의와 제어 요소

시퀀스 제어(sequence control)는 미리 정해 놓은 순서나 시간 지연 등을 통해서 제어의 각 단계를 순차적으로 진행하는 제어를 말하고, 국부적으로 폐루프계를 포함하는 경우도 있지만 일반적으로 개루프 제어계이다. 전기 세탁기, 자동 판매기, 엘리베이터, 교통 신호기 등이 해당된다.

10.1.1 제어 요소의 동작과 심벌

시퀀스 제어계에서 제어기기 및 기구는 각각 소정의 작동과 기능이 주어져 있으며, 여기서는 자주 사용하고 있는 기기 및 기구의 동작과 기호에 관하여 알아보기로 한다.

(1) 푸시 버튼 스위치

푸시 버튼 스위치(push button switch)는 수동 조작 자동 복귀형 조작스위치이다.

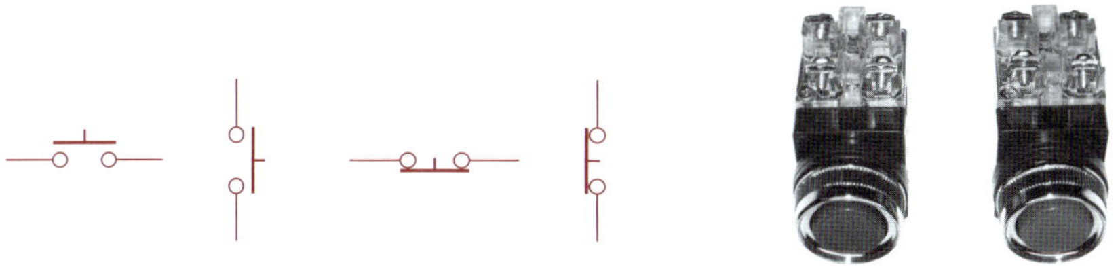

(a) a 접점(PB－a)　(b) b 접점(PB－b)　(c) 녹색(정지용), 적색(운전용)

그림 10.1 ▶ 푸시 버튼 스위치(자동 복귀형)

버튼을 누르면 접점이 닫히고 손을 놓으면 스프링의 힘에 의하여 즉시 열리는 상태로 자동 복귀하는 **상시 개로형**(PB－a 접점)과 반대로 버튼을 누르면 접점이 열리고 손을 놓으면 즉시 닫히는 상태로 자동 복귀하는 **상시 폐로형**(PB－b 접점)이 있다.

푸시 버튼 스위치는 **복귀형 수동 스위치**라고 한다. **그림 10.1**은 푸시버튼 스위치의 기호와 사진을 나타낸 것이다.

(2) 수동 스위치

수동 스위치는 나이프 스위치와 같이 한 번 수동 조작을 하면 반대의 조작을 할 때까지 접점의 개폐 상태가 그대로 지속되는 스위치이다. 이 스위치는 나이프 스위치, 토글 스위치, 텀블러 스위치 및 누름 버튼 스위치 등이 있다.

푸시 버튼 스위치는 자동 복귀하는 복귀형 수동 스위치인 것에 대해 이 수동 스위치는 수동 조작에 의해 개폐 동작을 지속적으로 유지하기 때문에 **유지형 수동 스위치**라고 한다. **그림 10.2**는 수동 스위치의 기호와 사진을 나타낸 것이다.

(a) 기호 (b) 사진(토글 스위치)

그림 10.2 ▸ 수동 스위치(유지형)

(3) 전자 계전기 (전자 릴레이)

전자 계전기(electromagnetic relay)는 유접점 시퀀스 제어에 사용되는 기기의 중심 역할을 하는 기기이고, 철심에 코일을 감아 전류를 흘리면 전자석이 되고, 이 전자력을 이용하여 접점을 개폐할 수 있는 기능을 가진 장치이다. 전자 계전기는 간단히 **계전기** 또는 **릴레이**(relay)라고도 한다.

일반적으로 전자 계전기는 철심에 코일이 감겨진 전자 코일과 가동 접점과 고정 접점으로 구성되어 있다. **그림 10.3**은 전자 계전기의 기호와 사진을 나타낸 것이다.

a 접점은 코일에 전류가 흐르지 않은 상태의 평상시에 가동 접점과 고정 접점이 떨어져 있는 **상시 개로형**(NO, normal open)이다. 그러나 코일에 전류가 흐르면 전자석의 흡인력에 의해 가동 접점이 고정 접점에 접속해서 폐로 상태가 되고, 전류가 흐르지 않으면

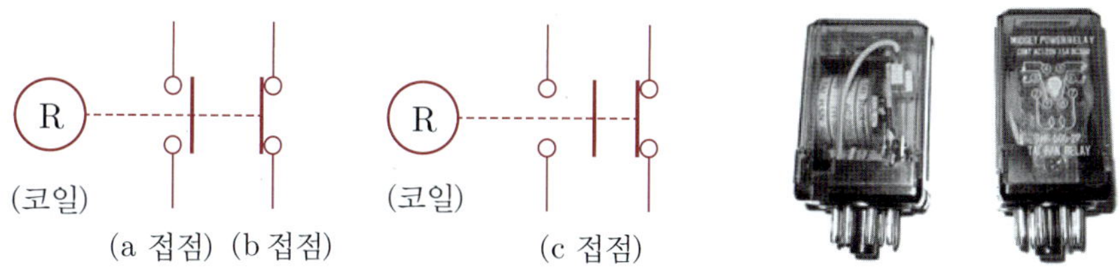

(a) 기호 (b) 사진

그림 10.3 ▶ 전자 계전기(전자 릴레이)

다시 개로 상태로 복귀하는 접점이다.

b 접점은 코일에 전류가 흐르지 않은 상태의 평상시에 가동 접점과 고정 접점이 접속되어 있는 **상시 폐로형**(NC, normal close)이다. 그러나 코일에 전류가 흐르면 전자석의 흡인력에 의해 가동 접점이 고정 접점에서 떨어져 개로 상태가 되고, 전류가 흐르지 않으면 다시 폐로 상태로 복귀하는 접점이다.

표 10.1 ▶ 접점의 종류

접점 종류	접점 상태	내 용
a 접점	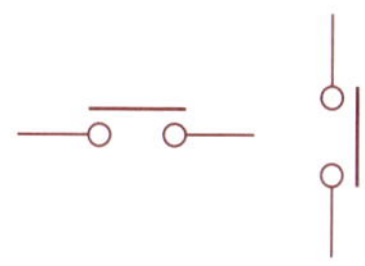	① 상시 개로 접점(NO, normal open) ② arbeit contact/make contact(회로를 닫는 접점) ③ 평상시 개로에서 전자력에 의해 폐로되는 접점
b 접점	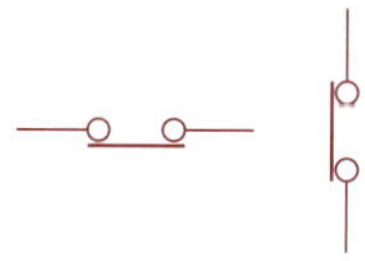	① 상시 폐로 접점(NC, normal close) ② break contact(회로를 여는 접점) ③ 평상시 폐로에서 전자력에 의해 개로되는 접점
c 접점	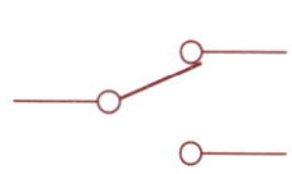	① 전환 접점(change over contact) ② 평상시 a 접점(개로)과 b 접점(폐로)을 공유한 접점 ③ 전자력에 의해 a 접점은 폐로, b 접점은 개로 상태로 동시에 절환되는 접점

(4) 전자 접촉기

전자 접촉기(MC, electromagnetic contactor)는 **주 접점**과 **보조 접점**이 있으며, 이 접점부와 전자 코일 및 철심 등으로 구성되어 있다. 전자 접촉기는 전자 계전기의 동작 원리와 같지만, 대전류가 흐르는 전력회로의 개폐에 자주 이용되고 있는 점이 다르다.

전자 접촉기의 전자 코일에 전류가 흐르면 고정 철심이 전자석으로 되어 가동 철심이 흡인되고, 이 가동 철심과 연동해서 주 접점 및 보조 접점의 가동 접점은 동시에 힘을 받아 접점이 개폐를 한다.

전자 접촉기의 **주 접점**은 주회로에 접속하여 대전류가 흘러도 안정한 대용량의 개폐 조작을 할 수 있는 접점이고, **보조 접점**(a, b 접점)은 전자 계전기와 같은 작은 전류 용량을 개폐할 수 있는 접점을 말한다.

그림 10.4는 전자 접촉기의 주 접점과 보조 접점을 포함한 기호와 사진을 나타낸 것이다.

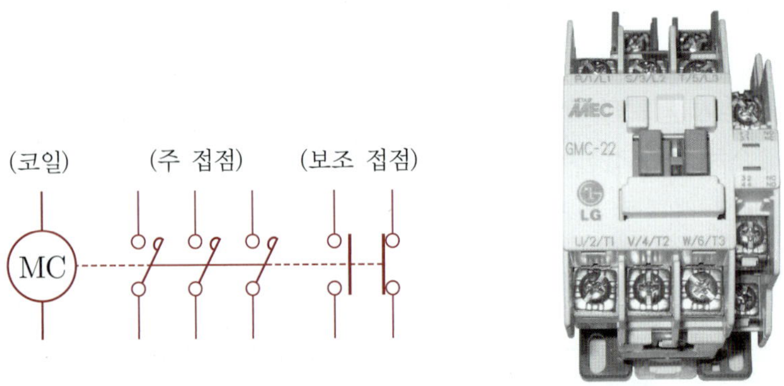

(a) 기호 (b) 사진

그림 10.4 ▸ 전자 접촉기

(5) 열동 계전기

열동 계전기(thermal relay)는 **열동 과전류 계전기**라고도 하며, 히터와 바이메탈을 조합시킨 열동 소자와 조작 회로의 접점부로 구성되어 있다. 열동 계전기에 설정한 크기 이상의 과전류가 흐르면 접점이 열리고 원 상태의 복귀는 수동에 의해서만 가능한 **수동 복귀 접점**을 가지며 과부하 보호용 계전기이다.

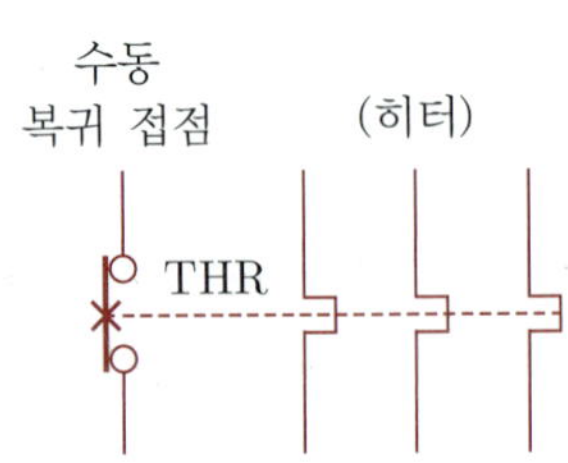

그림 10.5 ▸ 열동 계전기

일반적으로 열동 계전기는 전자 접촉기와 하나의 구조로 결합하여 사용되고 있으며, 전자 접촉기의 주 접점에 접속되는 주회로에 정상 전류값 이상의 전류가 흐르면 열동 계전기가 동작하여 주 접점의 회로를 개로시킨다. **그림 10.5**는 열동 계전기의 수동 복귀 접점을 나타낸 것이다.

(6) 타이머

전자 계전기는 입력이 인가되어 전자 코일에 전류가 흐르면 계전기는 여자되어 가동 접점이 거의 순간적으로 전환된다. 그러나 **타이머**(timer)는 전기적 또는 기계적인 입력이 인가되어도 즉시 접점이 개폐하지 않고 설정된 시간이 경과(시간 지연)한 후에 회로를 전기적으로 자동 개폐하는 계전기의 일종이다. 또 프리커 타이머(flicker timer)는 설정 시간 동안 개폐를 반복하는 접점을 가진 계전기이다. 타이머는 동작 원리에 따라 전자식, 모터식 및 공기식 타이머로 분류한다. **그림 10.6**은 타이머의 사진을 나타낸 것이다.

(a) 일반 타이머 (b) 프리커 타이머

그림 10.6 ▶ 타이머

계전기의 접점은 **표 10.2**와 같이 한시 접점과 순시 접점이 있으며, 이 접점 동작에 따라 계전기는 순시동작 순시복귀, 한시동작 순시복귀, 순시동작 한시복귀, 한시동작 한시복귀로 나눌 수 있다.

① 순시동작 순시복귀

계전기에 전원이 투입되면 즉시 동작하고, 전원이 차단되면 즉시 복귀하는 접점으로 일반적인 **계전기**(릴레이)가 해당된다.

② **한시동작 순시복귀**(program control)

전원이 투입(타이머 여자)되면 설정 시간만큼 지연한 후에 동작하고 전원이 차단(타이머 소자)되면 즉시 복귀하는 접점으로 **on delay 타이머**가 해당된다.

③ **순시동작 한시복귀**(follow-up control)

타이머에 전원이 투입(타이머 여자)되면 즉시 동작하고, 전원이 차단(타이머 소자)되면 설정 시간만큼 지연한 후에 복귀하는 접점으로 **off delay 타이머**가 해당된다.

④ 한시동작 한시복귀

전원이 투입되면 설정 시간만큼 지연한 후 동작하고 전원이 차단되면 설정 시간만큼 지연한 후 복귀하는 접점으로 거의 사용하지 않는다.

일반 전자 계전기는 ①항의 순시동작 순시복귀 접점, **타이머 계전기**는 ②와 ③항의 **한시 접점**을 의미한다.

타이머 계전기의 한시 동작 접점과 한시 복귀 접점의 상세한 동작은 **그림 10.21**(b)와 **그림 10.22**(b)의 타임 차트에서 확인해 보기 바란다.

표 10.2 ▸ 한시 접점과 순시 접점

접점 종류	기 호		내 용
	a 접점	b 접점	
한시 동작	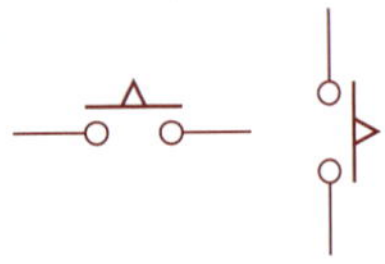		(타이머 계전기 접점) 타이머가 여자 시, 시간 지연 후 동작하는 접점(on delay)
한시 복귀	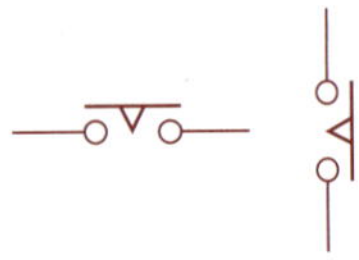	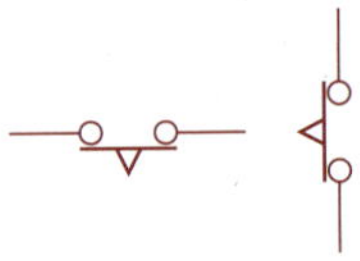	(타이머 계전기 접점) 타이머가 소자 시, 시간 지연 후 복귀하는 접점(off delay)
순시 동작 순시 복귀	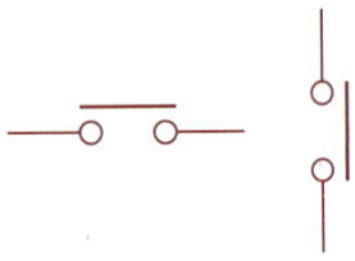	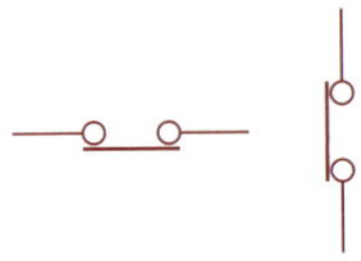	(일반 전자 계전기 접점) 전원 투입 : 즉시 동작 전원 차단 : 즉시 복귀

(7) 검출 스위치

제어 대상의 상태량 또는 변화량을 검출하기 위한 스위치로써 액면, 압력, 온도 및 위치 등의 제어량을 검출하는 스위치로 압력 스위치, 온도 스위치, 리미트 스위치(limit switch) 등이 있다.

(8) 표시등 및 경보기

제어 회로에서 장치의 작동, 진행 상태 및 고장 발생을 감시자에게 알려주기 위한 것으로 표시등과 경보등이 있다. **표시등**의 색깔은 적색(RL, red lamp), 황색(YL, yellow lamp), 녹색(GL, green lamp) 등이 있고, 최근에는 램프보다 발광 다이오드(LED)를 많이 사용하고 있다. **경보기**는 벨(bell), 부저(buzzer) 등이 사용되고, 제어 장치의 고장이나 이상이 발생할 때에 알려주는 경보기이다.

(9) 전원, 동력 장치 및 차단 장치

제어 회로에서 **전원**은 전력 변환 장치의 변압기가 해당되고, 장치를 구동시키는 **동력 장치**는 전동기가 반드시 필요하다.

전로의 **차단 장치**는 **그림 10.7**과 같이 과부하 및 단락전류 차단용의 배선용 차단기(MCCB)와 누전 차단용의 누전 차단기(ELB)가 있다.

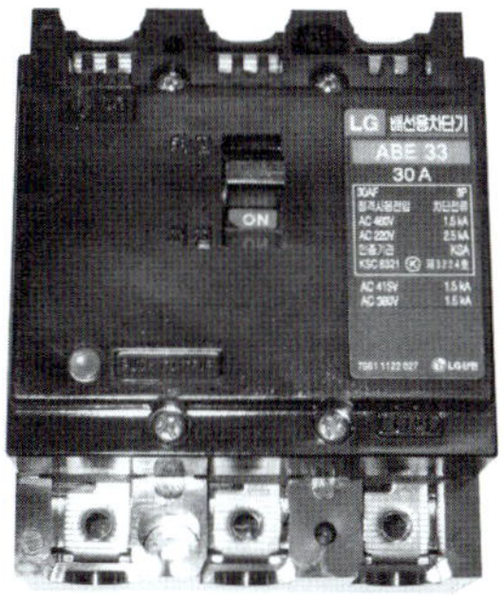

(a) 배선용 차단기(MCCB, NFB)

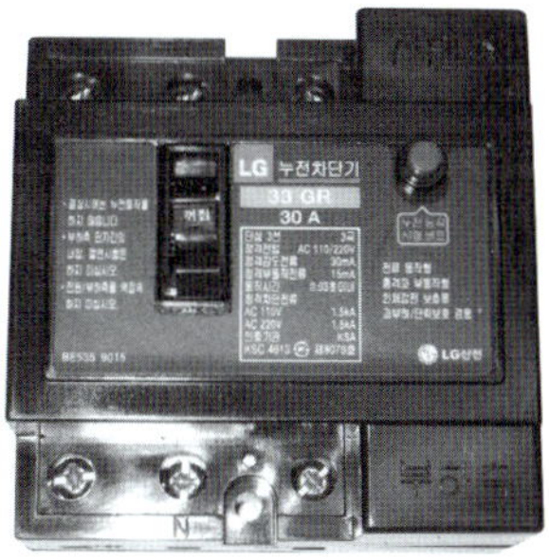

(b) 누전 차단기(ELB)

그림 10.7 ▶ 전로의 차단 장치

10.1.2 유접점 계전기와 무접점 계전기

시퀀스 제어회로에서 회로의 개폐 동작을 전자 계전기, 전자 접촉기 등과 같이 가동 접점에 의하여 작동하는 **유접점 계전기**와 다이오드, 트랜지스터 등의 반도체 소자와 같이 접점을 갖지 않는 **무접점 계전기**를 이용하고 있다.

유접점 계전기는 무접점 계전기에 비하여 동작시간과 복귀시간이 늦고 장시간 사용하면 접점이 마모되어 수명이 단축되는 등의 단점이 있지만, 대전류의 적용과 가격이 저렴하여 널리 사용되고 있다.

10.2 시퀀스 제어의 논리 회로

시퀀스 제어는 유접점 계전기 또는 무접점 계전기의 접점과 스위치의 조합에 의해 구성되는 회로이고, 접점 및 스위치의 개(open, OFF)와 폐(close, ON)의 전기적으로 구별되는 두 가지 신호(2진법 신호)를 제어의 기본으로 하고 있다.

따라서 시퀀스 제어회로는 이론적으로 취급하는 수학으로 **불 대수**(Boolean algebra)를 적용할 수 있는 논리회로가 되므로 우선 불 대수에 대해 알아보기로 한다.

10.2.1 논리 연산

불 대수는 명제의 참(true, 1)과 거짓(false, 0)의 두 가지 변수 "1"과 "0" 만을 갖는 논리 변수(logic variable)를 이용하여 일정한 법칙에 따라 논리학을 수학적 해석에 의해 논리 연산을 행하는 것이다.

시퀀스 제어회로에서도 전기 신호의 유(1)와 무(0), 스위치의 ON(1)과 OFF(0), 계전기 접점의 개폐 상태, 전압의 인가 유무 등을 두 가지 변수 "1"과 "0" 만을 갖는 논리 변수를 가지고 있으므로 수학적인 논리 연산을 수행하는 불 대수를 적용할 수 있다.

(1) 기본 논리 연산

불 대수의 논리 연산은 기본적으로 **논리곱(AND)**, **논리합(OR)**, **논리 부정(NOT)** 등의 세 종류가 있으며, 이들의 조합에 따라 연산은 확장된다.

① **논리곱(AND)**

두 개 또는 그 이상의 입력 신호가 모두 "1" 일 때에만 출력 신호가 "1" 이 되며, 논리곱의 논리식은 다음과 같다.

$$\mathrm{X} = A \cdot B \;\; (A \text{ AND } B) \tag{10.1}$$

② **논리합(OR)**

두 개 또는 그 이상의 입력 신호가 어느 한 값이 "1" 이면 출력 신호가 "1" 이 되며, 논리합의 논리식은 다음과 같다.

$$\mathrm{X} = A + B \;\; (A \text{ OR } B) \tag{10.2}$$

③ **논리 부정(NOT)**

입력 신호와 출력 신호가 서로 반대되는 값이 되는 연산으로 입력 신호가 "1" 이면 출력 신호가 "0", 반대로 입력 신호가 "0" 이면 출력 신호가 "1" 이 된다. 부정의 논리식은 다음과 같다.

$$X = \overline{A} \quad (\text{NOT } A) \tag{10.3}$$

위의 기본 논리 연산은 결론적으로 서술하였으나 이해를 돕기 위하여 시퀀스 제어 회로에서 다시 적용하여 설명하기로 한다.

10.2.2 기본 논리 회로

논리 변수 "1" 과 "0" 만의 조합으로 구성되는 시퀀스 제어 회로를 **논리 회로**(logic circuit)라고 하고, 한 개 또는 그 이상의 입력 신호의 조합으로 한 개의 출력 신호를 발생하는 논리 회로를 **게이트**(gate)라고 한다.

기본적인 논리 연산 회로는 AND 회로(게이트), OR 회로(게이트), NOT 회로(게이트)의 세 종류가 있고, 이를 조합하여 구성된 NAND 회로와 NOR 회로 등이 있다.

이 논리 회로를 이해하기 위하여 유접점 및 무접점 시퀀스 회로를 비교하면서 설명하기로 한다. 특히 무접점 계전기로 사용하는 반도체 소자는 다이오드와 트랜지스터가 있으며, 이 소자들의 기본 특성을 파악하면 쉽게 해석할 수 있다.

① **다이오드 소자** : 순방향 전압(단락 상태)과 역방향 전압(개방 상태)의 특성에 의해 유접점 전자계전기의 개폐 동작과 같은 역할을 한다.

② **트랜지스터 소자** : Tr 소자의 베이스 전류 I_b의 흐름 여부에 의해 전자 계전기 접점의 개폐 동작과 같은 역할을 한다. 즉, I_b가 흐르면 컬렉터 전류 I_c도 흐르게 되어 Tr은 동작(단락 상태), 또 I_b가 흐르지 않으면 Tr은 부동작(개방 상태)이 되므로 유접점 전자계전기의 개폐 동작과 같은 역할을 한다.

(1) AND 회로

AND 회로는 계전기의 입력 신호 A, B가 모두 "1" 일 때 출력 X가 "1" 이 되는 회로를 말한다. 이 회로는 입력 접점이 모두 직렬로 구성되어 있으며, 논리식은

$$X = A \cdot B \tag{10.4}$$

이고, AND 회로를 **논리곱 회로**라고도 한다.

그림 10.8은 AND 회로의 유접점 회로와 무접점 회로의 시퀀스도를 나타낸 것이며, 각각 회로의 동작에 대하여 설명한다.

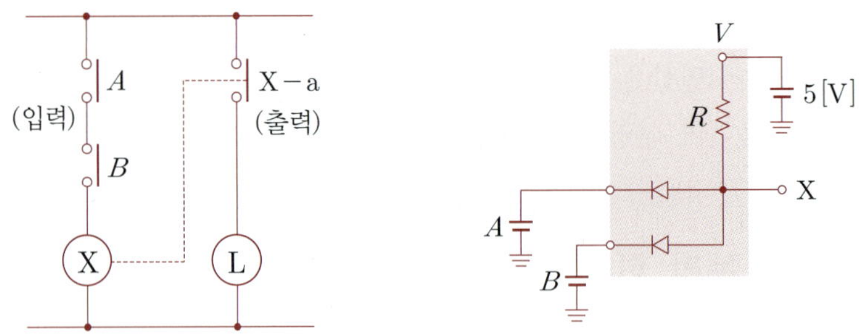

(a) 유접점 회로　　(b) 무접점 회로

그림 10.8 ▸ AND 회로

① **유접점 회로의 동작[그림 10.8(a)]**

㉠ 입력 접점 A, B가 모두 닫히면(1) 전자 계전기에 전류가 흐르면서 계전기의 코일 X가 여자되고 출력 X-a 접점을 닫게(1) 하여 램프가 점등된다.

㉡ 입력 접점 A와 B 중 어느 한 개(또는 두 개)가 열리면(0) 계전기의 코일 X는 여자되지 않으므로 출력 X-a 접점은 작동하지 않고 열린(0) 상태가 되어 램프가 소등된다.

② **무접점 회로의 동작[그림 10.8(b)]**

㉠ 입력 전압 $A = B = 0$ [V] : 두 다이오드(ideal diode)는 순방향 전압이 인가되므로 모두 동작하여 단락 상태가 되고 전류는 다이오드의 화살 방향으로 흐른다. 따라서 저항 R의 전압강하는 $V_R = 5$ [V]이므로 출력 단자와 접지간의 출력 전압은 $X = V - V_R = 0$ [V]가 된다. 즉 논리 결과는 "0" 이다.

㉡ 입력 전압 $A = 0$ [V], $B = 5$ [V] 또는 $A = 5$ [V], $B = 0$ [V] : 두 다이오드 중 한 개는 동작하여 단락 상태가 되므로 위의 ㉠과 동일한 결과이다. 따라서 출력 단자와 접지간의 출력 전압은 $X = 0$ [V]이고, 논리 결과는 "0" 이다.

㉢ 입력 전압 $A = B = 5$ [V] : 전원 V와 같은 전위가 되어 두 다이오드는 동작하지 못하고 전류가 흐르지 않는다. 따라서 저항 R에 전압강하도 일어나지 않게 되어

출력 단자와 접지간의 출력 전압은 입력 전압과 같고 $X = V = 5[V]$이다. 즉 논리 결과는 "1" 이다.

위의 논리 회로의 입·출력 관계를 표로 나타내는 것을 **진리표**(true table)라 하고, **표 10.3**은 AND 회로의 진리표와 기호를 나타낸 것으로써 입력 신호 A, B가 모두 "1"인 경우만 출력 X가 "1" 이 되는 것을 확인할 수 있다.

표 10.3 ▶ 진리표와 기호

입 력		출 력	AND 논리 기호
A	B	X	$A \cdot B = X$
0	0	0	
0	1	0	
1	0	0	
1	1	1	

(2) OR 회로

OR 회로는 입력 신호 A, B 중 어느 하나가 "1" 일 때 출력 X는 "1" 이 되는 회로이다. 이 회로는 입력 접점이 모두 병렬로 구성되어 있으며, 논리식은

$$X = A + B \tag{10.5}$$

이고, OR 회로를 **논리합 회로**라고도 한다.

그림 10.9는 OR 회로의 유접점 회로와 무접점 회로의 시퀀스도를 나타낸 것이며, 각각 회로의 동작에 대하여 설명한다.

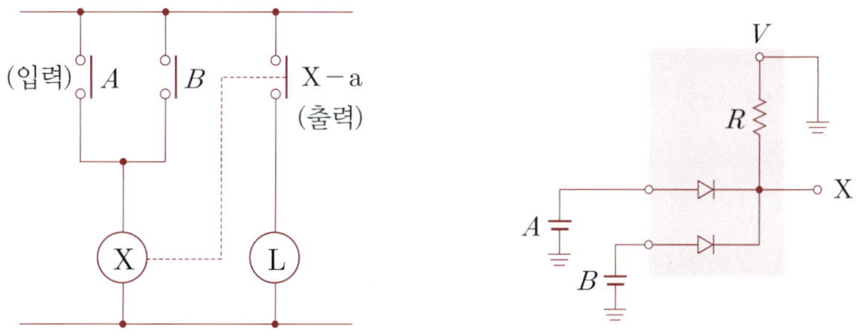

(a) 유접점 회로 (b) 무접점 회로

그림 10.9 ▶ OR 회로

① **유접점 회로의 동작** [그림 10.9(a)]

㉠ 입력 접점 A, B 중 어느 한 개(또는 두 개)가 닫히면(1) 계전기에 전류가 흐르면서 계전기의 코일 X가 여자되고 출력 X-a 접점을 닫게(1) 하여 램프가 점등된다.

㉡ 입력 접점 A와 B가 모두 열리면(0) 계전기 코일 X는 여자되지 않는다. 따라서 출력 X-a 접점은 작동하지 않고 열린(0) 상태가 되므로 램프가 소등된다.

② **무접점 회로의 동작** [그림 10.9(b)]

㉠ 입력 전압 $A = B = 0$ [V] : 회로의 어느 곳에도 인가 전압이 없기 때문에 출력 전압은 X = 0 [V]가 된다. 즉 논리 변수는 "0" 이다.

㉡ 입력 전압 $A = 0$ [V], $B = 5$ [V] 또는 $A = 5$ [V], $B = 0$ [V] :
두 다이오드 중 한 개는 동작하여 단락이 되므로 출력 전압은 입력 전압과 같아진다. 즉 X = 5 [V]가 되고, 논리 결과는 "1" 이다.

㉢ 입력 전압 $A = B = 5$ [V] : 두 다이오드 모두 동작하여 단락 상태가 되므로 위와 같이 출력 전압은 입력 전압과 같아져서 X = 5 [V]가 되고, 논리 결과는 "1" 이다.

입 · 출력 관계로부터 입력 신호 A, B 중 어느 한 개(또는 두 개)가 "1" 인 경우에 출력 X가 "1" 이 되는 것을 확인할 수 있다. **표 10.4**는 OR 회로의 진리표와 기호를 나타낸다.

표 10.4 ▶ 진리표와 기호

입 력		출 력	OR 논리 기호
A	B	X	$A+B=X$
0	0	0	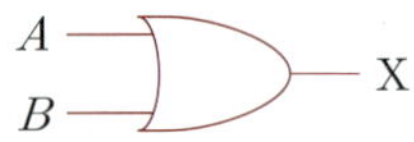
0	1	1	
1	0	1	
1	1	1	

(3) NOT 회로

NOT 회로는 입력 신호 A가 "1" 이면 출력 X는 "0" 이고, 반대로 입력 신호 A가 "0" 이면 출력 X는 "1" 이 되는 회로를 말한다.

이 회로는 입력 신호에 대해 반전 상태의 출력 신호가 얻어지고, 입력에 대해 부정된 출력 신호가 얻어지므로 이 회로를 NOT 회로라 하며 **논리 부정회로**라고도 한다.

NOT 회로의 논리식은 다음과 같다.

$$X = \overline{A} \tag{10.6}$$

그림 10.10은 NOT 회로의 유접점 회로와 무접점 회로의 시퀀스도를 나타낸 것이며, 각각 회로의 동작에 대하여 설명한다.

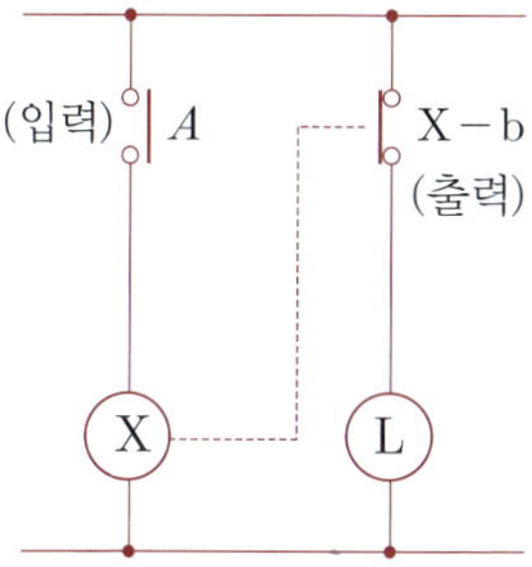

(a) 유접점 회로

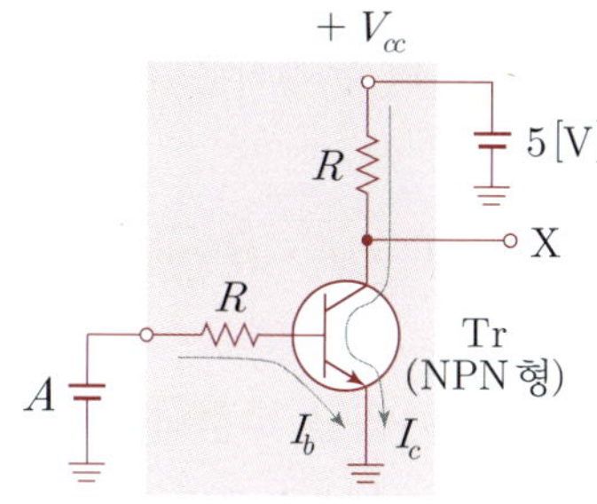

(b) 무접점 회로

그림 10.10 ▶ NOT 회로

① **유접점 회로의 동작**[**그림 10.10**(a)]

㉠ 입력 접점 A가 열려 있으면(0) 전자 계전기 X는 여자되지 않고 출력 X-b 접점은 닫힌 상태(1)가 되므로 램프가 점등된다.

㉡ 입력 접점 A를 닫으면(1) 전자 계전기 X는 여자되고 출력 X-b 접점을 열게(0) 하므로 램프가 소등된다.

② **무접점 회로의 동작**[**그림 10.10**(b)]

㉠ $A=0$[V] : 베이스 전류 I_b가 흐르지 않으므로 Tr은 동작하지 못하고 컬렉터 전류 I_c도 흐르지 않는다. 따라서 Tr은 개방 상태가 되므로 출력 전압은 전원 전압과 같으므로 X = $V_{cc}=5$[V]이고, 논리 결과는 "1" 이다.

㉡ $A=5$[V] : 베이스 전류 I_b가 흘러 Tr은 동작하고 단락 상태가 되어 컬렉터 전류 I_c도 흐르게 된다. 따라서 저항 R의 전압강하 $RI_c = V_{cc}=5$[V]이므로 출력 전압은 X = $V_{cc}-RI_c=0$[V]가 된다. 즉 논리 결과는 "0" 이다.

이들의 입·출력 관계로부터 NOT 회로의 진리표와 기호를 **표 10.5**에 나타낸다.

표 10.5 ▶ 진리표와 기호

입 력	출 력	NOT 논리 기호
A	X	$X=\overline{A}$
0	1	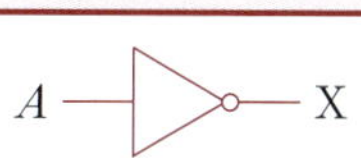
1	0	

(4) NAND 회로

NAND 회로는 AND 회로와 NOT 회로를 조합한 것이고, AND 회로의 부정회로가 된다. 따라서 입력 신호 A, B 모두가 "1" 일 때 출력 X는 "0" 이 되는 회로이다.

NAND 회로의 논리식은 식 (10.4)의 AND 회로의 논리식에 부정(NOT)을 시킨

$$\mathrm{X} = \overline{A \cdot B} \tag{10.7}$$

이고, 회로를 **논리곱 부정회로**라고도 한다.

그림 10.11은 NAND 회로의 유접점 회로와 무접점 회로의 시퀀스도를 나타낸 것이며, 각각 회로의 동작에 대하여 설명한다.

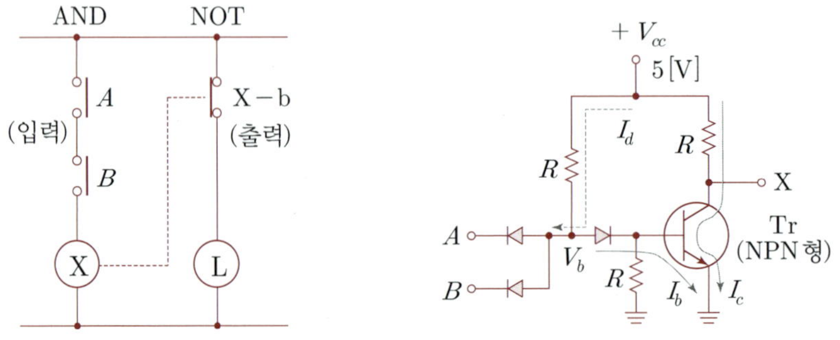

(a) 유접점 회로　　(b) 무접점 회로

그림 10.11 ▶ NAND 회로

① **유접점 회로의 동작** [**그림 10.11**(a)]

㉠ 입력 접점 A, B가 모두 닫히면(1) 전자 계전기에 전류가 흐르면서 계전기의 코일 X가 여자되고 출력 X-b 접점이 열려서(0) 램프가 소등된다.

㉡ 입력 접점 A와 B 중 어느 한 개(또는 두 개)가 열리면(0) 계전기의 코일 X는 여자 될 수 없기 때문에 출력 X-b 접점은 처음 상태를 유지한 채 닫혀(1) 있게 되어 램프가 점등된다.

② **무접점 회로의 동작** [**그림 10.11**(b)]

㉠ $A=B=0$[V]와 $A=0$[V], $B=5$[V] 또는 $A=5$[V], $B=0$[V] :
입력 측의 두 다이오드의 한 개(또는 두 개)가 단락 상태이고 $+V_{cc}=5$[V]에

의한 전류 I_d는 입력 측의 다이오드 쪽으로만 흘러 $V_b = 0$[V]가 된다. 따라서 베이스 전류 $I_b = 0$이므로 Tr은 동작하지 않고 개방 상태가 되어 출력 단자와 접지간의 출력 전압은 X = 5[V]가 된다. 즉 논리 결과는 "1"이다.

㉡ $A = B = 5$[V] : 전원 V와 입력 전압은 같은 전위가 되어 두 다이오드는 동작하지 못하고 $I_d = 0$이다. 따라서 $V_b = 5$[V]이므로 I_b가 흘러 Tr은 동작하고 단락 상태가 되며 I_c도 흐르게 된다. 이미터 접속 저항의 전압강하 $RI_c = V_{cc} = 5$[V]이므로 출력 전압은 X = $V_{cc} - RI_c = 0$[V]가 된다. 즉 논리 결과는 "0"이다.

이들의 입·출력 관계로부터 NAND 회로의 진리표와 기호를 **표 10.6**에 나타내었고, 입력 신호 A, B 모두 "1"인 경우에만 출력 X가 "0"이 되는 것을 확인할 수 있다.

표 10.6 ▸ 진리표와 기호

입 력		출 력	NAND 논리 기호
A	B	X	$\overline{A \cdot B} = X$
0	0	1	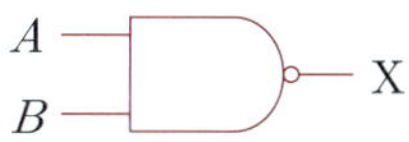
0	1	1	
1	0	1	
1	1	0	

(5) NOR 회로

NOR 회로는 OR 회로와 NOT 회로를 조합한 것이고, OR 회로의 부정회로이므로 **논리합 부정회로**라고도 한다. 따라서 입력 신호 A, B 중 어느 하나가 "1"일 때 출력 X는 "0"이 되는 회로이다.

NOR 회로의 논리식은 식 (9.12)의 OR 회로의 논리식에 부정(NOT)을 시켜 다음과 같이 표시된다.

$$X = \overline{A + B} \quad (10.8)$$

그림 10.12는 NOR 회로의 유접점 회로와 무접점 회로의 시퀀스도를 나타낸 것이며, 각각 회로의 동작에 대하여 설명한다.

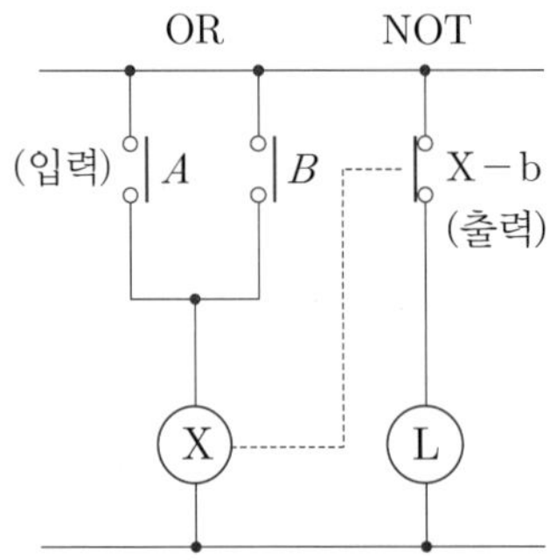

(a) 유접점 회로

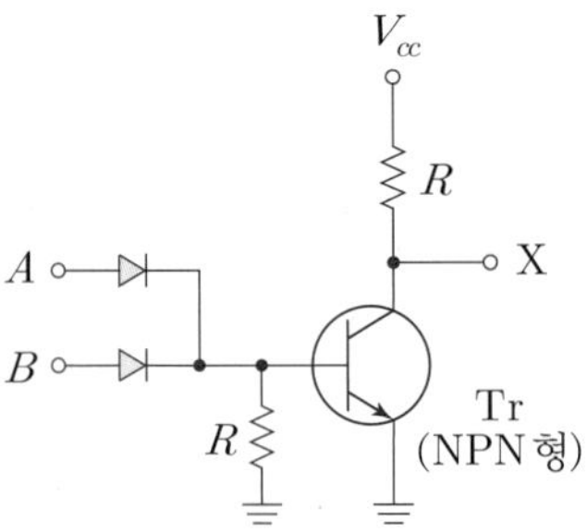

(b) 무접점 회로

그림 10.12 ▶ NOR 회로

① **유접점 회로의 동작**[그림 10.12(a)]

㉠ 입력 접점 A와 B 중 어느 한 개(또는 두 개)가 닫히면(1) 계전기의 코일 X가 여자되고 출력 X-b 접점을 열게(0) 하여 램프가 소등된다.

㉡ 입력 접점 A, B가 모두 열리면(0) 계전기의 코일 X는 여자 될 수 없고, 출력 X-b 접점은 처음 상태와 마찬가지로 닫혀(1) 있게 되어 램프가 점등된다.

② **무접점 회로의 동작**[그림 10.12(b)]

㉠ $A=B=0$[V] : $+V_{cc}=5$[V]에서 두 다이오드는 역방향 전압이 걸리므로 베이스 전류 $I_b=0$이고, Tr은 동작하지 않으며 개방 상태가 된다. 따라서 출력 단자와 접지간의 출력 전압은 X = 5[V]가 된다. 즉 논리 결과는 "1" 이다.

㉡ $A=B=5$[V]와 $A=0$[V], $B=5$[V] 또는 $A=5$[V], $B=0$[V] :
입력 측의 두 다이오드의 한 개(또는 두 개)가 단락 상태이고 트랜지스터의 베이스 전류 I_b가 흐른다. 따라서 Tr은 동작하고 I_c가 흐르므로 출력 단자와 접지간의 출력 전압은 X = 0[V]가 된다.

표 10.7 ▶ 진리표와 기호

입 력		출 력	NOR 논리 기호
A	B	X	$\overline{A+B}=X$
0	0	1	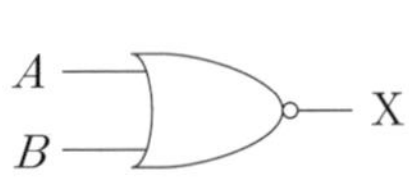
0	1	0	
1	0	0	
1	1	0	

이들의 입·출력 관계로부터 **표 10.7**은 NOR 회로의 진리표와 기호를 나타낸 것이고, 입력 신호 A, B 모두 "0" 인 경우에만 출력 X가 "1" 이 되는 것을 확인할 수 있다.

배타적 논리합 회로(Exclusive OR 회로)의 정의, 논리식, 표시식, 진리표 및 기호 등은 아래의 **참고**에 나타내었다.

참고 Exclusive OR 회로

배타적 논리합 회로(Exclusive OR 회로)

(1) 두 개의 입력 A와 B 중 어느 하나만 "1"일 때 출력이 "1"이 되는 회로

(2) 두 입력 A, B 모두 "0" 또는 "1"인 경우에는 출력이 "0"이 되어 나오지 않는 회로

(3) 논리식 : $X = \overline{A} \cdot B + A \cdot \overline{B}$

(4) 표시식 : $X = A \oplus B$

(5) 유접점 회로와 무접점 회로

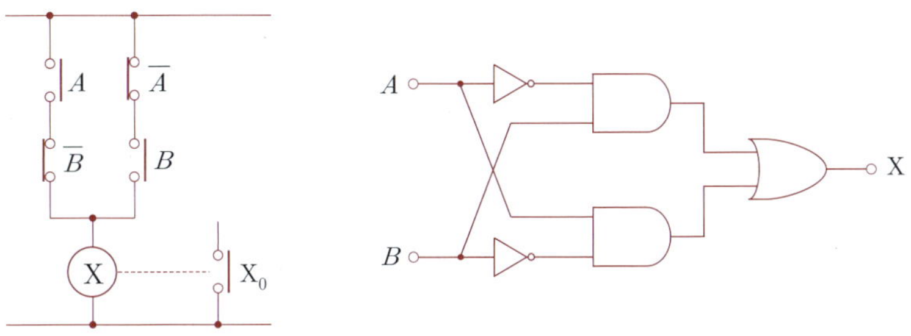

(a) 유접점 회로 (b) 무접점 회로

그림 10.13 ▶ Exclusive OR 회로

(6) 진리표와 기호

표 10.8 ▶ 진리표와 기호

입 력		출 력	Exclusive OR 논리 기호
A	B	X	$X = \overline{A} \cdot B + A \cdot \overline{B} = A \oplus B$
0	0	0	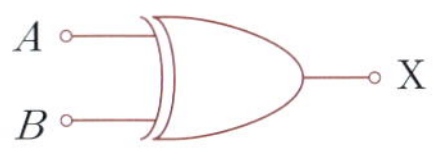 $X = A \oplus B$
0	1	1	
1	0	1	
1	1	0	

10.2.3 불 대수의 공리와 정리

이상의 기본 연산 정의에서 불 대수는 "1" 과 "0" 의 두 가지 만의 논리 변수로 연산하고 그 결과도 두 가지 중의 하나가 되는 독특한 성질을 가지고 있으며, 다음 네 가지의 공리가 나온다.

또 기본 연산과 공리로부터 불 대수의 정리가 유도되고, 이들의 정리를 사용하여 시퀀스 제어회로의 논리적 처리와 간소화를 가능하게 한다.

(1) 불 대수의 공리

【공리 1】 $A=1$이 아니면, $A=0$ (회로접점이 폐 아니면 개 상태)
$A=0$이 아니면, $A=1$ (회로접점이 개 아니면 폐 상태)

【공리 2】 $1+1=1$ $\quad 1 \cdot 1=1$
(두 입력신호가 동시에 주어지므로 출력이 있다.)

【공리 3】 $0+0=0$ $\quad 0 \cdot 0=0$
(두 입력신호가 전혀 주어지지 않으므로 출력이 없다.)

【공리 4】 $1+0=1$ (입력신호가 하나만 주어도 출력이 있다.)
$1 \cdot 0=0$ (두 입력신호가 동시에 주어지지 않으므로 출력이 없다.)

(2) 불 대수의 기본 정리

【정리 1】 $A+0=A$ $\quad A \cdot 0=0$

【정리 2】 $A+1=1$ $\quad A \cdot 1=A$

【정리 3】 $A+A=A$ $\quad A \cdot A=A$

【정리 4】 $A+\overline{A}=1$ $\quad A \cdot \overline{A}=0$

【교환 법칙】 $A+B=B+A$ $\quad A \cdot B=B \cdot A$

【결합 법칙】 $A+(B+C)=(A+B)+C$
$A \cdot (B \cdot C)=(A \cdot B) \cdot C$

【분배 법칙】 $A \cdot (B+C) = A \cdot B + A \cdot C$

$A+(B \cdot C) = (A+B) \cdot (A+C)$

【흡수 법칙】 $A + A \cdot B = A \cdot (1+B) = A$

$A \cdot (A+B) = A + A \cdot B = A$

(3) 드 모르간의 정리

드 모르간(De-Morgan)의 정리는 논리합과 논리곱이 완전한 독립이 아니고 부정을 포함하면 상호 교환이 가능하다는 것을 의미한다.

NAND 회로와 NOR 회로의 응용 및 논리 회로를 간략화 하는데 자주 이용된다.

$$\overline{A+B} = \overline{A} \cdot \overline{B} \quad (10.9)$$

$$\overline{A \cdot B} = \overline{A} + \overline{B} \quad (10.10)$$

예제 10.1

다음의 주어진 논리식을 간단히 하라.

(1) $(A+B) \cdot (\overline{A}+B)$

(2) $\overline{A} + A \cdot B$

풀이 (1) $(A+B) \cdot (\overline{A}+B)$

$= A \cdot \overline{A} + \overline{A} \cdot B + A \cdot B + B \cdot B \; (A \cdot \overline{A} = 0,\; B \cdot B = B)$

$= (\overline{A} + A) \cdot B + B = B + B = B$

(2) 불 대수의 분배법칙 $A+(B \cdot C) = (A+B) \cdot (A+C)$를 이용하면

$\overline{A} + A \cdot B = (\overline{A} + A) \cdot (\overline{A} + B) = \overline{A} + B$

$(\because\; A + \overline{A} = 1,\; 1 + A = A)$

예제 10.2

그림 10.14에서 논리회로의 출력식과 계전기 회로의 논리식을 각각 구하라.

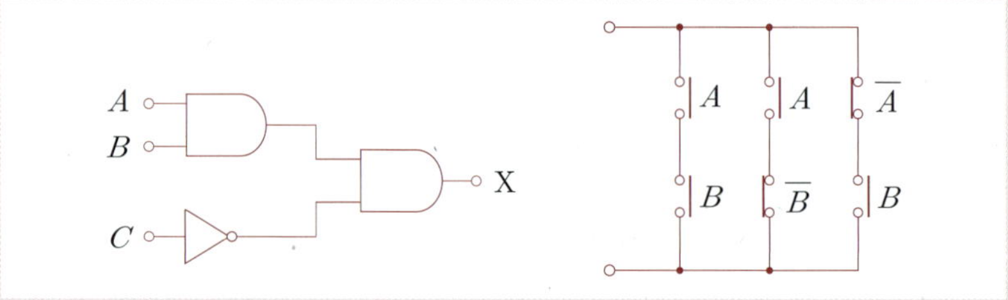

(a) (b)

그림 10.14

풀이 (1) $X = (A \cdot B) \cdot \overline{C} = AB\overline{C}$

(2) 시퀀스 회로(직렬 : 논리곱, 병렬 : 논리합)

$$Z = A \cdot B + A \cdot \overline{B} + \overline{A} \cdot B$$

10.3 시퀀스 제어 회로의 종류

10.3.1 조합 회로와 순서 회로

시퀀스 제어의 논리 회로는 출력을 결정하는 방법에 따라 조합 회로(combinational circuit)와 순서(순차) 회로(sequence circuit)로 구분한다.

(1) 조합 회로

일반적으로 논리 연산을 하는 회로 요소 또는 회로 중에서 시간 지연이 없거나 무시할 수 있을 때, 그 출력 신호가 현재 입력 신호의 값만으로 결정되는 논리 회로를 **조합 회로**(combinational circuit)라고 한다. 이 조합 회로의 특징은 데이터를 저장할 수 있는 기억 장치를 포함하지 않고 회로 구성의 조합에만 의존하는 회로라고 할 수 있다.

그림 10.15는 조합 회로의 개념도이고, 기본적인 논리 회로(논리곱, 논리합, 논리부정)만으로 구성되어 있는 것을 나타낸다.

(2) 순차 회로

일반적으로 시간 지연을 가지고 그 지연이 적극적으로 역할을 하는 논리 회로를 **순서 회로** 또는 **순차 회로**(sequence circuit)라고 하고 조합 회로보다 복잡하다. 순서 회로는 출력이 현재 시점의 입력뿐만 아니라 과거의 입력 신호까지 되돌아가서 출력에 영향을 주어 결정된다. 회로 동작은 내부의 상태와 입력의 시간 순서에 의해 결정된다.

순서 회로의 특징은 내부에 데이터를 저장할 수 있는 기억 장치(메모리, 플립플롭, 래치 등)와 궤환 기능을 가지고 있으며, **조합 회로와 기억 소자**로 구성되어 있다.

그림 10.16은 순서 회로의 개념도이고, 현재의 입력 값에 출력 직전의 상태 값(메모리에 저장된 값)으로 출력이 결정되는 원리를 나타낸 것이다.

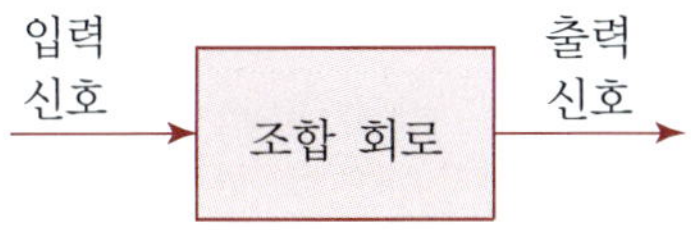

그림 10.15 ▶ 조합 회로의 블록 선도

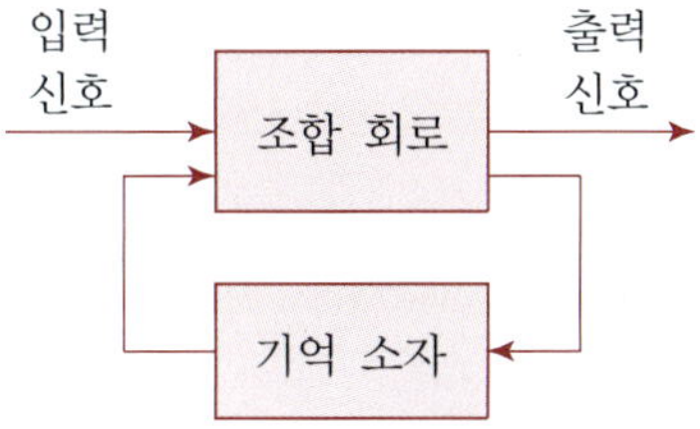

그림 10.16 ▶ 순서 회로의 블록 선도

10.3.2 시퀀스 제어계의 구성

시퀀스 제어계는 일반적으로 **그림 10.17**과 같이 구성되어 각 단계를 순차적으로 진행할 수 있게 되어 있다.

명령 처리부는 푸시 버튼 등 입력 장치로부터 오는 p개의 신호와 제어 대상에 붙여진 검출단으로부터 오는 r개의 신호로 구성되는 $p+r$개의 입력 변수를 가지고 있다. 그 출력 변수는 조작단에 보내는 q개의 조작 신호가 있다.

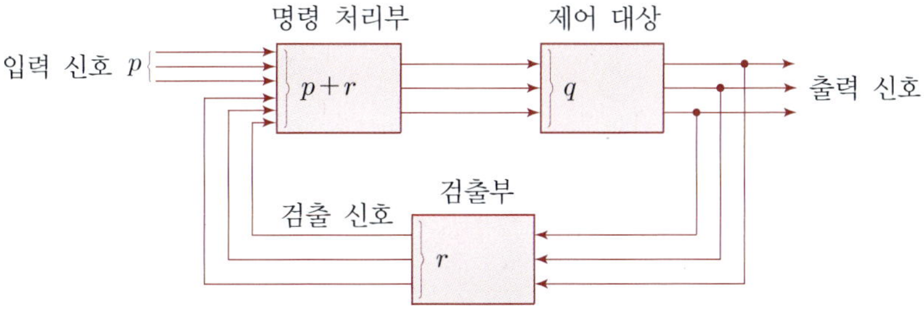

그림 10.17 ▶ 시퀀스 제어계의 구성

제어 대상은 조작 신호를 입력 변수로 하고 제어 대상의 실제의 상태를 출력 변수로 한다. 이 출력 변수는 각 검출단을 거쳐서 명령 치리부에 피드백 된다.

그림 10.18은 명령 처리부의 구성을 나타낸 것으로 순서 제어 회로와 조작 회로의 두 부분으로 나눌 수 있다.

순서 제어 회로는 조합 회로와 순서 회로로 되어 있고, 그 중의 조합 회로는 내부 상태의 제어에 사용되며, 순서 회로는 내부 상태의 기억에 사용된다.

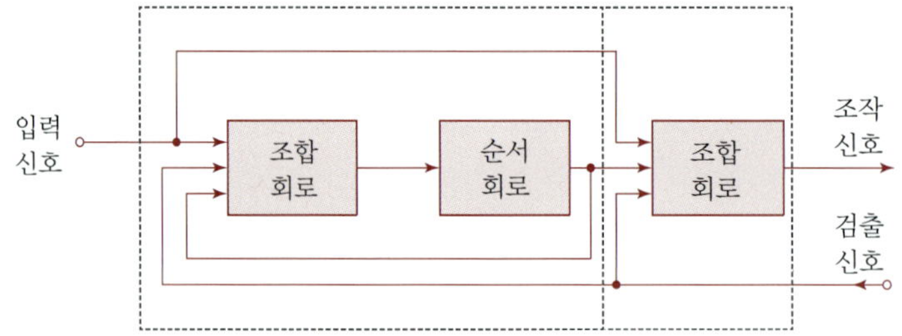

그림 10.18 ▸ 명령 처리부의 구성

시퀀스 제어의 특징은 다음과 같다.

(1) 입력 신호에서 출력 신호까지 정해진 순서에 따라 일방적으로 제어 명령이 전해진다.
(2) 어떠한 조건을 만족하여도 제어 신호가 전달되어 간다.
(3) 제어 결과에 따라 조작이 자동적으로 이행한다.

정리 **조합 회로와 순서 회로**

(1) 조합 회로

① 논리 연산을 하는 회로 요소 또는 회로 중에서 시간 지연이 없거나 무시할 수 있을 때, 그 출력 신호가 현재 입력 신호의 값만으로 결정되는 논리 회로
② 데이터를 저장할 수 있는 기억 장치를 포함하지 않고 회로 구성의 조합에만 의존하는 회로

(2) 순서 회로

① 시간 지연을 가지고 그 지연이 적극적으로 역할을 하는 논리 회로
② 데이터를 저장할 수 있는 기억 장치(메모리, 플립플롭, 래치 등)와 궤환 기능을 가진 회로
③ 조합 회로와 기억 소자로 구성

10.4 시퀀스 제어 회로

이상에서 설명한 기본 논리 회로를 통하여 시퀀스 제어에서 기본적으로 사용되는 **자기 유지 회로**, **인터록 회로**, **한시 회로**와 이들의 기본 회로를 사용하여 실제 적용되고 있는 응용 제어 회로에 관하여 알아본다.

10.4.1 시퀀스 제어의 기본 회로

(1) 자기 유지 회로

자기 유지 회로는 전자 릴레이에 가해진 입력 신호를 자기 자신의 가동 접점에 의해 바이패스(by-pass)시켜 동작 회로를 만든 후 입력 신호가 없어져도 동작을 계속 자기 유지하는 것을 말한다.

자기 유지 회로의 구성은 **그림 10.19**와 같이 기동용 푸시 버튼 스위치(PB-a)와 정지용 푸시 버튼 스위치(PB-b)를 AND 회로(직렬)로 하여 전자 계전기(X)의 코일에 접속하고, PB-a와 전자 계전기의 a접점 X-a를 OR 회로(병렬)로 접속된 회로이다.

기동용 및 정지용 푸시 버튼 스위치 PB-a와 PB-b는 입력 접점이고, 전자 계전기 X에 동작 명령과 복귀 명령을 하는 기능을 가진다.

【자기 유지 회로의 기동 동작】

㉠ 기동용 푸시 버튼 스위치 PB-a를 누른다.

㉡ PB-a를 누르면 a 접점이 닫혀서 전자 계전기 X의 코일에 전류가 흐르고 여자된다.(전원 R → PB-a → PB-b → X → 전원 T)

㉢ 여자된 전자 코일 X에 의해 자기 유지 접점 X-a가 닫힌다.

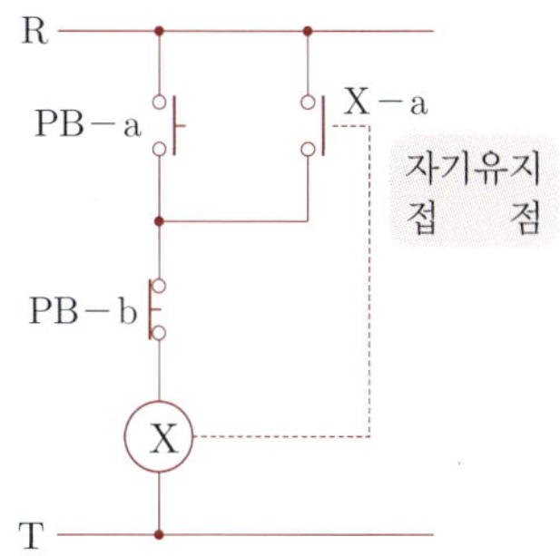

그림 10.19 ▸ 자기 유지 회로

㉣ 기동용 PB의 누른 손을 떼고 복귀시킨다. 이때 기동용 PB를 복귀시켜 a 접점 PB-a가 열리더라도 전자 코일 X는 자기 유지 접점 X-a에 전류가 흐르기 때문에 X는 계속 동작을 유지한다.(전원 R → X-a → PB-b → X → 전원 T)

【자기 유지 회로의 정지 동작】

㉠ 정지용 푸시 버튼 스위치(PB-b)를 누른다.

㉡ PB-b를 누르면 b접점이 열려 전자 코일 X에 전류가 흐르지 않게 되고, 전자 코일 X가 복귀한다.

㉢ 전자 코일 X가 복귀하면 동시에 자기 유지 접점 X-a가 복귀하여 열린다.

㉣ 정지용 PB의 누른 손을 떼고 복귀시킨다. 정지용 PB를 복귀시켜 PB-b가 닫히더라도 PB-a와 자기 유지 접점 X-a가 열려 있기 때문에 정지하게 된다.

일반적으로 자기 유지 회로는 전자 계전기(릴레이) 및 전자 접촉기 등의 조작 회로에 반드시 이용되고 있는 가장 기본적인 회로이다.

(2) 인터록 회로

인터록 회로(interlock circuit)는 복수의 입력 신호가 주어질 경우, 우선적으로 동작시킬 것을 선정하거나 한 입력 신호의 동작 중에 다른 입력신호에 의한 동작을 저지하기 위한 회로이다. 인터록 회로는 전동기의 정·역 운전, 전동기의 Y-Δ 기동 및 계전기의 동시 동작을 금지시키기 위한 회로에 적용되고 있고, 주로 기기의 보호와 조작자의 안전을 목적으로 하고 있다.

그림 10.20은 기동용 푸시 버튼 스위치(PB-a)와 전자 계전기(X_1, X_2)를 각각 두 개씩을 이용하여 구성한 인터록 회로이다.

기동용 푸시 버튼 스위치 PB-a는 입력 접점이고, 전자 계전기 X에 동작 명령과 복귀 명령을 하는 기능을 가진다.

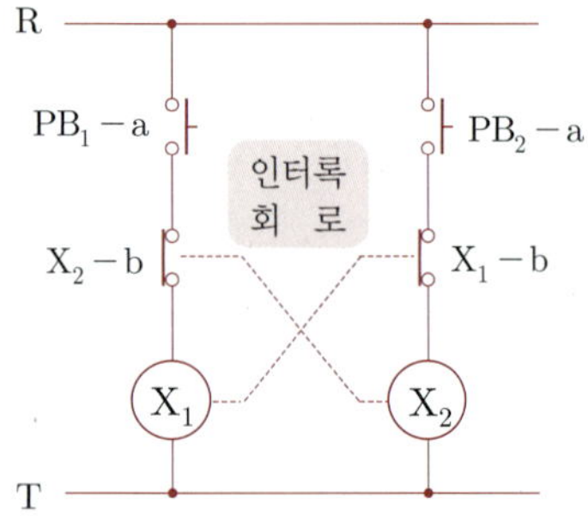

그림 10.20 ▸ 인터록 회로

【인터록 회로의 동작】

㉠ 기동용 푸시 버튼 스위치 PB_1-a를 누른다.

㉡ PB_1-a를 누르면 전자 계전기 코일 X_1에 전류가 흘러 여자된다.

㉢ 여자된 전자 코일 X_1에 의해 동시에 X_1의 b 접점 X_1-b가 열린다. 따라서 전자 계전기 X_2는 동작하지 않는다.

㉣ 전자 코일 X_1이 동작 중에는 PB_2-a를 아무리 눌러도 X_2는 동작하지 않는다.

(3) 한시 회로

타이머는 입력 신호가 주어져도 즉시 접점이 개폐하지 않고 설정된 시간을 경과한 후에 회로를 전기적으로 자동 개폐하는 계전기(릴레이)의 일종이다.

타이머의 한시 접점은 **표 10.2**에서 설명하였듯이 접점 동작에서 시간 지연(시한)을 갖는 한시동작 접점과 접점 복귀에서 시간 지연을 갖는 한시복귀 접점으로 구분된다.

한시동작과 한시복귀 접점의 동작 비교를 다음의 한시 회로를 통하여 알아본다.

① 한시동작 회로

그림 10.21은 타이머의 한시동작 접점의 시퀀스도와 타임 차트를 나타낸 것이며, 작동 순서를 설명하면 다음과 같다.(제어 전원 R, T는 투입된 것으로 본다.)

㉠ (**전원 투입**) 푸시 버튼 스위치 PB-a를 지속적으로 누른다.

㉡ (**타이머 회로**) PB-a를 누른 순간, 타이머에 전류가 흘러 여자되고 타이머는 시간 지연(시한)이 동작하기 시작한다. 시간 지연의 설정 시간이 지나면 각각의 두 접점이 동작한다.(T-a → 닫힘(폐), T-b → 열림(개)) : (on delay timer)

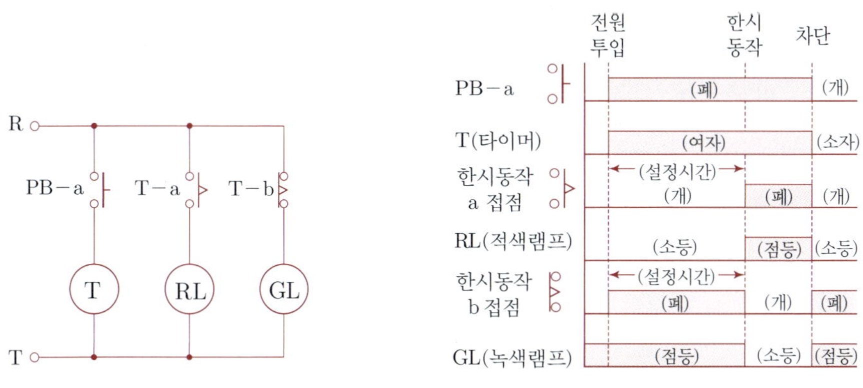

그림 10.21 ▶ 한시 동작 회로

㉢ (**적색 표시등 회로**) PB-a를 누른 순간, 타이머의 설정 시간 후에 타이머의 a 접점 T-a가 동작하여 회로를 닫고, 이와 동시에 적색 램프는 점등한다.

㉣ (**녹색 표시등 회로**) ㉢항과 마찬가지로 PB-a를 누른 순간, 타이머의 설정 시간의 지연 후에 타이머의 b 접점 T-b가 동작하여 회로를 열고, 이와 동시에 녹색 램프는 소등된다.

㉤ (**표시등의 복귀**) PB-a에서 손을 놓으면 타이머는 소자되면서 두 접점은 순시 복귀한다. 즉, T-a는 열리고 T-b는 닫히게 되어 적색 램프는 소등, 녹색 램프는 점등되어 처음의 상태가 된다.

② 한시복귀 회로

그림 10.22는 타이머의 한시복귀 접점의 시퀀스도와 타임 차트를 나타낸 것이며, 작동 순서는 다음과 같다.(제어 전원 R, T는 투입된 것으로 본다.)

【 푸시버튼 스위치를 눌렀을 때의 작동 】

㉠ (**전원 투입**) 푸시 버튼 스위치 PB-a를 지속적으로 누른다.

㉡ (**타이머 회로**) PB-a를 누르면 동시에 타이머에 전류가 흘러서 여자되고 전자 계전기와 같이 각각의 두 접점이 동작한다.(T-a : 닫힘(폐), T-b : 열림(개))

㉢ (**적색 표시등 회로**) PB-a를 누르면 동시에 타이머의 a 접점 T-a가 동작하여 회로를 닫으므로 적색 램프는 점등한다.

㉣ (**녹색 표시등 회로**) PB-a를 누르면 동시에 타이머의 b 접점 T-b가 동작하여 회로를 열므로 녹색 램프는 소등된다.

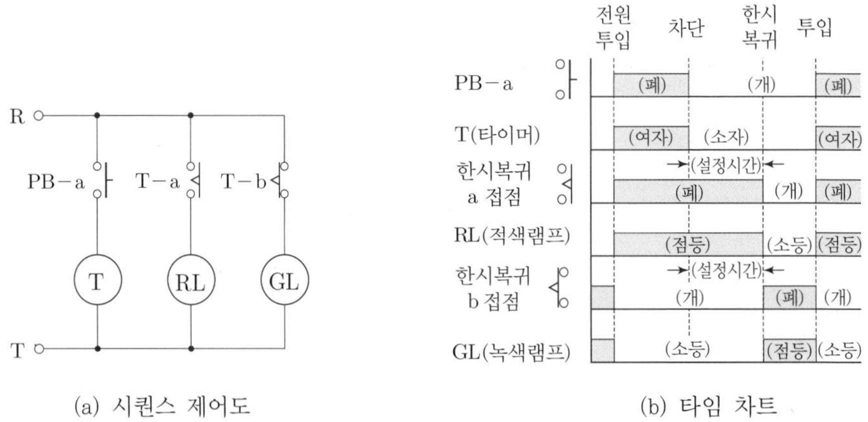

(a) 시퀀스 제어도　　(b) 타임 차트

그림 10.22 ▸ 한시 복귀 회로

【푸시버튼 스위치를 놓았을 때의 작동】

㉠ (**타이머 회로**) PB-a에서 손을 놓으면 타이머에 전류가 흐르지 않으면서 소자되고 동시에 타이머의 시간 지연이 작동한다.(off delay timer)

㉡ (**적색 표시등 회로**) PB-a에서 손을 놓은 순간부터 설정 시간 경과 후에 타이머의 a 접점 T-a는 복귀하여 회로를 열므로 적색 램프는 소등한다.

㉢ (**녹색 표시등 회로**) ㉡항과 동시에 PB-a에서 손을 놓은 순간부터 설정 시간 경과 후에 타이머의 b접점 T-b복귀하여 회로를 닫으므로 녹색 램프는 점등한다.

10.4.2 시퀀스 제어의 응용 회로

(1) 전동기의 기동 · 정지 제어 회로

그림 10.23은 전동기의 기동 · 정지 제어 회로로 실제 사용되고 있는 시퀀스도이다. 제어 회로는 전자 접촉기 MC, 녹색과 적색 표시등의 전기 기구 등으로 구성되어 있으며 자기 유지 회로를 기본으로 하고 있다.

제어 회로의 전원은 주회로의 3상 중 R, T상의 두 상에서 각각 선을 인출하여 사용한다. 전동기의 기동과 정지 동작 순서는 다음과 같다.

㉠ (**전원 투입**) 전원 스위치인 배선용 차단기 MCB(NFB)를 투입하면, 정지용 녹색 표시등 GL이 점등되고, 전원의 배전용 차단기가 투입된 것을 알려주는 표시등이다.

㉡ (**자기 유지 회로**) 기동용 푸시 버튼 스위치 PB-a를 누르면 전자 접촉기 MC의

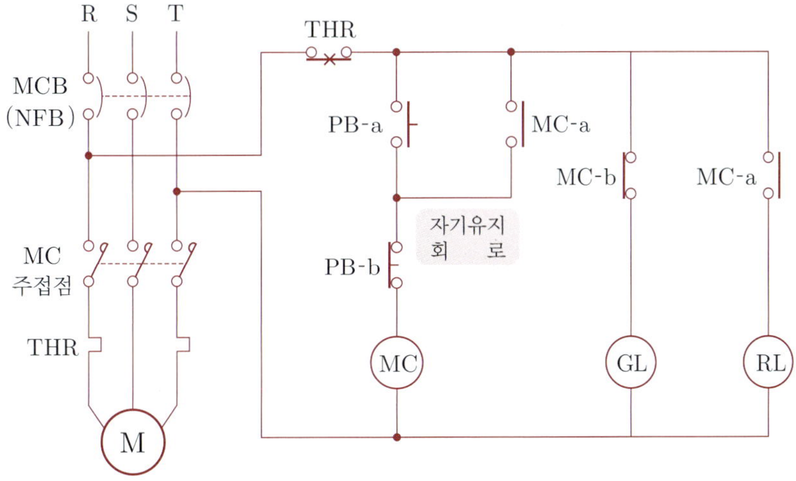

그림 10.23 ▸ 진동기의 기동 · 정지 제어회로

코일에 전류가 흐르고 여자되어 MC의 보조 접점 MC-a가 닫히면서 자기 유지 회로가 작동한다.

㉢ (**전동기 기동**) 전자 접촉기 MC의 동작과 동시에 전원의 주 회로에 접속된 전자 접촉기의 주 접점 MC가 닫히고 전동기는 기동하기 시작한다.

㉣ (**표시등 회로**) 전자 접촉기 MC의 동작과 동시에 두 표시등에 접속된 MC의 보조 접점 MC-b는 열리고 MC-a는 닫히면서 정지용 녹색 표시등 GL이 소등되고 운전용 적색 표시등 RL이 점등된다.

㉤ (**전동기 정지**) 정지용 푸시 버튼 스위치 PB-b를 누르면 전자 접촉기 MC에 전류가 흐르지 않아 전자력을 잃으면서 MC의 주 접점 및 보조 접점이 모두 복귀한다. 따라서 전동기는 정지하고, 정지용 GL은 점등, 운전용 RL은 소등된다.

(2) 전동기의 정 · 역 운전 제어 회로

그림 10.24는 전동기의 정・역회전 운전 제어 회로로 정회전용과 역회전용 각각의 전자 접촉기 MC, 녹색과 적색 표시등의 전기 기구 등으로 구성되어 있으며, 자기 유지 회로와 인터록 회로를 기본으로 하고 있는 실제 사용되고 있는 시퀀스도이다.

전동기는 모선의 3상 R, S, T에 접속하여 회전하는 것을 정회전으로 할 때, 3상 중 2상의 전선을 교체하면 역회전하게 된다.

특히 전동기의 정・역 운전 제어에서 정회전용 전자 접촉기의 주접점 MCF(정)와 역회전용 전자 접촉기 MCR(역)이 동시에 투입되면 R, T의 두 상이 단락 상태가 되기

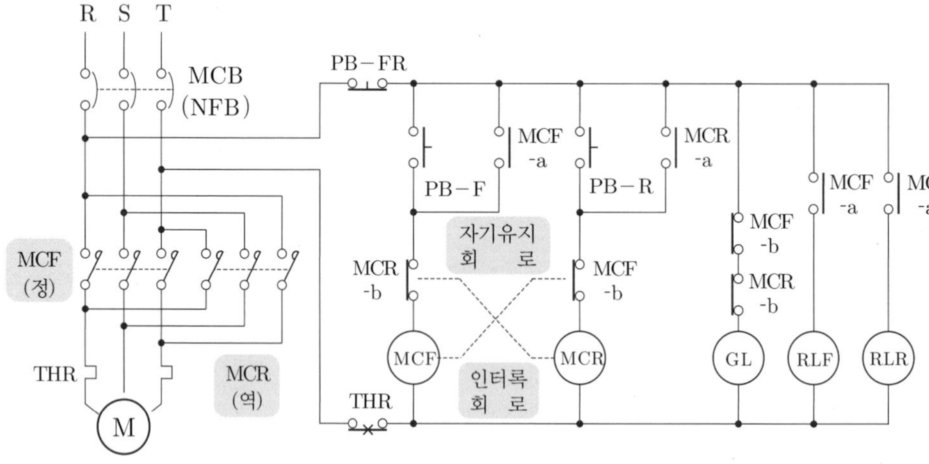

그림 10.24 ▶ 전동기의 정 · 역 운전의 제어회로

때문에 소손 사고를 일으키게 된다. 따라서 인터록은 정・역회전용 전자 접촉기가 동시에 투입되지 않도록 하기 위한 회로이다.

제어회로의 전원은 주회로의 3상 중 R, T상의 두 상에서 각각 선을 인출하여 사용한다. 전동기의 정・역 운전 동작 순서는 다음과 같다.

㉠ (**전원 투입**) 전원 스위치인 배선용 차단기 MCB(NFB)를 투입하면 정지용 녹색 표시등 GL이 점등된다.

㉡ (**전자 접촉기 회로**) 정회전용 푸시 버튼 스위치 PB-F를 누르면 정회전용 전자 접촉기 MCF가 여자되고 MCF의 보조 접점 MCF-a가 닫히면서 자기 유지 회로가 작동한다. 또 MCF의 보조접점 MCF-b도 열리면서 역회전 회로를 인터록한다.

㉢ (**정회전 기동**) 위 항에서 정회전용 전자 접촉기 MCF에 의해 자기 유지 회로의 작동과 역회전 회로를 인터록하고 동시에 전원의 주회로에 접속된 전자 접촉기의 주 접점 MCF(정)가 닫히면서 전동기는 정회전을 한다.

㉣ (**표시등 회로**) 정회전용 전자 접촉기 MCF의 작동할 때 표시등도 다음과 같이 동시에 작동한다. GL에 접속된 MCF의 보조 접점 MCF-b는 열리고 RLF에 접속된 MCF-a도 닫히면서 정지용 녹색 표시등 GL이 소등되고 정회전용 적색 표시등 RLF가 점등된다.

㉤ (**정회전 정지 회로**) 정지용 푸시 버튼 스위치 PB−FR를 누르면 전자 접촉기 MCF의 코일에 전류가 흐르지 않아 전자력을 잃게 되면서 MCF의 주 접점 및 보조 접점이 모두 복귀한다. 따라서 전동기는 정지하고, 정지용 녹색등 GL은 점등, 정회전용 적색등 RLF는 소등된다. 한편 전동기의 역회전 운전의 동작과 정지의 조작은 위의 정회전의 경우와 같다.

(3) 전동기의 한시 제어회로

그림 10.25는 전동기의 한시 제어 회로로 실제 사용되고 있는 시퀀스도이다. 제어 회로는 기동과 정지용 푸시 버튼 스위치 PB, 전자 접촉기 MC, 타이머 TR 및 녹색과 적색 표시등의 전기 기구 등으로 구성되어 있으며 자기 유지 회로를 기본으로 하고 있다.

제어 회로의 전원은 주회로의 3상 중 R, T상에서 각각 인출하여 사용한다.

전동기의 한시동작 접점을 가진 타이머 회로의 동작 순서는 다음과 같다.

㉠ (**전원 투입**) 전원 스위치인 배선용 차단기 MCB(NFB)를 투입한다. 정지용 녹색 표시등 GL이 점등된다.

ⓛ (**전자 접촉기 회로**) 기동용 푸시 버튼 스위치 PB-a를 누르면 전자 접촉기 MC 코일에 전류가 흐르고 여자됨과 동시에 타이머 TR에도 전류가 흘러 여자된다. 단, 타이머가 여자되어 동작해도 접점은 즉시 전환하지 않고 설정 시간 경과 후에 동작한다.(한시동작 접점)

ⓒ (**전동기 주회로**) 전자 접촉기 MC가 여자되면, 전원의 주회로에 접속된 전자 접촉기의 주 접점 MC가 닫히고 전동기는 기동하여 회전하기 시작한다.

ⓡ (**자기 유지 회로**) 전자 접촉기 MC가 여자되면 보조 접점 MC-a가 닫히면서 자기 유지 회로가 작동한다.

ⓜ (**표시등 회로**) 전자 접촉기 MC에 의해 자기 유지 회로가 작동할 때 동시에 두 개의 표시등에 접속된 MC의 보조 접점 MC-b는 열리고 MC-a도 닫히면서 정지용 녹색 표시등 GL이 소등되고 운전용 적색 표시등 RL이 점등된다.

ⓑ (**타이머 회로**) 타이머 TR은 미리 설정된 시간이 경과하면 한시동작 접점 TR-b가 열리면서 전자 접촉기 MC에 전류가 흐르지 않게 된다. 이 때 MC의 주 접점 및 보조 접점이 처음의 상태로 복귀하면서 다음 동작이 동시에 일어나게 된다.

ⓢ (**전동기 주회로**) 전원의 주회로에 접속된 전자 접촉기의 주 접점 MC가 열리면서 전원이 차단되어 전동기는 정지한다.

ⓞ (**표시등 회로**) 전자 접촉기 MC의 자기 유지 접점 MC-a가 열리면서 자기 유지를 풀고, 두 표시등에 접속된 MC의 보조 접점 MC-b는 열리고 MC-a도 닫히면서 정지용 표시등 GL은 점등, 운전용 표시등 RL은 소등된다.

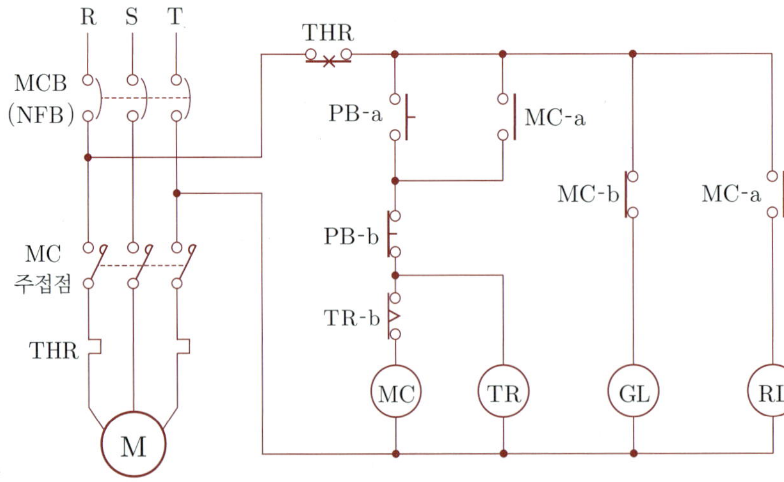

그림 10.25 ▶ 전동기의 한시 제어회로

연습문제

01 시퀀스(sequence) 제어에서 다음 중 옳지 않은 것은?

① 조합 논리 회로도 사용된다.
② 기계적 계전기도 사용된다.
③ 전체 계통에 연결된 스위치가 일시에 동작할 수도 있다.
④ 시간 지연 요소도 사용된다.

02 시퀀스 제어에 있어서 기억과 판단 기구 및 검출기를 가진 제어 방식은?

① 시한 제어 ② 순서 프로그램 제어 ③ 조건 제어 ④ 피드백 제어

힌트 피드백 제어 : 비교 검출부가 있으므로 기억과 판단 기능 역할

03 디지털 신호를 시간적인 차례로 조합하여 만든 신호를 무엇이라 하는가?

① 직렬 신호 ② 병렬 신호 ③ 택일 신호 ④ 조합 신호

04 시한 제어란 어떤 제어를 말하는가?

① 동작 명령의 순서가 미리 프로그램으로 짜여져 있는 제어
② 앞 단계의 동작이 끝나고 일정 시간이 경과한 후 나음 단계로 이동하는 제어
③ 각 시점에서의 조건을 논리적으로 판단하여 행하는 제어
④ 목적물의 변화에 따라 제어 동작이 행하여지는 제어

힌트 본문의 한시 제어 참고

05 그림 10.26과 같은 계전기 접점 회로의 논리식은?

① $A+B+C$ ② $(A+B)C$
③ $A \cdot B+C$ ④ $A \cdot B \cdot C$

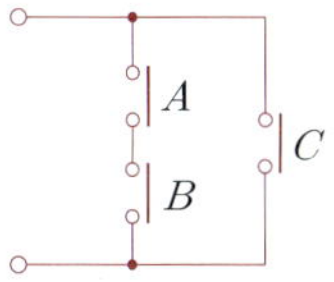

그림 10.26

06 그림 10.27과 같은 논리 회로는?

① OR 회로
② AND 회로
③ NOT 회로
④ NOR 회로

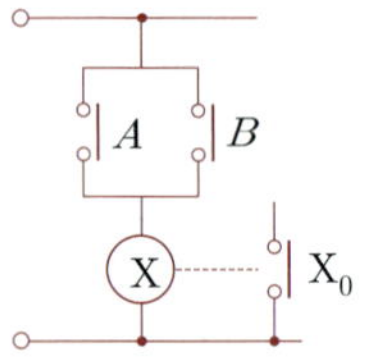

그림 10.27

힌트 병렬 입력 : A, B 중 하나 이상이 입력되면 출력 발생

07 그림 10.28과 같은 논리 회로는?

① OR 회로
② AND 회로
③ NOT 회로
④ NOR 회로

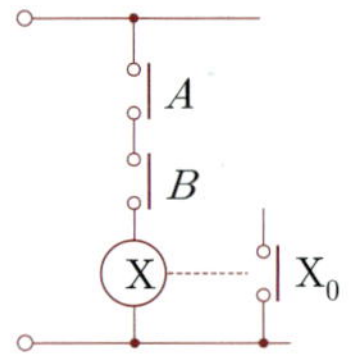

그림 10.28

힌트 직렬 입력 : A, B 모두 입력되는 경우에만 출력 발생

08 그림 10.29의 회로는 무엇을 나타낸 것인가?

① AND 회로
② OR 회로
③ Exclusive OR 회로
④ NAND 회로

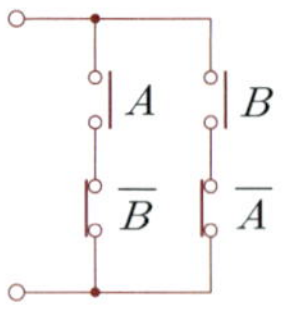

그림 10.29

힌트 $\mathrm{X} = A \cdot \overline{B} + \overline{A} \cdot B$

09 다음의 불 대수 계산에서 옳지 않은 것은?

① $\overline{A \cdot B} = \overline{A} + \overline{B}$　　② $\overline{A + B} = \overline{A} \cdot \overline{B}$

③ $A + A = A$　　④ $A + A\overline{B} = 1$

힌트 $A + A\overline{B} = A(1 + \overline{B}) = A$

10 다음의 논리식을 간단히 하면?

$$X=\overline{A}\,\overline{B}C+A\overline{B}\,\overline{C}+A\overline{B}C$$

① $\overline{B}(A+C)$　　② $\overline{C}(A+B)$

③ $\overline{A}(B+C)$　　④ $C(A+\overline{B})$

힌트 $X=\overline{A}\,\overline{B}C+A\overline{B}\,\overline{C}+A\overline{B}C=\overline{A}\,\overline{B}C+A\overline{B}\,\overline{C}+A\overline{B}C+A\overline{B}C$
$=\overline{B}C(\overline{A}+A)+A\overline{B}(\overline{C}+C)=\overline{B}C+A\overline{B}=\overline{B}(A+C)$

11 논리식 $\overline{A}+\overline{B}\cdot\overline{C}$와 동일한 것은?

① $\overline{A+BC}$　　② $\overline{A(B+C)}$

③ $\overline{A\cdot B+C}$　　④ $\overline{A\cdot B}+C$

힌트 $\overline{A}+\overline{B}\cdot\overline{C}=\overline{A}+\overline{B+C}=\overline{A(B+C)}$

12 다음 논리식 중 다른 값을 나타내는 논리식은?

① $XY+X\overline{Y}$　　② $(X+Y)+(X+\overline{Y})$

③ $X(X+Y)$　　④ $X(\overline{X}+Y)$

힌트 ① $XY+X\overline{Y}=X(Y+\overline{Y})=X\cdot 1=X$
② $(X+Y)+(X+\overline{Y})=XX+XY+X\overline{Y}+Y\overline{Y}=X+X(Y+\overline{Y})+0=X+X\cdot 1=X$
③ $X(X+Y)=XX+XY=X+XY=X(1+Y)=X\cdot 1=X$
④ $X(\overline{X}+Y)=X\overline{X}+XY=0+XY=XY$

13 그림 10.30과 같은 논리 회로의 출력 X_0은?

① $A\cdot B+\overline{C}$　　② $(A+B)\overline{C}$

③ $A+B+\overline{C}$　　④ $AB\overline{C}$

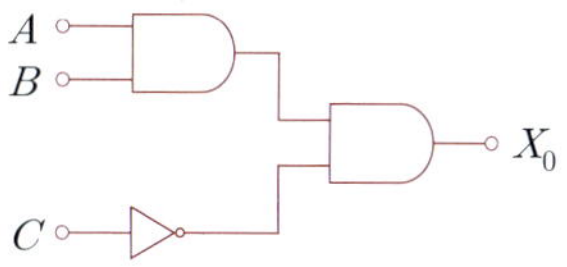

그림 10.30

14 그림 10.31과 같은 논리 회로의 출력 Z는 어떻게 표현되는가?

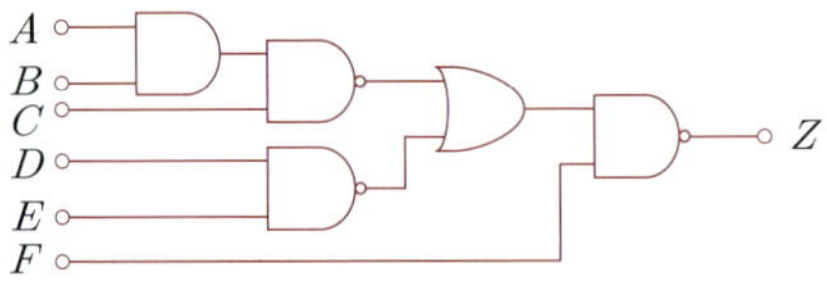

그림 10.31

① $\overline{A}+\overline{B}+\overline{C}+\overline{D}+\overline{E}+\overline{F}$　　② $A+B+C+D+E+\overline{F}$

③ $\overline{A}\,\overline{B}\,\overline{C}\,\overline{D}\,\overline{E}+F$　　④ $ABCDE+\overline{F}$

힌트 $Z=\overline{(\overline{ABC}+\overline{DE})F}=(\overline{\overline{ABC}+\overline{DE}})+\overline{F}=ABCDE+\overline{F}$

15 그림 10.32와 같은 논리 회로에서 $A=1$, $B=1$인 입력에 대한 출력 x, y는 각각 얼마인가?

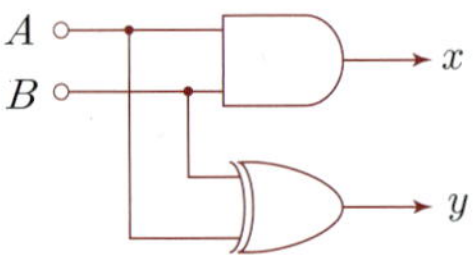

그림 10.32

① $x=0$, $y=0$　　② $x=0$, $y=1$

③ $x=1$, $y=0$　　④ $x=1$, $y=1$

힌트 x(AND 조건) : 입력 $A=1$, $B=1$ → 출력 $x=1$
y(Exclusive OR 조건) : 입력 $A=1$, $B=1$ → 출력 $y=0$

16 논리 회로의 종류에서 설명이 잘못된 것은?

① AND 회로 : 입력 신호 A, B, C의 값이 모두 1일 때에만 출력 신호 Z의 값이 1이 되는 회로로, 논리식은 $A \cdot B \cdot C=Z$로 표시한다.

② OR 회로 : 입력 신호 A, B, C 중 어느 한 값이 1이면 출력 신호 Z의 값이 1이 되는 회로로, 논리식은 $A+B+C=Z$로 표시한다.

③ NOT 회로 : 입력 신호 A와 출력 신호 Z가 서로 반대로 되는 회로로, 논리식은 $\overline{A}=Z$로 표시한다.

④ NOR 회로 : AND 회로의 부정 회로로, 논리식은 $A+B=C$로 표시한다.

힌트 NOR 회로는 OR 회로의 부정 회로이고, 논리식은 $\overline{A+B}=C$로 표시

17 그림 10.33의 게이트 명칭은?

① AND gate

② OR gate

③ NAND gate

④ NOR gate

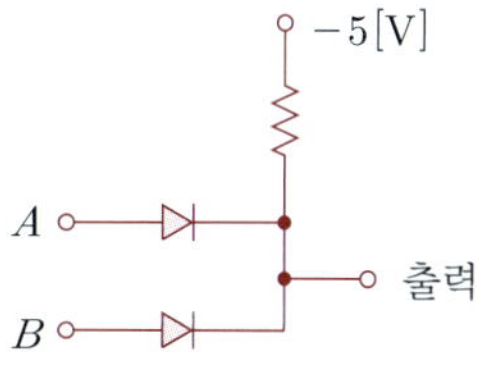

그림 10.33

힌트 그림 10.9 참고

18 그림 10.34와 같은 논리 회로는?

① AND 회로

② NAND 회로

③ OR 회로

④ NOR 회로

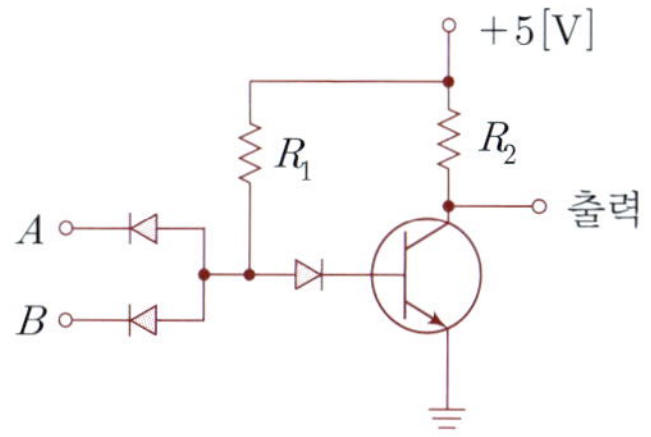

그림 10.34

힌트 그림 10.11 참고

부록

부록 (1) 그리스 문자, 단위의 거듭제곱

1. 그리스 문자

대문자	소문자	명 칭	대문자	소문자	명 칭
A	α	alpha(알파)	N	ν	nu(뉴)
B	β	beta(베타)	Ξ	ξ	xi(크사이)
Γ	γ	gamma(감마)	O	o	omicron(오미크론)
Δ	δ	delta(델타)	Π	π	pi(파이)
E	ϵ	epsilon(입실론)	P	ρ	rho(로)
Z	ζ	zeta(제타)	Σ	σ	sigma(시그마)
H	η	eta(에타)	T	τ	tau(타우)
Θ	θ	theta(세타)	Y	υ	upsilon(윕실론)
I	ι	iota(요타)	Φ	ϕ	phi(파이)
K	κ	kappa(카파)	X	χ	chi(카이)
Λ	λ	lambda(람다)	Ψ	ψ	psi(프사이)
M	μ	mu(뮤)	Ω	ω	omega(오메가)

2. 단위의 거듭제곱

명 칭	기 호	값	명 칭	기 호	값
tera	T	10^{12}	centi	c	10^{-2}
giga	G	10^{9}	milli	m	10^{-3}
mega	M	10^{6}	micro	μ	10^{-6}
kilo	k	10^{3}	nano	n	10^{-9}
hecto	h	10^{2}	pico	p	10^{-12}
deca	da	10	femto	f	10^{-15}
deci	d	10^{-1}	atto	a	10^{-18}

부록 (2) 수학 공식

1. 2차방정식

$$ax^2 + bx + c = 0$$

$$x = \frac{-b \pm \sqrt{b^2 - 4ac}}{2a}$$

i) $b^2 - 4ac > 0$ 두 근은 실수이고 같지 않음(서로 다른 두 실근)

ii) $b^2 - 4ac = 0$ 두 근은 실수이고 서로 같음(중근)

iii) $b^2 - 4ac < 0$ 두 근은 허수(허근)

2. 로그함수(대수함수)

$$y = \log_a x \ (x = a^y),\ \ \log_a a = 1,\ \ \log_a 1 = 0 \ (a > 1,\ a \neq 1)$$

$$\log_a (xy) = \log_a x + \log_a y,\ \ \log_a \left(\frac{x}{y}\right) = \log_a x - \log_a y$$

$$\log_a x^n = n \log_a x,\ \ \log_a \sqrt[n]{x} = \frac{1}{n} \log_a x$$

$$\ln x = \log_e x = \frac{\log_{10} x}{\log_{10} e},\ \ \log_a b = \frac{\log_e b}{\log_e a} = \frac{\ln b}{\ln a}$$

3. 삼각함수

(1) 삼각함수 사이의 관계

$$\sin\theta \operatorname{cosec}\theta = 1,\ \ \tan\theta \cot\theta = 1,\ \ \cos\theta \sec\theta = 1$$

$$\tan\theta = \frac{\sin\theta}{\cos\theta}$$

$$\sin^2\theta + \cos^2\theta = 1,\ \ \sec^2\theta = 1 + \tan^2\theta,\ \ \operatorname{cosec}^2\theta = 1 + \cot^2\theta$$

(2) 두 각의 합과 차

$$\begin{cases} \sin(\theta_1 \pm \theta_2) = \sin\theta_1 \cos\theta_2 \pm \cos\theta_1 \sin\theta_2 \\ \cos(\theta_1 \pm \theta_2) = \cos\theta_1 \cos\theta_2 \mp \sin\theta_1 \sin\theta_2 \end{cases}$$

(3) 합과 곱의 관계

$$\begin{cases} \sin\theta_1 + \sin\theta_2 = 2\sin\frac{1}{2}(\theta_1+\theta_2)\cdot\cos\frac{1}{2}(\theta_1-\theta_2) \\ \sin\theta_1 - \sin\theta_2 = 2\cos\frac{1}{2}(\theta_1+\theta_2)\cdot\sin\frac{1}{2}(\theta_1-\theta_2) \\ \cos\theta_1 + \cos\theta_2 = 2\cos\frac{1}{2}(\theta_1+\theta_2)\cdot\cos\frac{1}{2}(\theta_1-\theta_2) \\ \cos\theta_1 - \cos\theta_2 = -2\sin\frac{1}{2}(\theta_1+\theta_2)\cdot\sin\frac{1}{2}(\theta_1-\theta_2) \end{cases}$$

$$\begin{cases} \sin\theta_1\cos\theta_2 = \frac{1}{2}\{\sin(\theta_1+\theta_2)+\sin(\theta_1-\theta_2)\} \\ \cos\theta_1\sin\theta_2 = \frac{1}{2}\{\sin(\theta_1+\theta_2)-\sin(\theta_1-\theta_2)\} \\ \cos\theta_1\cos\theta_2 = \frac{1}{2}\{\cos(\theta_1+\theta_2)+\cos(\theta_1-\theta_2)\} \\ \sin\theta_1\sin\theta_2 = -\frac{1}{2}\{\cos(\theta_1+\theta_2)-\cos(\theta_1-\theta_2)\} \end{cases}$$

$$\tan\theta_1\tan\theta_2 = \frac{\tan\theta_1+\tan\theta_2}{\cot\theta_1+\cot\theta_2}$$

(4) 2배각의 관계

$$\begin{cases} \sin 2\theta = 2\sin\theta\cos\theta \\ \cos 2\theta = 2\cos^2\theta - 1 = 1 - 2\sin^2\theta \\ \tan 2\theta = \frac{2\tan\theta}{1-\tan^2\theta} \end{cases}$$

$$\begin{cases} \sin\frac{\theta}{2} = \frac{1-\cos\theta}{2} \\ \cos\frac{\theta}{2} = \frac{1+\cos\theta}{2} \\ \tan\frac{\theta}{2} = \frac{1-\cos\theta}{1+\cos\theta} \end{cases}$$

4. 미분공식

(1) $y = x^n \qquad y' = nx^{n-1}$

(2) $y = e^x \qquad y' = e^x$

(3) $y = \sin x \qquad y' = \cos x$

(4) $y = \cos x \qquad y' = -\sin x$

(5) $y = \tan x \qquad y' = \sec^2 x$

(6) $y = \cot x \qquad y' = -\csc^2 x$

(7) $y = \frac{1}{x} \qquad y' = -\frac{1}{x^2}$

(8) $y = a^x \qquad y' = a^x \ln a$

(9) $y = \ln x \qquad y' = \frac{1}{x}$

(10) $y = \ln x^2 \qquad y' = \frac{2}{x}$

(11) $\frac{df(u)}{dx} = \frac{df(u)}{du}\frac{du}{dx}$

(12) $\frac{d}{dx}\ln f(x)=\frac{1}{f(x)}\frac{df(x)}{dx}=\frac{f'(x)}{f(x)}$

(13) $\frac{d}{dx}\{fx)\}^n=n\{f(x)\}^{n-1}\frac{df(x)}{dx}=n\{f(x)\}^{n-1}\cdot f'(x)$

(14) $\frac{d}{dx}\{f(x)\pm g(x)\}=\frac{df(x)}{dx}\pm\frac{dg(x)}{dx}=f'(x)\pm g'(x)$

(15) $\frac{d}{dx}\{f(x)\cdot g(x)\}=\frac{df(x)}{dx}g(x)+f(x)\frac{dg(x)}{dx}=f'(x)\cdot g(x)+f(x)\cdot g'(x)$

(16) $\frac{d}{dx}\left\{\frac{f(x)}{g(x)}\right\}=\frac{\frac{df(x)}{dx}g(x)-f(x)\frac{dg(x)}{dx}}{\{g(x)\}^2}=\frac{f'(x)\cdot g(x)-f(x)\cdot g'(x)}{\{g(x)\}^2}$

5. 적분공식 (적분상수 생략)

(1) $\int dx=x$

(2) $\int x^n dx=\frac{x^{n+1}}{n+1}$

(3) $\int e^x dx=e^x$

(4) $\int \frac{dx}{x}=\ln x$

(5) $\int \sin x\,dx=-\cos x$

(6) $\int \cos x\,dx=\sin x$

(7) $\int \sin x^2 dx=\frac{1}{2}\left(x-\frac{1}{2}\sin 2x\right)$

(8) $\int \cos x^2 dx=\frac{1}{2}\left(x+\frac{1}{2}\sin 2x\right)$

(9) $\int \sin ax\,dx=-\frac{1}{a}\cos ax$

(10) $\int \cos ax\,dx=\frac{1}{a}\sin ax$

(11) $\int e^{ax}dx=\frac{1}{a}e^{ax}$

(12) $\int \ln x\,dx=x\ln x-x$

(13) $\int a^x dx=\frac{a^x}{\ln a}$

(14) $\int xe^x dx=e^x(x-1)$

(15) $\int \frac{dx}{x^2-a^2}=\frac{1}{2a}\ln\left|\frac{x-a}{x+a}\right|$

(16) $\int \frac{dx}{\sqrt{a^2-x^2}}=\sin^{-1}\frac{x}{a}$

(17) $\int \frac{dx}{x^2+a^2}=\frac{1}{a}\tan^{-1}\frac{x}{a}$

(18) $\int \frac{dx}{\sqrt{x^2\pm a^2}}=\ln\left|x+\sqrt{x^2\pm a^2}\right|$

6. 행렬(matrix)

$$A=\begin{bmatrix} a_{11} & a_{12} \\ a_{21} & a_{22} \end{bmatrix}, \qquad B=\begin{bmatrix} b_{11} & b_{12} \\ b_{21} & b_{22} \end{bmatrix}$$

(1) 덧셈과 뺄셈

$$A\pm B=\begin{bmatrix} a_{11} & a_{12} \\ a_{21} & a_{22} \end{bmatrix}+\begin{bmatrix} b_{11} & b_{12} \\ b_{21} & b_{22} \end{bmatrix}=\begin{bmatrix} a_{11}\pm b_{11} & a_{12}\pm b_{12} \\ a_{21}\pm b_{21} & a_{22}\pm b_{22} \end{bmatrix} \quad (\pm : \text{복호 동순})$$

(2) 곱셈

$$AB=\begin{bmatrix} a_{11} & a_{12} \\ a_{21} & a_{22} \end{bmatrix}\begin{bmatrix} b_{11} & b_{12} \\ b_{21} & b_{22} \end{bmatrix}=\begin{bmatrix} a_{11}b_{11}+a_{12}b_{21} & a_{11}b_{12}+a_{12}b_{22} \\ a_{21}b_{11}+a_{22}b_{21} & a_{21}b_{12}+a_{22}b_{22} \end{bmatrix}$$

(3) 나눗셈

$AB=C \quad \rightarrow \quad B=A^{-1}C,\ A=B^{-1}C$ (단, A^{-1}, B^{-1}는 A, B의 역행렬)

7. 행렬식(determinant)

(1) 기호

$$\det(A)=|A|=\begin{vmatrix} a_{11} & a_{12} \\ a_{21} & a_{22} \end{vmatrix}, \qquad \det(A)=|A|=\begin{vmatrix} a_{11} & a_{12} & a_{13} \\ a_{21} & a_{22} & a_{23} \\ a_{31} & a_{32} & a_{33} \end{vmatrix}$$

(2) 행렬식의 연산법

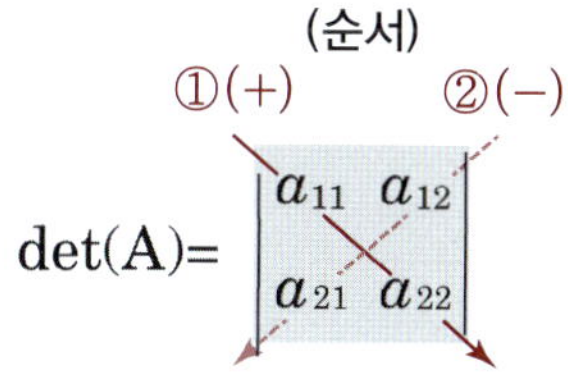

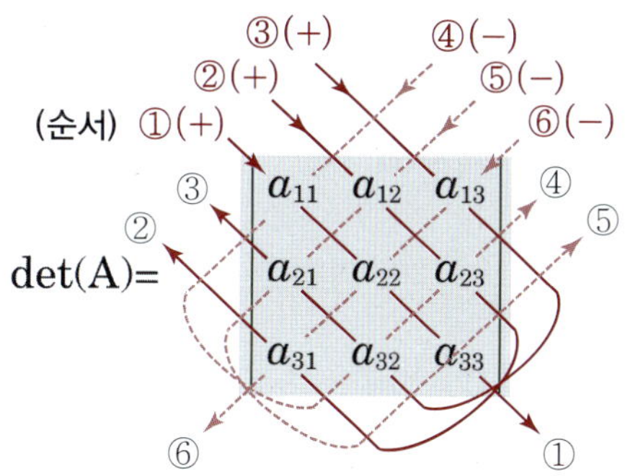

$$\det(A)=\begin{vmatrix} a_{11} & a_{12} \\ a_{21} & a_{22} \end{vmatrix}=a_{11}a_{22}-a_{12}a_{21}$$

$$\det(A) = \begin{vmatrix} a_{11} & a_{12} & a_{13} \\ a_{21} & a_{22} & a_{23} \\ a_{31} & a_{32} & a_{33} \end{vmatrix} = a_{11}a_{22}a_{33} + a_{12}a_{23}a_{31} + a_{13}a_{32}a_{21} - a_{11}a_{32}a_{23} - a_{12}a_{21}a_{33} - a_{13}a_{22}a_{31}$$

8. 역행렬(inverse matrix)

(1) 정의

$\boldsymbol{A}^{-1}$: $\boldsymbol{A}$의 역행렬(읽는 방법 : 역행렬 $\boldsymbol{A}$ 또는 인버스 $\boldsymbol{A}$)

$\boldsymbol{A}\boldsymbol{A}^{-1} = \boldsymbol{I}$(단위 행렬)

(2) 역행렬 계산법

$$\boldsymbol{A}^{-1} = \frac{1}{\det(\boldsymbol{A})}\operatorname{adj}(\boldsymbol{A}) = \frac{1}{|\boldsymbol{A}|}\operatorname{adj}(\boldsymbol{A})$$

$\det(\boldsymbol{A}) = |\boldsymbol{A}|$는 행렬 $\boldsymbol{A}$의 행렬식

$\operatorname{adj}(\boldsymbol{A})$는 수반 행렬(adjoint matrix)

① 수반 행렬 $\operatorname{adj}(\boldsymbol{A})$: ㉠ $\boldsymbol{A}$의 전치행렬 $\boldsymbol{A}^T$에서 구한 여인수를 원소로 하는 행렬

㉡ 행렬 $\boldsymbol{A}$의 여인수 A_{ij} 집합의 행렬에 대한 전치 행렬

$$\operatorname{adj}(\boldsymbol{A}) = \begin{bmatrix} A_{11} & A_{12} & A_{13} \\ A_{21} & A_{22} & A_{23} \\ A_{31} & A_{32} & A_{33} \end{bmatrix}^T = \begin{bmatrix} A_{11} & A_{21} & A_{31} \\ A_{12} & A_{22} & A_{32} \\ A_{13} & A_{23} & A_{33} \end{bmatrix}$$

(a_{ij}의 여인수)^T (수반 행렬)

② 여인수 : 원소 a_{ij}의 여인수 A_{ij}는 소행렬식 M_{ij}로부터 정의

$A_{ij} = (-1)^{i+j} \cdot M_{ij}$ [여인수 A_{ij}의 부호, $i+j$: 짝수(+), 홀수(−)]

(M_{ij}는 i번째 행과 j번째 열의 원소 a_{ij}를 제외한 나머지의 원소로 이루어진 행렬식)

(2) 역행렬 계산의 예

① $\boldsymbol{A} = \begin{bmatrix} a & b \\ c & d \end{bmatrix}$의 역행렬

㉠ 여인수(A_{ij}) : $A_{11} = d$, $A_{21} = -b$, $A_{12} = -c$, $A_{22} = a$

㉡ 수반 행렬 : $\operatorname{adj}(\boldsymbol{A}) = \begin{bmatrix} A_{11} & A_{21} \\ A_{12} & A_{22} \end{bmatrix} = \begin{bmatrix} d & -b \\ -c & a \end{bmatrix}$

㉢ 행렬식 : $\det(\boldsymbol{A}) = |\boldsymbol{A}| = \begin{vmatrix} a & b \\ c & d \end{vmatrix} = ad - bc$

㉣ 역행렬 : $A^{-1} = \dfrac{1}{\det(A)} \operatorname{adj}(A) = \dfrac{1}{\begin{vmatrix} a & b \\ c & d \end{vmatrix}} \begin{bmatrix} d & -b \\ -c & a \end{bmatrix}$

② $A = \begin{bmatrix} a_{11} & a_{12} & a_{13} \\ a_{21} & a_{22} & a_{23} \\ a_{31} & a_{32} & a_{33} \end{bmatrix}$의 역행렬

㉠ 수반 행렬 adj(A) : 소행렬식 M_{ij}의 **표 1** 참고

$$\operatorname{adj}(A) = \begin{bmatrix} \begin{vmatrix} a_{22} & a_{23} \\ a_{32} & a_{33} \end{vmatrix} & -\begin{vmatrix} a_{12} & a_{13} \\ a_{32} & a_{33} \end{vmatrix} & \begin{vmatrix} a_{12} & a_{13} \\ a_{22} & a_{23} \end{vmatrix} \\ -\begin{vmatrix} a_{21} & a_{23} \\ a_{31} & a_{33} \end{vmatrix} & \begin{vmatrix} a_{11} & a_{13} \\ a_{31} & a_{33} \end{vmatrix} & -\begin{vmatrix} a_{11} & a_{13} \\ a_{21} & a_{23} \end{vmatrix} \\ \begin{vmatrix} a_{21} & a_{22} \\ a_{31} & a_{32} \end{vmatrix} & -\begin{vmatrix} a_{11} & a_{12} \\ a_{31} & a_{32} \end{vmatrix} & \begin{vmatrix} a_{11} & a_{12} \\ a_{21} & a_{22} \end{vmatrix} \end{bmatrix}$$

㉡ 행렬식 : $\det(A) = |A| = \begin{vmatrix} a_{11} & a_{12} & a_{13} \\ a_{21} & a_{22} & a_{23} \\ a_{31} & a_{32} & a_{33} \end{vmatrix}$

㉢ 역행렬 : $A^{-1} = \dfrac{1}{\det(A)} \operatorname{adj}(A)$

표 1 ▶ 소행렬식 M_{ij}과 여인수의 집합 A_{ij} 구하는 방법

구 분	여인수의 집합 A_{ij} (소행렬식 M_{ij})		
열 / 행	1	2	3
1	$M_{11} = \begin{vmatrix} a_{22} & a_{23} \\ a_{32} & a_{33} \end{vmatrix}$	$-M_{21} = -\begin{vmatrix} a_{12} & a_{13} \\ a_{32} & a_{33} \end{vmatrix}$	$M_{31} = \begin{vmatrix} a_{12} & a_{13} \\ a_{22} & a_{23} \end{vmatrix}$
2	$-M_{12} = -\begin{vmatrix} a_{21} & a_{23} \\ a_{31} & a_{33} \end{vmatrix}$	$M_{22} = \begin{vmatrix} a_{11} & a_{13} \\ a_{31} & a_{33} \end{vmatrix}$	$-M_{32} = -\begin{vmatrix} a_{11} & a_{13} \\ a_{21} & a_{23} \end{vmatrix}$
3	$M_{13} = \begin{vmatrix} a_{21} & a_{22} \\ a_{31} & a_{32} \end{vmatrix}$	$-M_{23} = -\begin{vmatrix} a_{11} & a_{12} \\ a_{31} & a_{32} \end{vmatrix}$	$M_{33} = \begin{vmatrix} a_{11} & a_{12} \\ a_{21} & a_{22} \end{vmatrix}$
A_{ij}	여인수 A_{ij} 의 부호 결정 : [$i+j$: 짝수(+), 홀수(−)]		

예 1 $A = \begin{bmatrix} 1 & 2 \\ 3 & 4 \end{bmatrix}$

$$\operatorname{adj}(A) = \begin{bmatrix} 4 & -2 \\ -3 & 1 \end{bmatrix}, \quad \det(A) = |A| = \begin{vmatrix} 1 & 2 \\ 3 & 4 \end{vmatrix} = 1 \cdot 4 - 2 \cdot 3 = -2$$

$$A^{-1} = \frac{1}{\det(A)}\operatorname{adj}(A) = \frac{1}{-2}\begin{bmatrix} 4 & -2 \\ -3 & 1 \end{bmatrix} = \begin{bmatrix} -2 & 1 \\ 3/2 & -1/2 \end{bmatrix}$$

예 2 $A = \begin{bmatrix} 1 & 2 & 3 \\ 0 & 1 & 0 \\ 3 & 2 & 1 \end{bmatrix}$

$$\operatorname{adj}(A) = \begin{bmatrix} \begin{vmatrix} 1 & 0 \\ 2 & 1 \end{vmatrix} & -\begin{vmatrix} 2 & 3 \\ 2 & 1 \end{vmatrix} & \begin{vmatrix} 2 & 3 \\ 1 & 0 \end{vmatrix} \\ -\begin{vmatrix} 0 & 0 \\ 3 & 1 \end{vmatrix} & \begin{vmatrix} 1 & 3 \\ 3 & 1 \end{vmatrix} & -\begin{vmatrix} 1 & 3 \\ 0 & 0 \end{vmatrix} \\ \begin{vmatrix} 0 & 1 \\ 3 & 2 \end{vmatrix} & -\begin{vmatrix} 1 & 2 \\ 3 & 2 \end{vmatrix} & \begin{vmatrix} 1 & 2 \\ 0 & 1 \end{vmatrix} \end{bmatrix} = \begin{bmatrix} 1 & 4 & -3 \\ 0 & -8 & 0 \\ -3 & 4 & 1 \end{bmatrix}$$

$$\det(A) = |A| = \begin{vmatrix} 1 & 2 & 3 \\ 0 & 1 & 0 \\ 3 & 2 & 1 \end{vmatrix} = 1 - 9 = -8$$

$$A^{-1} = \frac{1}{\det(A)}\operatorname{adj}(A) = \frac{1}{-8}\begin{bmatrix} 1 & 4 & -3 \\ 0 & -8 & 0 \\ -3 & 4 & 1 \end{bmatrix} = \begin{bmatrix} -1/8 & -1/2 & 3/8 \\ 0 & 1 & 0 \\ 3/8 & -1/2 & -1/8 \end{bmatrix}$$

9. 연립 방정식의 행렬 변환

(1) 연립 방정식의 행렬 변환

$$\begin{cases} a_{11}x_1 + a_{12}x_2 + a_{13}x_3 = b_1 \\ a_{21}x_1 + a_{22}x_2 + a_{23}x_3 = b_2 \\ a_{31}x_1 + a_{32}x_2 + a_{33}x_3 = b_3 \end{cases} \Rightarrow \begin{bmatrix} a_{11} & a_{12} & a_{13} \\ a_{21} & a_{22} & a_{23} \\ a_{31} & a_{32} & a_{33} \end{bmatrix}\begin{bmatrix} x_1 \\ x_2 \\ x_3 \end{bmatrix} = \begin{bmatrix} b_1 \\ b_2 \\ b_3 \end{bmatrix}$$

(연립 방정식) (행 렬)

(2) 행렬 표현

계수 행렬 A, 변수 x와 B가 다음과 같을 때

$$A = \begin{bmatrix} a_{11} & a_{12} & a_{13} \\ a_{21} & a_{22} & a_{23} \\ a_{31} & a_{32} & a_{33} \end{bmatrix},\ x = \begin{bmatrix} x_1 \\ x_2 \\ x_3 \end{bmatrix},\ B = \begin{bmatrix} b_1 \\ b_2 \\ b_3 \end{bmatrix}$$

위의 연립 방정식은 $Ax = B$의 행렬의 관계식으로 간단히 표현할 수 있다.

부록 연습문제 풀이 및 정답

제1장 자동제어의 개념

1	4	**2**	4	**3**	2	**4**	4	**5**	2
6	3	**7**	4	**8**	2	**9**	4	**10**	4
11	1	**12**	3	**13**	1	**14**	4	**15**	1
16	4	**17**	4	**18**	1	**19**	2	**20**	2
21	4	**22**	3	**23**	3				

제2장 라플라스 변환

01 (1) $\frac{6}{s^3}$ (2) $\frac{60}{s^4}$

(3) $\frac{5}{s+2}$ (4) $\frac{3}{s}+\frac{2}{s+1}=\frac{5s+3}{s(s+1)}$

(5) $\frac{1}{s-j\omega}$ (6) $\frac{10}{s^2+4}$

(7) $\frac{1}{2}\left\{\frac{1}{s}-\frac{s}{(s^2+4)}\right\}=\frac{2}{s(s^2+4)}$ (8) $\frac{1}{s^2+4}$

(9) $\frac{8}{(s^2+16)}-\frac{3s}{(s^2+4)}$

(10) $\frac{8}{s^3}+\frac{2}{(s+3)}+\frac{s}{s^2+4}$

02 (1) $\mathcal{L}[te^t]=\left.\frac{1}{s^2}\right|_{s\to s-1}=\frac{1}{(s-1)^2}$

(2) $\mathcal{L}[t^2e^{3t}]=\left.\frac{2}{s^3}\right|_{s\to s-3}=\frac{2}{(s-3)^3}$

(3) $\mathcal{L}[2t^3e^{-2t}]=\left.\frac{12}{s^4}\right|_{s\to s+2}=\frac{12}{(s+2)^4}$

(4) $\mathcal{L}[e^t\sin t]=\left.\frac{1}{s^2+1}\right|_{s\to s-1}=\frac{1}{(s-1)^2+1}$

(5) $\mathcal{L}[3e^{2t}\cos 3t]=\left.\frac{3s}{s^2+9}\right|_{s\to s-2}=\frac{3(s-2)}{(s-2)^2+9}$

(6) $\mathcal{L}[e^{-2t}\sin 2t]=\left.\frac{2}{s^2+4}\right|_{s\to s+2}=\frac{2}{(s+2)^2+4}$

(7) $\mathcal{L}[e^{-at}\sin\omega t]=\left.\frac{\omega}{s^2+\omega^2}\right|_{s\to s+a}=\frac{\omega}{(s+a)^2+\omega^2}$

(8) $\mathcal{L}[1-e^{-at}]=\frac{1}{s}-\frac{1}{s+a}=\frac{a}{s(s+a)}$

03 $i(0)=\lim_{t\to 0}i(t)=\lim_{s\to\infty}sI(s)=\lim_{s\to\infty}\left\{\frac{2(s^2+s)}{s^2+2s+5}\right\}$

$\frac{\infty}{\infty}$ 형이고 분모, 분자가 동차이므로 최고차항의 계수가 극한값

$\therefore\ i(0)=2$

04 $i(\infty)=\lim_{t\to\infty}i(t)=\lim_{s\to 0}sI(s)=\lim_{s\to 0}\left\{\frac{2s+15}{s^2+s+3}\right\}$

$\therefore\ i(\infty)=5$

05 $i(\infty)=\lim_{t\to\infty}i(t)=\lim_{s\to 0}sI(s)=\lim_{s\to 0}\left\{\frac{2s+5}{(s+1)(s+2)}\right\}$

$\therefore\ i(\infty)=2.5$

06 (1) $\mathcal{L}^{-1}[F(s)]=2e^{-3t}$

(2) $F(s)=\frac{2}{3}\cdot\frac{3}{s^2+3^2}$, $\mathcal{L}^{-1}[F(s)]=\frac{2}{3}\sin 3t$

(3) $F(s)=\frac{3s}{s^2+3^2}$, $\mathcal{L}^{-1}[F(s)]=3\cos 3t$

(4) $F(s)=\frac{2s}{s^2+2^2}+\frac{2\cdot 2}{s^2+2^2}$

$\mathcal{L}^{-1}[F(s)]=2(\cos 2t+\sin 2t)$

(5) $F(s)=\frac{1}{s}-\frac{1}{s+1}$, $\mathcal{L}^{-1}[F(s)]=1-e^{-t}$

(6) $F(s)=\frac{5s+3}{s(s+1)}=\frac{3}{s}+\frac{2}{s+1}$

$\mathcal{L}^{-1}[F(s)]=3+2e^{-t}$

(7) $F(s)=\frac{2(s^2+4s+3)+5s+11}{s^2+4s+3}$

$=2+\frac{5s+11}{(s+1)(s+3)}$

$F(s)=2+\frac{K_1}{s+1}+\frac{K_2}{s+3}$

$$\begin{cases} K_1=\left.\frac{5s+11}{s+3}\right|_{s=-1}=3 \\ K_2=\left.\frac{5s+11}{s+1}\right|_{s=-3}=2 \end{cases}$$

$$F(s)=2+\frac{3}{s+1}+\frac{2}{s+3}$$

$$\therefore\ \mathcal{L}^{-1}[F(s)]=2\delta(t)+3e^{-t}+2e^{-3t}$$

(8) $F(s)=\dfrac{2}{s^2+2s+5}=\dfrac{2}{(s+1)^2+2^2}$

$$\mathcal{L}^{-1}[F(s)]=e^{-t}\sin 2t$$

(9) $F(s)=\dfrac{s+4}{2s^2+5s+3}=\dfrac{s+4}{(s+1)(2s+3)}$

$$F(s)=\frac{K_1}{s+1}+\frac{K_2}{2s+3}\begin{cases}K_1=\left.\dfrac{s+4}{2s+3}\right|_{s=-1}=3\\ K_2=\left.\dfrac{s+4}{s+1}\right|_{s=-\frac{3}{2}}=-5\end{cases}$$

$$F(s)=\frac{3}{s+1}-\frac{5}{2s+3}=\frac{3}{s+1}-\frac{5}{2}\cdot\frac{1}{s+(3/2)}$$

$$\therefore\ \mathcal{L}^{-1}[F(s)]=3e^{-t}-\frac{5}{2}e^{-\frac{3}{2}t}$$

(10) $F(s)=\dfrac{6s+2}{s(6s+1)}=\dfrac{K_1}{s}+\dfrac{K_2}{6s+1}$

$$\begin{cases}K_1=\left.\dfrac{6s+2}{6s+1}\right|_{s=0}=2\\ K_2=\left.\dfrac{6s+2}{s}\right|_{s=-\frac{1}{6}}=-6\end{cases}$$

$$F(s)=\frac{2}{s}-\frac{6}{6s+1}=\frac{2}{s}-\frac{1}{s+(1/6)}$$

$$\therefore\ \mathcal{L}^{-1}[F(s)]=2-e^{-\frac{1}{6}t}$$

(11) $F(s)=\dfrac{1}{(s+1)^2(s+2)}$

$$F(s)=\frac{K_1}{(s+1)^2}+\frac{K_2}{s+1}+\frac{K_3}{s+2}$$

$$K_1=\left.\frac{1}{s+2}\right|_{s=-1}=1$$

$$K_2=\left.\frac{d}{ds}\left(\frac{1}{s+2}\right)\right|_{s=-1}=-\left.\frac{1}{(s+2)^2}\right|_{s=-1}$$

$$\therefore\ K_2=-1$$

$$K_3=\left.\frac{1}{(s+1)^2}\right|_{s=-2}=1$$

$$F(s)=\frac{1}{(s+1)^2}-\frac{1}{s+1}+\frac{1}{s+2}$$

$$\therefore\ \mathcal{L}^{-1}[F(s)]=te^{-t}-e^{-t}+e^{-2t}$$

$$=e^{-t}(t-1)+e^{-2t}$$

(12) $F(s)=\dfrac{s+2}{s^2(s-1)^2}$

$$F(s)=\frac{K_1}{s^2}+\frac{K_2}{s}+\frac{K_3}{(s-1)^2}+\frac{K_4}{s-1}$$

(미정계수는 각자 구해 볼 것)

$$\therefore\ \mathcal{L}^{-1}[F(s)]=(3t-5)e^{t}+2t+5$$

07 (1) $sX(s)+X(s)=\dfrac{1}{s}$

$$X(s)=\frac{1}{s(s+1)}=\frac{K_1}{s}+\frac{K_2}{s+1}$$

$$\begin{cases}K_1=\left.\dfrac{1}{s+1}\right|_{s=0}=1\\ K_2=\left.\dfrac{1}{s}\right|_{s=-1}=-1\end{cases}$$

$$X(s)=\frac{1}{s}-\frac{1}{s+1}$$

$$\therefore\ i(t)=\mathcal{L}^{-1}[I(s)]=1-e^{-t}$$

(2) $s^2Y(s)+3sY(s)+2Y(s)=\dfrac{4}{s}$

$$Y(s)=\frac{4}{s(s^2+3s+2)}=\frac{4}{s(s+1)(s+2)}$$

$$Y(s)=\frac{K_1}{s}+\frac{K_2}{(s+1)}+\frac{K_3}{(s+2)}$$

$$\begin{cases}K_1=\left.\dfrac{4}{(s+1)(s+2)}\right|_{s=0}=2\\ K_2=\left.\dfrac{4}{s(s+2)}\right|_{s=-1}=-4\\ K_3=\left.\dfrac{4}{s(s+1)}\right|_{s=-2}=2\end{cases}$$

$$Y(s)=\frac{2}{s}-\frac{4}{(s+1)}+\frac{2}{(s+2)}$$

$$\therefore\ y(t)=\mathcal{L}^{-1}[Y(s)]=2-4e^{-t}+2e^{-2t}$$

(3) $sI(s)+4I(s)+\dfrac{4}{s}I(s)=\dfrac{50}{s}$

$$(s^2+4s+4)I(s)=50$$

$$I(s)=\frac{50}{s^2+4s+4}=\frac{50}{(s+2)^2}$$

$$\therefore\ i(t)=\mathcal{L}^{-1}[I(s)]=50te^{-2t}$$

(4) $\{s^2Y(s)-sy(0)-y'(0)\}+9Y(s)=0$

$$(s^2+9)Y(s)-3s-4=0$$

$$Y(s)=\frac{3s+4}{s^2+9}=\frac{3s}{s^2+3^2}+\frac{4}{s^2+3^2}$$

$$\therefore\ y(t)=\mathcal{L}^{-1}[Y(s)]=3\cos 3t+\frac{4}{3}\sin 3t$$

08 $s^2I(s)+2sI(s)+I(s)=\dfrac{1}{s}$

$$(s^2+2s+1)I(s)=\frac{1}{s}$$

$$I(s)=\frac{1}{s(s^2+2s+1)}=\frac{4}{s(s+1)^2}$$

$$I(s)=\frac{K_1}{s}+\frac{K_2}{(s+1)^2}+\frac{K_3}{s+1}$$

$$\begin{cases} K_1=\left.\dfrac{4}{(s+1)^2}\right|_{s=0}=1 \\ K_2=\left.\dfrac{1}{s}\right|_{s=-1}=-1 \\ K_3=\left.\dfrac{d}{ds}\left(\dfrac{1}{s}\right)\right|_{s=-1}=-\left.\dfrac{1}{s^2}\right|_{s=-1}=-1 \end{cases}$$

$$I(s)=\frac{1}{s}-\frac{1}{(s+1)^2}-\frac{1}{s+1}$$

$$\therefore\ i(t)=\mathcal{L}^{-1}[I(s)]=1-te^{-t}-e^{-t}$$

09 (1) $f(t)=3\{u(t)-u(t-2)\}$

$$F(s)=3\left(\frac{1}{s}-\frac{1}{s}\cdot e^{-2s}\right)=\frac{3}{s}(1-e^{-2s})$$

$$\therefore\ F(s)=\frac{3}{s}(1-e^{-2s})$$

(2) $f(t)=t\{u(t)-u(t-1)\}$
$\quad -(t-2)\{u(t-1)-u(t-2)\}$

$$\therefore\ f(t)=tu(t)-2(t-1)u(t-1)+(t-2)u(t-2)$$

$$F(s)=\frac{1}{s^2}-2\frac{1}{s^2}e^{-s}+\frac{1}{s^2}e^{-2s}$$

$$\therefore\ F(s)=\frac{1}{s^2}(1-2e^{-s}+e^{-2s})$$

(삼각 펄스파 $f(t)$의 함수는 본문 힌트의 **그림 2.32**의 합성 방법을 참고할 것)

제3장 전달 함수

1	2	**2**	3	**3**	1	**4**	1	**5**	4
6	1	**7**	3	**8**	3	**9**	4	**10**	3
11	2	**12**	2	**13**	4	**14**	4	**15**	4
16	2	**17**	4	**18**	4	**19**	2	**20**	2
21	2	**22**	2	**23**	3	**24**	3	**25**	1
26	1	**27**	2	**28**	1	**29**	3		

제4장 블록 선도와 신호 흐름 선도

1	1	**2**	3	**3**	1	**4**	3	**5**	1
6	2	**7**	3	**8**	4	**9**	2	**10**	1
11	3	**12**	1	**13**	4	**14**	1	**15**	3
16	1	**17**	2	**18**	4	**19**	4	**20**	4
21	4	**22**	1	**23**	3				

제5장 과도 응답 특성

1	2	**2**	4	**3**	2	**4**	1	**5**	3
6	2	**7**	2	**8**	2	**9**	3	**10**	2
11	4	**12**	4	**13**	1	**14**	2	**15**	3
16	1	**17**	4	**18**	2	**19**	2	**20**	3
21	2	**22**	4	**23**	2	**24**	3	**25**	3
26	2	**27**	3	**28**	1	**29**	2	**30**	1
31	4	**32**	4						

제6장 주파수 응답 특성

1	4	**2**	1	**3**	3	**4**	4	**5**	3
6	2	**7**	4	**8**	3	**9**	2	**10**	3
11	3	**12**	1	**13**	4	**14**	1	**15**	2
16	4	**17**	4	**18**	1	**19**	3	**20**	4
21	4	**22**	1	**23**	2	**24**	1		

제7장 제어계의 안정도

1	4	**2**	2	**3**	1	**4**	2	**5**	2
6	1	**7**	2	**8**	2	**9**	1	**10**	2
11	1	**12**	1	**13**	1	**14**	3	**15**	1
16	2	**17**	3	**18**	4	**19**	2	**20**	2
21	3	**22**	2	**23**	2	**24**	1	**25**	4

제8장 근궤적법

1	4	**2**	4	**3**	1	**4**	4	**5**	4
6	4	**7**	4	**8**	3	**9**	1	**10**	3
11	3	**12**	3	**13**	3				

제9장 상태 방정식과 디지털 제어계

1	3	**2**	3	**3**	4	**4**	2	**5**	3
6	2	**7**	4	**8**	2	**9**	2	**10**	1
11	2	**12**	4	**13**	1	**14**	3	**15**	4
16	3	**17**	3	**18**	4	**19**	4	**20**	4
21	1	**22**	3						

제10장 시퀀스 제어

1	3	**2**	4	**3**	1	**4**	2	**5**	3
6	1	**7**	2	**8**	3	**9**	4	**10**	1
11	2	**12**	4	**13**	4	**14**	4	**15**	3
16	4	**17**	2	**18**	2				

부록

찾아보기

ㅇ

ㅈ

알차게 배우는 **자동제어** (전면개정 3판)

1판 1쇄 / 2017년 8월 11일
2판 1쇄 / 2019년 3월 25일
3판 1쇄 / 2022년 8월 10일
3판 2쇄 / 2025년 2월 20일

•

저　　자 / 임헌찬, 임현수
펴 낸 이 / 정 창 희
펴 낸 곳 / 동일출판사
주　　소 / 서울시 강서구 곰달래로31길7 (2층)
전　　화 / (02) 2608-8250
팩　　스 / (02) 2608-8265
등록번호 / 제109-90-92166호

ISBN 978-89-381-1502-7 93560
값 / 27,000원